JN215944

Data Analysis for Business
With Microsoft Excel

できるビジネスパーソンのための
Excelデータ分析の仕事術

ビジネスシーンですぐに使える分析手法のすべて

Excel for BIZ

日花弘子
Hiroko Hibana

SB Creative

はじめに

　現代のビジネスパーソンは、とにかく時間がありません。直面する問題の原因究明や具体的な方策の考案など、本来ならじっくり取り組みたいところですが、時間をかけていてはライバルに先を越されてしまう恐れがあります。

　いち早く問題の原因を究明し、設定した課題を達成するための強力な武器といえば、インターネット検索です。直面する問題や課題を正確に捉え、的確なキーワードを入力すれば、解決の糸口につながる情報やデータが簡単に入手できるようになりました。答えそのものが見つかることもあります。このようなことから、現代のビジネスパーソンに求められる能力の一端は、問題の早期発見能力や迅速な課題設定、および、高度な検索能力なのかも知れません。

　しかし、常にピンポイントの答えが見つかるとは限りませんし、ピンポイントで見つかる答えを頼りにしていると、その場限りの適応になります。問題の本質は同じなのに、問題を見る角度が少し変わっただけで対処できない可能性が出てきます。

　インターネット検索に頼らず、データ分析をきちんと身に付けたい、でも、時間がない、このようなジレンマを打破するため、本書は次のように構成しました。

①分析事例の提示－ビジネスの現場で抱える問題や課題を具体的に提示
②解決策の提示－分析手法のうち、押さえておきたい内容を解説
③操作－分析事例のExcelによる操作、及び、結果の読み取り
④解説－②③を補完する、より詳しい解説、及び、類似の分析例

　時間がないときは①②をお読みください。手元にExcelがなくても読み進めていただけます。①に関しては、具体的な事例を取り上げていますが、これがかえって、「自分には関係ない」という直感を抱かせてしまう可能性を考慮し、類似の分析例を提示して汎用性を高める工夫をしています。章末に練習問題を用意し、広範囲の問題や課題に取り組める実力が身に付くようにしました。

　また、最近は「これだけ知っていればOK」といった類の本が流行っていますが、忙しい時間を割いてExcelを使うのに基礎ばかりではもったいないです。知らなくて使えないのと、知っていて使わないのは違うと考え、本書は、Excelのスキルも向上できるように努めました。

　本書を少しずつ読み進め、現場でのデータ活用の一助となれば幸いです。

　最後に、本書の執筆機会を与えてくださったSBクリエイティブの平山編集長、その他制作関係者の皆様に心より感謝申し上げます。

2016年3月

日花弘子

本書を読むための準備

本書では「分析ツール」と「ソルバー」を利用します。初期設定では利用できない状態になっていますので、次の操作を行って「分析ツール」と「ソルバー」を追加します。一度設定すれば、「分析ツール」と「ソルバー」が組み込まれた状態が続きます。起動のたびに操作する必要はありません。

Excelを起動してください。Excel2013/2016は「空白のブック」を開いてから操作します。

Excel2007
▶手順❶は、「Officeボタン」をクリックし、表示されたメニューから【Excelのオプション】をクリックする。

❶〔ファイル〕タブの【オプション】をクリックする

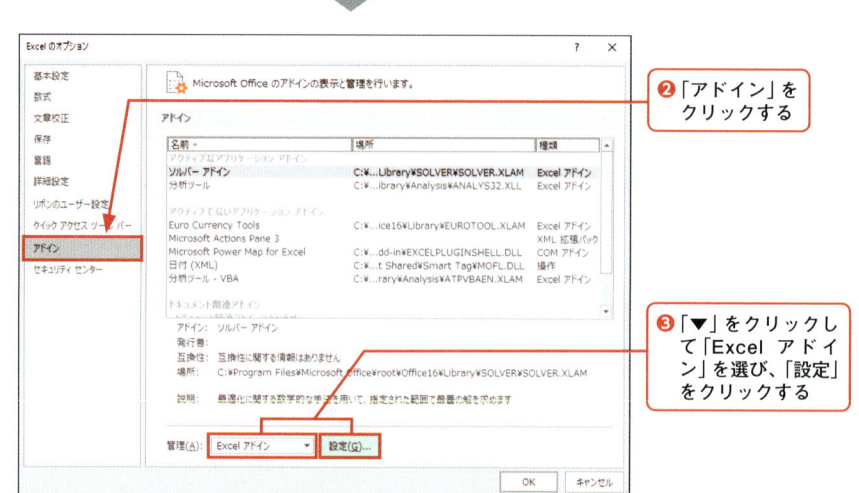

❷「アドイン」をクリックする

❸「▼」をクリックして「Excel アドイン」を選び、「設定」をクリックする

Excel2007
▶手順❹で「OK」ボタ
ンをクリックしたあと、
メッセージが表示され
た場合は「はい」をクリ
ックする。自動的にイ
ンストールが開始され
る。「分析ツール」と「ソ
ルバー」の2つの機能を
追加するため、インス
トールは2回実施され
る。

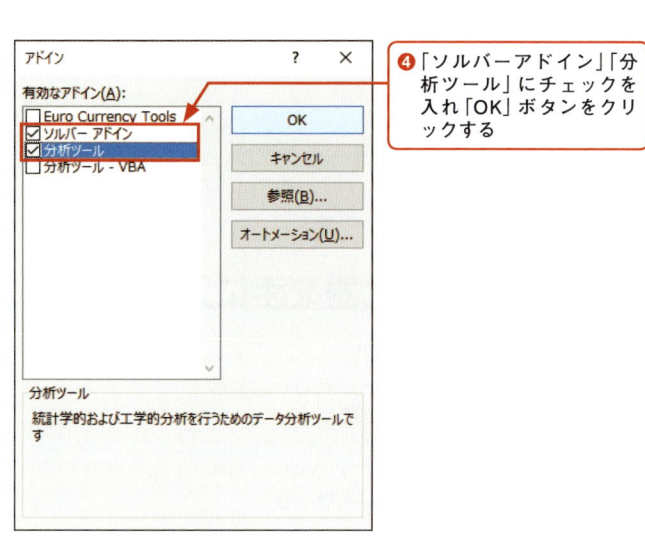

❹「ソルバーアドイン」「分
析ツール」にチェックを
入れ「OK」ボタンをクリ
ックする

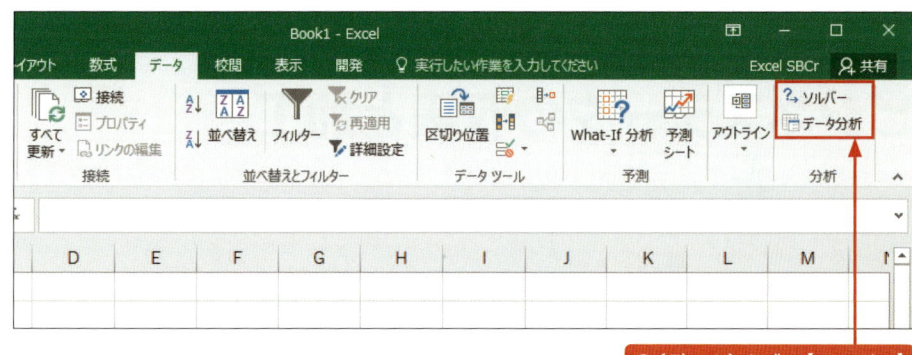

❺〔データ〕タブに【ソルバー】
と【データ分析】が表示された

CONTENTS

CHAPTER 03
販売に関するデータ分析

CHAPTER 04
企画に関するデータ分析

05　売り上げを説明する要因の影響力を調べる 185

06　天気や曜日を使って販売量を予測する 201

CHAPTER 05
顧客に関するデータ分析

CHAPTER 01

CHAPTER 02

CHAPTER 03

CHAPTER 04

CHAPTER 05

CHAPTER

01

データ分析のススメ

本章は、データ分析がいかに普段の業務とかかわっているかをいろいろな面から解説しています。第1章は、「データ分析とは」という説教じみた解説ばかりでつまらないから、飛ばそうという人もいると思います。大げさかもしれませんが、自分の仕事に対する姿勢を見つめ直すのにも使えますので、良かったら、飛ばさずにお読みください。

01 データ分析という武器を手に入れる

現代は、パソコンやタブレットなどにキーワードを入力すれば、知りたい情報やデータが簡単に手に入る時代ですが、手に入れたデータが的確かどうか、データから何を読み取るのかは、ビジネスパーソンのデータ分析力にかかっています。ここでは、データ分析を行う理由とメリットを中心に解説します。

▶ データ分析はどこからどこまでか

　本書におけるデータ分析の範囲は、問題の発見または課題の設定から、問題解決や課題達成を果たすまでの一連の活動全体と定義します。ただし、解決した問題や達成した課題から派生する新たな問題や課題がありますので、データ分析には始まりも終わりもなく、延々と続くのが現実です。

　確実にいえることは、手持ちのデータを処理して結果を出すだけが分析ではありませんし、まして、いつか何かの役に立つだろうから、とりあえず取っておこうという発想で集めたデータにはあまり価値がありません。目的のないところにデータ分析は存在しないためです。

▶右図は、PPDACサイクルと呼ばれるデータ分析を実施する際に利用されるフレームワークの1つである。→P.5

●データ分析の範囲

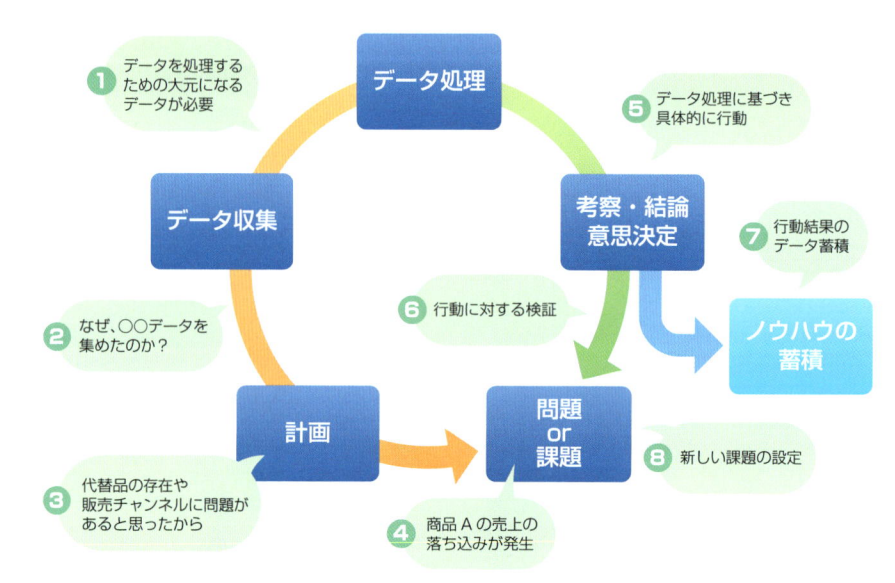

では、図「データ分析の範囲」を見ながら、「データ処理」を出発点に改めて整理しておきます。

まず左回りです。データを処理するには、元になるデータが必要ですが❶、元になるデータを集める根拠がわからないとデータを集めようがありません❷❸。そして、そもそもなぜ、データを集める根拠を考えたり、データを集めたりするのかといえば、解決すべき問題や達成すべき課題があるからです❹。

次に右回りです。データを処理した結果から、考察を経て、最終的に意思決定され、具体的な行動をします❺。行動に関わるデータを取得し、意思決定に基づく行動が妥当であったどうかなどの検証を行い❻、ノウハウとして蓄積し❼、新たな問題の発見と課題の設定につなげていきます❽。

「データ処理」を出発点にしましたが、左回りも右回りも「問題／課題」に行き着くことがわかります。つまり、データ分析の出発点は、「問題／課題」であり、到達点も「問題／課題」なのです。ただし、同じところをグルグル回っているのではなく、ノウハウの蓄積などを通して、ステップアップしています。

▶ データ分析を行う3つの理由

データ分析を行う理由は次の3つです。

● ① 問題の原因を究明したり、課題を達成したりするため

図「データ分析の範囲」で確認したとおり、データ分析の出発点であり到達点です。問題や課題のないところにデータ分析はありません。問題提起の「なぜ?」、対応策の「どうする?」、意思決定に基づく行動の結果「どうなった?」など、問題や課題に関わる活動の1つ1つにデータ分析が関わっています。

● ②相手を説得するため

「相手」とは、上司や同僚、取引先や得意先です。特に手ごわいのは上司の経験と勘です。たんに問題の要因や対応策などをアイデアレベルで提案しても「自分の勘が違うといっている」などといわれて一蹴されてしまうのがオチです。主観で対応してくる相手には、データ分析の客観性で応戦します。

● ③自分の思考を裏付けるため

図「データ分析の範囲」では、問題の原因究明や解決策の提案は「データ処理」のあとですが、「計画」の段階でアイデアレベルの原因や方策を考察し、アイデアを裏付けるのに必要なデータを収集し、データ処理を行います。順番が違うと思いますが、データは無限といってもいいほど存在するので、ある程度収集するデータを絞り込まないと、データが収集しきれない、処理が始められないという事態に陥ります。あらかじめ「問題の原因は○○ではないか?対策は○○が良いのではないか?」とあたりを付けた内容がデータ分析によって証明できれば、自分の思考の裏付けになります。

▶計画段階で問題の原因把握や解決策などにあたりを付けることを仮説という。→P.6

MEMO　**問題と課題**

　あまり神経質になる必要はありませんが、問題と課題は異なります。問題は現状とあるべき姿とのギャップです。「利益が下がった原因は何か？」といった原因究明をします。課題は、あるべき姿に到達するために達成すべきことです。具体的には、「利益アップを達成するためにコストを削減する」といったことが課題です。

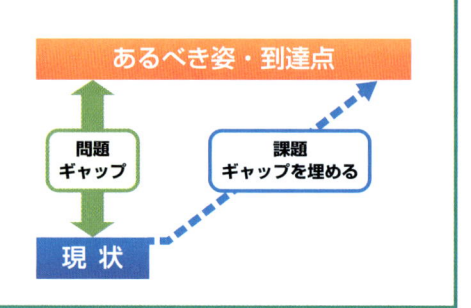

▶ データ分析がもたらす3つの副産物

データ分析を行うことによって副産物がもたらされます。

● ① 仕事をより深く理解し、遂行力がアップする

　データ分析は「問題／課題」の内側にあります。「問題／課題」は、問題の発見と原因究明、課題の設定と達成ですが、これらはすべて人が行いますので、「問題／課題」は「仕事（業務）」そのものです。P.2の図「データ分析の範囲」のローテーションを意識し、今、何をしているのか（しようとしているのか）を確認しながら分析を進めることで、仕事の内容と流れが明確化し、仕事の遂行力がアップします。

● ② 視点が多角化し、1つのデータから複数の情報が引き出せるようになる

　データ収集／処理の過程では、データの整理／並べ替え、データ加工といった作業が頻繁に発生します。このような作業を通じて、たとえば、時系列に売り上げの変化を見たり、商品同士の売り上げの関係を調べたりします。また、生産と営業、消費者と販売者といったさまざまな目線に立ってデータを解釈する必要に迫られることもあります。データ分析が身に付いてくると、データを見る視点が自然と多角化するので、ひと塊りのデータからいくつもの情報が得られるようになります。

● ③経験と勘に磨きがかかる

　データ分析が身に付けば、経験と勘は無用の長物になると考えるのは間違いです。インターネット検索をすると、関連する情報が洪水のごとく表示されることからも推察できるとおり、どんなデータが必要なのか、あらかじめあたりを付けないと分析が進まないのが現状です。「あたりを付ける」のに経験と勘が重要になります。データ分析を通して経験値を高め、ノウハウを蓄積するにつれ、勘にも磨きがかかります。

▶経験と勘を補完するフレームワークがあり、経験や勘に頼らなくても「あたりを付ける」ことができる。→P.5

発展 ▶ ▶ ▶

▶ データ分析を円滑に進めるフレームワーク

P.2の図「データ分析の範囲」はPPDACサイクルという、データ分析を行う際に利用できるフレームワークの1つです。フレームワークは必ず利用すべきものではありませんが、やみくもなデータ分析で目的にたどり着けないくらいなら使った方が効率的です。データ分析でフレームワークを利用するメリットは次のとおりです。

・どこから手を付けてよいかわからないとき、分析の手順が明確になる
・今、何をしているのか、次にどうすべきかなど、分析の全体像と進捗状況が把握できる
・同じ枠組みの中で活動できるので、メンバーの状況把握や情報の共有がしやすい
・フレームワークのキーワードをデータ分析の切り口として利用できる

●フレームワーク

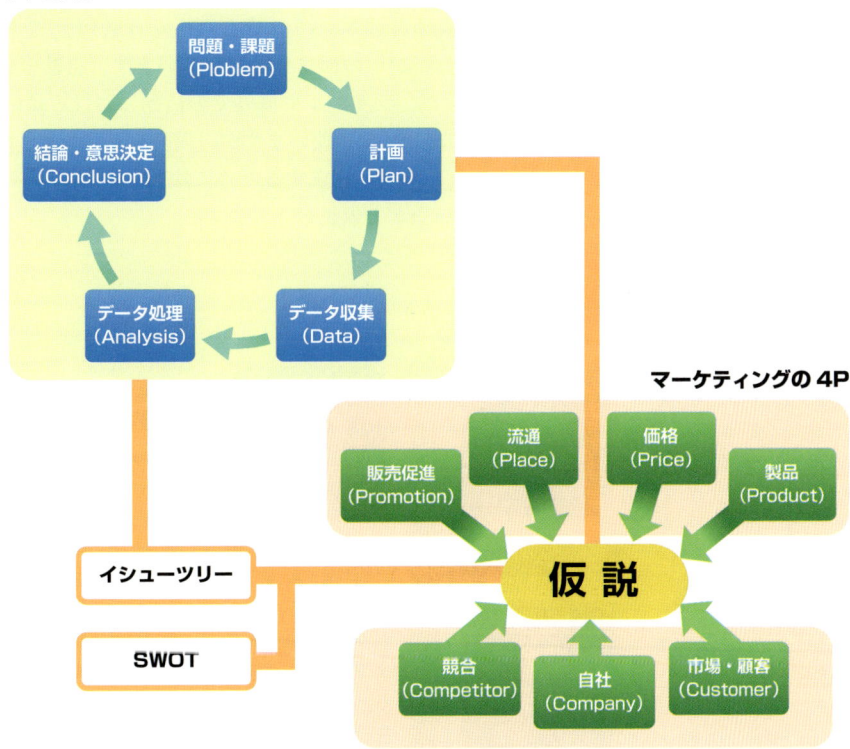

図「フレームワーク」に、PPDACサイクルを改めて示し、「計画」段階における仮説と仮説を立てるときに利用されるフレームワークの例を示します。

フレームワーク
▶ものごとを進めるために体系化された枠組み。枠組みに沿って進めると脱線せずに目的にたどり着きやすくなる。フレームワークで示されるワードは、考えるポイントになる。

▶PPDACサイクルにおける「A」のAnalysisは「データ分析」であるが、本書では、問題発生から解決に至るまでの一連の活動をデータ分析と定義しているので、「データ処理」と表記する。

● 仮説

　仮説とは、問題や課題の「答え」になりそうなことに「あたりを付ける」ことです。繰り返しになりますが、データは無数といってよいほど多くありますので、集めるデータをある程度絞り込まないと、データ分析が進みにくくなります。ただし、何の脈絡もなくいきなり「○○ではないか？」というのは、たんなるその場の思いつきです。思い込みが強いと仮説が偏った考えになりがちです。フレームワークを利用すると、考えの偏りを防ぎ、あたりの精度を上げることができます。

● マーケティングの4Pと3C

　マーケティングの4Pは「製品」「流通」「価格」「販売促進」の英語の頭文字がPで始まることに由来します。3Cの「競合」「自社」「市場・顧客」も同様です。いずれも仮説を立てるときのキーワード（切り口）として利用できます。たとえば、売り上げの落ち込みに対し、「競合」の視点から「他社の代替品が販売を伸ばしているせいではないか」などと仮説を立てます。

● SWOT

　SWOTは、「強み（S）」「弱み（W）」「機会（O）」「脅威（T）」をキーワードとするフレームワークで、以下のように4つの面に分けられています。自社の強み、不利な点、ビジネスチャンスのタイミング、ライバルや海外での活動における脅威など、さまざまなSWOTを切り口に、自社の現状把握に使いますが、仮説を立てるときのキーワードとしても利用できます。たとえば、課題を達成するためには「自社独自の○○というノウハウを生かせばよいのではないか」などと仮説を立てます。

● SWOT

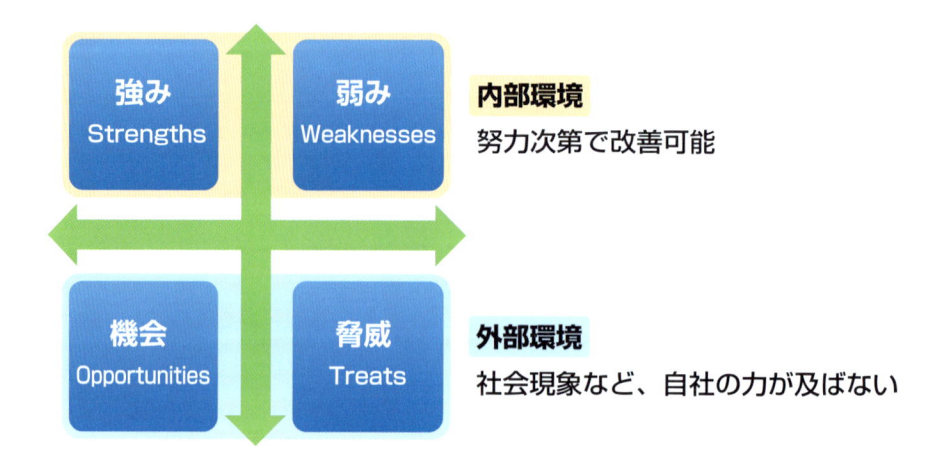

| 強み Strengths | 弱み Weaknesses | **内部環境** 努力次第で改善可能 |
| 機会 Opportunities | 脅威 Treats | **外部環境** 社会現象など、自社の力が及ばない |

MEMO　内部環境と外部環境

　図「SWOT」では、上半分のSとWを内部環境、下半分のOとTを外部環境に分けることができます。内部環境の強みと弱みは自社の努力で変化させられますが、外部環境の機会と脅威は社会現象などに左右されるため、自社の努力ではどうにもできません。

　しかし、外部環境はどうすることもできないからといって放っておくのではなく、過去のデータを使って予測分析を行ったり、起こる可能性の高さを確率的に分析したりして、来たる外部環境の変化に備えることができます。

　データ分析結果を内部環境と外部環境の面から読み解くと、次の一手を考える手がかりになります。

● **イシューツリー**

　イシューツリーは、仮説を検証するために必要なデータやデータ処理方法を構造化するのに役立つフレームワークです。構造化は、「なぜ?(どのように?)」の「問題／課題」の提起に始まり、「○○だからではないか?」と仮説を立て、仮説を検証するには「○○データが必要」であり、「○○分析」を行うという具合にツリー構造にします。

　以下は、課題「利益を○%アップする」ためのイシューツリーの例です。

●イシューツリー

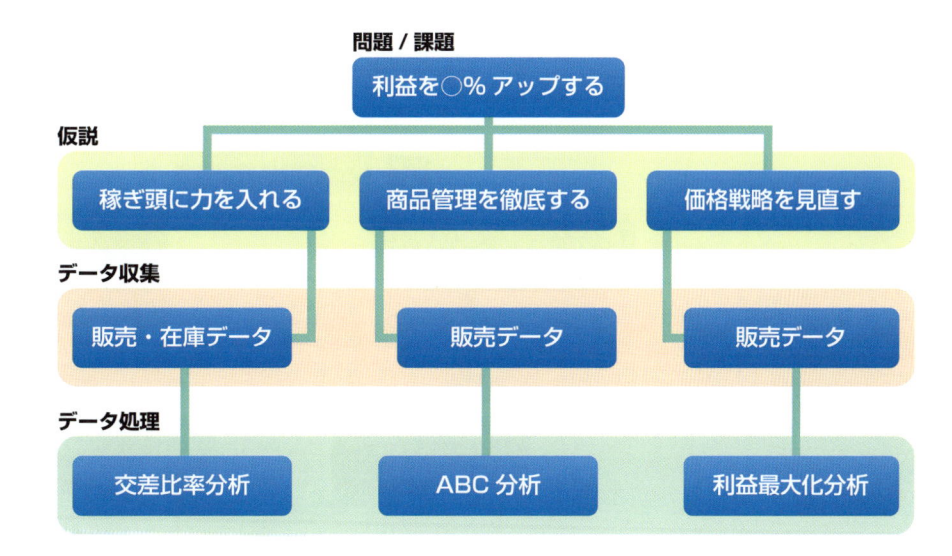

MEMO　無理に仮説を立てる必要はない

　データ分析を行うフレームワークの例としてPPDACサイクルを挙げましたが、必ずしも「計画」段階の仮説を実施する必要はありません。「問題／課題」には、仮説を必要とせず、すぐにデータを集めて、データ処理に取り組める場合もあるためです。

02 本書におけるデータ分析の進め方

本書では、PPDACサイクルを念頭に解説しますが、サイクル内の要素1つ1つを細かく取り上げることはしません。ただし、PPDACサイクルの本質である問題または課題の提起、実践、振り返りは意識しながら進めます。

▶ PPDACサイクルと本書の対応

　PPDACサイクル内の「データ収集」は第2章でデータの集め方や整え方などについて取り上げ、第3章以降は「用意するビジネスデータ」として紹介します。また、「データ処理」で実践するExcelの操作のうち、頻繁に利用するグラフについては、第2章で基本操作を紹介します。

●PPDACサイクルと本書のデータ分析

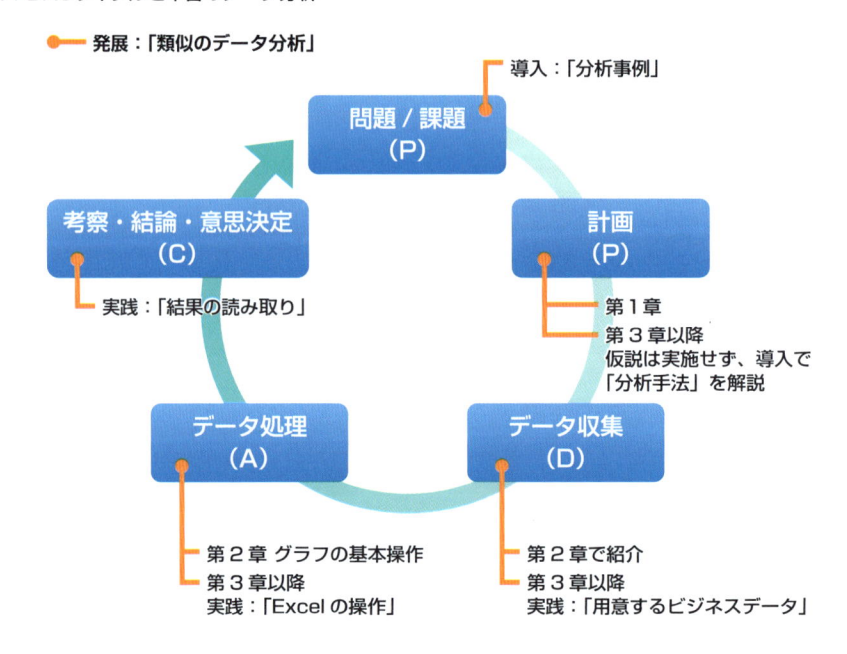

　第3章以降の各節は大きく「導入」「実践」「発展」に分かれており、「導入」でPPDACの「問題／課題」に相当する「分析事例」と、分析手法や分析の着目ポイントなどを解説します。「実践」は主にExcelの操作、「発展」は分析手法などについて、「導入」よりも掘り下げた内容を記載しています。

▶本書では、PPDACサイクルを念頭におくが、データ分析を実施するためのフレームワークはPPDACに留まらない。Plan-Do-Check-ActionのPDCAサイクルやQCストーリーのステップなどさまざまだが、問題／課題（目的）→実践→振り返りは共通している。

CHAPTER 02

ビジネスデータの収集と加工

分析に利用するデータは、まずは、あるもので間に合わせるのが基本です。すでにあるデータは、分析の目的にぴったり合いませんから、取捨選択したり、加工したりする必要があります。また、データを使う前にはきれいにクリーニングします。本章は、データの集め方と加工のしかた、クリーニング方法を中心に解説します。なお、グラフの基本も解説しますので、第3章以降のグラフ編集は、本章を参考にしてください。

01 データを効率よく集める

データはさまざまな目的を持って収集・蓄積されていますが、自分の目的にぴったり合うデータは、過去に全く同じ目的で収集されていない限りありません。目的にぴったり合うデータが欲しければ、新たに収集するしかありません。しかし、費用と時間がかかりすぎるのは明白ですから、過去に収集されたデータを効率よく集め、自分の目的に合わせて加工して使うのが定石です。ここでは、データ収集のポイントとデータの加工方法を中心に解説します。

導入 ▶ ▶ ▶

事 例 「商品Aの売り上げの落ち込みの原因が知りたい」

　発売から2年が経過した商品Aは、外国人観光客にも人気の商品ですが、このところ、売り上げが低下しているとの報告を受けました。どのようなデータを集めれば、売り上げが落ち込んだ原因を把握できるでしょうか。

▶ 集めやすいデータから集める

　○○データと○○データと列挙し始める前に、まずは、データの集めやすさを把握しておきます。

　データは大別すると、一次データと二次データに分かれます。データを集めるときは、二次データから集め、必要なときに一次データを集めます。

● ①一次データ

　目的に沿って新たに収集されるデータです。

　メリットは、自分の目的にぴったり合うデータが入手できることです。デメリットは、収集にかかる時間とコストです。具体的なデータとして、目的に合わせたアンケートデータがあります。

● ②二次データ

　他の目的によって、既に収集済みのデータです。具体的には、日常業務の中で常に収集されている自社の販売データや顧客データなどがあります。自社内部で収集されるため、内部データとも呼ばれます。自社以外では、官公庁や自治体の統計データ、業界団体の統計データ、調査会社が収集するデータなどがあります。外部から調達するデータなので外

▶二次データは一次データと比較して費用面でも有利である。官公庁や自治体の統計データは、ダウンロード時の通信費程度で済む。また、提供されるデータ形式はPDFのほかExcelも多く、データ処理にとっても都合がよい。

部データとも呼ばれます。

　メリットは、すぐに収集できることです。内部データはもとより、外部データもインターネットの普及で簡単に入手できるようになっています。

　デメリットは、自分の目的にぴったり合っていないことです。

▶ やみくもに集めない

　自社内に蓄積されている二次データ（以降は「データ」と記す）だけでも相当な数があると推察されますが、今は、インターネット検索で外部データにもアクセスしやすい時代です。つまり、集めようと思えば、いくらでも集められるため、気が付いたら、何から手を付けていいかわからない状態に陥っている可能性があります。

　そこで、売り上げ落ち込みの原因として考えられることにあたりを付け、考えられる原因を検証するデータに絞ります。原因を考える際は、ピラミッドを使うと、収集するデータの絞り込みに役立ちます。

　ピラミッドの頂点に分析の目的を据え、考えられる要因、要因を検証するデータと展開していきます。なお、目的の答えになりそうなことにあたりを付けることを仮説といいます。

仮説
▶分析の目的の答えになりそうなことにあたりを付けること。→P.6

▶右図のピラミッドはイシューツリーとも呼ばれている。→P.7

●ピラミッド

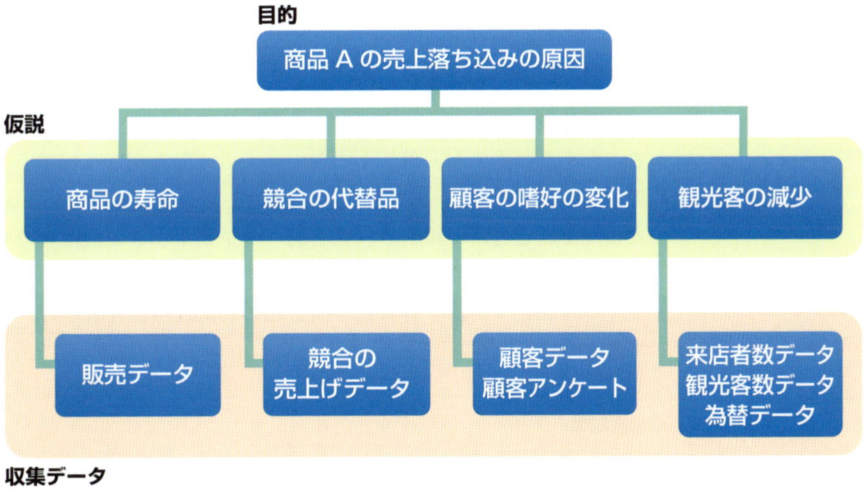

図「ピラミッド」より、どんなデータが必要なのかが絞られてきたら、すぐに集められるデータを優先して収集します。上図の場合は、販売データ、顧客データ、来店者数データといった内部データを集め、次に刊行物として入手できそうな観光客数データ、為替データを集めます。すべて集まらなくても、集まったデータだけでできる仮説の検証を始めます。事例の場合は、仮説「商品の寿命」と「観光客の減少」の検証を行います。仮説が検証できれば、収集に手間と費用がかかりそうな競合の売り上げデータや顧客アンケートは必要なくなるので、データ分析全体にかかる時間とコストが節約できます。

▶SNSの普及やアンケートアプリなどにより、アンケートを取ること自体は以前より手軽になりつつあるが、どんなアンケートにするかというアンケート設計には時間がかかる。

もちろん、いつも上述のようにうまくいくとは限りませんが、少なくとも検証した仮説に「×」付けて消すことができ、仮説の絞り込みに寄与します。最終的に、一次データの新たな取得に迫られた際にも、たんに「アンケートが必要だと思います。」ではなく、仮説検証の結果を説明した上でアンケートの収集が必要だと論理的に訴えることができます。

● データをふるいにかける

時間とお金をかけずに集めたデータは、そもそも別の目的で集められているため、自分に必要な項目と不要な項目が混ざっているのが普通です。また、データの中には、明らかに「変だ」「おかしい」と思える値が1つふたつ含まれているときがあります。

データをふるいにかけて取捨選択するときのポイントは次の2点です。

● ①最低限必要なデータより幅を持たせる

検証に必要な最低限のデータに絞り込むのではなく、少し幅を持たせます。集めたデータの根拠は仮説です。仮説はあくまでも予想に過ぎません。検証の過程で、捨ててしまったデータが必要になることもあるためです。

たとえば、商品Aの寿命を検証する場合、商品Aの販売データだけに絞るのではなく、同系列の商品の販売データも取っておきます。商品Aに後継品があり、後継品の売り上げと比較することで、商品Aの寿命についてより深く検討することができます。このほか、月次データが必要でも、週次、日次データまで幅を持たせて取っておくことで、仮説の修正に対処できる可能性が高くなります。

● ②必要に応じて外れ値を取り除く

外れ値は、明らかに他のデータと著しく異なるデータです。誤ったデータが混入していることもありますが、何らかの理由によって引き起こされている場合もあります。たとえば、売り上げが著しく落ち込んでいる日を見つけた場合、その日の出来事を調べたところ、たまたま周辺道路が規制されて店舗への主要ルートが絶たれていたといった具合です。

外れ値を見つけるには、散布図を描くのが効率的です。散布図で見つけた外れ値を取り除くべきかどうかは、外れ値を引き起こした理由と分析の目的に照らし合わせて適宜判断するようにします。

● 散布図

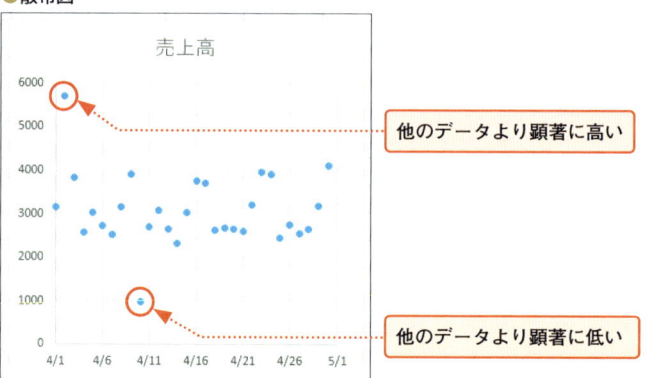

▶表記ゆれの見つけ方
と解消法はP.24参照。

MEMO　表記ゆれにも注意

　表記ゆれとは、「エキナカ」と「ｴｷﾅｶ」といった全角文字と半角文字の混在、「A001」と「a001」といった英字の大文字と小文字が混在した状態を指します。入力者は「エキナカ」も「ｴｷﾅｶ」も全く同じつもりでも、Excelは全く別のデータと認識するため、表記ゆれを放置したままデータ分析はできません。表記ゆれの有無はデータ入力のしかたに依りますが、入力方法が統一されていないファイルで、手入力しているデータを使う場合は、表記ゆれへの注意が必要です。

▶ データは自分で作る!?

　収集したデータをふるいにかけて必要な項目に絞っても自分用のデータにはなりません。そもそも収集したデータに、自分の必要とする項目が入っていないのが普通だからです。まさに、帯に短し、襷に長しといったところです。そこで、収集したデータを加工して新しいデータにします。具体的には次の4つの方法があります。

●①まとめる（集計する）

　収集したデータを決まった単位や基準で集計します。たとえば、分単位などで細かく上がってくる売り上げデータを日次データ、週次、月次、年次などにまとめます。ほかにも男女別、年代別といったまとめ方もあります。まとめたデータは、データのおおまかな動向を把握するのに便利です。

▶ピボットテーブルで集
計できる。→P.20、30

●集計：四半期別売上高

	A	B
1	期	売上高（千）
2	Q1	512,368
3	Q2	442,955
4	Q3	602,283
5	Q4	512,246
6	合計	2,069,852
7		

●②比率を求める

　通常、入手できるデータは、数字の0をベースにした大きさを表す値になっていて、あとから計算で求められるデータは採取されていません。計算で求める比率の代表例は売り上げ構成比です。ほかにも、1人当たりの売上高（客単価）、設備1台あたりの生産高などがあります。比率のメリットは、「○○あたりの」というように、人やモノ、時間といった単位をベースにするので、単純に数値の大きさ（絶対値）を比較するより、データの大小関係がより明確になることです。

絶対値
▶数値は、モノの量や
金額、また、気温、音
などあらゆる物事の性
質や価値などの表現に
利用されているが、数
値にプラスやマイナス
の方向性を持たせず、
大きさのみを表した値
のことを絶対値という。

●比率：客単価

▶比率は割り算で求められる。右図では、売上高／延べ来客数を計算し、来客1人あたりの売上高（客単価）を計算している。

	A	B	C	D
1	期	売上高（千）	延べ来店者数	客単価(千)
2	Q1	512,368	158,620	3.230
3	Q2	442,955	138,635	3.195
4	Q3	602,283	181,235	3.323
5	Q4	512,246	162,681	3.149
6	合計	2,069,852	641,171	3.228
7				

● ③分解する

　入手したデータがすでに集計されている場合は、他のデータと組み合わせるなどしてデータを分解します。たとえば、売り上げデータと来店者数データを突き合わせて、性別、年代別の売上高に分解したり、既存顧客と新規顧客の売上高に分解したりします。データをまとめる場合は、データ全体のおおまかな動向がわかりますが、分解の場合は、全体の中に埋もれている動向を浮き彫りにすることが期待できます。

●分解：四半期別-店舗別売上高

▶ピボットテーブルで分解できる。→P.30

	A	B	C	D	E
1	期	A店	B店	C店	売上高（千）
2	Q1	213,365	162,655	136,348	512,368
3	Q2	192,256	112,622	138,077	442,955
4	Q3	246,621	208,756	146,906	602,283
5	Q4	202,215	175,684	134,347	512,246
6	合計	854,457	659,717	555,678	2,069,852
7					

● ④定性データを定量化する

　定性データとは質的データ、または、文字データのことです。代表的な定性データの例はアンケートの良い、普通、悪いといった評価です。評価などの順序性のある定性データは、良いを3、普通を2、悪いを1に数値化することができます。ほかにも、アンケートの感想欄などから、気になるワードを抜き出し、同義のワードをまとめて数えると、ワードの出現回数として定量化できます。

●定量化：評価の定量化

▶天気情報を定量化する。→P.15

	A	B	C	D	E	F	G
1	回答No	性別	評価	定量化			
2	1	1	良い	3		平均評価	2.2
3	2	0	良い	3			
4	3	0	普通	2			
5	4	0	悪い	1			
6	5	1	普通	2			
7							

実践 ▶ ▶ ▶

事 例 「天気データをデータ分析に使いたい」

店舗Aの店長X氏は、仕入れの効率化を目的に、天気の売り上げへの影響が知りたいと考えています。売り上げと天気の関係を知るには、販売データと気象データが必要です。そこで、販売データは本部から、気象データはインターネット検索で入手し、日付で突き合わせました。次に、天気「晴れ」「曇り」「雨」の定性データを定量化する必要があります。どのように定量化すればいいでしょうか。

●目次販売データ

	A	B	C	D	E
1	日付	曜日	売上高(千円)	来店者数	天気
2	8/25	火	2,845	1,255	曇り
3	8/26	水	2,644	1,008	雨
4	8/27	木	3,544	1,566	曇り
5	8/28	金	2,741	1,422	曇り
6	8/29	土	4,922	1,402	雨
7	8/30	日	4,822	1,388	雨
8	8/31	月	3,425	1,922	曇り
9	9/1	火	2,454	922	雨
10	9/2	水	3,455	1,836	曇り
11	9/3	木	3,122	1,704	曇り
12	9/4	金	2,645	1,455	曇り
13	9/5	土	5,526	2,267	曇り
14	9/6	日	6,023	2,355	曇り
15	9/7	月	2,924	1,056	雨
16	9/8	火	2,166	838	雨
17	9/9	水	2,845	1,088	雨
18	9/10	木	2,448	926	雨
19	9/11	金	2,544	1,577	晴れ

▶ 天気情報を定量化する

定性データの定量化は、アンケート評価のように、ある程度等間隔と認められ、大小比較ができるデータに有効です。一方、曜日の「月」「火」「水」…、性別の「男性」「女性」、天気の「晴れ」「曇り」「雨」などの定性データは、大小比較できるデータではありません。

数字を付してもラベルの意味しか持たない定性データの定量化方法は次のとおりです。

●①定性データの要素名で列項目を作り、「要素名であるかどうか」という真偽を1と0で表す

事例の場合、天気データの「晴れ」項目を作り、天気データが「晴れ」なら「1」、「曇り」や「雨」なら「0」に振り分けます。

●②定性データの要素名で作成する列項目は、要素名の中からいずれか1つを除外(削除)する

天気データの要素は「晴れ」「曇り」「雨」の3要素ですが、このうち任意の2要素を選択して列項目にします。

▶要素名を1つ除外するのは、データの冗長性を排除するためである。
→P.17

上記①の1と0の振り分けは、IF関数を使います。

IF関数 ➡ 条件によって処理を2つに分ける

書　式	=**IF**(論理式, 真の場合, 偽の場合)
解　説	比較式による条件を論理式に指定し、条件が成立するときは真の場合、成立しないときは偽の場合を実行します。

天気情報を1と0に振り分ける

●セル「F2」に入力する関数

F2	=IF($E2=F$1,1,0)

▶セル参照の絶対参照と複合参照は、F4を押して切り替える。

❶ 要素名の列項目を用意しておく

❷ セル「F2」にIF関数を入力する

F2　　　×　✓　fx　=IF($E2=F$1,1,0)

	A	B	C	D	E	F	G	H
1	日付	曜日	売上高(千円)	来店者数	天気	晴れ	曇り	雨
2	8/25	火	2,845	1,255	曇り	0	1	0
3	8/26	水	2,644	1,008	雨	0	0	1
4	8/27	木	3,544	1,566	曇り	0	1	0
5	8/28	金	2,741	1,422	曇り	0	1	0
6	8/29	土	4,922	1,402	雨	0	0	1
7	8/30	日	4,822	1,388	雨	0	0	1
8	8/31	月	3,425	1,922	曇り	0	1	0
9	9/1	火	2,454	922	雨	0	0	1

❸ オートフィルでセル「H33」までコピーする

天気情報の要素名を1つ除外する

▶手順❶では削除するが、別の場所に移動させてもよい。

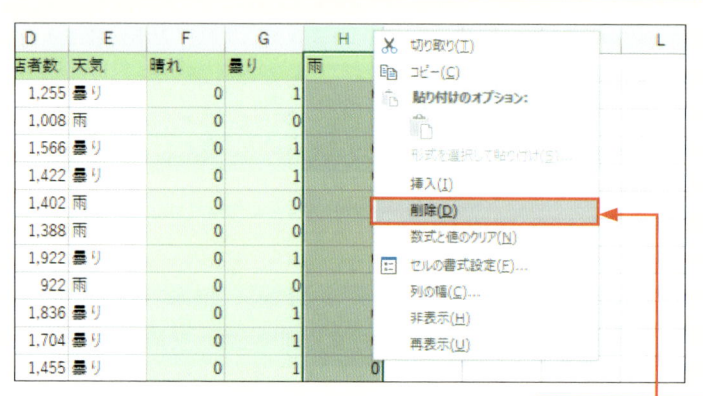

D	E	F	G	H			L
店者数	天気	晴れ	曇り	雨			
1,255	曇り	0	1		✂ 切り取り(T)		
1,008	雨	0	0		▤ コピー(C)		
1,566	曇り	0	1		▤ 貼り付けのオプション:		
1,422	曇り	0	1		▤		
1,402	雨	0	0		形式を選択して貼り付け(S)...		
1,388	雨	0	0				
1,922	曇り	0	1		挿入(I)		
922	雨	0	0		削除(D)		
1,836	曇り	0	1		数式と値のクリア(N)		
1,704	曇り	0	1		▦ セルの書式設定(F)...		
1,455	曇り	0	1	0	列の幅(C)...		
					非表示(H)		
					再表示(U)		

❶ 3つの定性データのうち、1列削除する。ここでは、「雨」の列「H」を右クリックし、【削除】をクリックする

	A	B	C	D	E	F	G	H
1	日付	曜日	売上高(千円)	来店者数	天気	晴れ	曇り	
2	8/25	火	2,845	1,255	曇り	0	1	
3	8/26	水	2,644	1,008	雨	0	0	
4	8/27	木	3,544	1,566	曇り	0	1	
5	8/28	金	2,741	1,422	曇り	0	1	
6	8/29	土	4,922	1,402	雨	0	0	
7	8/30	日	4,822	1,388	雨	0	0	
8	8/31	月	3,425	1,922	曇り	0	1	
9	9/1	火	2,454	922	雨	0	0	
10	9/2	水	3,455	1,836	曇り	0	1	
11	9/3	木	3,122	1,704	曇り	0	1	

❷「雨」列が削除された。要素の冗長性が排除された

MEMO　複合参照を使いたくない場合

　絶対参照や複合参照は、セルへの入力を効率化するためのテクニックです。複合参照がわかりにくい場合は、セル「F2」と「G2」に次のように入力し、オートフィルでコピーします。

セル「F2」　=IF(E2="晴れ",1,0)
セル「G2」　=IF(E2="曇り",1,0)

▶関数の引数に文字列を指定するときは、前後を「"(半角のダブルクォーテーション)」で囲む。

発展 ▶ ▶ ▶

▶ データの冗長性を排除する

　成年か未成年かどうかを「1」「0」に振り分ける場合、片方がわかればもう一方も決まるので、「成年」「未成年」を両方とも列項目にする必要はありません。「成年」の1項目で十分です。

●データの冗長性：性別の場合

氏名	成年	未成年
青田　哲也	1	0
伊藤　美樹	0	1
岡本　小百合	0	1

氏名	成年
青田　哲也	1
伊藤　美樹	0
岡本　小百合	0

　別のみかたをすると、「成年」「未成年」のどちらかが「1」になるので、合計は必ず1になります。

CHAPTER 01
CHAPTER 02
CHAPTER 03
CHAPTER 04
CHAPTER 05

「成年」＋「未成年」＝1

同様に、天気にも当てはめます。

「晴れ」＋「曇り」＋「雨」＝1

3つの定性データのうち、2つを「1」と「0」で識別すれば、合計が1になるように、残り1つは自動的に決まります。

▶ 定性データの振り分けに使う1と0

定性データでは、定性データの要素名で列を作り、「要素である」(Yes)を「1」、「要素でない」(No)を「0」に振り分けました。しかし、1と0はYes／Noに付したラベルではないかとの疑問が残ります。確かに1と0はラベルですが、計算が可能になる大変都合の良いラベルです。

1と0の列データを合計すると合計件数になります。また、1は何回かけても1、0は何をかけても0になります。よって、列データが1だけで構成されているのか、0を含んでいるのかは、列データをすべてかけてみればわかります。

1と0の列データを合計する例として、「晴れ」の列データを足すと、晴れの日の日数が求められます。また、1と0の列データを掛け算する例として、すべて「Yes」か、少なくとも1件以上「No」があるかどうかがわかります。

Column　データの種類

データの種類は、分類のしかたによってさまざまです。データを見る視点が変わると種類も変わるためです。以下にデータの種類をまとめます。

●データの種類

視点	データの種類	関連ページ／補足
データの集めやすさ	一次データ 二次データ ┬ 内部データ 　　　　　└ 外部データ	→P.10
計算できるかどうか	質的データ（文字データ） 量的データ（数値データ）	→P.14、15
時間に関係するかどうか	時系列データ クロスセクションデータ	時系列：成長記録、気温データ クロスセクション：顧客データ、住所データ

▶時系列データはデータの推移を分析するのに利用され、データの並び順は重要である。クロスセクションデータは、データ1件ごとに完結しており、データの並び順を変更しても表の意味が損なわれない。

02 データ分析でよく使う Excelの機能

データ分析の目的に合わせて収集したデータの整理、整形、および、データ処理にExcelは欠かせないツールです。ここでは、データ分析で頻出するExcelの4大機能の概要と、分析過程のどのタイミングで主にどんな機能を使うのか、PPDACサイクルとの位置づけとともに解説します。

導入 ▶ ▶ ▶

▶ PPDACサイクルとExcelの関係

データ分析で頻出する4大機能は、グラフ、ピボットテーブル、関数、分析ツールです。Excelの機能とPPDACサイクルとの位置関係は概ね次のとおりです。主に、「D（データ収集）」と「A（データ処理）」で利用します。

PPDACサイクル →P.5
▶右図は、出発点の「P」を左に90度傾けている。

▶データをふるいにかける→P.12

▶データは自分で作る!?
→P.13

● PPDACサイクルとExcel機能

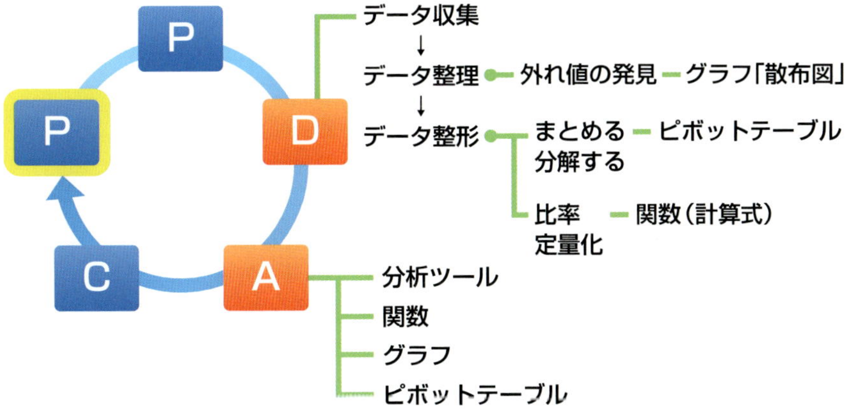

- データ収集
  - ↓
- データ整理 ● 外れ値の発見 ― グラフ「散布図」
  - ↓
- データ整形 ● まとめる ― ピボットテーブル
  - 分解する
  - 比率 ― 関数（計算式）
  - 定量化
- 分析ツール
- 関数
- グラフ
- ピボットテーブル

上の図より、Excelはデータ分析を遂行する上での役割の一端を担っているのであり、Excelが使えても分析の答えは出ないことを確認しておきます。

ここでいう分析の答えとは、「P（問題／課題）」で設定された問題の原因がわかること、または、課題を達成するための方策が立つことです。

Excelが出力する結果は、分析の答えを導くヒント、もしくは、導いた答えの根拠です。

実践 ▶ ▶ ▶

▶ データ分析で頻出するExcelの4大機能と役割

▶ほかの機能が必要に
なる場合は当然あり、
言い出せば切りがない。
ここでは、よく使うと
いう意味で取り上げる。

データ分析の流れに沿って利用されるExcelの4つの機能と主な役割は次のとおりです。

● ①グラフ

グラフの役割は、データの図解化です。大量の数字をただ眺めていても何もつかめませんが、グラフにして図解することで、データの傾向や特徴を把握したり、外れ値などの特異点を発見したりできます。グラフの中でもよく使うのは、散布図と散布図に引く近似曲線です。近似曲線は、データの傾向を数式化し、数式をもとにデータ予測を行うのに役立ちます。

● 散布図と近似曲線

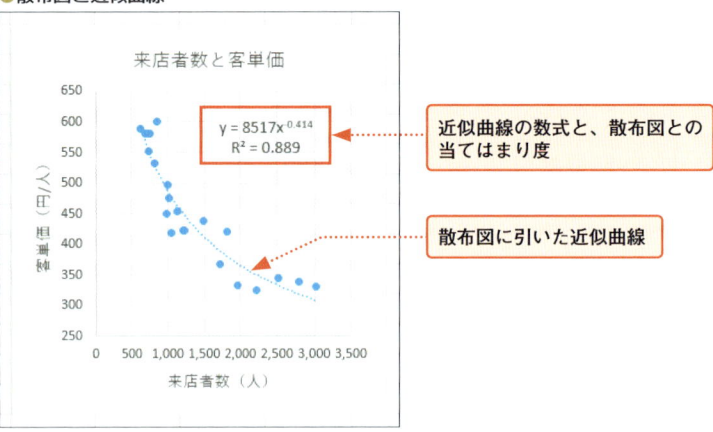

● ②ピボットテーブル

入手するデータの多くはリストです。ピボットテーブルは、リスト形式のデータから、縦横に項目名のある集計表をわずかな時間で簡単に作成できるツールです。たんに、データをまとめるだけでなく、集計表の項目を入れ替えたり、項目の内訳を表示してデータを分解したりと、データを多面的に捉えるための機能も備えています。

リスト
▶先頭行の列見出しに沿って入力された縦長の一覧表のこと。

●リスト

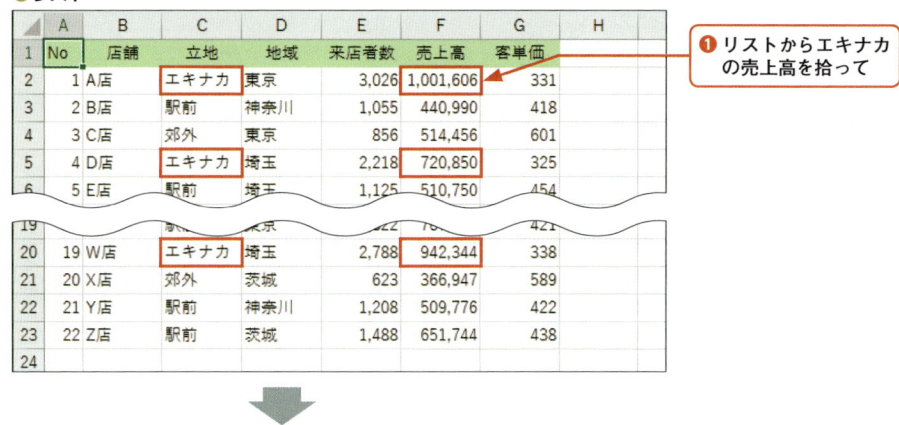

❶ リストからエキナカの売上高を拾って

❷ エキナカの合計売上高が集計される

●ピボットテーブル

立地	合計／売上高	合計／来店者数	平均／客単価
エキナカ	4,814,876	14,228	340
駅前	4,824,720	10,932	444
郊外	2,991,091	5,213	574
総計	12,630,687	30,373	457

● ③関数

　関数と聞くと、中学時代の数学をイヤな気持ちで思い出す方もいると思いますが、Excelの関数は、「材料を投入すれば、あとは全自動で出来上がり」という比喩がぴったりの便利機能です。計算に必要なデータを指定すればすぐに結果が表示されるため、関数はデータ処理にかける時間の節約に大きく貢献します。データ分析でよく使う関数は次のとおりです。

▶セルに表示される値は、関数（数式）の結果である。元のデータを変更すると、再計算され値が更新される。

●データ分析でよく利用する関数

利用目的	使用する主な関数
データを整える	ASC、JIS、TRIM
データの特徴を把握する	AVERAGE、MEDIAN、MODE、STDEV
データの関係性を知る	CORREL
データを予測する	FORECAST、TREND
データから投資判断をする	NPV、IRR

● ④分析ツール

　関数と同様に、要求されたデータを指定すればすぐに結果が表示される便利機能です。関数の多くは、投入したデータに対して出力される結果は1つ（1種類）であるのに対し、

分析ツールは、投入したデータから読み取れる指標を一気に表示します。

●分析ツール「回帰分析」の結果

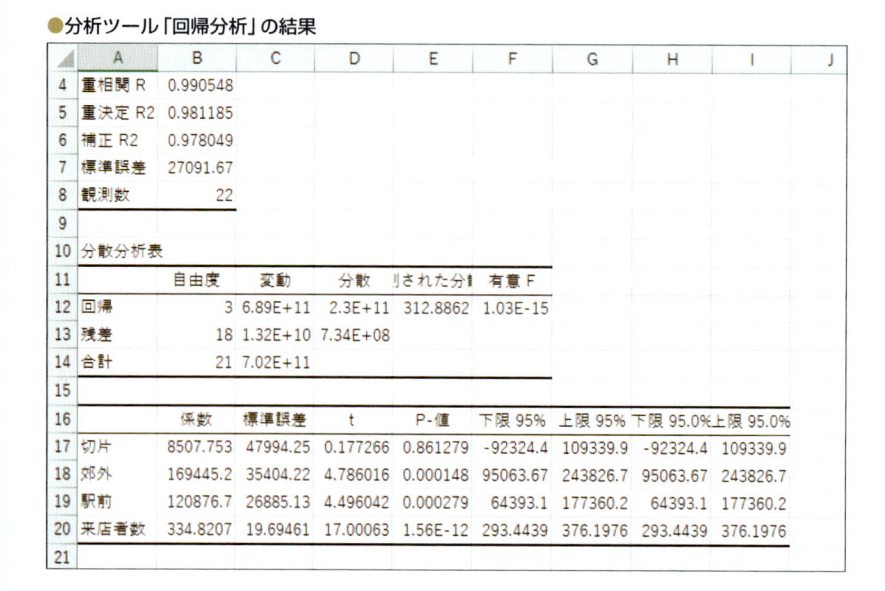

▶出力される結果は値として書き出される。元のデータを変更する場合は、再度分析ツールを実行する必要がある。

▶各指標の意味や読み取り方は、第4章以降の回帰分析で解説する。

発展 ▶ ▶ ▶

▶ データ分析機能

Excelには、4大機能のほかにもデータ分析に使える機能が用意されています。以下はソルバーという最適解の組み合わせを求める機能です。

● ソルバー

複数の制約条件を満たし、目標に近い最適値の組み合わせを求めます。たとえば、所持金1万円で、販売価格の異なる3種類の商品を、いずれも最低5個以上15個以内の範囲でできるだけ多く購入するときの商品個数の組み合わせを求めることができます。

▶目標はできるだけ多くの商品を買うことであり、制約条件は、購入金額が1万円以内であること、3種類とも5個以上15個以内で買うことである。また、商品個数は整数に限定する必要がある。

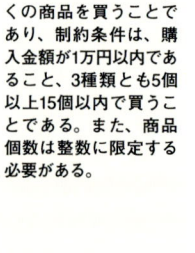
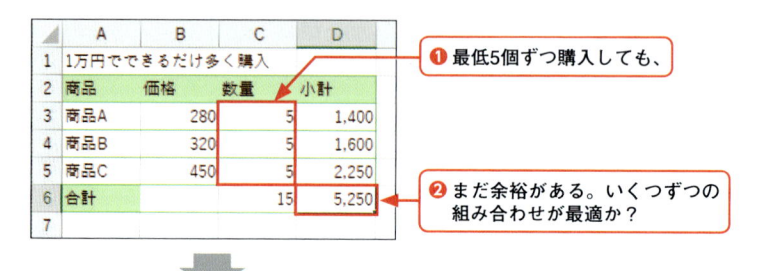

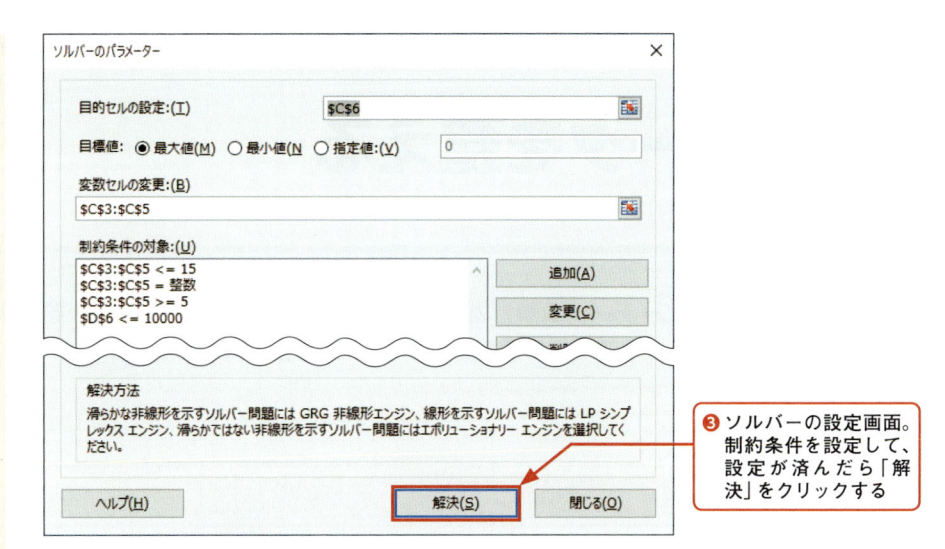

▶ソルバーを利用した分析は、P.118で紹介している。

❸ソルバーの設定画面。制約条件を設定して、設定が済んだら「解決」をクリックする

❹制約条件を満たす最適な組み合わせが表示される

▶ データ入力補助機能

　Excelでは、表記ゆれを未然に防ぐための「入力規則」機能があります。指定した範囲のデータ入力方法について、日本語入力のオン／オフの切り替え、入力可能な文字数などを指定できます。本書では取り上げませんので、興味のある方は、市販のExcelの解説書をご覧ください。

▶右図は、セルに入力する文字数を8文字に限定している設定画面。郵便番号の入力などに便利。

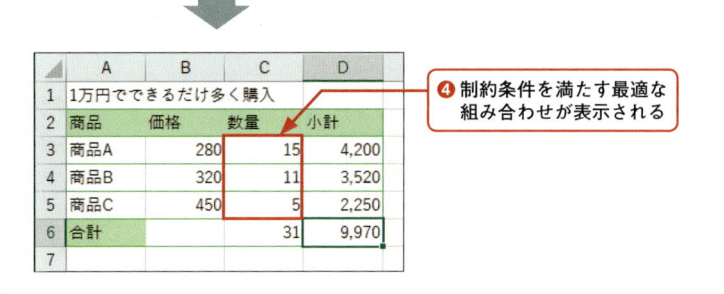

03 データを整える

PPDACサイクルの「D（データ収集）」を念頭に、散布図やピボットテーブルを使って、収集した
データを整えましょう。ここでは、表記ゆれチェックから行います。

導入 ▶ ▶ ▶

事例 「入手したデータを安心して使いたい」

　　家電販売店のPC企画部門に所属するB氏は、テコ入れが必要な店舗があるかどうかを調べるため、3
か月分の売り上げデータを入手しました。早速、店舗別の売上高を集計したいところですが、売り上げデ
ータは、各店舗で手入力されているため、データ入力のしかたやデータそのものに誤りがあるのではない
かと心配です。なぜなら、同じデータの中に、半角文字と全角文字、英字の大文字と小文字、不要な空白
が混ざっていると、入力者の意図に反し、すべて別データとして扱われるからです。

　　店舗ごとの売上高をまとめる前に入手したデータを安心して使えるようにするにはどうすればいいで
しょうか。

●3か月分の売り上げデータ

	A	B	C	D	E	F	G	H	I	J
1	No	日付	曜日	商品分類	店舗名	出店形態	販売価格	数量	売上高	特記事項
2	1	2015/10/1	木	SSD	上野B	SC	12,800	1	12,800	
3	2	2015/10/1	木	ディスプレイ	池袋	路面店	28,000	1	28,000	
4	3	2015/10/1	木	デスクトップPC	上野B	SC	100,000	2	200,000	
927	926	2015/12/30	水	ノートPC	三郷B	SC	135,000	6	810,000	
928	927	2015/12/30	水	ハードディスク	船橋	SC	11,800	2	23,600	
929	928	2015/12/30	水	ハードディスク	三郷A	路面店	11,800	1	11,800	
930	929	2015/12/30	水	ハードディスク	上野B	SC	11,800	8	94,400	
931	930	2015/12/30	水	ハードディスク	池袋	路面店	11,800	6	70,800	
932										

▶ 入手したデータを整える

入手したデータを整理・整形する順序は概ね次のとおりです。

①フィルター機能で表記ゆれチェックを行う
②散布図で外れ値の確認と外れ値の取り扱い方を決める
③ピボットテーブルでデータをまとめる／分解する

④コピー＆ペーストで、ピボットテーブルで作成した表を値に書き出す

● 表記ゆれチェック

表記ゆれが発生しないしくみが確立している内部データは、①の表記ゆれチェックは基本的に不要です。外部から調達したデータは、外部の種類によりますが、表記ゆれチェックをします。

また、表記ゆれチェックは、入力データの確認ができるので、集めたデータがどのように入力されているのかをざっと見ておきたい場合にも利用できます。

▶データ情報サービス会社など、データを専門に扱う外部から調達する場合は、表記ゆれチェックは基本的に不要である。

● 値の書き出し

ピボットテーブルは、データの集計や分解が数分でできるので大変便利ですが、ピボットテーブルのまま、データ処理に使うには不便です。ピボットテーブルで自分の目的のデータが得られたら、コピー＆ペーストで値として書き出して通常の表に変換し、データ処理に進みます。

実践 ▶ ▶ ▶

▶ データをクリーニングする

表記ゆれの確認と修正を行います。

サンプル
2-02

フィルターを設定し、データを確認する

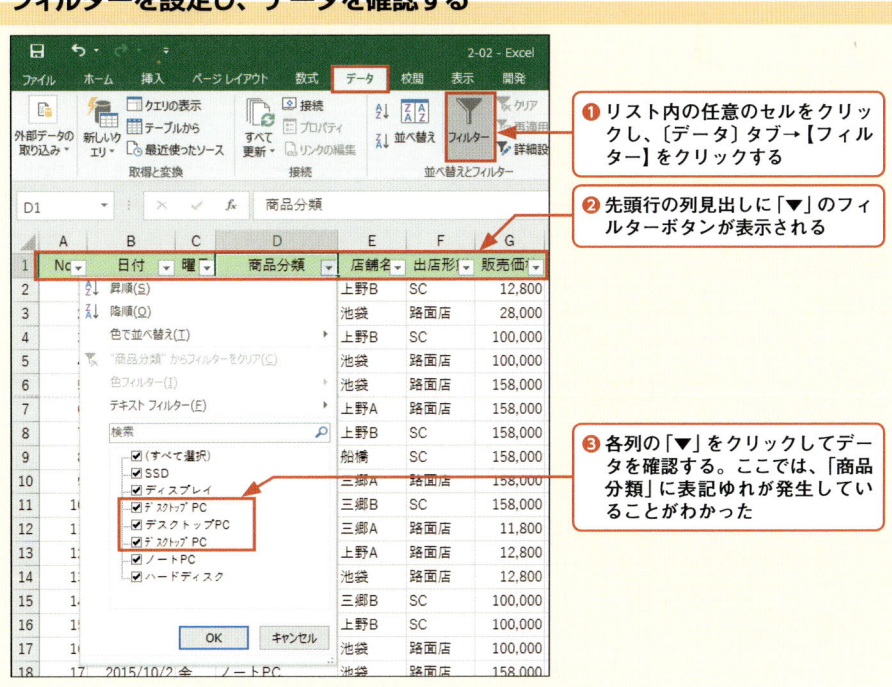

❶ リスト内の任意のセルをクリックし、〔データ〕タブ→【フィルター】をクリックする

❷ 先頭行の列見出しに「▼」のフィルターボタンが表示される

❸ 各列の「▼」をクリックしてデータを確認する。ここでは、「商品分類」に表記ゆれが発生していることがわかった

▶「▼」をクリックして表示されるデータを各列の「データ要素」という。何百行、何千行とデータが入力されていても、「データ要素」のどれかが入力されていることを示している。

CHAPTER 01　CHAPTER 02　CHAPTER 03　CHAPTER 04　CHAPTER 05

表記ゆれデータを抽出し、正しいデータに修正する

▶「(すべて選択)」は、クリックするごとにデータ要素の選択と解除が切り替えられる。ここでは、全角の「デスクトップPC」に統一する。

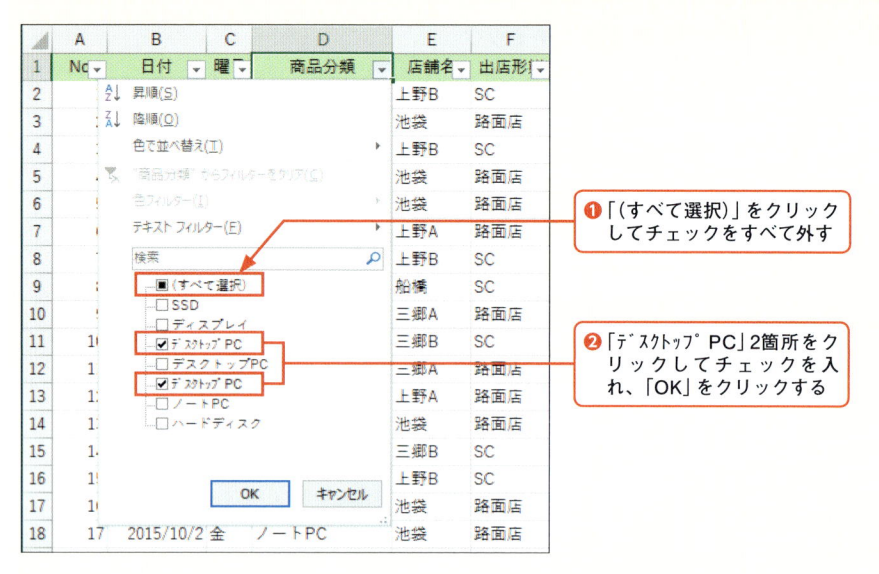

❶「(すべて選択)」をクリックしてチェックをすべて外す

❷「デスクトップPC」2箇所をクリックしてチェックを入れ、「OK」をクリックする

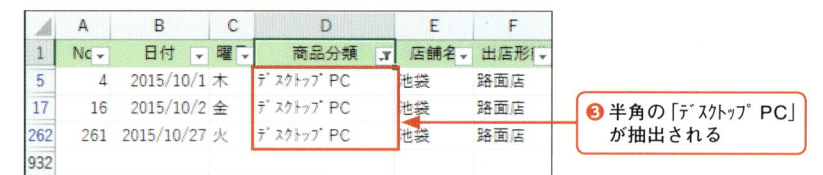

❸ 半角の「デスクトップPC」が抽出される

▶関数を使って表記ゆれを解消する方法もある。→P.36

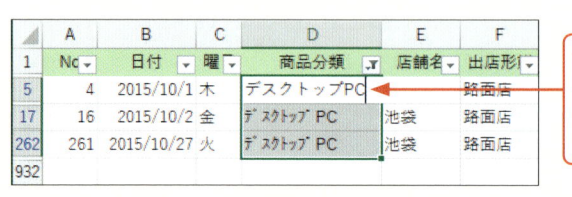

❹ 抽出された「デスクトップPC」(ここでは3個分のセル)をドラッグで選択し、「デスクトップPC」と入力して[Ctrl]+[Enter]を押す

❺ 全角の「デスクトップPC」に変更される

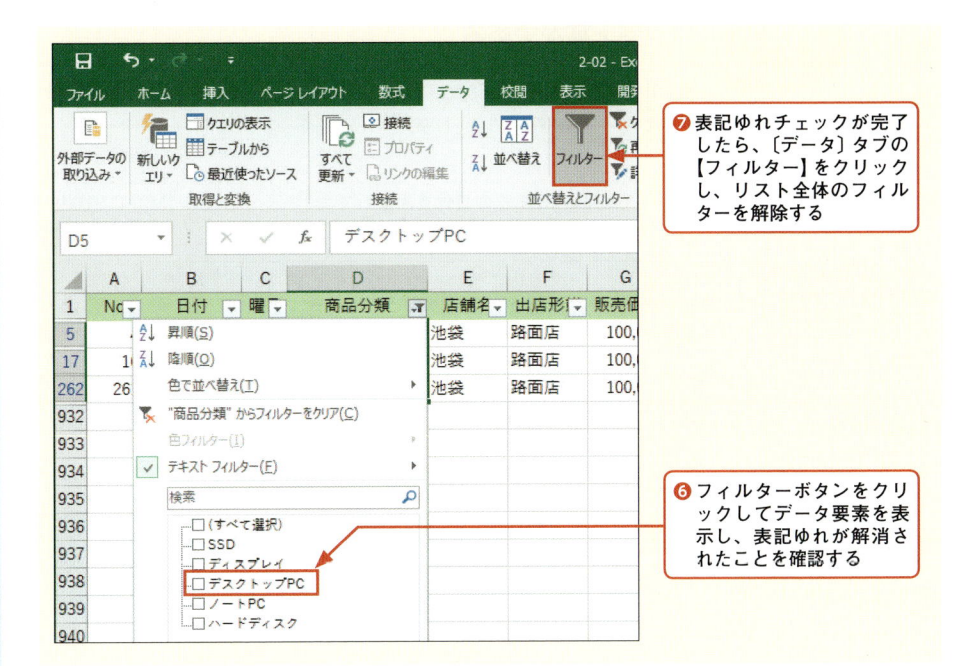

▶抽出した列のフィルターのみ解除したい場合は、【(列見出し)からフィルターをクリア】をクリックする。

❼ 表記ゆれチェックが完了したら、〔データ〕タブの【フィルター】をクリックし、リスト全体のフィルターを解除する

❻ フィルターボタンをクリックしてデータ要素を表示し、表記ゆれが解消されたことを確認する

 全く同じに見える2つの「ﾃﾞｽｸﾄｯﾌﾟ PC」の違い

　全く同じに見える2つの「ﾃﾞｽｸﾄｯﾌﾟ PC」ですが、Excelが別のデータであると認識したのは、余分な空白があったためです。

　「ﾃﾞｽｸﾄｯﾌﾟ PC」と「ﾃﾞｽｸﾄｯﾌﾟ PC　」(末尾に1文字空白あり)だったのです。たったこれだけで?と思うかもしれませんが、空白スペースも立派な文字列です。データ入力後に何となく space を叩いてしまうクセがある人は要注意です。

実践 ▶▶▶

▶ 売上日と売上高の関係を調べる

　「変だ」「おかしい」と感じるデータがあるかどうか、売上日と売上高の関係を示す散布図を描いて確かめます。ただし、収集したデータは、複数の店舗ごと、商品分類ごとに細かく分かれており、現状のまま散布図を描いても900以上の点が一斉に表示されてしまうため、日次売上高にまとめてからグラフにします。

　日次売上高にまとめるにはSUMIF関数を利用します。

SUMIF関数 ➡ 条件に合うデータを合計する

書　式	=**SUMIF**(範囲, 検索条件, 合計範囲)
解　説	検索条件を範囲で検索し、条件に一致する行の合計範囲のデータを合計します。

日次売上高を求める

広範囲のセル選択
▶範囲の先頭のセルをクリックし、[Shift]+[Ctrl]+方向キーを押す。セル範囲「B2:B931」の場合は、セル「B2」をクリックし、[Shift]+[Ctrl]+[↓]を押す。

オートフィル
▶縦に長くオートフィルする場合は、フィルハンドルをダブルクリックする。隣接するデータの末尾行(ここでは、L列の日付データの末尾行)までコピーできる。

●セル「M2」に入力する関数

| M2 | =SUMIF($B$2:$B$931, L2, $I$2:$I$931) |

❶ L列に1日単位の日付を用意しておく(ここでは、10/1から3か月分)

❷ セル「M2」にSUMIF関数を入力し、オートフィルでセル「M93」までコピーする

	B	I	J	K	L	M	N	O	P
1	日付	売上高	特記事項		日付	売上高			
2	2015/10/1	12,800			2015/10/1	=SUMIF($B$2:$B$931,L2,$I$2:$I$931)			
3	2015/10/1	28,000			2015/10/2	2,995,600			
4	2015/10/1	200,000			2015/10/3	3,832,600			
929	2015/12/30	11,800							
930	2015/12/30	94,400							
931	2015/12/30	70,800							
932									

日付と売上高の散布図を作成する

▶手順❶は、セル範囲「L1:M1」をドラッグし、[Shift]+[Ctrl]+[↓]を押すと効率よく選択できる。

▶手順❷は、バージョンによってボタン名が異なるが、同じデザインのボタンをクリックする。

❶ セル範囲「L1:M93」を範囲選択する

❷ 〔挿入〕タブの【散布図またはバブルチャートの挿入】から【散布図】をクリックする

❸ 散布図が挿入される

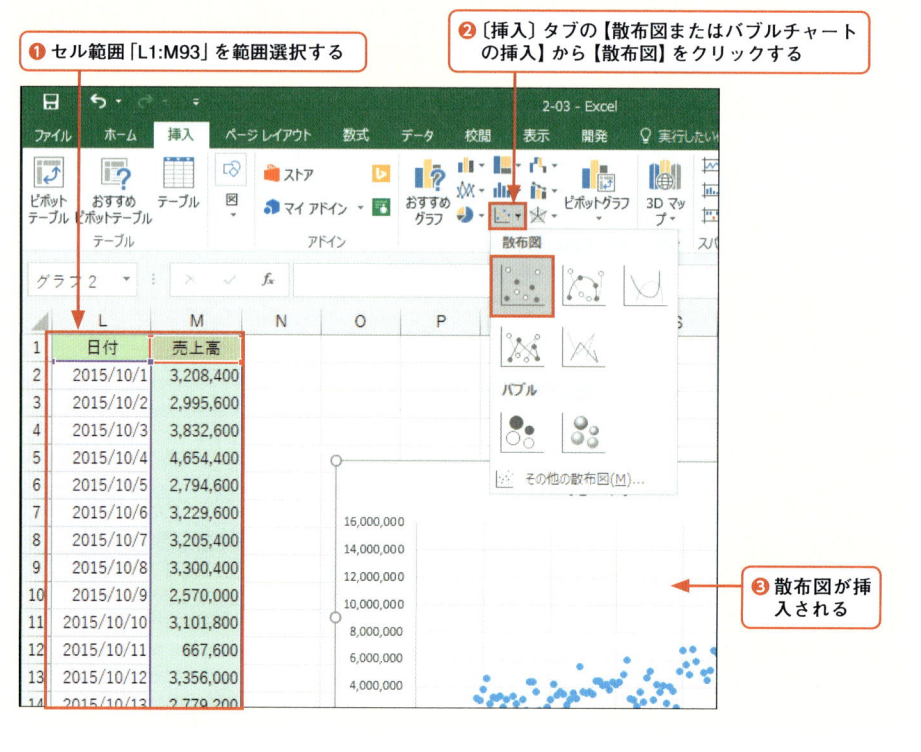

突出した値と原因を確認する

Excel2007/2010
▶縦目盛り線は表示されない。

▶散布図は縦横の目盛りを正方形にして観察するとよい。目分量でよいので、ハンドルを使って形を整える。

▶手順❸、❹は手順❶で調べた「日付」を抽出して調べるのがオーソドックスな方法である。収集したデータに「特記事項」「備考」「注意」などがある場合は、外れ値の原因が入力されている可能性があるので、先に確認しておく。

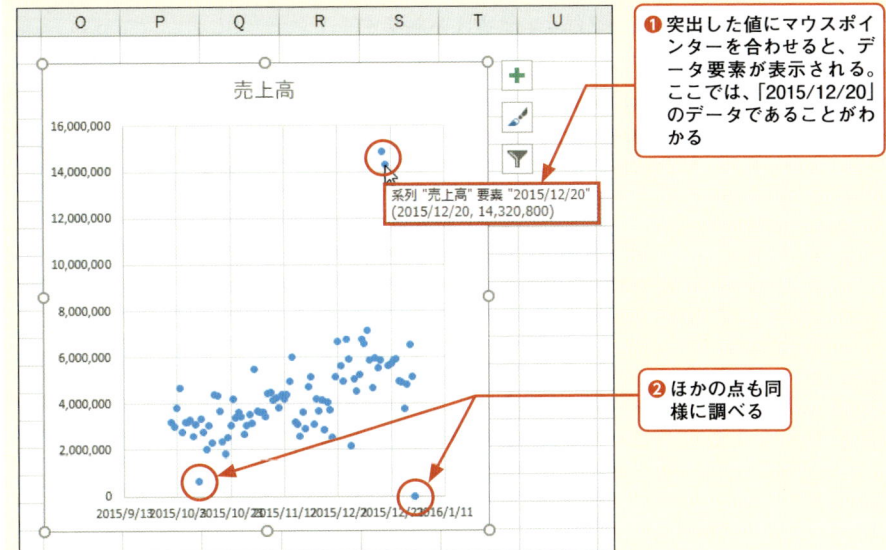

❶突出した値にマウスポインターを合わせると、データ要素が表示される。ここでは、「2015/12/20」のデータであることがわかる

❷ほかの点も同様に調べる

❸元のデータにフィルターを設定し（→P.25）、「特記事項」の「▼」をクリックする

❹「空白セル」をクリックしてチェックを外し「OK」をクリックする

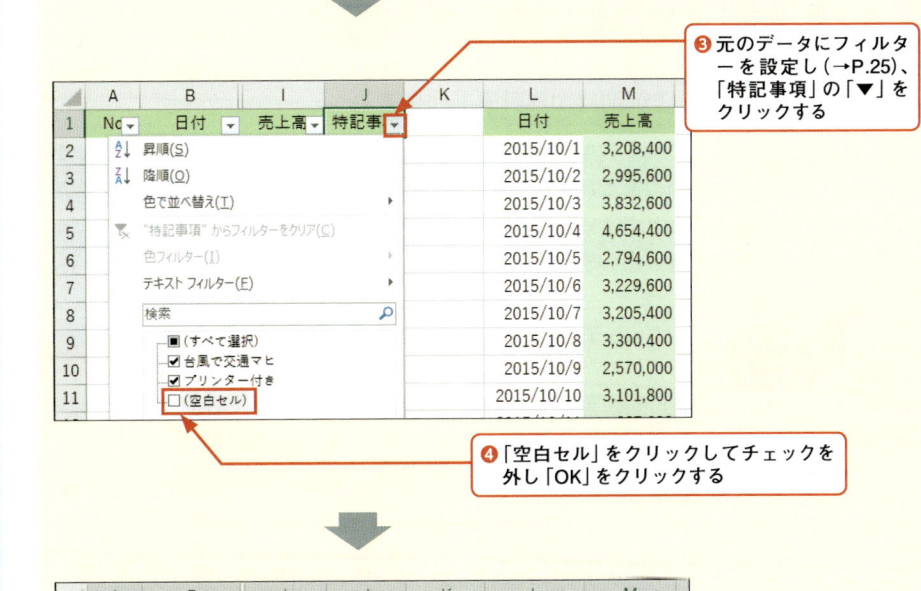

❺特記事項の日付を確認し、突出したデータの日付と一致していることを確認する

● 外れ値の取り扱い

散布図を描いて調べた結果、外れ値の原因は次のとおりです。すべて理由があり、誤りのデータはないと考えられます。

・2015/10/11 ▶ 台風で交通がマヒしていた
・2015/12/19、2015/12/20 ▶ プリンター付きの特別販売をしていた
・2015/12/31 ▶ 年末休暇で営業していなかった（そもそもデータがない）

事例のB氏がデータ収集した目的は、テコ入れが必要な店舗があるかどうかです。台風の影響、特別販売、年末休暇はどの店舗も同じ条件のため、外れ値は除外せずにそのままにします。

除外しないなら外れ値を調べる必要はあったのか？という疑問が生じますが、外れ値を含んだデータがあるかどうかを知っておくだけでも重要なことです。もし、事例の目的が今後の売り上げ動向の予測であれば、通常と異なる特別な日は除いて考えることもあります。外れ値の取り扱いは、目的に応じて判断するようにします。

実 践 ▶ ▶ ▶

▶ 店舗別月次集計表を作成する

リストの集計は、ピボットテーブル機能を利用します。ここでは、売上高を店舗別にまとめたあと、売上高を月別に分解します。ピボットテーブルでデータをまとめたり、分解したりできることを確かめます。最後に集計表をコピーし、新しいワークシートに値として書き出します。

ピボットテーブルを挿入する

サンプル
2-04

▶手順❶は、リストの範囲を自動認識させるために、リスト内のセルを1箇所だけクリックする。誤ってセルをドラッグし、2箇所以上の選択をすると（たとえば、「A1:A2」など）、正しく認識できないので注意する。

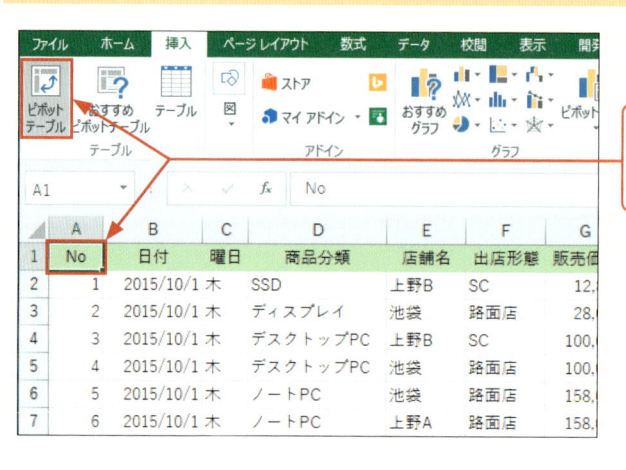

❶ リスト内の任意のセルをクリックし、〔挿入〕タブの【ピボットテーブルの挿入】をクリックする

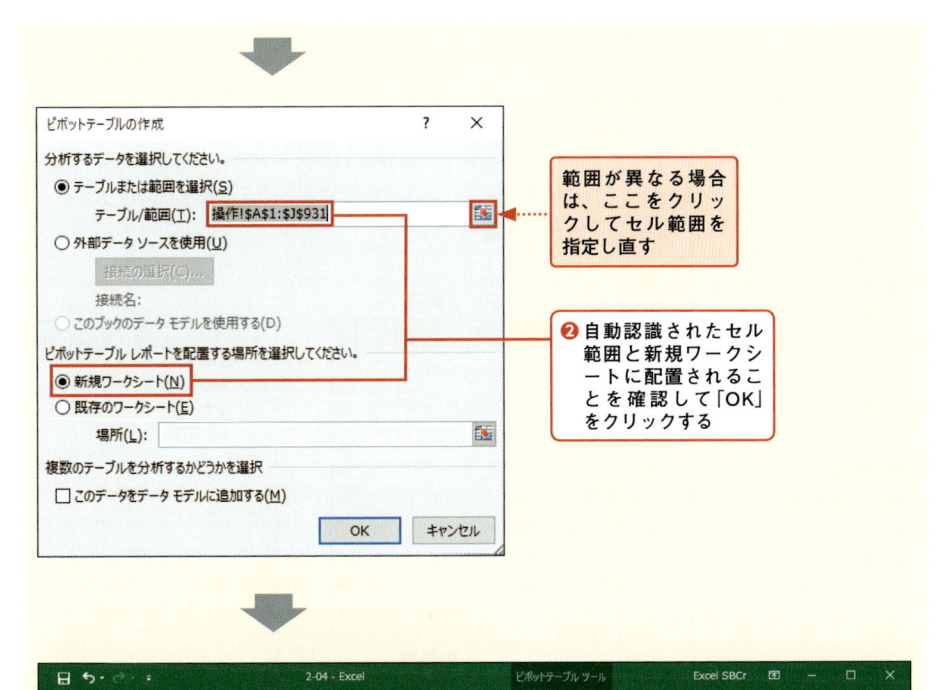

範囲が異なる場合は、ここをクリックしてセル範囲を指定し直す

❷ 自動認識されたセル範囲と新規ワークシートに配置されることを確認して「OK」をクリックする

❸ 新しいワークシートに空のピボットテーブルが挿入された

フィールドリスト：リストの列見出し

エリアセクション：集計表の行見出し、列見出し、集計値を配置する

▶ピボットテーブルを挿入すると、ピボットテーブル用の〔分析〕タブと〔デザイン〕タブが表示される。なお、Excel2007/2010は〔分析〕タブの代わりに〔オプション〕タブが表示される。

フィルター設定
▶リスト内のセルをクリックし、【データ】タブの【フィルター】をクリックする。

MEMO　ピボットテーブルとリストの対応関係

集計表は行見出しと列見出しがあり、行見出しと列見出しに一致する指定した項目の集計値で構成されます。ピボットテーブルでは、フィールドリストからリストの列見出しをエリアセクションに配置すると集計表が作成されます。集計表の行見出しと列見出しに表示されるのは、リストの各列のデータ要素です。データ要素は、リストにフィルターを設定し、「▼」をクリックすると確認できます。

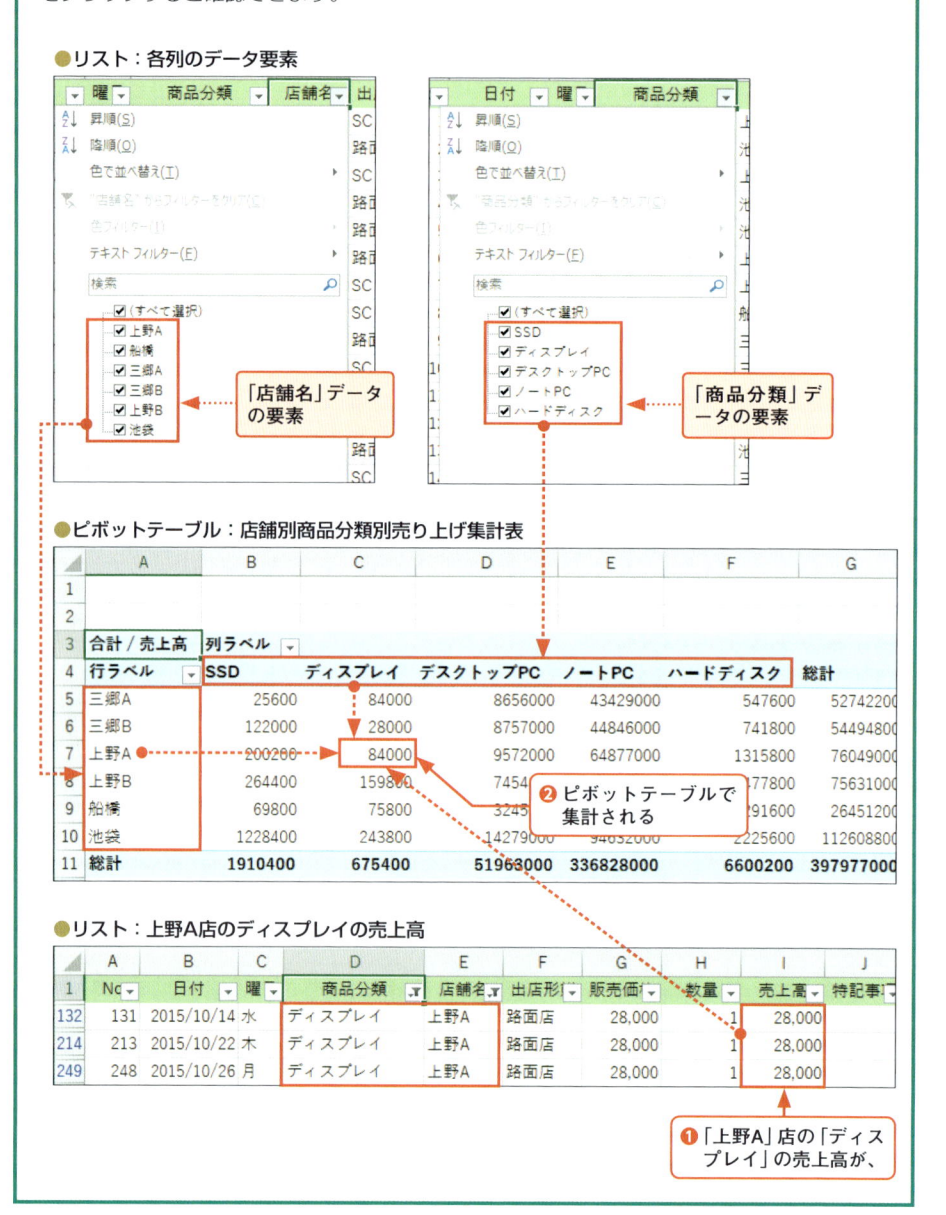

●リスト：各列のデータ要素

「店舗名」データの要素

「商品分類」データの要素

●ピボットテーブル：店舗別商品分類別売り上げ集計表

	A	B	C	D	E	F	G
1							
2							
3	合計 / 売上高	列ラベル					
4	行ラベル	SSD	ディスプレイ	デスクトップPC	ノートPC	ハードディスク	総計
5	三郷A	25600	84000	8656000	43429000	547600	52742200
6	三郷B	122000	28000	8757000	44846000	741800	54494800
7	上野A	200200	84000	9572000	64877000	1315800	76049000
8	上野B	264400	159800	7454...	...	...77800	75631000
9	船橋	69800	75800	3245...	...	...91600	26451200
10	池袋	1228400	243800	14279000	94652000	2225600	112608800
11	総計	1910400	675400	51963000	336828000	6600200	397977000

❷ ピボットテーブルで集計される

●リスト：上野A店のディスプレイの売上高

	A	B	C	D	E	F	G	H	I	J
1	No	日付	曜	商品分類	店舗名	出荷形	販売価格	数量	売上高	特記事...
132	131	2015/10/14	水	ディスプレイ	上野A	路面店	28,000	1	28,000	
214	213	2015/10/22	木	ディスプレイ	上野A	路面店	28,000	1	28,000	
249	248	2015/10/26	月	ディスプレイ	上野A	路面店	28,000	1	28,000	

❶「上野A」店の「ディスプレイ」の売上高が、

店舗ごとに売上高を集計する

Excel2007/2010
▶エリアセクションの表示名が異なる。「行」は「行ラベル」、「列」は「列ラベル」、「フィルター」は「レポートフィルター」に読み替えて操作する。

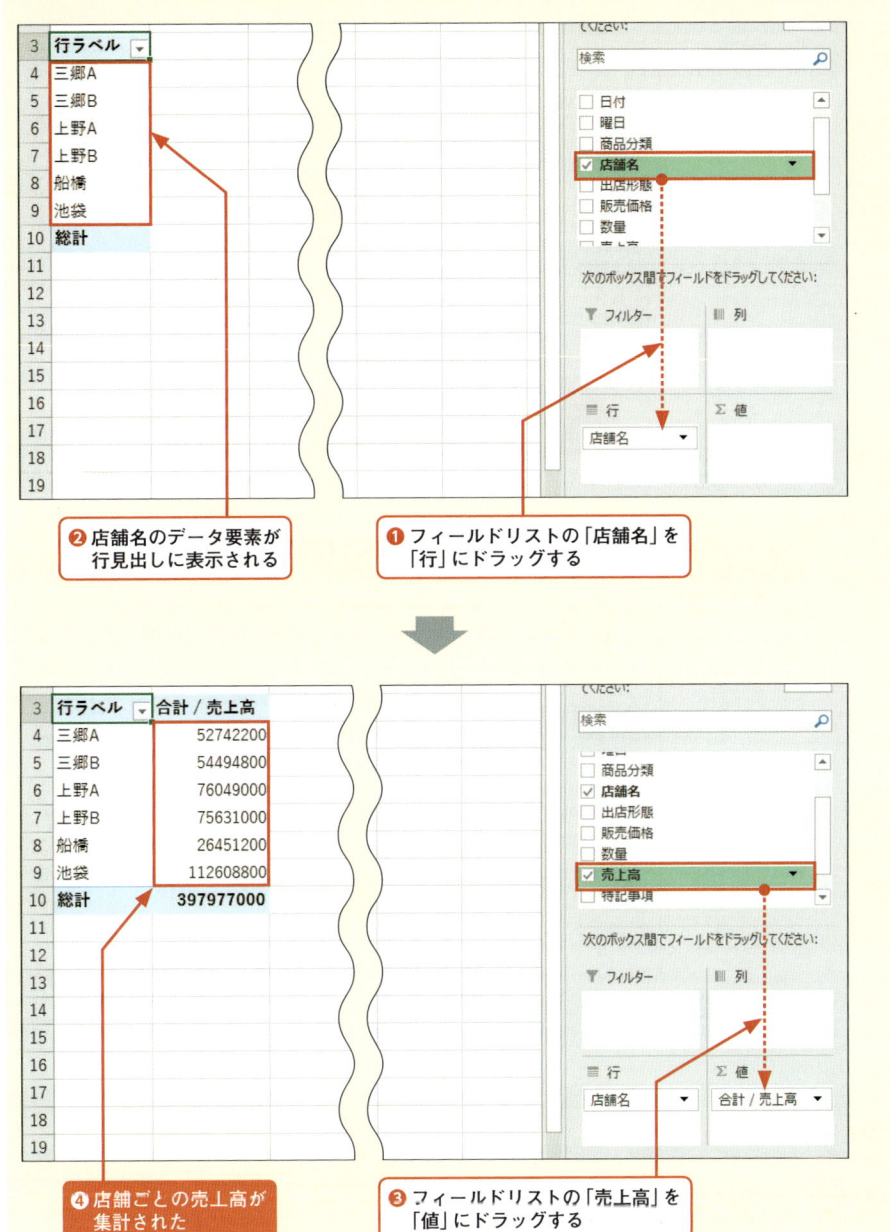

❷ 店舗名のデータ要素が行見出しに表示される

❶ フィールドリストの「店舗名」を「行」にドラッグする

❹ 店舗ごとの売上高が集計された

❸ フィールドリストの「売上高」を「値」にドラッグする

店舗ごとの売上高を月別に分解する
`Excel2016`

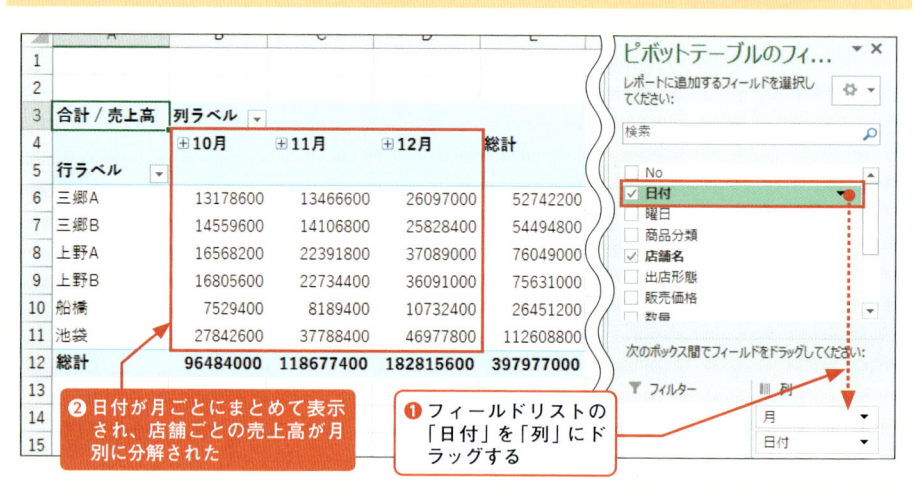

❷ 日付が月ごとにまとめて表示され、店舗ごとの売上高が月別に分解された

❶ フィールドリストの「日付」を「列」にドラッグする

店舗ごとの売上高を月別に分解する
`Excel2013以前`

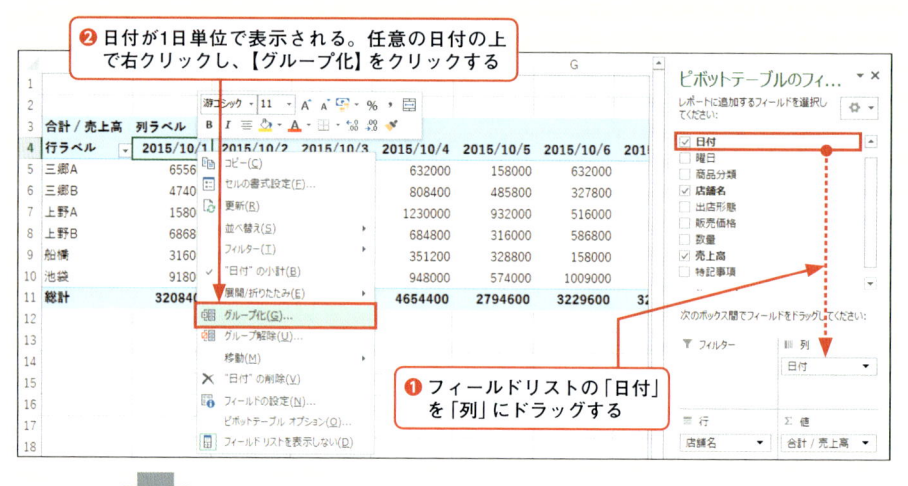

❷ 日付が1日単位で表示される。任意の日付の上で右クリックし、【グループ化】をクリックする

❶ フィールドリストの「日付」を「列」にドラッグする

▶「日」の選択が最初から外れている場合は「月」が選択されていることを確認して、そのまま「OK」をクリックする。

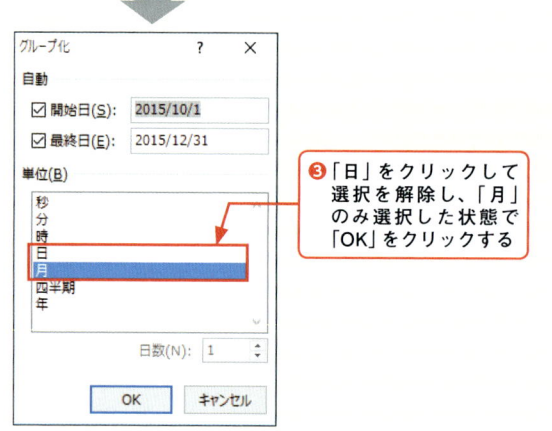

❸「日」をクリックして選択を解除し、「月」のみ選択した状態で「OK」をクリックする

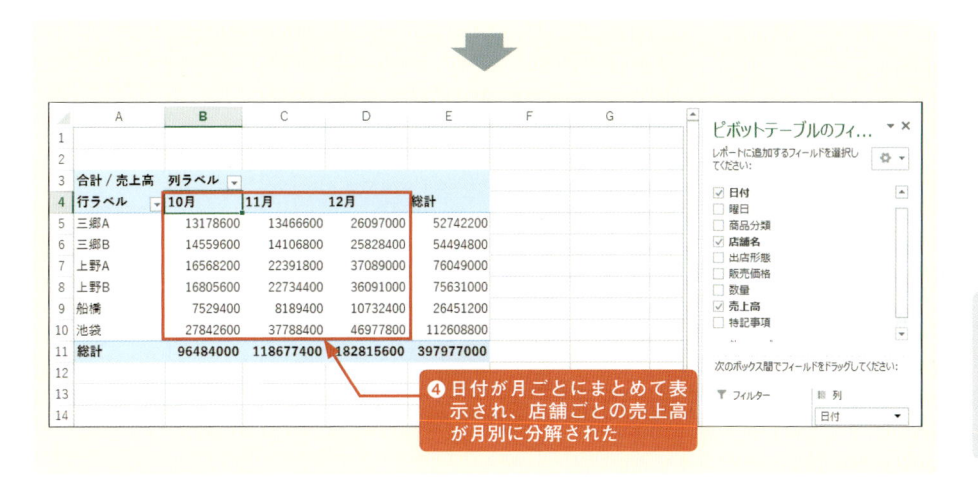

④日付が月ごとにまとめて表示され、店舗ごとの売上高が月別に分解された

ピボットテーブルを通常の表に書き出す

サンプル
2-05

▶ピボットテーブルのままでデータ処理に進むと不便になることがある。

・行や列の削除や挿入ができない
・総計を使った構成比の計算ができない
・グラフはピボットグラフになり、通常のグラフが作成できない

❶ピボットテーブルをドラッグで選択し、Ctrl＋Cを押してコピーする

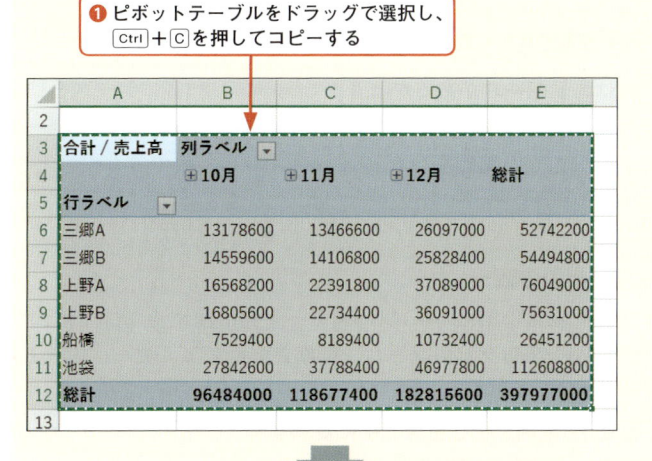

❷新しいワークシート（ここでは「値の書き出し」シート）のセル（ここではセル「A2」）をクリックし、Ctrl＋Vで貼り付ける

❸【貼り付けのオプション】をクリックし、【値】をクリックする

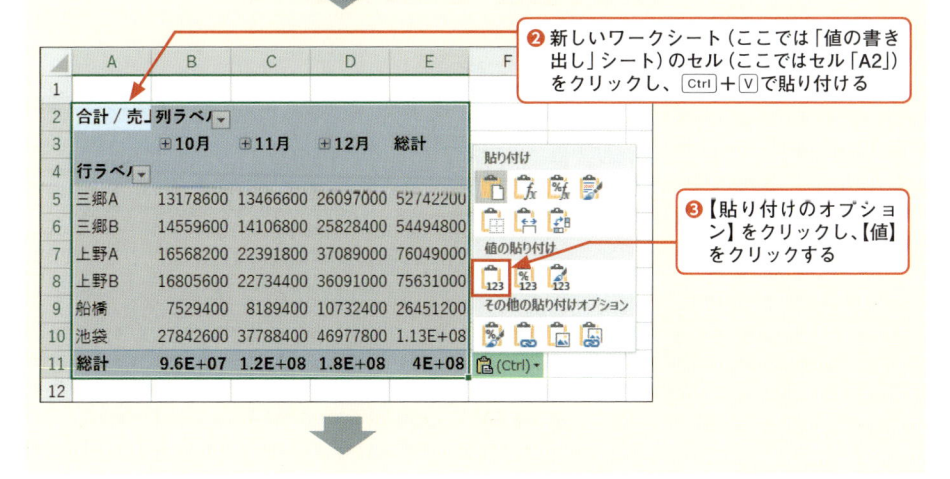

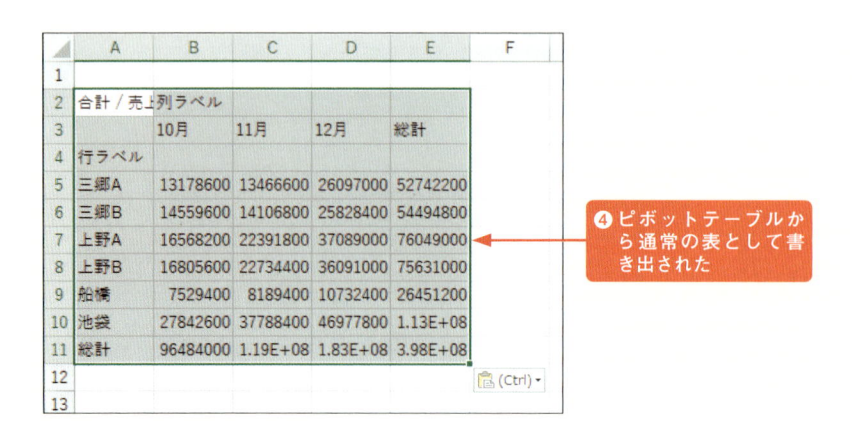

❹ ピボットテーブルから通常の表として書き出された

▶値で書き出したあとは、列幅、桁区切り、罫線、見出しなど、適宜書式を整える。また、計算で求められる「総計」は値をクリアし、SUM関数を入力し直しておくとよい。

発展 ▶ ▶ ▶

▶ データをクリーニングする関数

　関数は、表記ゆれがあるかどうかを調べずに一気にデータを整えられるのがメリットですが、関数を入れっ放しにしないように注意します。整えたデータはあくまでも関数の結果です。入力した関数をコピー＆ペーストし、値で書き出すところまで確実に操作することが重要です。

● 全角と半角の統一

　データを全角に揃えるにはJIS関数、半角に揃えるにはASC関数を利用します。下の図は、商品IDを半角文字に統一し、対象を全角文字に統一しています。

JIS関数 ➡ 半角文字を全角文字に変換する
ASC関数 ➡ 全角文字を半角文字に変換する

書　式　　=**JIS**(文字列)
　　　　　=**ASC**(文字列)

解　説　　指定した文字列を全角、または、半角に揃えます。ASC関数の文字列に含まれるひらがなと漢字は全角のまま表示されます。

●全角文字と半角文字の統一

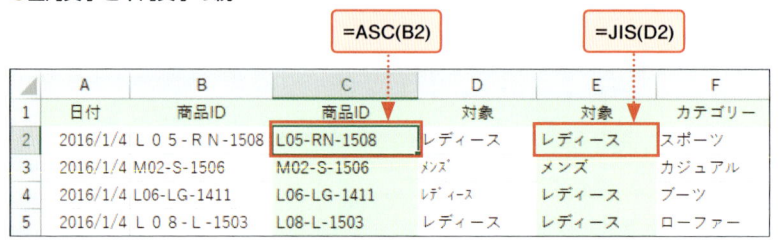

● 余分な空白の削除

　余分な空白を削除するにはTRIM関数を利用します。下の図は、アイテムに含まれる余分な空白を削除しています。

TRIM関数 ➡ 単語間の1文字の空白以外を削除する

書　式	=**TRIM**(文字列)
解　説	指定した文字列に含まれる余分な空白を削除します。単語間に含まれる空白は最初の1文字の空白を残します。たとえば、氏名の姓と名の間に空けた空白の1文字は残ります。

▶文字の後ろに入った空白は、見分けられないので、関数で処理する。

● 余分な空白の削除

	E	F	G	H	I	J	
1	対象	カテゴリー	アイテム	アイテム	本体価格	数量	販売
2	レディース	スポーツ	ランニング	ランニング	12,000	1	鈴木
3	メンズ	カジュアル	スリッポン	スリッポン	6,800	2	遠藤
4	レディース	ブーツ	ロング	ロング	12,000	4	橋本
5	レディース	ローファー	本革	本革	8,800	7	佐藤
6	レディース	スポーツ	ウォーキング	ウォーキング	11,800	3	橋本
7	キッズ	スクール	バレー	バレー	780	3	遠藤
8	メンズ	アウトドア	ハイキング	ハイキング	17,200	1	鈴木
9	メンズ	ローファー	本革	本革	11,800	5	橋本

=TRIM(G2)

● 全角と半角を揃えてから余分な空白を取り除く

　単語間の空白文字は、全角1文字なのか、半角2文字で全角1文字のように見せているのかがわからないデータは、全角または半角に揃えてから余分な1文字を取り除きます。下の図は、販売担当の氏名をJIS関数で全角に揃えてからTRIM関数で余分な空白を取り除いています。

● 単語間に残る空白の文字種の統一

=JIS(K2)　　=TRIM(L2)

▶関数は次のように1つにまとめて入力できる。
=TRIM(JIS(K2))

	J	K	L	M	N	O	P	Q
1	数量	販売担当	販売担当	販売担当				
2	1	鈴木　良子	鈴木　良子	鈴木　良子				
3	2	遠藤　湊	遠藤　湊	遠藤　湊				
4	4	橋本　隆	橋本　隆	橋本　隆				
5	7	佐藤　健一	佐藤　健一	佐藤　健一				
6	3	橋本　隆	橋本　　隆	橋本　隆				
7	3	遠藤　湊	遠藤　湊	遠藤　湊				
8	1	鈴木　良子	鈴木　良子	鈴木　良子				

● 英字の統一

　以下の3つの関数を使うと、英字を大文字、小文字、先頭のみ大文字に揃えることができます。下の図では、商品IDを大文字に揃えています。

UPPER関数 ➡ 英字を大文字に変換する

LOWER関数 ➡ 英字を小文字に変換する

PROPER関数 ➡ 英字の先頭を大文字に変換する

書　式　=**UPPER**(文字列) ／ =**LOWER**(文字列) ／ =**PROPER**(文字列)

解　説　指定した文字列に含まれる英字を大文字／小文字／先頭のみ大文字に揃えます。全角と半角は文字列を引き継ぎます。必要に応じてASC関数やJIS関数と組み合わせます。

●英字の統一：UPPER関数の例

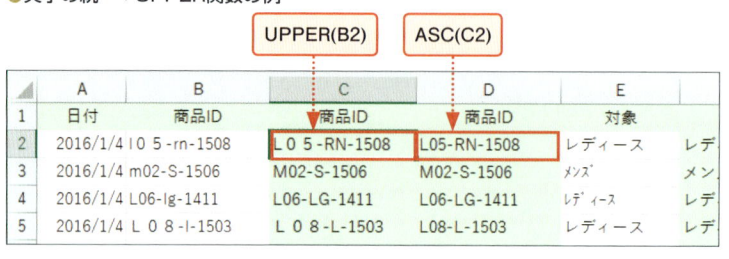

関数の結果を値として書き出す

　関数の結果をコピーし、値として貼り付けます。値として貼り付けたあとは、元のデータの列を右クリックして【削除】をクリックします。

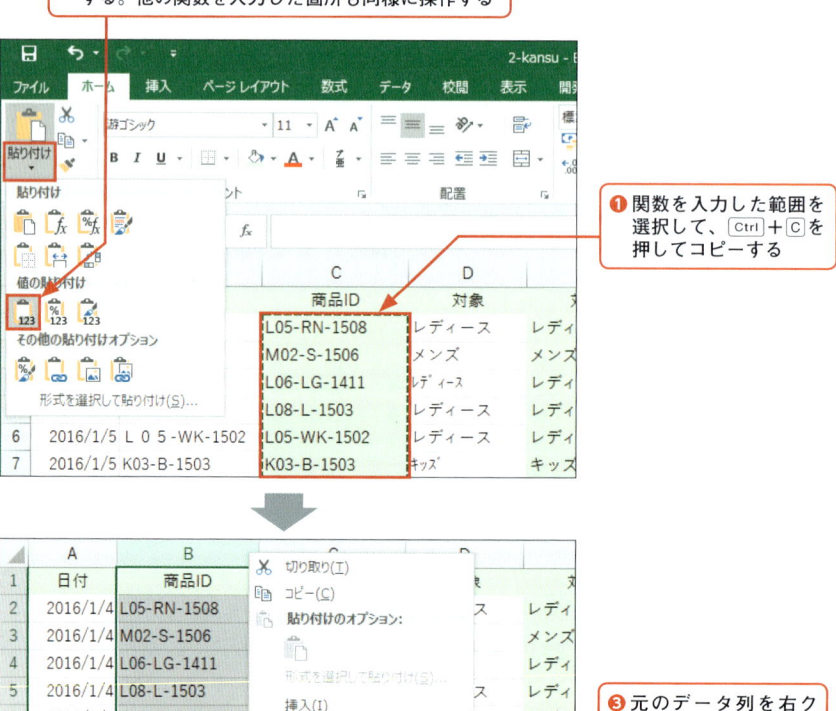

❷〔ホーム〕タブ→【貼り付け▼】→【値】をクリックする。他の関数を入力した箇所も同様に操作する

❶関数を入力した範囲を選択して、Ctrl＋Cを押してコピーする

▶Ctrl＋Cでコピーし、そのまますぐにCtrl＋Vで貼り付け、【貼り付けのオプション】から【値】をクリックすることもできる。

❸元のデータ列を右クリックし、【削除】をクリックする

グラフでデータを図解する

データ分析では、問題点や変化点といった特徴を捉えるための手段としてグラフを作成して数字をビジュアル化します。ここでは、第3章以降で共通するグラフの操作方法を中心に解説します。

導入 ▶ ▶ ▶

事例 「テコ入れが必要な店舗があるかどうか確かめたい」

　家電販売店のPC企画部門に所属するB氏は、テコ入れが必要な店舗があるかどうかを調べるため、3か月分の売り上げデータを入手し、データをクリーニングした上で（→P.25、36）、店舗別月別売り上げ集計表にまとめました。テコ入れが必要な店舗があるかどうか、グラフを作成してひと目で確認したいと考えています。どんなグラフを作成すればいいでしょうか。

●店舗別月別売り上げ集計表

	A	B	C	D	E
1	店舗別月別売上集計表				
2	店舗名	10月	11月	12月	総計
3	三郷A	13,178,600	13,466,600	26,097,000	52,742,200
4	三郷B	14,559,600	14,106,800	25,828,400	54,494,800
5	上野A	16,568,200	22,391,800	37,089,000	76,049,000
6	上野B	16,805,600	22,734,400	36,091,000	75,631,000
7	船橋	7,529,400	8,189,400	10,732,400	26,451,200
8	池袋	27,842,600	37,788,400	46,977,800	112,608,800
9	総計	96,484,000	118,677,400	182,815,600	397,977,000
10					

▶ データ分析に利用するグラフ

　データ分析で頻繁に利用するグラフは次の3種類です。グラフを見るポイントは長さの違いと角度の変化です。

①棒　　　：データの大小比較／データの内訳／データの推移
②折れ線：データの推移
③散布図：データの関係性

ここで、「円グラフは？」と思われた方も多いと思いますが、円グラフはデータ分析用としては避けたいグラフです。円グラフの扇の中心角は扇の面積と同等に大きさを表すものであり、グラフは面や立体になるほど、データの差異が付きにくくなるためです。

面積で比較する場合は、扇形で比較する円グラフよりも帯グラフ（100%積み上げ棒グラフ）を使うことを薦めます。帯グラフの要素は四角形であり、縦または横の長さで比較しやすいためです。また、Excelの各種3Dグラフは立体になるため、データ分析においては選択しないようにします。

グラフは主に人に見せるためのプレゼン用と、自分またはメンバー内で見る分析用に分かれます。立体グラフはプレゼン用です。分析手法によっては、円の面積を比較する場合もありますが、原則としてデータ分析では2Dの棒や折れ線グラフを使って長さの違いや角度の変化を捉えるようにします。

▶円グラフ、帯グラフともに比率を表現するグラフのため規模は表現できない。たとえば、「Yes／No」アンケートで、1万人のうち7000人がYes、3000人がNoと答えたときのグラフと、100人のうち70人がYes、30人がNoと答えたグラフは同じ形になる。

実践 ▶ ▶ ▶

▶ 目的に応じたグラフを作成する

事例の目的から、店舗別売上高を比較して、売上高が最も低い店舗を見つけ、テコ入れが必要かどうかを判断します。売上高の大小を比較するには棒グラフが適しています。事例では、売上高が月別に分解されているため、積み上げ棒グラフを作成して売上高の月ごとの内訳も示すようにします。

積み上げ棒グラフを作成する

サンプル
Excel20013/2016
2-06
Excel2007/2010
2-06_2007-2010

Excel2007/2010/2013
▶手順❶は、セル範囲を選択後、〔挿入〕タブ→【縦棒】または【縦棒グラフの挿入】→【積み上げ縦棒】をクリックする。

Excel2007/2010
▶凡例はグラフの右側に表示される。また、仮タイトルの「グラフタイトル」が表示されない。

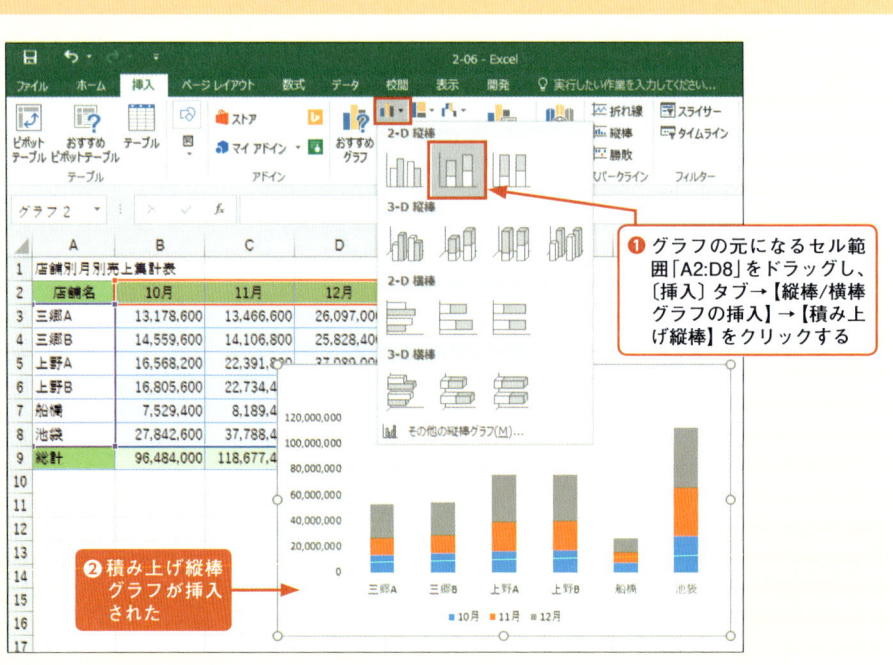

❶ グラフの元になるセル範囲「A2:D8」をドラッグし、〔挿入〕タブ→【縦棒/横棒グラフの挿入】→【積み上げ縦棒】をクリックする

❷ 積み上げ縦棒グラフが挿入された

▶ グラフを編集する

　自分で見るためのグラフとはいえ、グラフタイトル、軸ラベル、目盛りは整えます。Excel2007/2010は〔レイアウト〕タブやダイアログボックス、Excel2013/2016はグラフ横の【グラフ要素】ボタンや作業ウィンドウで設定します。

タイトルと軸ラベルを追加する　　Excel2013/2016

▶Excel2007/2010は
P.43を参照。

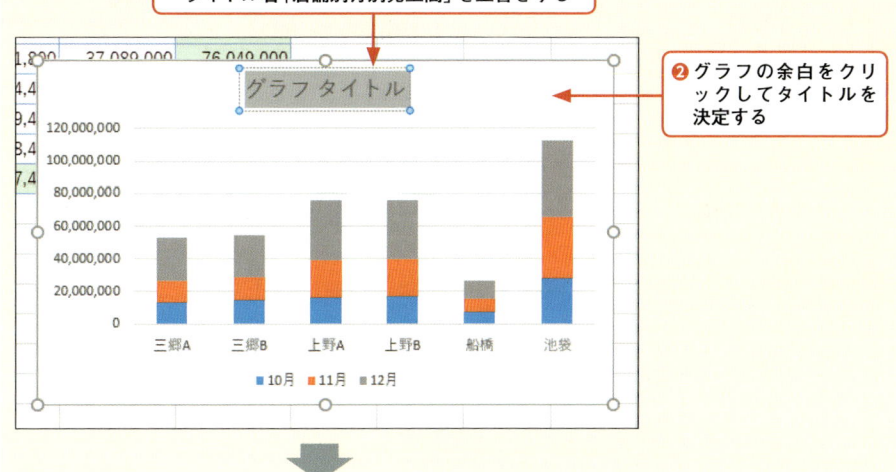

❶「グラフタイトル」の上をクリックして選択し、仮タイトル「グラフタイトル」をドラッグしてタイトル名「店舗別月別売上高」を上書きする

❷グラフの余白をクリックしてタイトルを決定する

❸グラフをクリックすると表示される【グラフ要素】をクリックし、【軸ラベル】にチェックを入れる

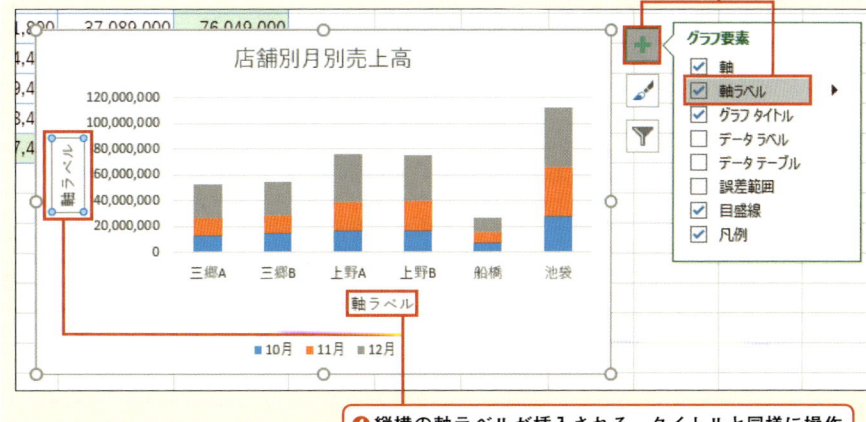

❹縦横の軸ラベルが挿入される。タイトルと同様に操作し、縦軸に「売上高（千）」、横軸に「店舗名」と入力する

グラフ要素の表示
▶グラフ要素を表示するには、手順❸の方法、または、〔デザイン〕タブの【グラフ要素を追加】をクリックし、一覧から表示したいグラフ要素をクリックする。グラフ要素を非表示にするには、グラフ要素をクリックして選択し、Deleteを押す。

CHAPTER 01
CHAPTER 02
CHAPTER 03
CHAPTER 04
CHAPTER 05

目盛りを変更する

Excel2013/2016

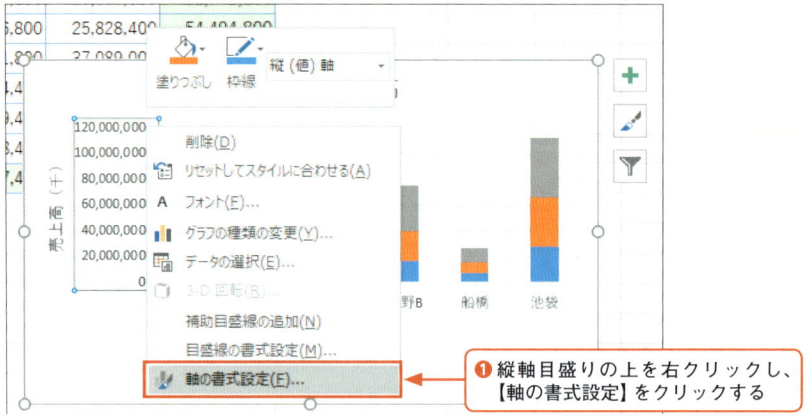

❶ 縦軸目盛りの上を右クリックし、【軸の書式設定】をクリックする

グラフの編集方法
▶編集したい場所の上で右クリックし、【(グラフ要素名)の書式設定】をクリックすると、作業ウィンドウが表示され、さまざまな設定を行うことができる。

❸ 目盛りの最小値／最大値に数値を入力し、別の入力枠をクリックすると設定が確定し、「リセット」と表示される

❷ 「軸の書式設定」作業ウィンドウが表示される

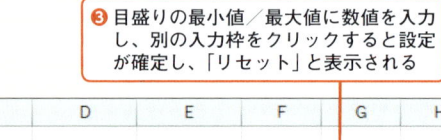

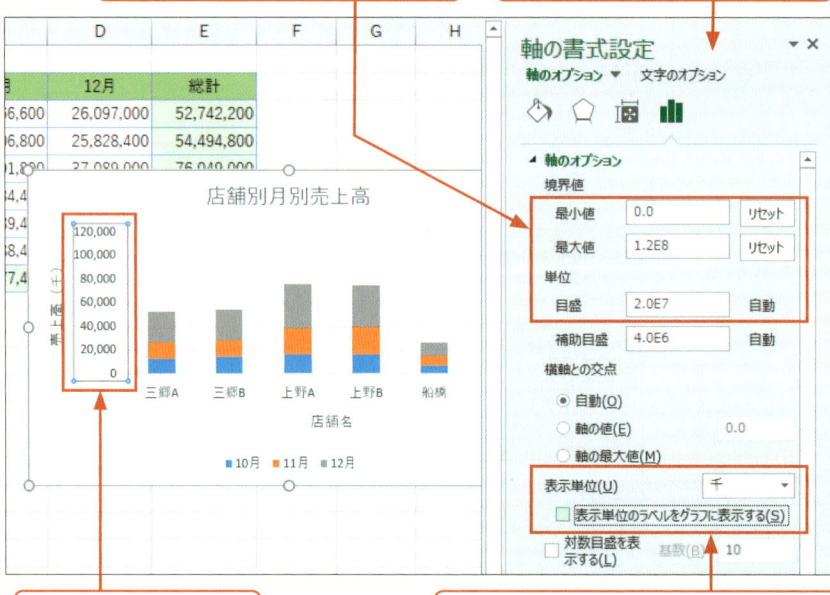

目盛りの設定
▶自動設定された目盛りは「自動」と表示される。同じ目盛りで良い場合でも、改めて同じ数値を入力して目盛りを固定すると、「リセット」と表示される。目盛りを設定する場合は、「リセット」と表示されているかどうかを確認する。

表の数値
▶目盛りの表示単位を変更しても、表の数値は変更されない。

❺ 縦軸目盛りの0の数が3つ減り、千単位となった

❹ 「表示単位」の▼をクリックして「千」をクリックし、「表示単位のラベルをグラフに表示する」のチェックはクリックして外す

MEMO 作業ウィンドウの使い方

作業ウィンドウは、ウィンドウ上部の「(グラフ要素名)のオプション」、「文字のオプション」および、アイコンをクリックすると画面が切り替わります。また、設定項目が折りたたまれている場合があるため、必要に応じて設定項目を展開します。

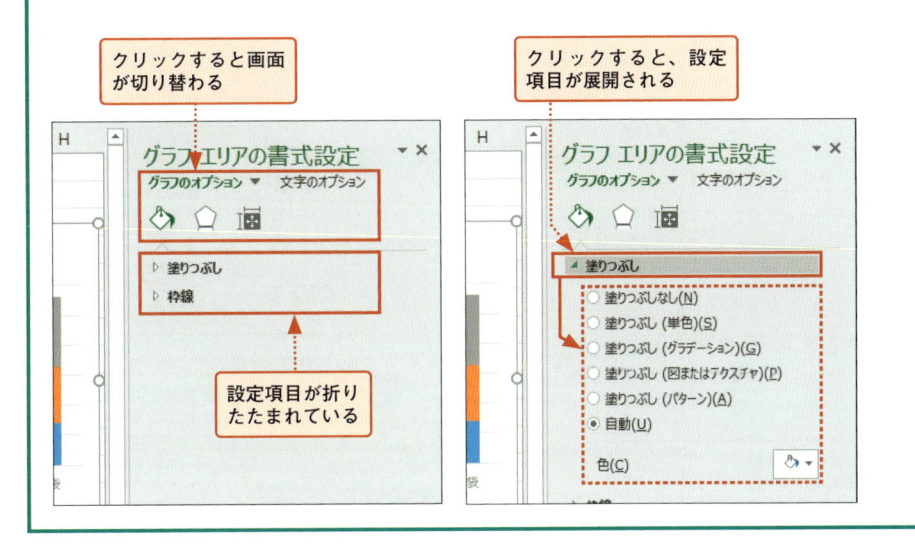

クリックすると画面が切り替わる

クリックすると、設定項目が展開される

設定項目が折りたたまれている

▶グラフの編集が終わったら、作業ウィンドウ右上の「×」をクリックして閉じる。

タイトルと軸ラベルを追加する

Excel2007/2010

❶ グラフをクリックし、〔レイアウト〕タブの【グラフタイトル】→【グラフの上】をクリックする

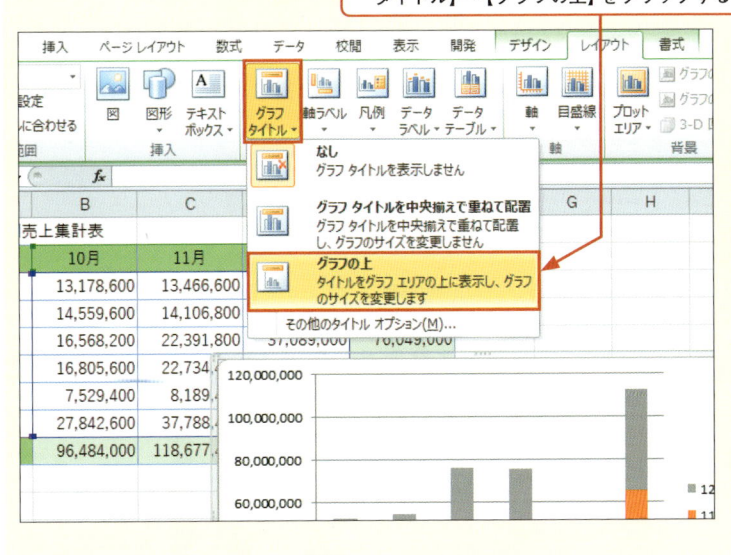

グラフ要素の表示
▶グラフ要素を表示するには、手順❶、❷と同様に〔レイアウト〕タブの各グラフ要素のボタンをクリックして一覧から表示方法を選択する。グラフ要素を非表示にするには、グラフ要素をクリックし、Deleteを押す。

❷ グラフをクリックし、〔レイアウト〕タブの【軸ラベル】
→【主縦軸ラベル】→【軸ラベルを回転】をクリックする

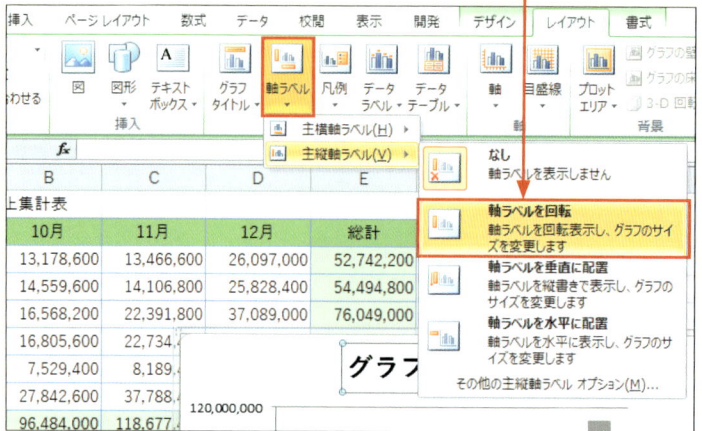

❸ 手順❷と同様に操作し、【主横軸ラベル】→【軸ラベルを軸の下に配置】をクリックして横軸ラベルを挿入する

❹ 仮タイトルをクリックして選択し、仮タイトルをドラッグしてタイトルを上書きする（3箇所）

▶ グラフタイトルや軸ラベルを入力したら、グラフの余白部分をクリックして決定する。

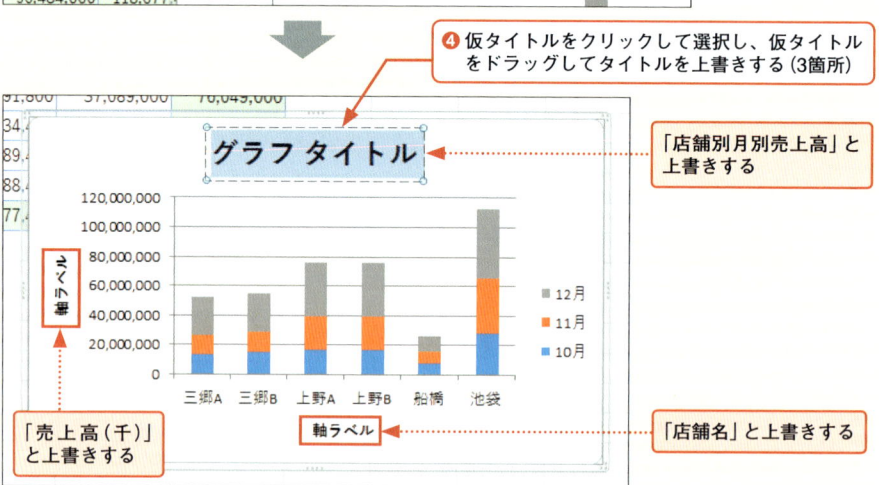

「店舗別月別売上高」と上書きする

「売上高（千）」と上書きする

「店舗名」と上書きする

目盛りを変更する

Excel2007/2010

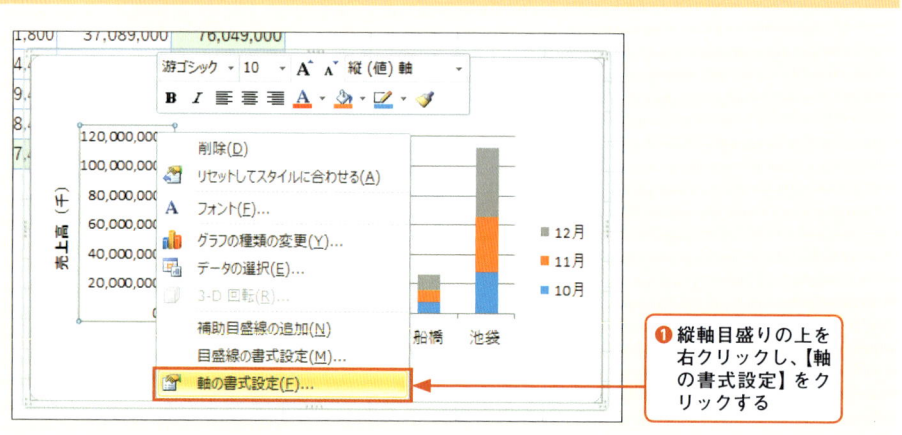

❶ 縦軸目盛りの上を右クリックし、【軸の書式設定】をクリックする

グラフの編集方法
▶編集したい場所の上で右クリックし、【(グラフ要素名)の書式設定】をクリックすると、ダイアログボックスが表示される。ダイアログボックスの左側の縦に並んだ項目をクリックすると画面が切り替わり、さまざまな設定を行うことができる。

表の数値
▶目盛りの表示単位を変更しても、表の数値は変更されない。

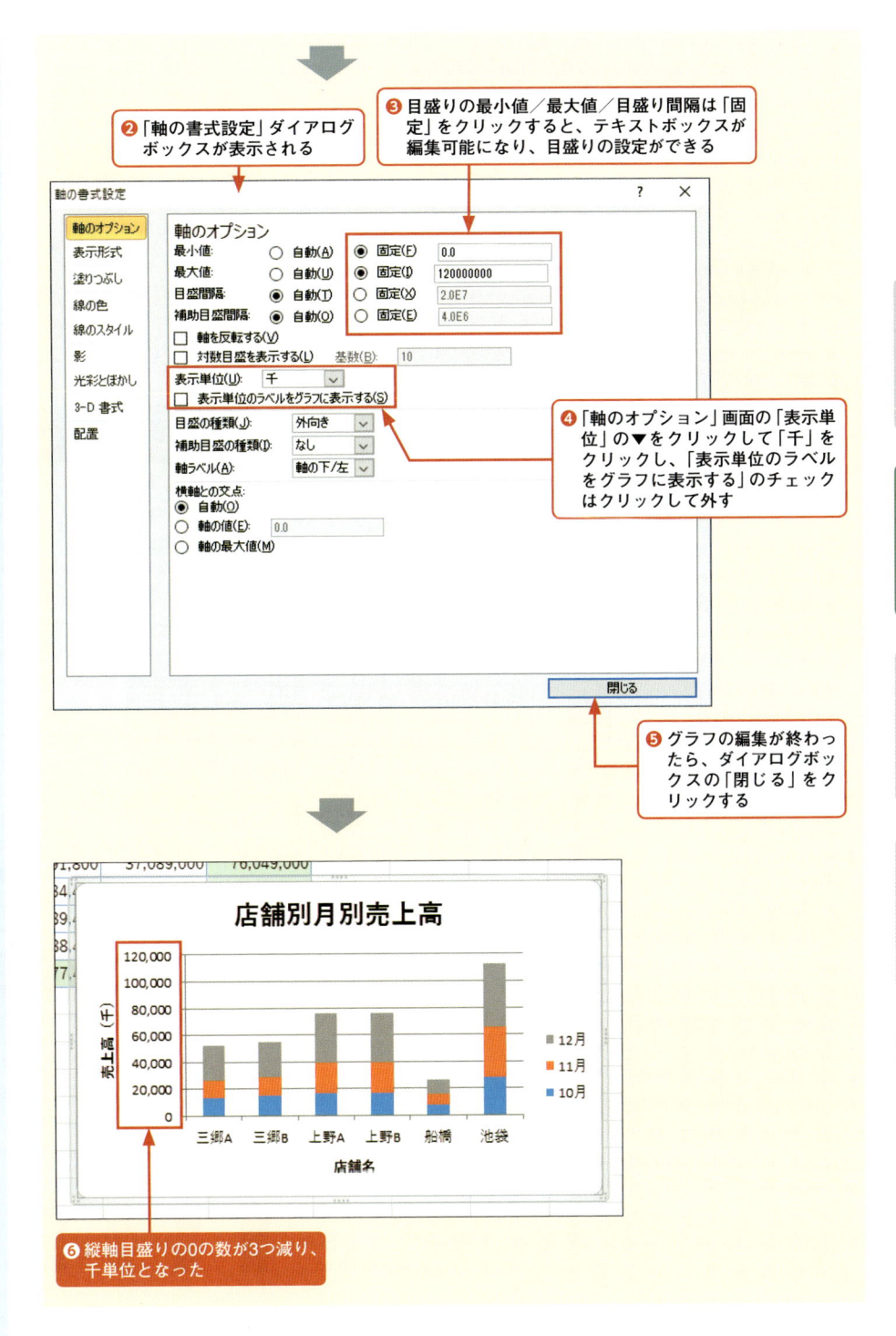

❷「軸の書式設定」ダイアログボックスが表示される

❸目盛りの最小値／最大値／目盛り間隔は「固定」をクリックすると、テキストボックスが編集可能になり、目盛りの設定ができる

❹「軸のオプション」画面の「表示単位」の▼をクリックして「千」をクリックし、「表示単位のラベルをグラフに表示する」のチェックはクリックして外す

❺グラフの編集が終わったら、ダイアログボックスの「閉じる」をクリックする

❻縦軸目盛りの0の数が3つ減り、千単位となった

実践 ▶▶▶

▶ グラフの表示順序を変更する

グラフは表に連動しています。表を総計の高い順に並べ替えると、グラフも売上高の高い順に並べ替えられます。

グラフを並べ替える

❶ セル「E3」をクリックし、セル「A8」までドラッグする

❷〔データ〕タブの【降順】をクリックする

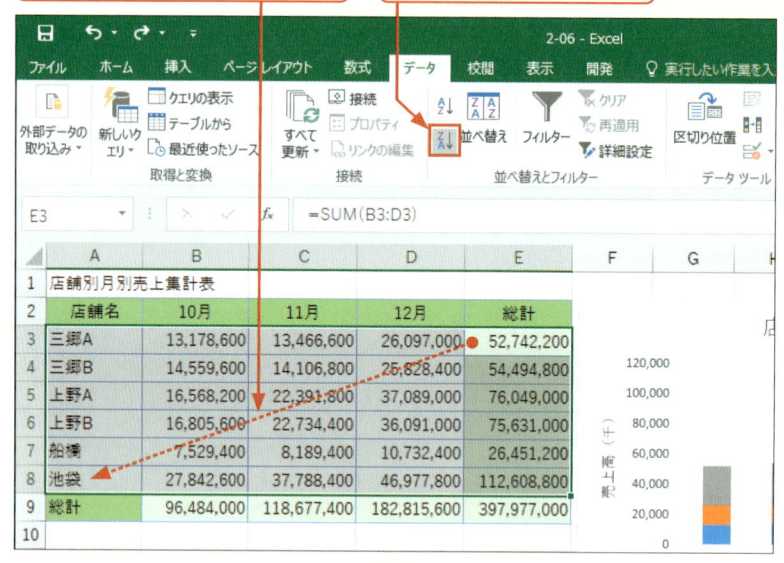

▶表を並べ替えるとき、2行目の項目名と9行目の総計行は含めない。また、総計を基準に並べ替えるため、アクティブセルを総計にする必要がある。よって、セル「E3」を始点にセル「A8」に向かってドラッグする。

❸ 集計表の総計を基準に、総計の高い順に並べ変わる

❹ 表の並び順に連動して、グラフの順序も入れ替わった

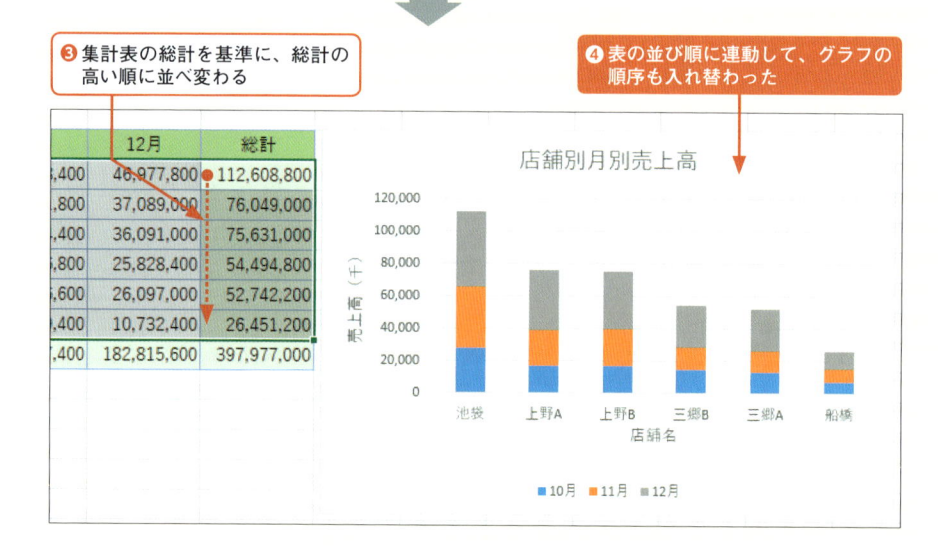

● 結果の読み取り

　グラフより、「船橋」店がもっとも売上高が低いことがわかります。月別の売上高については、どの店舗も12月に売り上げを伸ばしており、船橋店だけの特徴は見当たりません。比較した他の店舗と船橋店の環境に大きな違いがなければテコ入れが必要と判断されます。環境とは、商圏人口、店舗の立地や規模、ライバル店の出店状況などです。

発展 ▶▶▶

▶ グラフの種類と用途

　グラフの用途と用途に適応するグラフの種類は次のとおりです。

● データの大きさを比較するグラフ

　棒の長さで数値の大きさや量を表現する棒グラフが適しています。棒グラフのもとになる表は、表の順序を入れ替えても表の内容を損なわない場合が多く、順位グラフにして表示することができます。量を表現するため「0」が基点です。途中の値を省略する場合は、省略の波線を入れるのが原則です。

●積み上げ縦棒グラフ

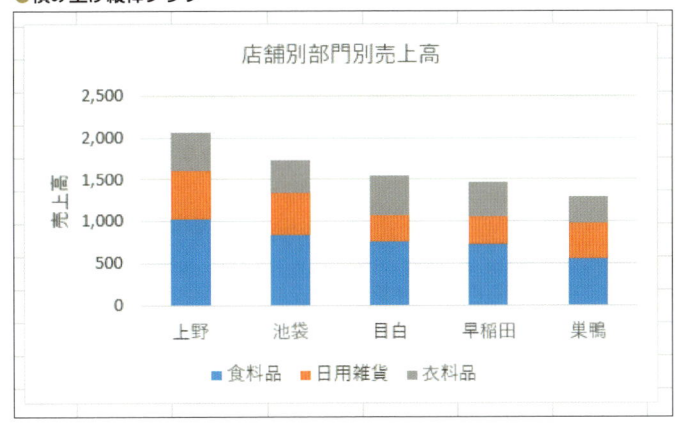

▶積み上げ縦棒グラフでは、棒グラフの高さで比較するとともに、棒グラフの内訳を示すこともできる。右は、集計された売上高を部門別に分解している。

● データの推移を表すグラフ

　線の角度で変化を表現できる折れ線グラフが適しています。折れ線グラフの中でもマーカー付きにすると、変化点が明確になります。量と一緒に表す場合は棒グラフも利用できます。折れ線による角度の変化を見るため、基点は「0」でなくてもかまいません。

●折れ線グラフ

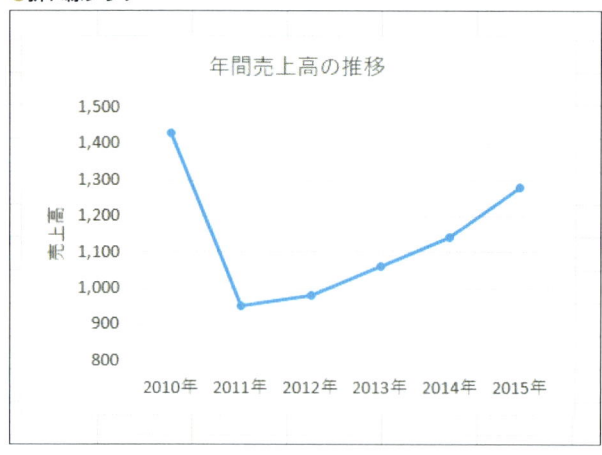

● データの内訳を比較するグラフ

　円グラフや面グラフも利用可能ですが、100％積み上げ棒グラフ（帯グラフ）が適しています。なお、円の中心をくり抜いたドーナツグラフは面積比較がしにくいだけでなく、中心角による比較ができないため、データ分析には不向きです。

●積み上げ横棒グラフ（左）と100％積み上げ横棒グラフ（右）

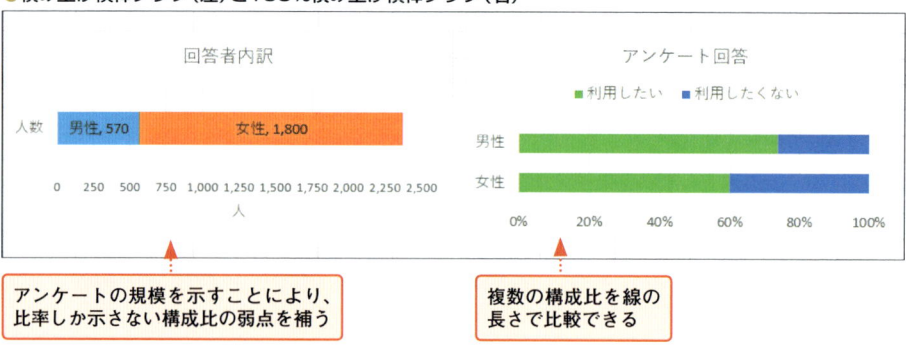

● データの分布や関係性を表すグラフ

　データ分布やデータ同士の関係性を示すには散布図が適しています。データ同士の関係性とデータの大小比較を同時に表すにはバブルチャートを使います。また、複数の評価項目間のバランスを見る場合にはレーダーチャートを利用します。

　なお、データ分布はヒストグラムで表現することもできます。ヒストグラムは、棒グラフの棒と棒の間隔をなくした柱状グラフです。Excel2016からは、〔挿入〕タブにヒストグラムを挿入するボタンが追加されました。

▶散布図では、ヒヤリ件数と改善提案件数の関係を示すとともに、件数を調査した事業所名を対応させることにより、事業所の位置関係も表示している。

●散布図（左）とバブルチャート（右）

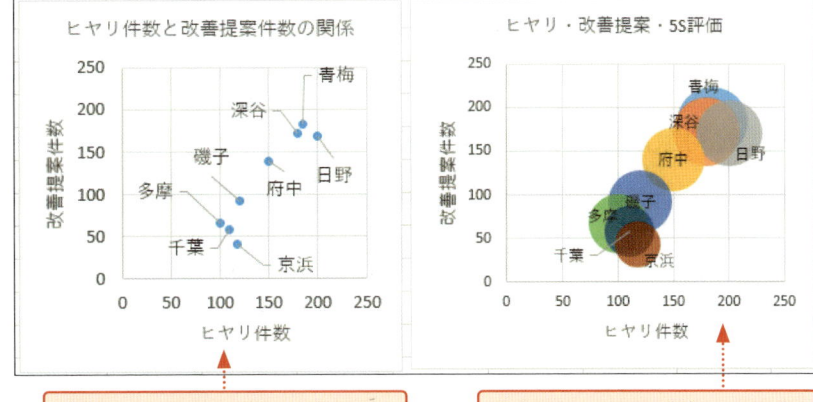

散布図は、各項目のポジショニングのみ表示する

バブルチャートは、ポジショニングに加え、大きさも表示する

●レーダーチャート

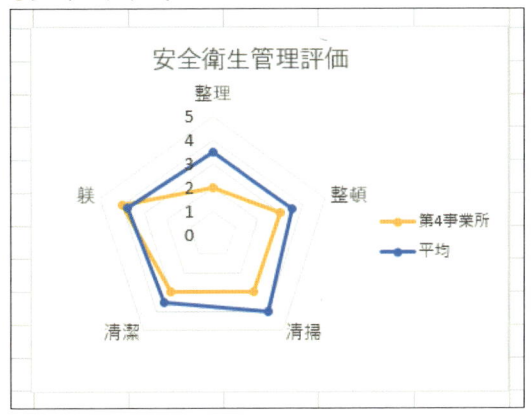

●ヒストグラム

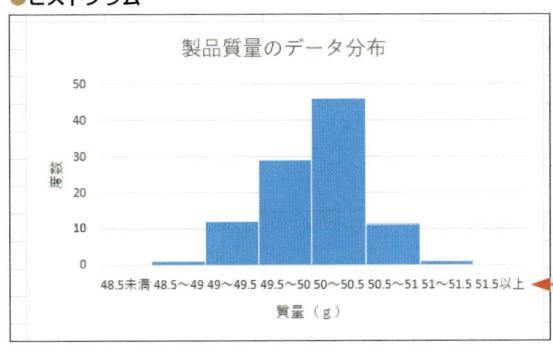

横軸のデータは連続しているので、棒と棒の間は離れない

CHAPTER 01

CHAPTER 02

CHAPTER 03

CHAPTER 04

CHAPTER 05

▶▶▶ 練習問題

事　例　「販売対象別の売り上げを把握したい」

　　靴販売会社のX社では、現在、どの店舗も共通に、メンズ、レディース、キッズの販売対象別の売り場面積をほぼ同じ割合でレイアウトしています。X社の企画部門のC氏は、効率的な販売を目的に、現状の販売対象別の売り上げを把握したいと考え、各店の売り上げ実績を収集しました。

●売り上げ表

	A	B	C	D	E	F	G	H	I
1	No	日付	商品ID	対象	カテゴリー	アイテム	売上高	販売店	出店形態
2	1	2015/10/1	L05-RN-1508	レディース	スポーツ	ランニング	12,000	横浜A	路面
3	2	2015/10/1	M02-D-1504	メンズ	カジュアル	デッキ	6,630	横浜A	路面
4	3	2015/10/1	L04-RN-1503	レディース	スポーツ	ランニング	4,900	横浜A	路面
5	4	2015/10/1	M05-WK-1510	メンズ	スポーツ	ウォーキング	11,800	横浜A	路面
6	5	2015/10/1	M07-SL-1510	メンズ	ローファー	合皮	7,000	横浜A	路面
7	6	2015/10/1	M03-K-1509	メンズ	ビジネス	軽量	13,000	横浜B	SC
8	7	2015/10/1	L05-ST-1410	レディース	ブーツ	ショート	8,200	横浜B	SC
	8	2015/10/1	L04-K-1508	レディース	スポーツ	軽量	12,000	横浜B	SC
897	896	2015/10/31	L03-H-1509	レディース	パンプス	ハイヒール	16,800	川崎B	SC
898	897	2015/10/31	L08-M-1412	レディース	ブーツ	ムートン	9,800	川崎B	SC
899	898	2015/10/31	L04-S-1509	レディース	パンプス	スニーカー	8,800	川崎B	SC
900	899	2015/10/31	L03-H-1509	レディース	パンプス	ハイヒール	16,800	川崎B	SC
901	900	2015/10/31	M07-K-1405	メンズ	サンダル	軽量	1,980	川崎B	SC
902	901	2015/10/31	L03-L-1512	レディース	パンプス	ローヒール	12,800	川崎B	SC

サンプル
問題①②
練習：2-renshu1
完成：2-kansei1

サンプル
問題③④⑤⑥
練習：2-renshu2
完成：2-kansei2

問 題 ①　表記ゆれチェックを実施してください。表記ゆれがある場合、カタカナは全角文字、英字は半角文字に統一してください。

問 題 ②　日次売上高を計算し、日付と売上高の関係を図示して外れ値の有無を確認してください。外れ値がある場合、明らかにおかしいと感じるデータを指摘してください。②まで終了したら完成ファイルを確認し、ファイルは閉じてください。

問 題 ③　売上表をもとに、対象ごとの売上高を集計してください。また、対象ごとの売上高を販売店別に分解してください。

問 題 ④　練習③で作成した表を値として書き出し、通常の表にしてください。

問 題 ⑤　メンズ、レディース、キッズの売上高を比較します。対象別の売上高を比較するグラフを作成してください。なお、必要に応じて、〔デザイン〕タブの【行/列の切り替え】をクリックします。

問 題 ⑥　グラフを編集してください。

　　　　・グラフタイトル「販売対象別売上高」

　　　　・縦軸ラベル「売上高（千）」／横軸ラベル「対象」

　　　　・目盛りの表示単位「千」、ラベル名は表示しない

　　　　・売上高の大きい順に並べ替えてください。

販売に関するデータ分析

本章以降は、PPDACサイクルのPPを事例と導入で解説し、A（データ処理）とC（考察）を中心に進めます。Dは「用意するビジネスデータ」で紹介していますが、データクリーニングは済んでいることを前提にします。本章は、売上や利益に直結する販売をテーマにした分析を取り上げます。既に自社内に蓄積されているデータでできる内容が多いので、ぜひ、ご自身のデータでも挑戦してみてください。

01 中長期的な目線で売り上げ推移を分析する

どの業種でも多かれ少なかれ発生するのが、月や季節などによる売り上げ変動です。売り上げの傾向を読み取るには月や季節といった時系列に起因する変動を除去する必要があります。ここでは、月次売上高を累計して変動分を吸収する方法で売り上げ変動を除去し、売り上げ動向を把握します。

導入 ▶ ▶ ▶

事例 「業績基調を正しくつかみたい」

　下の図は、複数の店舗を展開する企業の3年間の月別売り上げ推移です。全体として、右肩上がりに見えますが、売り上げのばらつきが大きく、業績判断ができません。売り上げにばらつきがあっても、業績基調を正しくつかむにはどうすればいいでしょうか。

●全店売上高推移

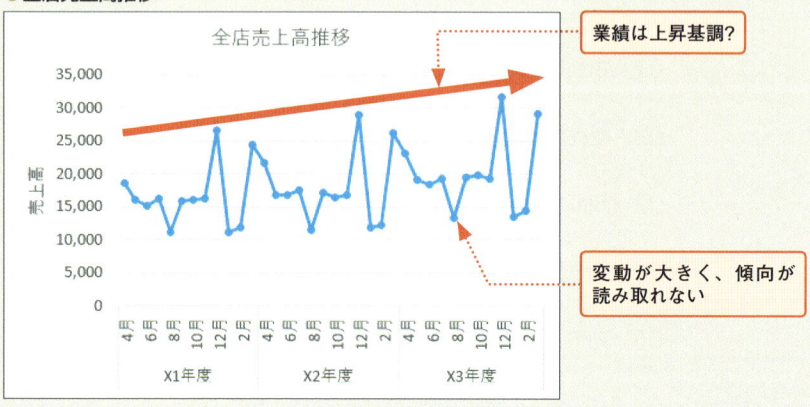

▶ 売り上げ変動を除去して図解するZチャートを使う

　売り上げ変動を除去する方法として、月次累計と移動年計があります。どちらも売上高を積み上げて変動を目立たなくする方法です。変動を除去する前と除去したあとをグラフにまとめると、英字のZの形になります。

● Zチャート

▶売り上げのばらつき
を除去する原理→P.59

　3種類の折れ線グラフを組み合わせた図です。3種類のグラフとは、月次売り上げ、月次累計、移動年計です。月次累計は、毎月の売り上げを1か月ずつ積み上げ、1年間積み上げると、年間売上合計に一致します。移動年計は、過去1年分の売上合計です。たとえば、当年4月時点の移動年計は、前年5月からの12か月分の売上合計になります。

　各グラフでは次の内容が観察できます。

月次売り上げ：激しい売り上げ変動がある場合は、変動具合が観察できます。
月次累計：当年の売り上げ基調が観察できます。
移動年計：前年からの売り上げ基調が観察できます。

● Zチャートの見方

　Zチャートで最初に着目するのは移動年計の動きです。右肩上がりであれば、売り上げは前年から増加傾向にあり、右肩下がりであれば、売り上げは前年から減少傾向と読み取ります。

●Zチャート

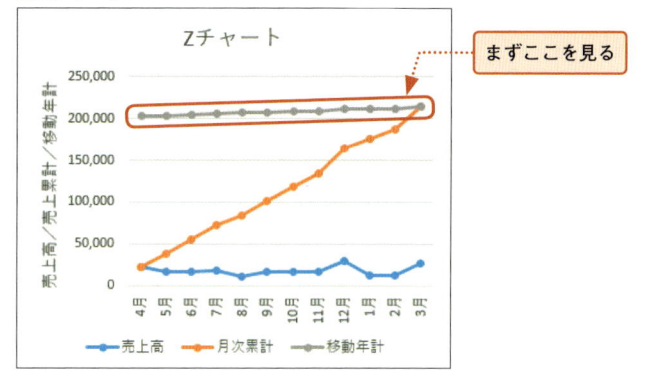

まずここを見る

▶もっと詳しい見方
→P.59

●業績が上昇基調のZチャート

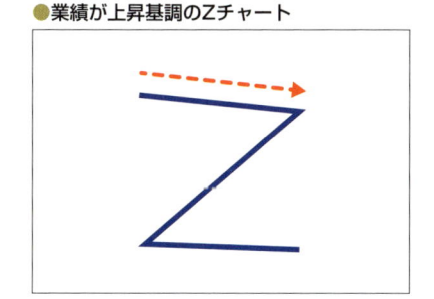

●業績が下降基調のZチャート

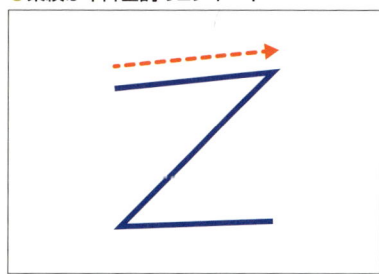

実践 ▶ ▶ ▶

▶ 用意するビジネスデータ

PPDACサイクルを意識すると、データ収集（D）までは次のようになります。

売り上げにばらつきがあっても業績基調を正しくつかむという課題に対し（P）、売り上げのばらつきを除去できるZチャートを使う計画を立て（P）、最低2年分の月別全店売り上げデータを収集します（D）。

データ収集では、目的プラスアルファの範囲で収集することを意識し、店舗別の月次売り上げや月次にまとめる前の日次データなども準備しておくのがベターです。あとで別の視点で分析する必要が生じた際に、データを集め直す必要がなくなるためです。

サンプル
3-01

●月次売り上げデータ3年分

	A	B	C	D	E	F	G
1	年	月	売上高	月次累計	移動年計		
2	X1年度	4月	18,574				
3		5月	16,082				
12		2月	11,967				
13		3月	24,473				
14	X2年度	4月	21,718				
15		5月	16,843				
16		6月	16,825				
17		7月	17,585				
18		8月	11,452				
19		9月	17,245				
20		10月	16,449				
21		11月	16,817				
			29,0				
24		2月	12,169				
25		3月	26,200				
26	X3年度	4月	23,117				
27		5月	19,130				
28		6月	18,399				
29		7月	19,392				
30		8月	13,285				
31		9月	19,516				
32		10月	19,840				
33		11月	19,276				
34		12月	31,624				
35		1月	13,447				
36		2月	14,396				
37		3月	29,185				

データの古い順に縦にデータを並べると、月次累計と移動年計の算出が楽になる

▶ Excelの操作①：Zチャートに必要なデータを作る

▶ データをまとめる
→P.13

用意した月次売り上げデータを加工して、Zチャートに必要な月次累計と移動年計を作ります。月次累計はSUM関数の合計範囲の始点を固定し、ひと月ずつ合計範囲が拡張するようにして、毎月の売上高を1か月ずつ積み上げます。移動年計は当月から過去11か月分のデータをSUM関数で合計します。

年単位で月次累計を求める

●セル「D14」「D26」に入力する式

| D14 | =SUM($C$14:C14) | D26 | =SUM($C$26:C26) |

▶絶対参照は F4 を押して設定できる。

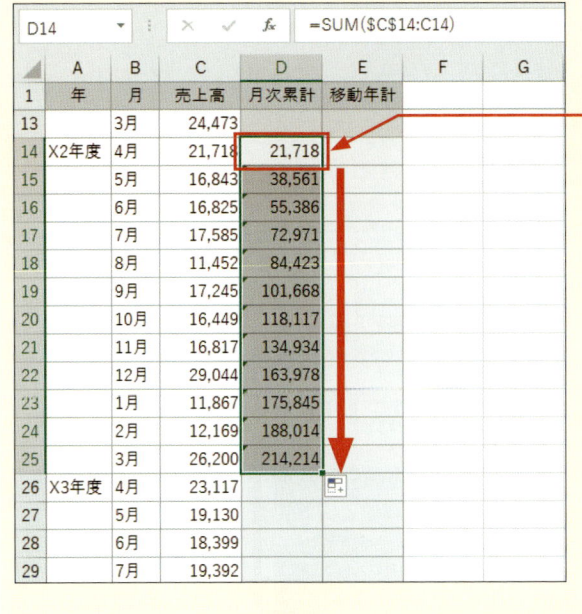

❶ セル「D14」をクリックし、SUM関数を入力してセル「D25」までオートフィルでコピーする

▶手順❷はセル「D26」のフィルハンドルをダブルクリックしてコピーすることができる。

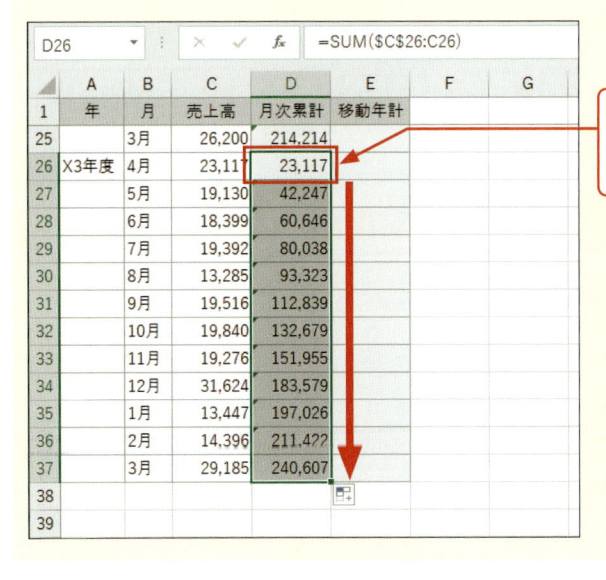

❷ セル「D26」をクリックし、SUM関数を入力してセル「D37」までオートフィルでコピーする

移動年計を求める

●セル「E14」に入力する式

| E14 | =SUM(C3:C14) |

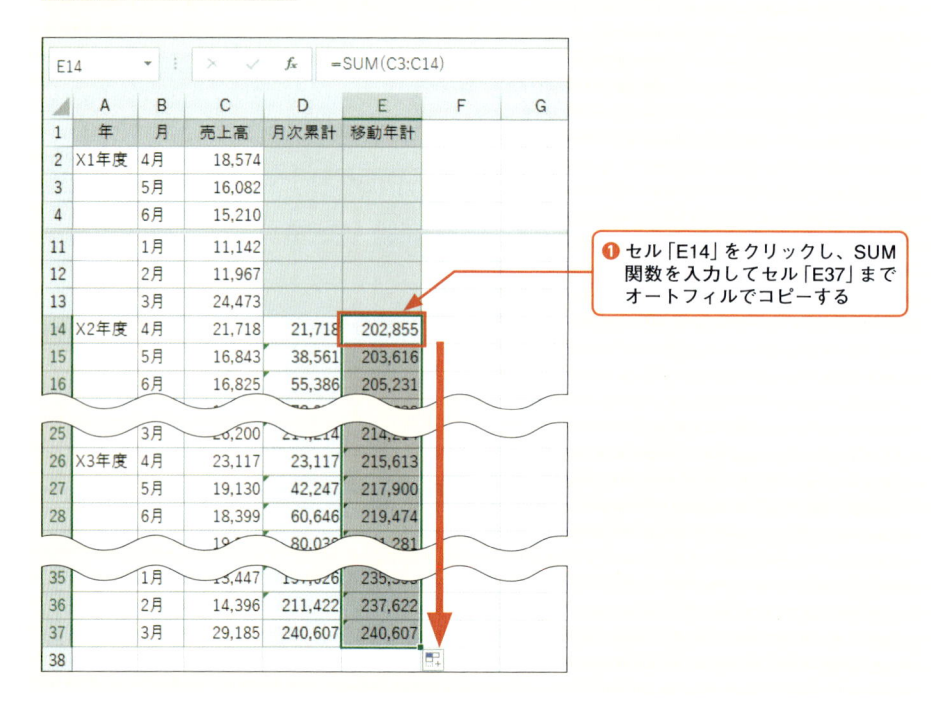

❶ セル「E14」をクリックし、SUM
関数を入力してセル「E37」まで
オートフィルでコピーする

▶ Excelの操作②：Zチャートを作成する

　Zチャートは折れ線グラフで作成します。グラフの範囲をX2年度とX3年度にするため、
X1年度は非表示にしてからグラフを作成します。

X1年度を非表示にする

▶手順❶は、選択した
範囲の行番号の上で右
クリックする。

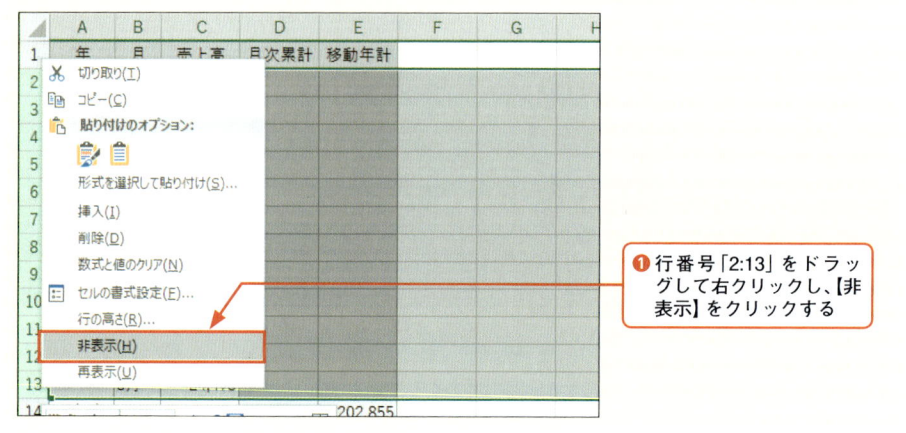

❶ 行番号「2:13」をドラッ
グして右クリックし、【非
表示】をクリックする

折れ線グラフを挿入する

❶ セル範囲「A1:E37」をドラッグし、〔挿入〕タブ→【折れ線/面グラフの挿入】→【マーカー付き折れ線】をクリックする

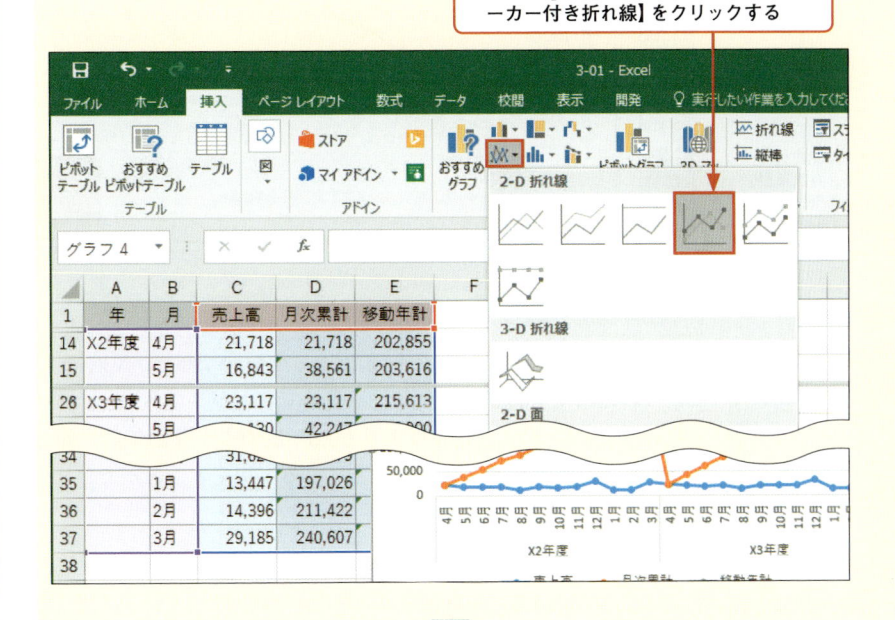

▶手順❶の折れ線グラフのボタン名はバージョンによって異なるが、ボタンのデザインは同じである。

▶バージョンによってグラフタイトル枠の有無、凡例の位置が異なる。

❷ マーカー付き折れ線が挿入されたが、X2年度とX3年度の境界に不要な線が引かれている

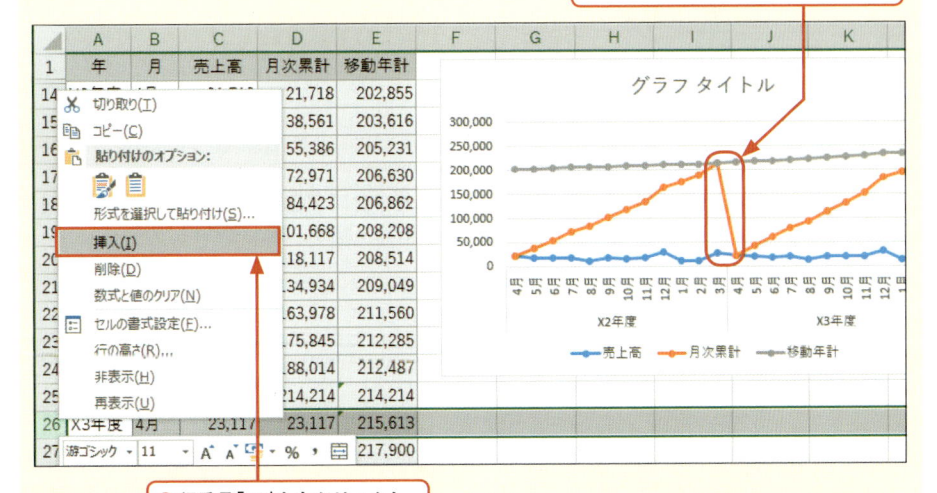

▶X2年度とX3年度の間に空白行を入れて、X2年度とX3年度を切り離す。

❸ 行番号「26」を右クリックし、【挿入】をクリックする

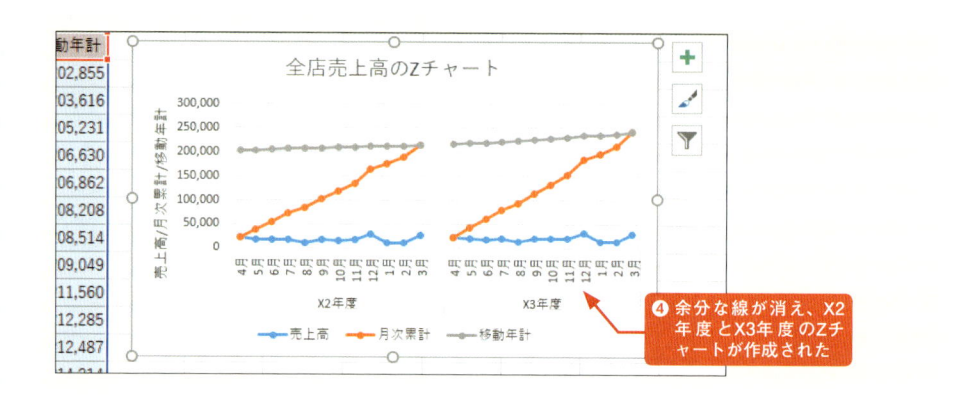

▶表の途中に空白行を挿入しても、月次累計と移動年計の合計範囲は自動的に調整される。

❹ 余分な線が消え、X2年度とX3年度のZチャートが作成された

▶ 結果の読み取り

X2年度の移動年計は前年のX1年度からの傾向であり、X3年度の移動年計は前年のX2年度からの傾向です。移動年計は、一貫して右上がりであり、企業の業績は上昇していると考えられます。また、X2年度よりもX3年度の方が移動年計の傾きが大きくなっていることから、上昇基調に加えて、成長していると捉えることができます。

●移動年計の拡大図

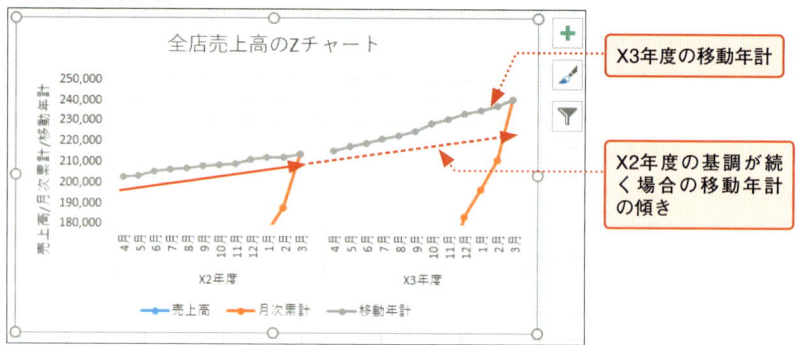

X3年度の移動年計

X2年度の基調が続く場合の移動年計の傾き

▶右図は、移動年計を中心に縦軸目盛りを変更している(目盛りの変更方法→P.42、44)。

12月の月次累計は他の月より上に突き出る形で変動しています。累計しても変動が吸収できていないため、12月が年間の最大の繁忙期であることがわかります。

●月次累計の拡大図

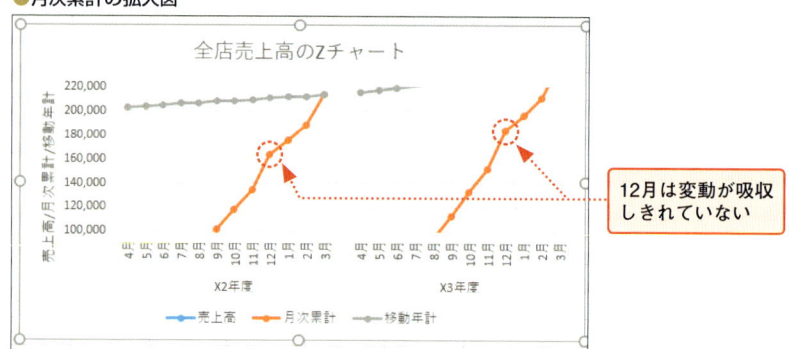

12月は変動が吸収しきれていない

発展 ▶ ▶ ▶

▶ 売り上げのばらつきを除去する原理

　もともとの数値では差が気になる場合でも、全体をかさ上げすると、差が気にならなくなります。たとえば、100と200は2倍の開きがありますが、両方に10000ずつ足すと10100と10200になり、差は気になりません。月次累計と移動年計も同様に、売上高を積み上げて数値をかさ上げし、変動を吸収しています。

●月次と移動年計：1年分の月次を上乗せすることで変動を吸収

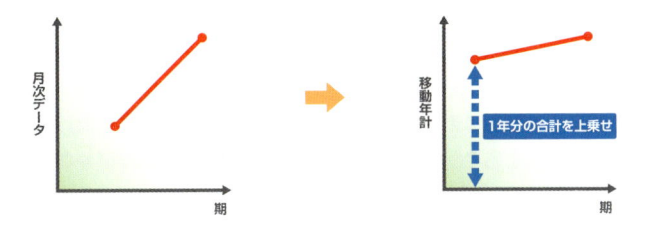

▶ Zチャートの詳細な見方

　Zの形状と動向は次のとおりです。移動年計を中心に見ます。

●Zチャートと動向判定

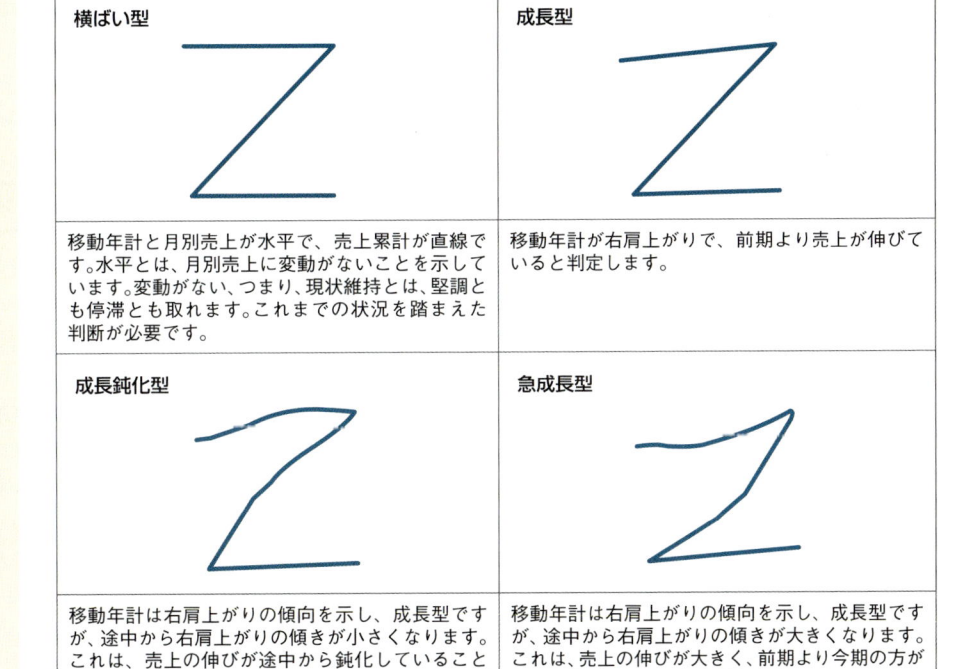

横ばい型	成長型
移動年計と月別売上が水平で、売上累計が直線です。水平とは、月別売上に変動がないことを示しています。変動がない、つまり、現状維持とは、堅調とも停滞とも取れます。これまでの状況を踏まえた判断が必要です。	移動年計が右肩上がりで、前期より売上が伸びていると判定します。
成長鈍化型	急成長型
移動年計は右肩上がりの傾向を示し、成長型ですが、途中から右肩上がりの傾きが小さくなります。これは、売上の伸びが途中から鈍化していることを示します。つまり、成長はしているものの、かげりが見えてきたと判定します。	移動年計は右肩上がりの傾向を示し、成長型ですが、途中から右肩上がりの傾きが大きくなります。これは、売上の伸びが大きく、前期より今期の方がさらに伸びていることを示します。

衰退型	下げ止まり型
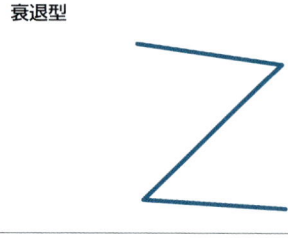	
移動年計は右肩下がりの傾向を示し、衰退傾向にあると判定されます。	移動年計は右肩下がりの傾向を示し、衰退傾向にあると判定されますが、途中から右肩下がりの傾きが小さくなり、逆に右肩上がりに転じていれば、売上の落ち込みが下げ止まり、持ち直していると判定できます。

▶ 類似の分析例

サンプル
3-01-参考

店舗別に個別のZチャートを作成し、店舗ごとの売り上げ成績の動向を見ます。売上高を店舗に分解することで、全体の中に埋もれていた特徴を掘り起こすことができます。サンプル「3-01-参考」に店舗別のZチャートを示します。個別に見るときは、グラフの大きさと縦軸目盛りを揃えるようにします。サンプルでは、「埼玉」の売り上げ成績が下降基調であることがわかります。その他、「店舗」を「商品」に置き換えると、商品の売り上げ動向を把握するのに利用できます。また、販売計画と実績の比較にも利用できます。販売計画と実績の比較については次節で紹介しています。

●店舗別Zチャート

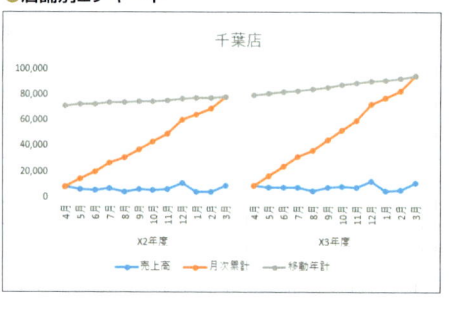

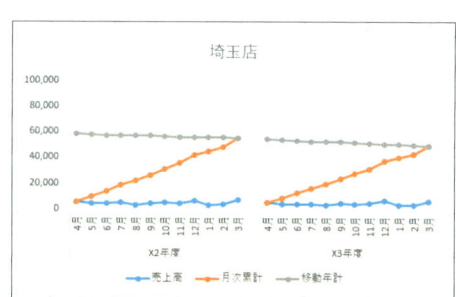

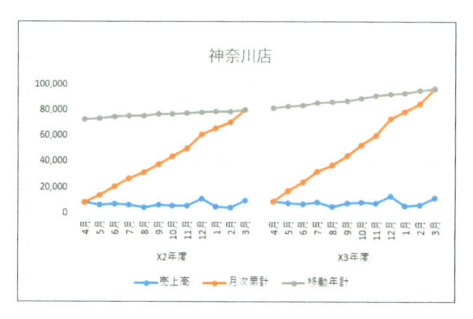

02 販売計画と実績を比較する

実績データをもとに作成したZチャートを使うと、月や季節によって異なる売上高の変動を除去することにより、変動が大きくて傾向が読み取りにくい業績の基調判断ができます。ここでは、予測値である販売計画データを含めたZチャートを作成し、計画と実績を比較して計画の達成具合を判定します。

導入 ▶▶▶

事例 「販売計画の到達度を把握したい」

D社のX1年度の売上高は「199,711」、X2年度の売上高は「214,214」、X3年度の売上高は「240,607」で、年々売上高が伸びています。そこで、X4年度の売り上げ目標を「300,000」に掲げ、月ごとの販売計画を立案しました。D社の事業は、繁忙期と閑散期があり、売り上げが月ごとに変動するため、販売計画は売り上げ変動を加味しています。X4年度の上期末を迎えるにあたり、計画の到達度を把握するにはどうすればよいでしょうか。

●売り上げ実績と販売計画

	A	B	C	D	E	F	G	H
1	月	X1年度	X2年度	X3年度	X4年度計画	X4年度実績		
2	4月	18,574	21,718	23,117	30,000	25,200		
3	5月	16,082	16,843	19,130	23,800	21,900		
4	6月	15,210	16,825	18,399	23,000	20,100		
5	7月	16,186	17,585	19,392	24,300	21,800		
6	8月	11,220	11,452	13,285	16,500	15,200		
7	9月	15,899	17,245	19,516	24,100	22,800		
8	10月	16,143	16,449	19,840	24,000			
9	11月	16,282	16,817	19,276	24,000			
10	12月	26,533	29,044	31,624	40,000			
11	1月	11,142	11,867	13,447	16,700			
12	2月	11,967	12,169	14,396	17,600			
13	3月	24,473	26,200	29,185	36,000			
14	合計	199,711	214,214	240,607	300,000	127,000		

▶ Zチャートで計画と実績を比較する

D社のように繁忙期と閑散期がある場合は、移動年計を求めて売り上げ変動を取り除き、

月次売り上げ／月次累計／移動年計の3つのデータを折れ線グラフで表したZチャートで計画と実績を比較します。Zチャートに関する解説は、P.52をご覧ください。

● 販売目標の立て方

年間の売り上げ目標を決めたら、売り上げ目標を月別に配賦します。最も簡単なのは、年間計画値を12で割って均等に配賦することですが、季節によって売り上げが大幅に変動する場合は、繁忙期は多めに、閑散期は少なめにする必要があります。売り上げ変動を加味した月別目標を求めるには、季節指数と呼ばれる値を使って各月の配分率を決め、繁忙期は目標値が高く、閑散期は目標値が低くなるように売上高を割り当てます。

▶季節指数を利用した
販売計画→P.147

● 計画と実績の比較方法

販売計画の移動年計と実績の移動年計の乖離具合をみます。乖離が大きければ、販売計画に無理があったことになり計画の見直しを検討します。また、前年度からの売り上げ基調も確認し、再計画の判断材料にします。

実践 ▶ ▶ ▶

▶ 用意するビジネスデータ

最低1年分の月別売り上げ実績データと月次販売計画を準備します。ここでは、過去3年分の月次売り上げを用意し、X4年度の販売計画は策定済みです。また、販売計画を含むX2年度からX4年度の月次累計と移動年計は計算済みです。

▶月次累計と移動年計
の求め方→P.55、56

● 月次売り上げデータ3年分とX4年度の販売計画

	A	B	C	D	E	F	G	H
1	年	月	売上高	月次累計	移動年計	X4年度実績	X4年度月次累計	X4年度移動年計
2	X1年度	4月	18,574					
13		3月	24,473					
14	X2年度	4月	21,718	21,718	202,855			
25		3月	26,200	214,214	214,214			
26	X3年度	4月	23,117	23,117	215,613			
37		3月	29,185	240,607	240,607			
38	X4年度計画	4月	30,000	30,000	247,490	25,200		
39		5月	23,800	53,800	252,160	21,900		
40		6月	23,000	76,800	256,761	20,100		
41		7月	24,300	101,100	261,669	21,800		
42		8月	16,500	117,600	264,884	15,300		
47		1月		246,400	2			
48		2月	17,600	264,000	293,185			
49		3月	36,000	300,000	300,000			

▶ Excelの操作①：Zチャートに必要なデータを作る

▶データをまとめる
→P.13

セル「F38」以降に入力されたX4年度の実績をもとに月次累計と移動年計を9月まで求めます。移動年計はX3年度の実績とX4年度の実績に分けてSUM関数で合計します。

X4年度実績の月次累計と移動年計を求める

●セル「G38」「H38」に入力する関数

| G38 | =SUM($F$38:F38) | H38 | =SUM(C27:$C$37,$F$38:F38) |

	A	B	C	D	E	F	G	H
1	年	月	売上高	月次累計	移動年計	X4年度実績	X4年度月次累計	X4年度移動年計
26	X3年度	4月	23,117	23,117	215,613			
27		5月	19,130	42,247	217,900			
28		6月	18,399	60,646	219,474			
36		2月	14,396	211,422	237,622			
37		3月	29,185	240,607	240,607			
38	X4年度計画	4月	30,000	30,000	247,490	25,200	25,200	242,690
39		5月	23,800	53,800	252,160	21,900	47,100	245,460
40		6月	23,000	76,800	256,761	20,100	67,200	247,161
41		7月	24,300	101,100	261,669	21,800	89,000	249,569
42		8月	16,500	117,600	264,884	15,200	104,200	251,484
43		9月	24,100	141,700	269,468	22,800	127,000	254,768
44		10月	24,000	165,700	273,628			
45		11月	24,000	189,700	278,352			
46		12月	40,000	229,700	286,728			

❶ セル「G38」とセル「H38」にSUM関数を入力し、セル範囲「G38:H38」をもとにオートフィルで9月までコピーする

▶ 移動年計を求めるSUM関数の第2項「$F$38:F38」は、X4年度実績の月次累計のため、「=SUM(C27:$C$37,G38)」と指定することもできる。

MEMO 移動年計の計算方法

X3年度末の3月の実績はセル「C37」です。X4年度実績の移動年計を求めるとき、オートフィルで下方向にコピーしても、X4年度の計画値のセル「C38」に移動しないように、セル「C37」を絶対参照で固定するのがポイントです。

①X4年度4月の移動年計は、X3年度5月～翌3月と、
②X4年度4月実績を合計する
③X4年度5月の移動年計は、X3年度6月～翌3月と、
④X4年度4月～5月の実績を合計する

▶ Excelの操作②：販売計画と実績のZチャートを作成する

　グラフの範囲をX4年度にするため、X3年度まで非表示にしてから折れ線グラフを作成します。

X3年度まで非表示にして折れ線グラフを挿入する

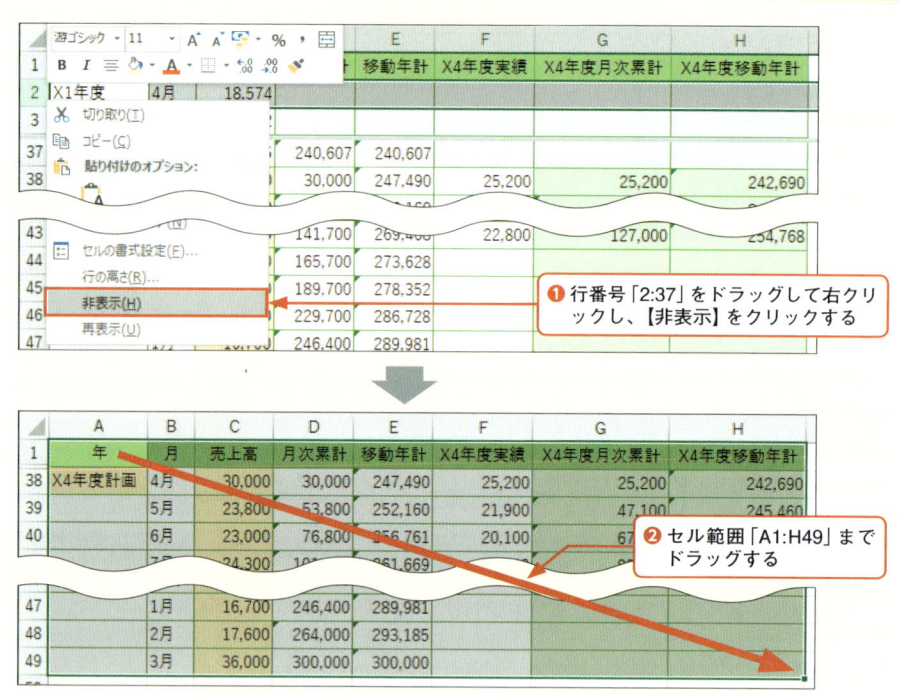

❶ 行番号「2:37」をドラッグして右クリックし、【非表示】をクリックする

❷ セル範囲「A1:H49」までドラッグする

▶セル範囲「A1:H49」のうち、非表示の2〜37行目もグラフの対象になるが、行を再表示するまでグラフにも表示されない。また、X4年度10月以降の空白も含めてドラッグする。

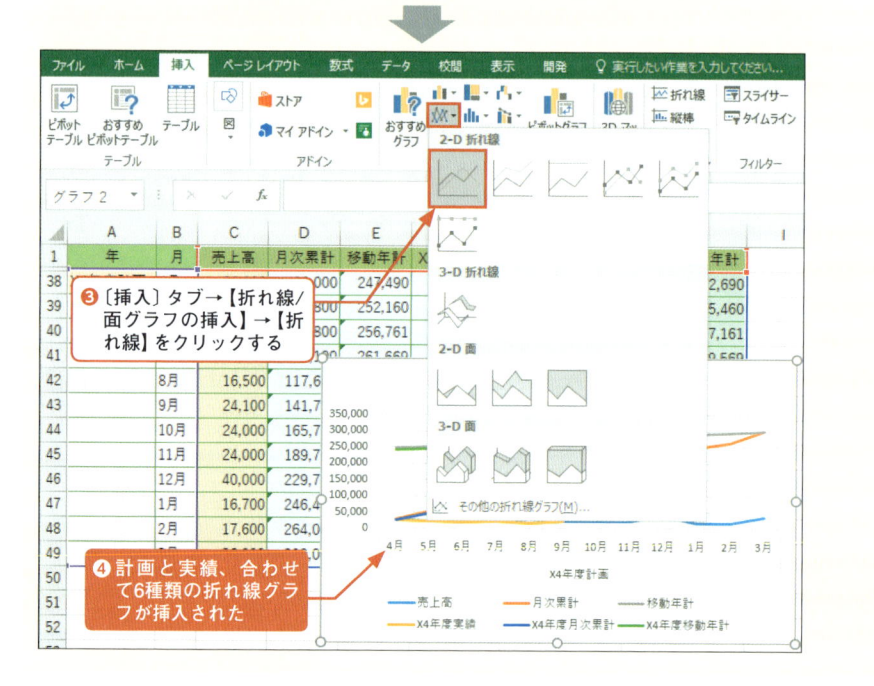

▶バージョンによってボタン名が異なるが同じデザインのボタンをクリックする。

❸〔挿入〕タブ→【折れ線/面グラフの挿入】→【折れ線】をクリックする

❹ 計画と実績、合わせて6種類の折れ線グラフが挿入された

実績値にマーカーを付ける

▶手順❶以降は凡例を確認しながら操作する。なお、凡例の表示位置はバージョンによって異なる。

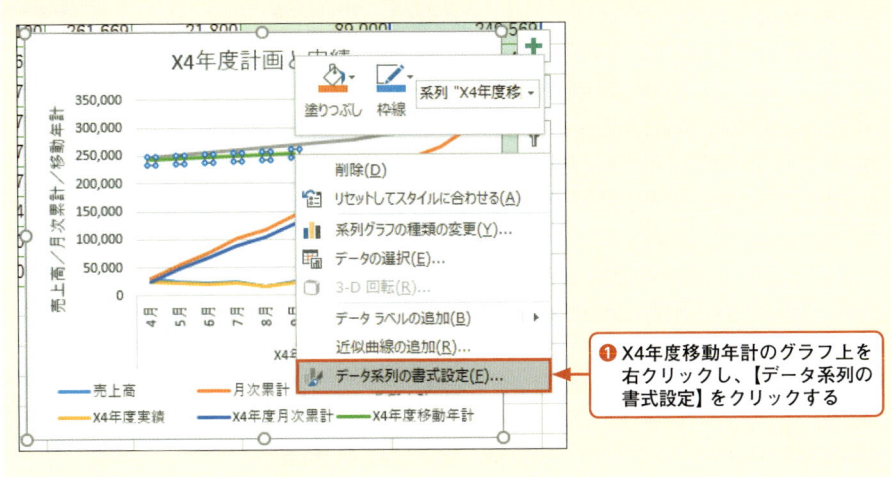

❶ X4年度移動年計のグラフ上を右クリックし、【データ系列の書式設定】をクリックする

❷ 「塗りつぶしと線」→「マーカー」→「マーカーのオプション」の順にクリックし、作業ウィンドウを展開する

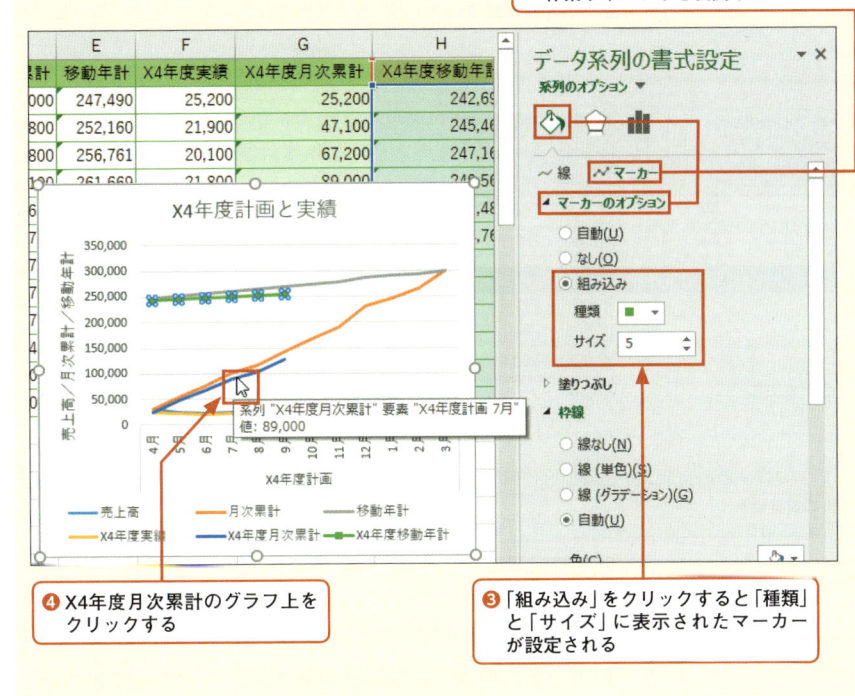

Excel2007/2010
▶手順❷以降は「データ系列の書式設定」ダイアログボックスの「マーカーのオプション」で設定する。

❹ X4年度月次累計のグラフ上をクリックする

❸ 「組み込み」をクリックすると「種類」と「サイズ」に表示されたマーカーが設定される

❺ 作業ウィンドウが「X4年度月次累計」の書式設定に切り替わる

❻ 「組み込み」をクリックしてマーカーを設定する

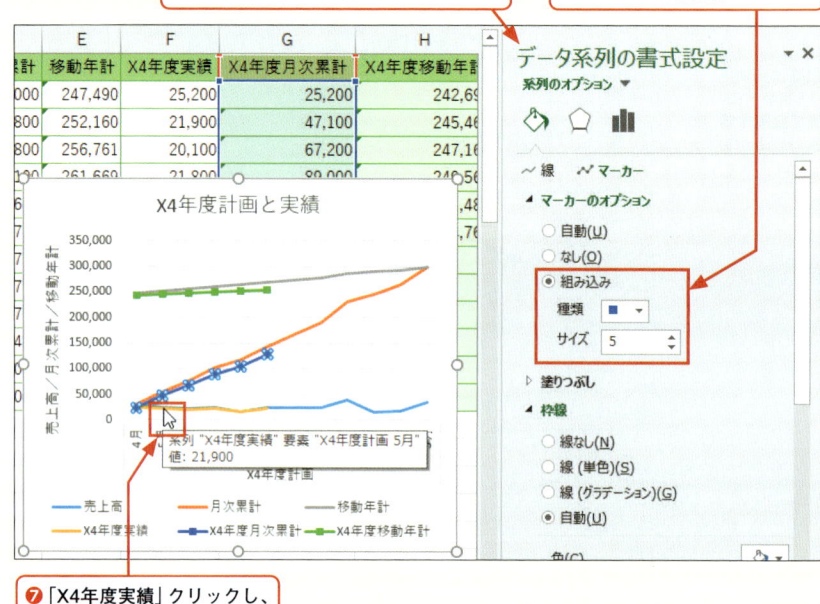

▶マーカーの種類とサイズを変更したい場合は、「種類」の「▼」をクリックして一覧から選ぶことができる。「サイズ」は、上下の「▼」「▲」をクリックするか、サイズの数字をドラッグして直接入力して変更できる。

❼ 「X4年度実績」クリックし、手順❺❻を繰り返す

▶設定が終了したら、作業ウィンドウ、または、ダイアログボックスを閉じる。

❽ X4年度の実績にマーカーが設定された

▶移動年計の実績値が予測値を下回っている。

> **MEMO** グラフ要素を切り替えながら編集する
>
> 複数のグラフ要素を編集するときは、すべての編集が終わるまで作業ウィンドウ（Excel2007/2010はダイアログボックス）を閉じる必要はありません。作業ウィンドウ（ダイアログボックス）を開いた状態で、編集するグラフ要素をクリックすると、クリックしたグラフ要素の書式設定作業ウィンドウ（ダイアログボックス）に切り替わります。

▶ Excelの操作③：前年度からの売り上げ基調を確認する

　移動年計の実績値が予測値を下回っているため、前年のX3年度からの売り上げ基調を確認します。グラフの範囲をX3年度とX4年度に変更するため、いったんすべての行を再表示してから、X2年度まで非表示にします。X3年度とX4年度の境界に空白行を入れ、X3年度とX4年度を切り離します。

X3年度のZチャートも表示する

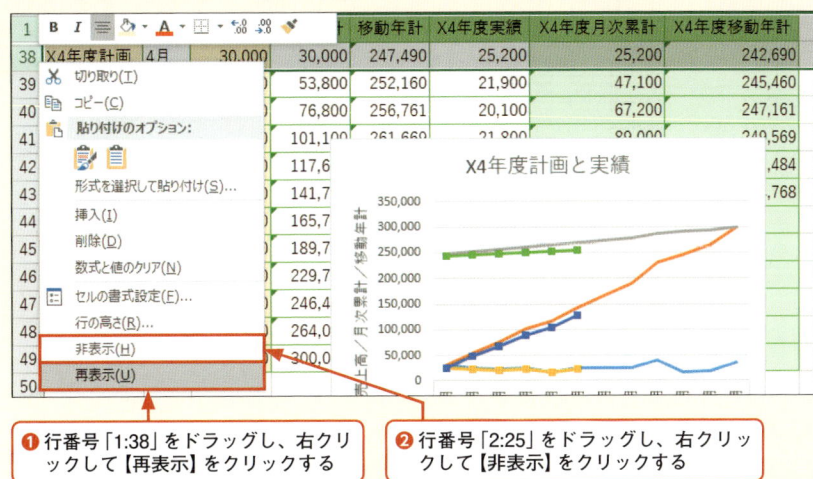

❶ 行番号「1:38」をドラッグし、右クリックして【再表示】をクリックする

❷ 行番号「2:25」をドラッグし、右クリックして【非表示】をクリックする

❸ 行番号「38」を右クリックして【挿入】をクリックする

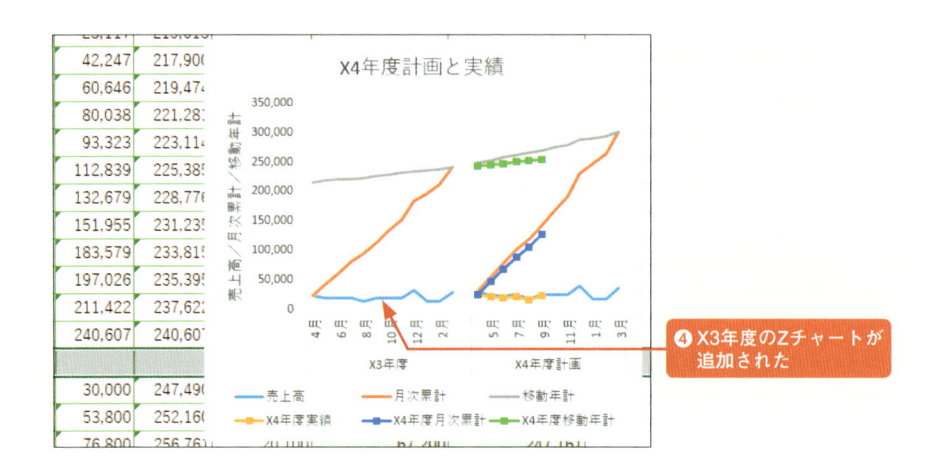

42,247	217,90(
60,646	219,47
80,038	221,28
93,323	223,11
112,839	225,38
132,679	228,77
151,955	231,23
183,579	233,81
197,026	235,39
211,422	237,62
240,607	240,60
30,000	247,49(
53,800	252,16(
76,800	256,76

❹ X3年度のZチャートが追加された

▶ 結果の読み取り

　X3年度の移動年計は前年のX2年度からの傾向であり、X4年度の移動年計は前年のX3年度からの傾向です。X4年度上期の実績は販売計画を達成していませんが、X3年度の移動年計を延長すると、X4年度上期も引き続き右肩上がりであり、売り上げの増加傾向は維持していることがわかります。

● 移動年計の拡大図

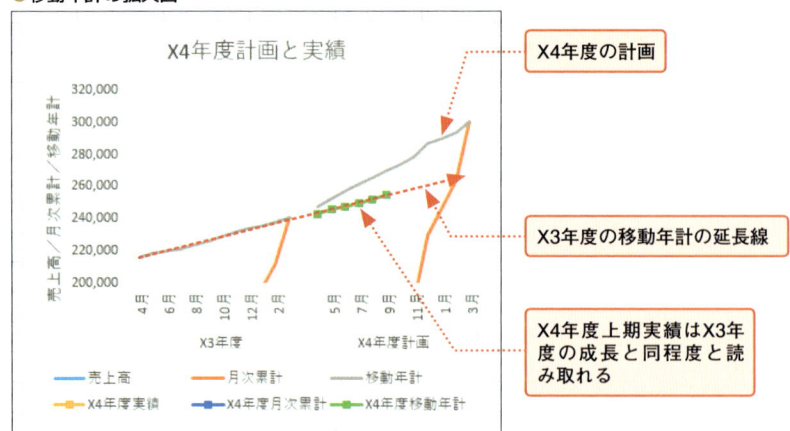

X4年度の計画

X3年度の移動年計の延長線

X4年度上期実績はX3年度の成長と同程度と読み取れる

▶右図は、移動年計を中心に縦軸目盛りを変更している（目盛りの変更方法→P.42、44）。

発展 ▶ ▶ ▶

▶ 販売計画の見直し

　当初掲げた年間目標「300,000」を譲らない場合は、9月までの未達分を10月以降の下期販売計画に上乗せする必要があります。X4年度4月〜9月の販売計画は「141,700」、実績は

▶繁忙期と閑散期を考慮した予算の配賦は季節指数を使った月別平均法による→P.147。

「127,000」より、未達分は「14,700」です。10月から3月に未達分を上乗せしたときの販売計画とZチャートは次のようになります。「14,700」は、繁忙期に多く、閑散期に少なく配賦しています。見直し前より大きな傾きの移動年計になり、何の手当もしなければ予算達成は一層厳しいことが伺えます。

●X4年度年間目標「300,000」を達成するための下期修正計画とZチャート

	A	B	C	D	E	F	G	H	I
1	年	月	売上高	月次累計	移動年計	X4年度実績	X4年度月次累計	X4年度移動年計	
39	X4年度実績	4月	25,200	25,200	242,690				
40		5月	21,900	47,100	245,460				
41		6月	20,100	67,200	247,161				
42		7月	21,800	89,000	249,569				
43		8月	15,200	104,200	251,484				
44		9月	22,800	127,000	254,768				
45	X4年度計画	10月	26,222	153,222	261,150				
46		11月	26,220	179,442	268,094				
47		12月	43,696	223,138	280,166				
48		1月	18,245	241,383	284,964				
49		2月	19,233	260,616	289,801				
50		3月	39,384	300,000	300,000				
51									
52									

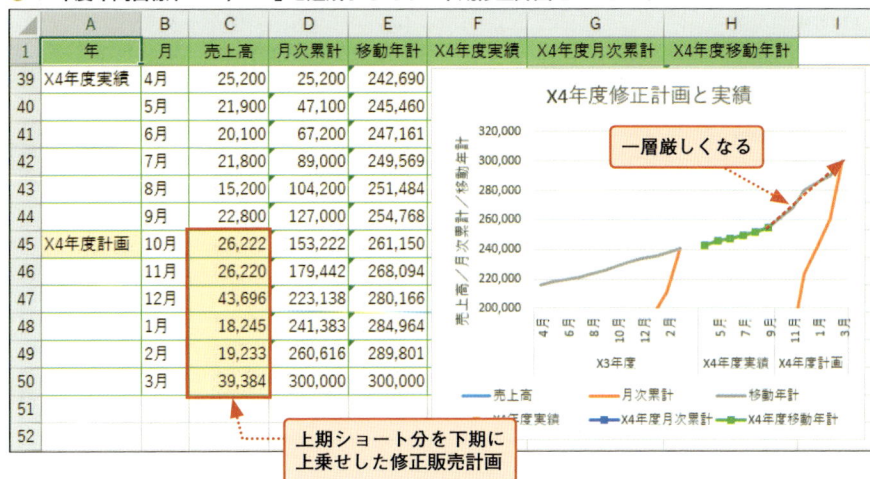

一層厳しくなる

上期ショート分を下期に上乗せした修正販売計画

上の図は、上期が未達に終わったことの振り返りもなしに「何が何でも達成！」となる場合にひと目で状況を知らせるのに役立ちます。また、X3年度からの増加基調は維持しているため、「300,000」は無理でも「270,000」なら達成の見込みがあることを合わせて見てもらうこともできます。

▶上期が未達に終わった理由について

・年間目標の根拠は何だったのか？
・販売計画に見合う生産体制は整っていたのか？
・生産効率はどうだったのか？
・新しい販売先を開拓したか？
・競合の動向はどうだったのか？

さまざまな切り口で考察し、新しい問題の発見や課題の設定につなげる。

●X4年度年間目標「270,000」を達成するための下期修正計画とZチャート

	A	B	C	D	E	F	G	H	I
1	年	月	売上高	月次累計	移動年計	X4年度実績	X4年度月次累計	X4年度移動年計	
39	X4年度実績	4月	25,200	25,200	242,690				
40		5月	21,900	47,100	245,460				
41		6月	20,100	67,200	247,161				
42		7月	21,800	89,000	249,569				
43		8月	15,200	104,200	251,484				
44		9月	22,800	127,000	254,768				
45	X4年度計画	10月	21,617	148,617	256,545				
46		11月	21,593	170,210	258,862				
47		12月	35,950	206,160	263,188				
48		1月	15,030	221,190	264,771				
49		2月	15,886	237,076	266,261				
50		3月	32,924	270,000	270,000				
51									
52									

年間「270,000」を達成するために、下期は残り「143,000」を配賦し直す

▶ 類似の分析例

定期的に改良またはリニューアルを繰り返す定番商品の後継品の投入時期を決めるのにZチャートを使うことができます。観察するポイントは移動年計の上昇の傾きが小さくなる、または、横ばいになる変化点です。

商品ライフサイクルの短縮から、Zチャートの月次累計や移動年計では変化点を見逃してしまう可能性がある場合は、週次累計や四半期計などにして同様に分析します。

商品（製品）ライフサイクル
▶商品の寿命のこと。商品は通常、発売以降、売り上げを伸ばし、売り上げがピークに達したあと、商品の陳腐化や競合商品の出現などにより、売り上げが低下し始め、やがて消えていく。

●移動年計の変化点

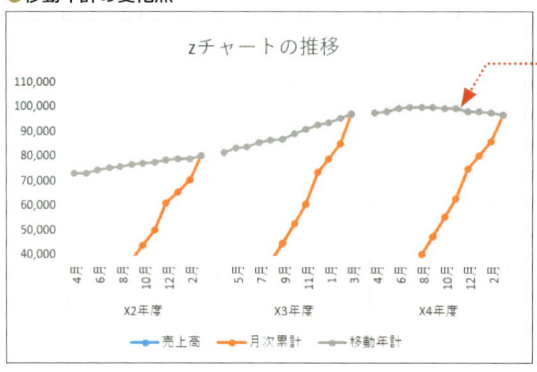

X4年度に入り、成長が鈍化し、衰退し始めている

Column 需商品ライフサイクルを見える化する

商品には、ワンシーズン限り、定番商品など、さまざまなタイプがあります。商品ごとに売上推移をグラフにすると、商品ライフサイクルを知ることができます。下の図は、売上高が価格と販売数量に分解できることから、商品の販売数量と販売価格の推移をグラフにしています。念のため、売上数量と売上高をグラフにすると、動向が同様であることも確認できます。

販売数量が順調に伸びている間は売上高も伸びていますが、週数が経過するにつれ、頭打ちになり、価格を下げても販売が伸びなくなっている様子がわかります。

●売り上げ推移

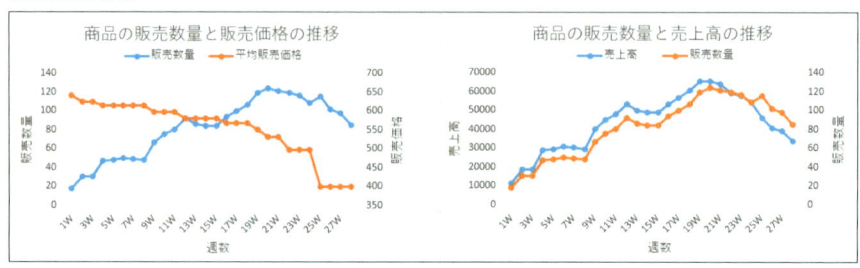

商品管理にメリハリをつける

ニーズの多様化に伴う商品の多品種化は、業種を問わずに見られる現象です。取り扱い品目が増えるにつれ、いかに効率よく商品管理するかが課題となります。どれも同じように管理していては、売れ筋商品が欠品する、売れない商品が幅を利かせて鎮座するなど売り上げやコストに支障をきたすためです。ここでは、商品を売上高でABCランクに仕分けし、効率よく管理するためのABC分析について解説します。

導入 ▶ ▶ ▶

事例 「商品在庫の管理効率を高めたい」

　靴販売会社に勤務するE氏は、在庫品につまずいてヒヤリとしたり、商品を探すのに手間取ったり、果ては商品を探した挙げ句、欠品して売り逃したこともあります。さらに、担当するメンズシューズは近年、取扱商品が増えています。そこで、取扱品目に関する管理のありかたを模索中です。効率よく管理するにはどうすればいいでしょうか。

●メンズシューズ取扱品目一覧

	A	B	C	D	E
1	種別	品目	サイズ展開	色	取扱ブランド数
2	スポーツ・アウトドア	ハイキング	25.0～28.5	3種類	他社2
3		ウォーキング	25.0～28.0	5種類	他社3
4		バスケット	25.0～28.0	3種類	他社3
5		フットサル	25.0～29.0	3種類	他社5
6		ランニング	25.0～29.0	4種類	他社5
7	カジュアル	スリッポン	25.0～27.5	5種類	自社、他社1
8		デッキ	25.0～27.5	7種類	他社2
9		サンダル	M,L,XL	3種類	他社2
10		スノーブーツ	25.5～28.0	2種類	他社2
11		ムートン	25.5～27.5	2種類	他社2

▶ 重要度をABCランクに仕分けするABC分析を実施する

　ABC分析は「ある切り口」で並べ替え、重要度に応じたメリハリのある管理を行うために実施される手法です。ABC分析は、商品の在庫管理のみならず、品質管理、顧客管理など、さまざまな場面で利用できるため、「ある切り口」はさまざまですが、最もポピュラーな切り口は「売上高」です。

▶類似の分析例→P.81

「売上高」を切り口とする場合は、売上高の大きい順に商品を並べ、稼ぎの良い商品は優先的に手厚く管理したり、めったに売れない商品は在庫を置かずに取り寄せ対応にしたりするなど、商品を仕分けてして管理のありかたにメリハリをつけることができます。なお、ABC分析の結果は、切り口によって仕分けした現在の状況を映し出しています。どう管理するかの前に、現状把握に役立つ手法でもあります。

▶ ABC評価の分け方

ABC評価の一般的な分け方は、売り上げ構成比の高い順に構成比を積み上げ、売り上げ構成比累計が80%に達するところまでをAランク、90%に達するところまでをBランク、以後をCランクに分けます。

Aランクの「80%」という基準は、「80：20の法則」と呼ばれる、80%の事象は全体の20%の要素が生み出しているという経験則に起因しています。たとえば、取扱商品は30品目に上るが、売り上げの8割は、売れ筋の5〜6品目が稼いでいる、あるいは、1000人の顧客のうち、売り上げの8割に貢献しているのは、200人程度だという具合です。つまり、全要素の上位20%をきちんと管理すれば、売り上げの8割はカバーできるという発想です。

売り上げ構成比
▶全体の売上高に占める割合。稼ぎの良い商品は全体の売り上げに占める割合が高く、売り上げ構成比が大きくなる。

売り上げ構成比累計
▶売り上げ構成比を積み上げた値。ABC分析では、売り上げ構成比の高い順に積み上げる。

▶80：20の法則は、パレートの法則や二八の原理とも呼ばれる。なお、管理境界値は、目安である。たとえば、A評価を70%以下にしたり、B評価を95%以下にしたり場合もある。

●ABC評価と管理基準と境界値

評価	管理基準	管理境界値
A	重点管理	構成比累計≦80%
B	標準管理	80%＜構成比累計≦90%
C	簡易管理	90%＜構成比累計≦100%

▶ パレート図で管理項目を見える化する

パレート図は「切り口」によって評価した要素の値を縦棒グラフ、要素の構成比累計を折れ線グラフにして1枚にまとめた複合グラフです。ABC分析の仕分け状況を目でみることができます。

パレート図では、構成比累計の折れ線グラフの形状や構成比累計が80%以内に含まれる要素と要素数を確認します。折れ線グラフが水平に近くなるほど、特定の要素に依存していると読み取ります。

●パレート図の例

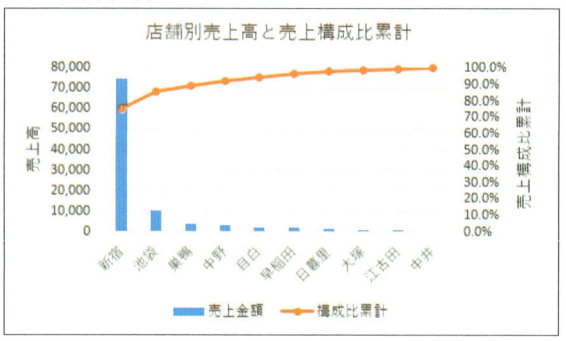

前ページの図は、売上高を切り口に評価した店舗について、売上高を棒グラフ、売り上げ構成比累計を折れ線グラフに表しています。折れ線グラフの80%に着目すると、10店舗のうち、全売上高の80%を稼ぐのは「新宿店」のみとわかります。もし、「新宿店」に何かトラブルが起こり、売り上げが低迷すると全体の低迷に直結する状況です。他店の調査、テコ入れによって1店舗だけに頼る状況を改善する必要があります。

▶パレート図の折れ線グラフのパターン →P.80

実践 ▶▶▶

▶ 用意するビジネスデータ

▶データは自分で作る!? →P.13

▶ピボットテーブルを通常の表に書き出す →P.35

ABCに仕分けする項目ごとに「切り口」に沿った値を準備します。ここでは、メンズシューズの各品目を売上高で仕分けするため、商品別売り上げ集計表を準備します。集計前の売り上げ一覧表を収集した場合は、ピボットテーブルで品目ごとに売上高をまとめ、通常の表に書き出します。以下は集計済みの表です。

サンプル
3-03

●商品別売り上げ集計表

	A	B	C	D	E	F
1	メンズシューズ売上集計表		売上合計金額	37,403,040		
2						
3	No	品目	売上金額	売上構成比	構成比累計	評価
4	1	ハイキング	781,800			
5	2	スリッポン	1,369,860			
6	3	デッキ	5,174,310			
7	4	サンダル	336,260			
8	5	ウォーキング	5,074,200			
9	6	バスケット	623,200			
10	7	フットサル	374,880			
11	8	ランニング	6,168,000			
12	9	ビジネスプレミアム	5,541,600			
13	10	ビジネス軽量	3,886,000			
14	11	ビジネス速乾	3,500,730			
15	12	スノーブーツ	771,000			
16	13	ムートン	60,800			
17	14	ローファー合皮	1,319,600			
18	15	ローファー本革	2,420,800			

▶ Excelの操作①：ABC評価に必要な値を計算する

売上高を大きい順に並べ替え、売り上げ構成比と売り上げ構成比累計を求めます。累計は、SUM関数に指定するセル範囲の始点を固定し、オートフィルでコピーするたびに1つずつ範囲が拡張するようにします。

売上高の大きい順に並べ替え、売り上げ構成比と売り上げ構成比累計を求める

●セル「D4」「E4」に入力する数式と関数

| D4 | =C4/$D$1 | E4 | =SUM($D$4:D4) |

▶手順❷は、〔ホーム〕タブ→【並べ替えとフィルター】→【降順】をクリックすることもできる。

❶「売上金額」データの任意のセルをクリックする

❷〔データ〕タブの【降順】をクリックする

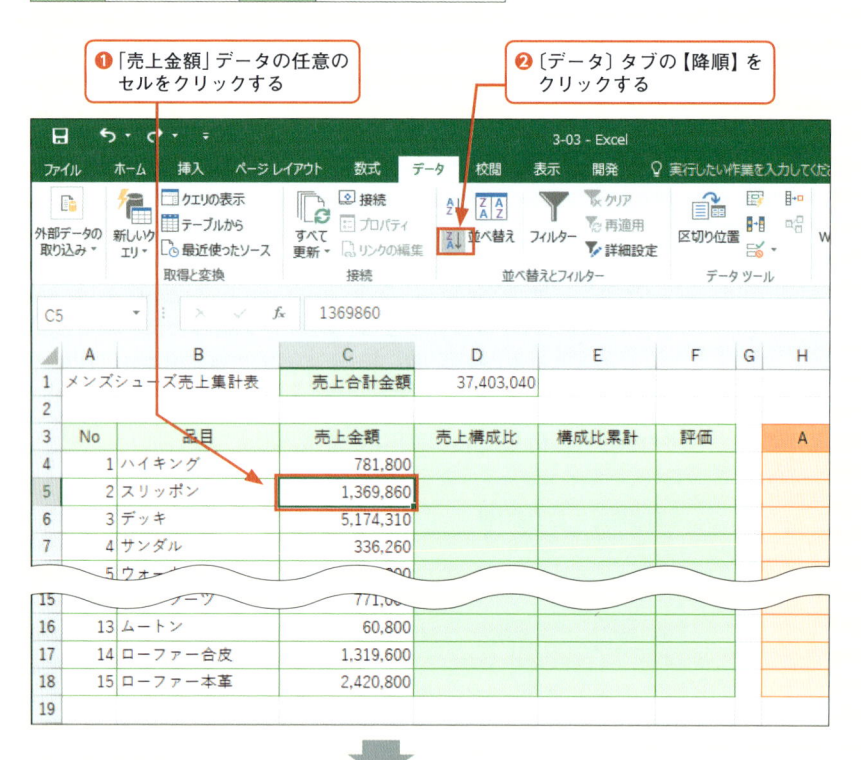

❸ 売上金額の高い順に並べ変わる

❹ セル「D4」とセル「E4」に数式を入力する

❺ セル範囲「D4:E4」をドラッグし、オートフィルでデータの末尾までコピーする

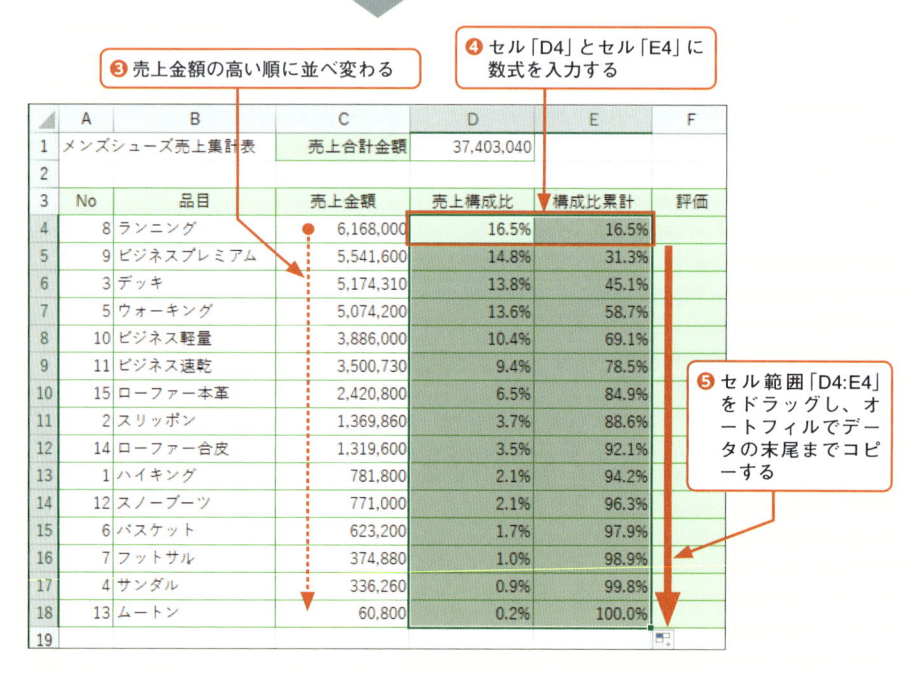

▶ Excelの操作②：ABC判定し、売上高を評価ごとに仕分けする

せっかくExcelを使っていますので、IF関数でABCの評価を判定し、判定結果を使って、売上高をABCに仕分けした表を作成します。仕分けした表でパレート図を作成するとA,B,Cを色分けして表示することができます。評価や色分けは必要ないという方は、Excelの操作③にお進みください。

売り上げ構成比累計をABCで判定する

●セル「F4」に入力する関数

| F4 | =IF(E4<=80%,"A",IF(E4<=90%,"B","C")) | E4 | =SUM($D$4:D4) |

▶IF関数の組み合わせ
→P.76 Memo参照

❶ セル「F4」にIF関数を入力し、セル「F18」までオートフィルでコピーする

	A	B	C	D	E	F	G	H
1	メンズシューズ売上集計表		売上合計金額	37,403,040				
2								
3	No	品目	売上金額	売上構成比	構成比累計	評価		A
4	8	ランニング	6,168,000	16.5%	16.5%	A		
5	9	ビジネスプレミアム	5,541,600	14.8%	31.3%	A		
6	3	デッキ	5,174,310	13.8%	45.1%	A		
7	5	ウォーキング	5,074,200	13.6%	58.7%	A		
8	10	ビジネス軽量	3,886,000	10.4%	69.1%	A		
17	4	サンダル	336,260	0.9%	99.8%	C		
18	13	ムートン	60,800	0.2%	100.0%	C		
19								

判定ごとに売上高を仕分けする

●セル「H4」に入力する関数

| H4 | =IF($F4=H$3,$C4,0) |

❶ セル「H4」にIF関数を入力し、セル「J18」までオートフィルでコピーする

▶複合参照が読みにくい場合は、次のように入力する。

セル「H4」
=IF(F4="A",C4,0)
セル「I4」
=IF(F4="B",C4,0)
セル「J4」
=IF(F4="C",C4,0)

	C	D	E	F	G	H	I	J	K
1	売上合計金額	37,403,040							
2									
3	売上金額	売上構成比	構成比累計	評価		A	B	C	
4	6,168,000	16.5%	16.5%	A		6,168,000	0	0	
5	5,541,600	14.8%	31.3%	A		5,541,600	0	0	
6	5,174,310	13.8%	45.1%	A		5,174,310	0	0	
7	5,074,200	13.6%	58.7%	A		5,074,200	0	0	
8	3,886,000	10.4%	69.1%	A		3,886,000	0	0	
15							0		
16	374,880	1.0%	98.9%	C		0	0	374,880	
17	336,260	0.9%	99.8%	C		0	0	336,260	
18	60,800	0.2%	100.0%	C		0	0	60,800	
19									

C評価に転記され、他の評価は「0」になる

IF関数 →P.16
▶文中、「構成比累計が」と何度もしつこいと思うかもしれない。しかし、IF関数は条件の主語を正しくとらえることが重要である。IF関数の誤入力は、条件の主語をあやふやにしていることが主因のため、しつこいくらいに意識する。

> (MEMO) **IF関数の組み合わせ**
>
> IF関数は「=IF(条件,条件を満たす場合の処理,条件を満たさない場合の処理)」という構成です。構成に沿って順番に読みます。
>
> 「=IF(E4<=80%,"A",IF(E4<=90%,"B","C"))」の前半「=IF(E4<=80%,"A",」では、「セルE4」の構成比累計は80%以下であるという条件を満たす場合は、Aと表示する」処理が行われます。
>
> 構成比率累計が80%を超える場合は、後半の「条件を満たさない処理」が実行されます。ここでは、「IF(E4<=90%,"B","C")」です。条件は「構成比率累計が90%以下である」ですが、前半の条件も含んでいますので、構成比率累計が80%を超え、90%以下である場合はB、90%を超える場合はCと表示されます。

▶ Excelの操作③：パレート図を作成する

仕分けした売上高はA,B,Cの積み上げ縦棒グラフにします。積み上げ縦棒グラフにすることで、A,B,Cは自動的に色分けされます。ところで、仕分けした売上高は、A,B,Cの該当する評価に値があり、該当しない評価は「0」にしているため、A,B,Cの各値を積み上げるといっても、実質は該当する評価のみ表示されます。

売り上げ構成比累計は、いったん積み上げ縦棒グラフにしたあと折れ線グラフに変更します。また、売上高と構成比累計は単位が異なるため、軸を分けて表示します。

積み上げ縦棒グラフを挿入する

▶売上高の仕分けを実施しなかった場合は、セル範囲「B3:C18」とセル範囲「E3:E18」を選択して手順❷以降を同様に操作する。

複数のセル範囲の同時選択
▶1箇所目のセル範囲をドラッグ後、2箇所目以降は Ctrl を押しながらドラッグする。

▶グラフのボタン名は、バージョンによって異なるが、ボタンデザインは同様である。

❶ セル範囲「B3:B18」「E3:E18」「H3:J18」を同時に選択する

❷〔挿入〕タブの【縦棒/横棒グラフの挿入】をクリックする

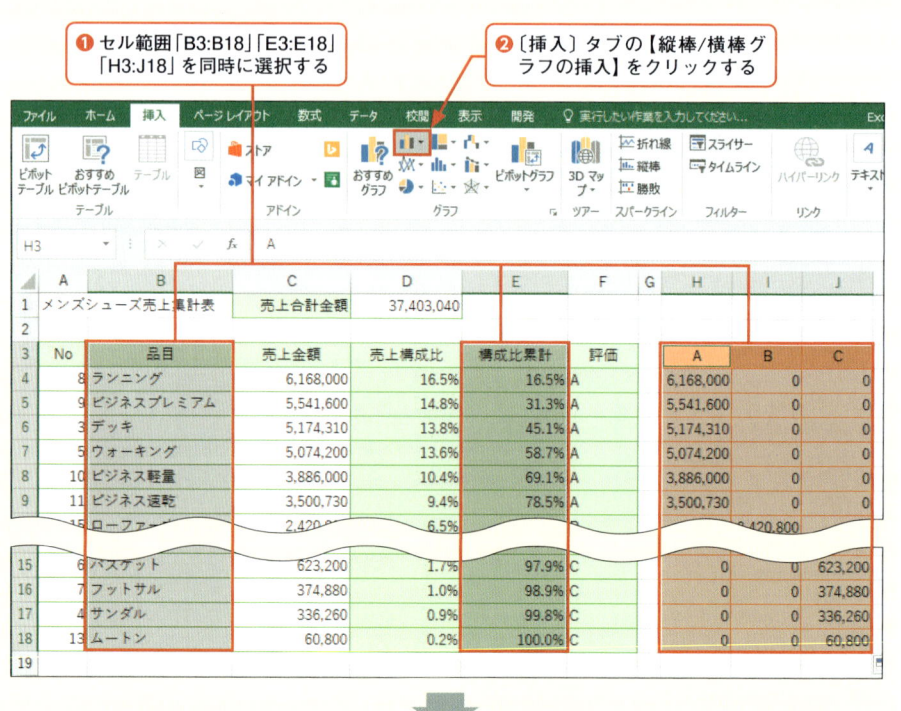

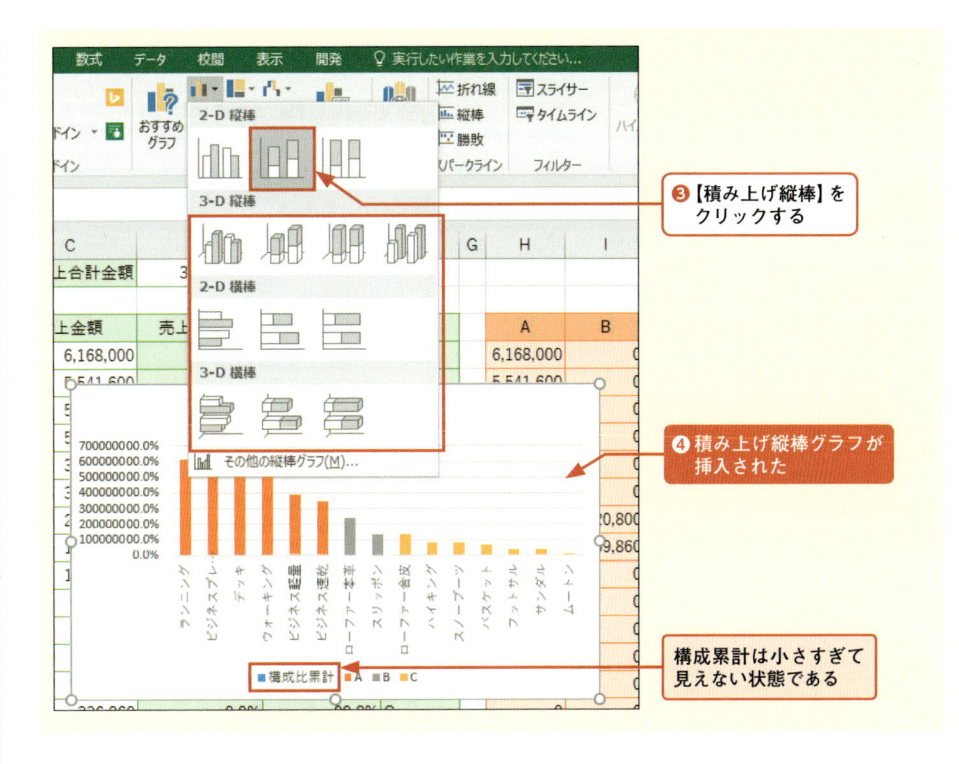

❸【積み上げ縦棒】を
　クリックする

❹ 積み上げ縦棒グラフが
　挿入された

構成累計は小さすぎて
見えない状態である

売り上げ構成比累計を第2軸に移動し、折れ線グラフに変更する

❶ グラフをクリックし、〔書式〕タブの【グラフ要素】の「▼」
　をクリックし、「系列"構成比累計"」をクリックする

▶グラフをクリックした
ら、途中でセルをクリ
ックせずに、手順❻ま
で一気に操作する。誤
ってセルをクリックした
場合は、手順❶を操作
し、「系列"構成比累計"」
が選択された状態で操
作を続ける。

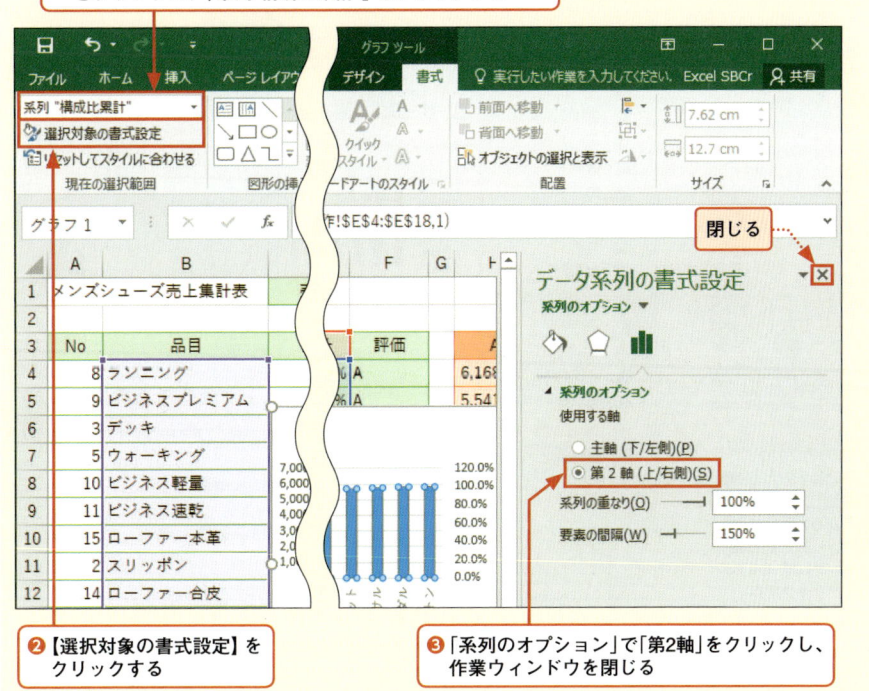

Excel2007/2010
▶手順❸は「系列の書
式設定」ダイアログボッ
クスで同様に操作する。

❷【選択対象の書式設定】を
　クリックする

❸「系列のオプション」で「第2軸」をクリックし、
　作業ウィンドウを閉じる

④ 第2軸に移動した構成比累計が選ばれた状態のまま、〔デザイン〕タブの【グラフの種類の変更】をクリックする

Excel2007/2010
▶手順④の【グラフの種類の変更】は〔デザイン〕タブの左端に配置されている。

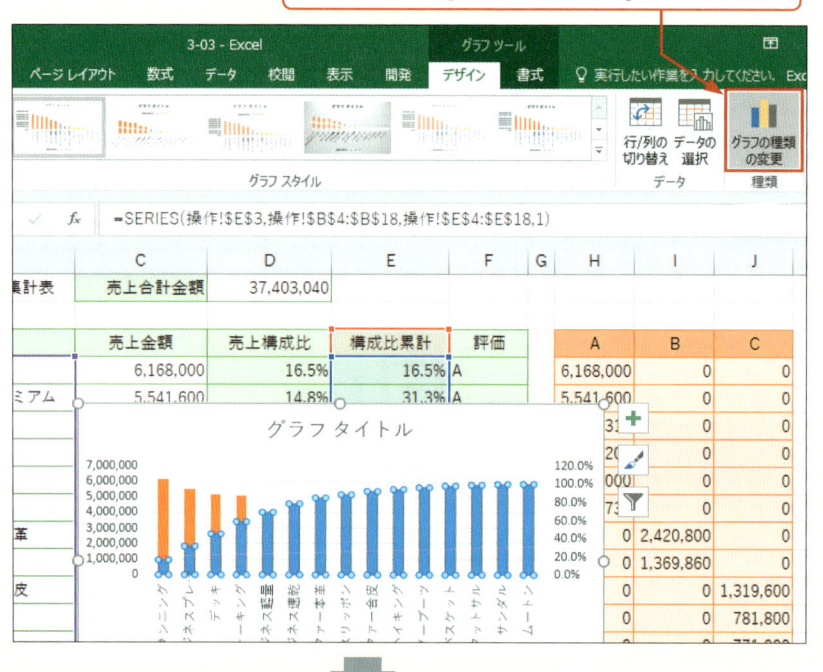

⑤「構成比累計」の「▼」をクリックし、「マーカー付き折れ線」をクリックし、「OK」をクリックする

Excel2007/2010
▶手順⑤は「グラフの種類の変更」ダイアログボックスから「折れ線」の「マーカー付き折れ線」をクリックして「OK」ボタンをクリックする。

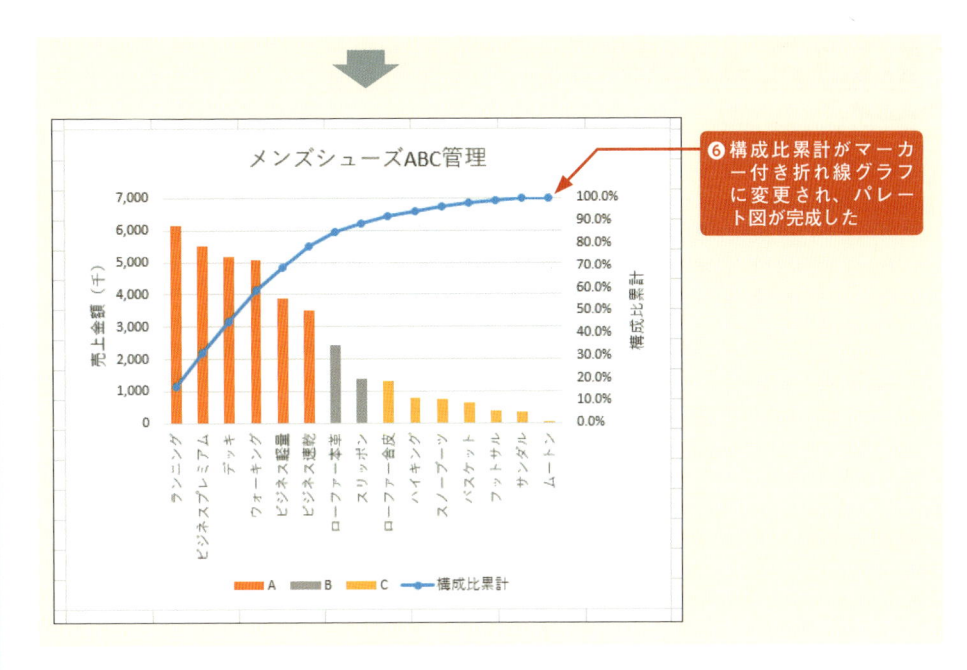

❻構成比累計がマーカー付き折れ線グラフに変更され、パレート図が完成した

▶グラフタイトル、軸名、目盛りは適宜編集する。グラフの編集方法はP.41以降を参照。

▶ 結果の読み取り

パレート図より、A評価の商品は「ランニング」から「ビジネス速乾」までの15品目中6品目です。B評価は2品目、C評価は7品目です。それぞれの管理方法は次の通りです。

A評価：重点的に在庫管理を実施し、保管場所も目に付きやすく、出し入れしやすいスペースを確保し、発注頻度も高めにして欠品による売り逃しがないように注意を払います。

B評価：標準的な在庫管理を実施します。B評価の品目は将来、AかCに移行する可能性があります。どちらに移行するかをチェックするイメージで管理します。

C評価：簡易的な在庫管理を実施します。事例のC評価には「スノーブーツ」「サンダル」「ムートン」といった季節商品が含まれています。該当する季節は在庫を持ち、該当しない季節は在庫を持たない、または、最小限の在庫に留めます。その他の品目も同様に、在庫は最小限にして売れたら補充する程度の管理にします。

▶発注頻度を増やしすぎて過剰在庫になるようでは意味がなく、A評価では、精度の高い需要予測も重要な観点となる。予測についてはP.157、171で解説している。

● 今後の分析と観察

重要管理が6品目に絞られたとはいえ、P 71の商品一覧にあるとおり、1品目に付き、サイズや色、ブランドなどのアイテムが数多く存在しているため、とても絞り込めたとはいい難い状況です。そこで、6品目について、1品目ごとに色やサイズなどに分解した切り口で再度ABC分析を行い、重要アイテムを絞り込みます。

また、ABC分析は、1回ではなく定期的に実施し、順位の変化を観察するようにします。

発展 ▶▶▶

▶ パレート図のパターン

　パレート図の構成比累計の形状は3パターンあり、ABC分析による評価が違います。構成比累計の形状パターンは、評価する「切り口」によって、良くも悪くもなるため、どの形状が良いと断言できるものはありません。また、A評価の構成比累計の境界値は80：20の法則から「80%」としていますが、目安に過ぎません。自社を取り巻く環境や経験、切り口によって、適宜変更可能ですが、概ね「70%」までを目安にします。

● パレート図とABC分析

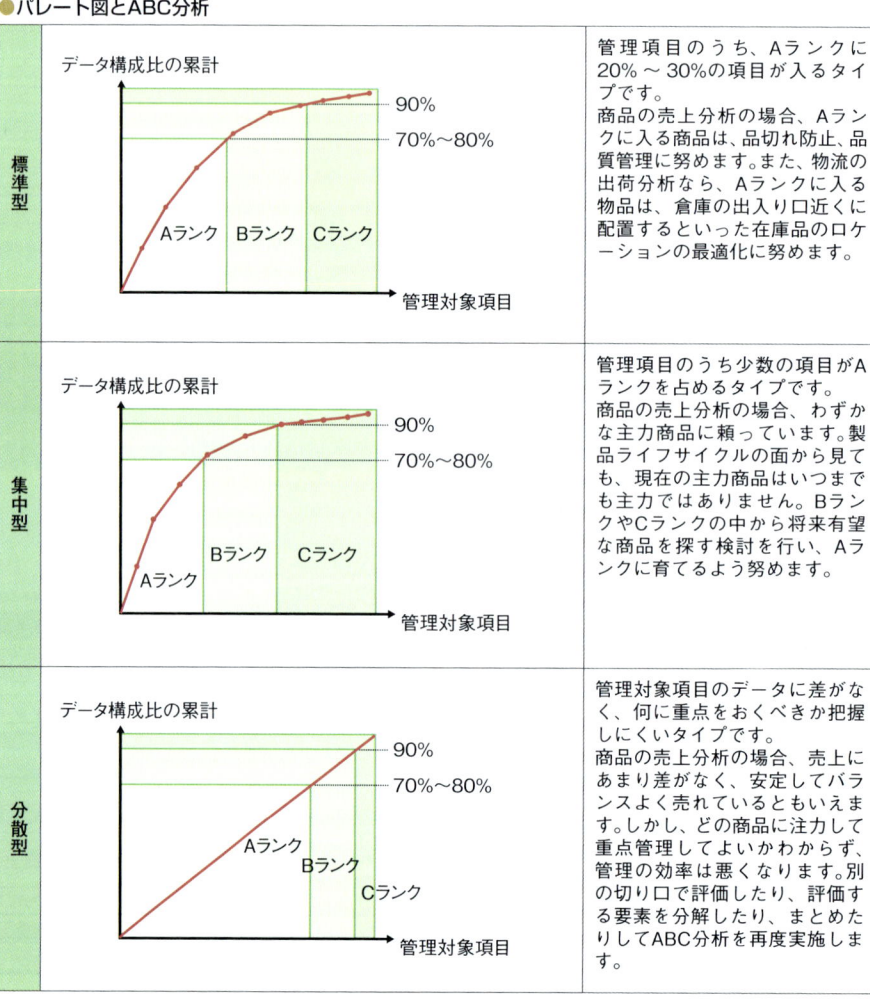

標準型	管理項目のうち、Aランクに20%～30%の項目が入るタイプです。 商品の売上分析の場合、Aランクに入る商品は、品切れ防止、品質管理に努めます。また、物流の出荷分析なら、Aランクに入る物品は、倉庫の出入り口近くに配置するといった在庫品のロケーションの最適化に努めます。
集中型	管理項目のうち少数の項目がAランクを占めるタイプです。 商品の売上分析の場合、わずかな主力商品に頼っています。製品ライフサイクルの面から見ても、現在の主力商品はいつまでも主力ではありません。BランクやCランクの中から将来有望な商品を探す検討を行い、Aランクに育てるよう努めます。
分散型	管理対象項目のデータに差がなく、何に重点をおくべきか把握しにくいタイプです。 商品の売上分析の場合、売上にあまり差がなく、安定してバランスよく売れているともいえます。しかし、どの商品に注力して重点管理してよいかわからず、管理の効率は悪くなります。別の切り口で評価したり、評価する要素を分解したり、まとめたりしてABC分析を再度実施します。

▶ 類似の分析例

ABC分析は、評価する要素と「切り口」によって、さまざまな場面で使えます。

●ABC分析

管理対象	評価要素	切り口	結果の読み取り例
在庫	商品	売上高，利益，販売数量，直近の出庫日（販売日）	販売数量でC評価の商品は不良在庫になる恐れがある。直近の販売日順に並べたときのC評価の商品はいつのまにか売れなくなってきた可能性がある。売り切り、バーゲン等の在庫処分を検討する。
顧客	年代別等で分類した顧客層や顧客名	購入回数，購入金額，客単価，最終購入日	購入金額や1回あたりの購入金額でB評価の顧客に、ロイヤルティを高めるプロモーションを実施し、A評価の顧客に育てる。
取引先／得意先	取引先名、得意先名	取引高，利益	取引高の高いA評価の取引先は、仕入れの購買高が集中していると考えられるため、仕入れ値のボリュームディスカウントを申し入れる。
生産効率	工程	作業時間，手待ち時間	各工程の作業時間の多い順に並べ、ボトルネックになっている工程を把握し、対象工程の作業方法の改善を図る。
品質	製品	要因の発生回数,改善案のスコア	品質を向上させるための改善案の重要性や改善後の効果などについて5段階評価等を行ってスコアを出し、スコアが高く、実現可能性の高い改善案を実施する。
事業／従業員	部門名，従業員名	売上高，利益率，契約件数	売上高や契約件数でA評価の営業部員が順位を落とす変化が見られた場合は、面接などを通して、フォローアップを実施する。

Column　ロングテール

　Cランク商品の販売量を積み上げたとき、Aランク商品をしのぐほどの売上になることをロングテールといいます。要するに、「塵も積もれば山となる」です。ロングテールは、実店舗ではなく、商品陳列の必要がないインターネットショップで現れます。なぜなら、実店舗では、売れる商品を目立つところに置き、いかに売れる商品を効率よく売るかが勝負になり、売れない商品は陳列棚から外されるためです。

　インターネットショップでは、Cランクにも気を配り、Cランクの売上合計もウォッチしていく必要があります。

●ロングテール

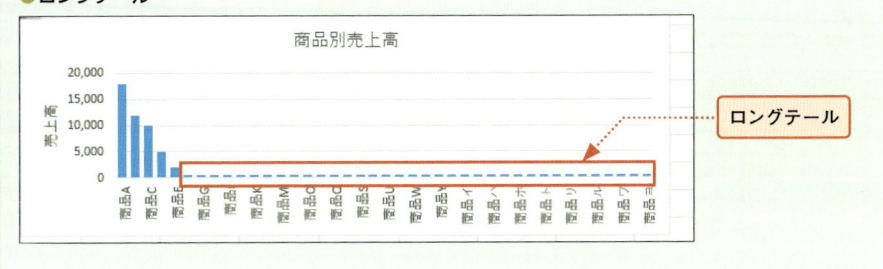

CHAPTER 01
CHAPTER 02
CHAPTER 03
CHAPTER 04
CHAPTER 05

081

04 売上金額と粗利益の両面から商品を評価する

売上高の良い商品が、実は利益をあまり生み出していない商品だったなど、商品を見る切り口によって評価が変わります。そこで、2つの切り口でABC分析を行います。すると、A-A評価からC-C評価まで9つのカテゴリーに商品を位置づけることができ、より正確な商品管理に役立てることができます。

導入 ▶ ▶ ▶

事 例 「商品陳列を見直して売り上げをアップしたい」

　時計の製造販売会社に勤務するF氏は、売り上げアップを目的に掛け時計の商品陳列を見直そうとしています。そこでF氏は、売上高で商品のABC分析を行い、A評価の商品を目立つ場所に陳列しようと考えましたが、念のため、粗利益でもABC分析を行ったところ、評価が異なることに気づきました。売り上げアップにつなげる商品陳列をするには、2つの切り口の評価をどのように扱えばいいでしょうか。

●売上高のABC分析結果

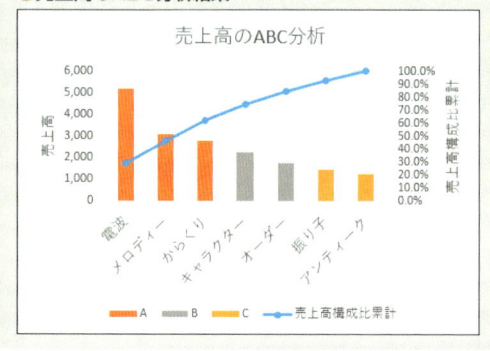

●粗利益のABC分析結果

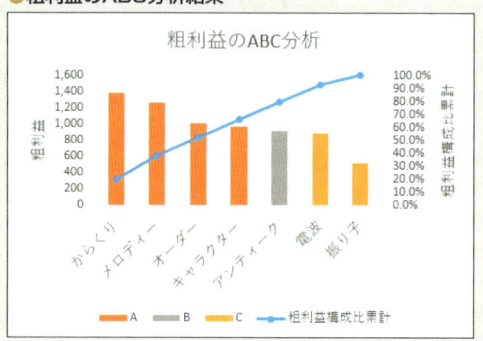

▶ 2つの切り口で評価するクロスABC分析を実施する

　2つの切り口でABC分析を行い、縦横にABC評価の3項目を取ったマトリクス表に商品名を分類する手法をクロスABC分析といいます。2つの切り口の代表的な組み合わせは、売上高と売上数量、売上高(売上数量)と粗利益です。

▶類似の分析例 →P.88

● デシジョンテーブルで商品をポジショニングする

デシジョンテーブルとは、クロスABC分析の結果表です。2つの切り口によるABC評価をマトリクス表にし、2つの評価に該当する商品名を配置します。1つの切り口で行うABC分析では、評価対象に対しA,B,Cの3つに分類されますが、切り口を2つにすると、3×3の9つに分類されるため、クロスABC分析は、切り口を1つ増やすだけで分類数が3倍に増えるお得な分析です。

以下のデシジョンテーブルの例は、商品A,B,Cの売上高と粗利益のクロスABC分析の結果です。定期的にクロスABC分析を行うと、現在の商品ポジションの確認だけでなく、商品のポジションの変化を捉えることもできます。

● デシジョンテーブル　商品AとBの売上高と粗利益の評価

		粗利益		
		A	B	C
売上高	A	商品A（10月）	商品A（9月）	
	B		商品C（9月） 商品C（10月）	商品B（9月）
	C			商品B（10月）

▶ デシジョンテーブルの見方

デシジョンテーブルは、以下のようにA-A評価からC-C評価までの9つのポジションに分類されます。何を切り口にするかで表の見方が変わりますが、A-A評価は最高ランク、C-C評価は最低ランクであることは共通しています。たとえば、店頭の商品管理における売上高と粗利益のA-A評価は、欠品厳禁の重点管理です。商品の陳列スペースを十分にとり、こまめな商品補充を行います。C-C評価は、商品陳列をやめる候補です。

● デシジョンテーブル

▶デシジョンテーブルの切り口1,2は切り口が2つあることを示すだけであり、2つの切り口のどちらを配置してもよい。

		切り口1		
		A	B	C
切り口2	A	A-A	A-B	A-C
	B	B-A	B-B	B-C
	C	C-A	C-B	C-C

実践 ▶ ▶ ▶

▶ 用意するビジネスデータ

▶最低限必要なデータより幅を持たせる→P.12

2つの切り口に沿った値を準備します。集計前の売り上げ一覧表を収集しておくと、ピボットテーブルで切り口に沿った集計表が作成できるほか、売り上げ一覧表の日付や数量

を切り口にした別のクロスABC分析に役立てることもできます。ここでは、時計の各商品を売上高と粗利益で仕分けするため、商品ごとの売上高と粗利益の上期販売実績を準備しています。

サンプル
3-04「操作1」シート

●商品別売上高と粗利益の集計表

	A	B	C	D	E	F	G	H
1	掛け時計-上期販売実績							
2		売上高合計	17,930		粗利益合計		6,990	
3								
4	No	商品	売上高	粗利益	売上高構成比累計	粗利益構成比累計	売上高評価	粗利益評価
5	1	アンティーク	1,250	920				
6	2	オーダー	1,780	1,020				
7	3	からくり	2,830	1,380				
8	4	キャラクター	2,280	980				
9	5	電波	5,210	900				
10	6	振り子	1,460	520				
11	7	メロディー	3,120	1,270				
12								

▶ Excelの操作①：構成比累計とABC評価の数式を入力する

ABC分析では、売上高や粗利益の大きい順に構成比累計やABC評価を求めますが、入力する式は同じであるため、ここでは、並べ替えずに先に数式だけ入力します。構成比累計は、前のセルの構成比と現在のセルの構成比をSUM関数で合計します。

ABC評価の境界値はA評価を構成比累計70%以下、B評価を90%以下とし、IF関数で求めます。

▶ABC分析する商品数が7品目のため、構成比累計の境界値を80%にするとA評価の割合が多くなる可能性が高くなる。よって、ここでは境界値を70%にして、A評価を絞り込む。

売上高と粗利益の構成比累計を求める

●セル「E5」と「F5」に入力する関数

E5	=SUM(E4,C5/$C$2)	F5	=SUM(F4,D5/$F$2)

❶ セル「E5」と「F5」にSUM関数を入力する

❷ セル範囲「E4:F4」をドラッグし、オートフィルで「メロディー」の行までSUM関数をコピーする

	A	B	C	D	E	F	G	H
1	掛け時計-上期販売実績							
2		売上高合計	17,930		粗利益合計		6,990	
3								
4	No	商品	売上高	粗利益	売上高構成比累計	粗利益構成比累計	売上高評価	粗利益評価
5	1	アンティーク	1,250	920	7.0%	13.2%		
6	2	オーダー	1,780	1,020	16.9%	27.8%		
7	3	からくり	2,830	1,380	32.7%	47.5%		
8	4	キャラクター	2,280	980	45.4%	61.5%		
9	5	電波	5,210	900	74.5%	74.4%		
10	6	振り子	1,460	520	82.6%	81.8%		
11	7	メロディー	3,120	1,270	100.0%	100.0%		

> **MEMO　構成比累計の求め方**
>
> 　構成比累計は、P.75のように別のセルに構成比を求め、SUM関数の合計範囲の始点を固定する方法で求めることもできますが、ここでは、構成比を求めるセルを用意していません。そこで、前のセルを足す方法で累計を求めます。セル「E5」は累計の先頭のため、「=C5/C$2」とすることもできますが、オートフィルでコピーできるように、前のセル「E4」も足します。ただし、「=E4 + C5/C$2」とすることはできません。セル「E4」は文字列であり、足し算に文字列を指定すると「#VALUE!」エラーになるためです。よって、文字列を無視するSUM関数を利用します。

売上高と粗利益のABC評価のIF関数を入力する

●セル「G5」に入力する関数

G5	=IF(E5<=70%,"A",IF(E5<=90%,"B","C"))

❶ セル「G5」にIF関数を入力し、セル「H11」までオートフィルでコピーする

▲	C	D	E	F	G	H	I
1							
2	17,930		粗利益合計	6,990			
3							
4	売上高	粗利益	売上高構成比累計	粗利益構成比累計	売上高評価	粗利益評価	
5	1,250	920	7.0%	13.2%	A	A	
6	1,780	1,020	16.9%	27.8%	A	A	
7	2,830	1,380	32.7%	47.5%	A	A	
8	2,280	980	45.4%	61.5%	A	A	
9	5,210	900	74.5%	74.4%	B	B	
10	1,460	520	82.6%	81.8%	B	B	
11	3,120	1,270	100.0%	100.0%	C	C	
12							

▶ Excelの操作②：売上高と粗利益を並べ替えてABC評価する

　売上高を降順に並べ替えて構成比累計を更新し、構成比累計をもとに仕分けしたABC評価を更新します。粗利益も同様ですが、粗利益を基準に並べ替えると、売上高の順序も変わるためABC評価が変化してしまいます。そこで、評価の変化を防ぐため、コピー＆値のペーストで式から値に変更します。

売上高と粗利益をABC評価する

❶ 売上高の任意のセルをクリックする　　❷〔データ〕タブの【降順】をクリックする

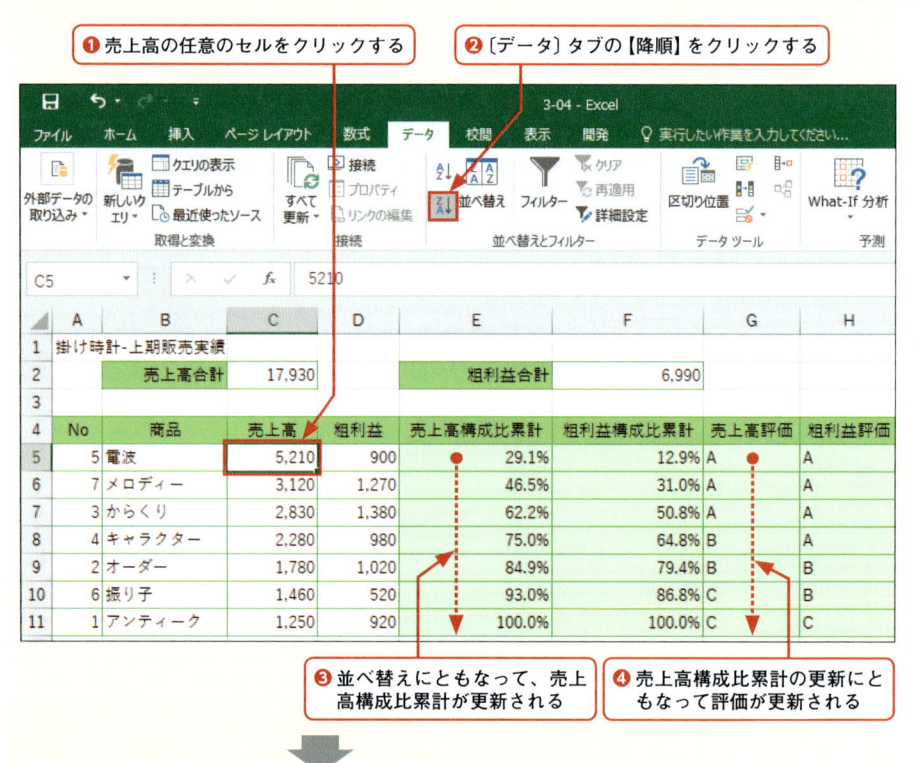

❸ 並べ替えにともなって、売上高構成比累計が更新される

❹ 売上高構成比累計の更新にともなって評価が更新される

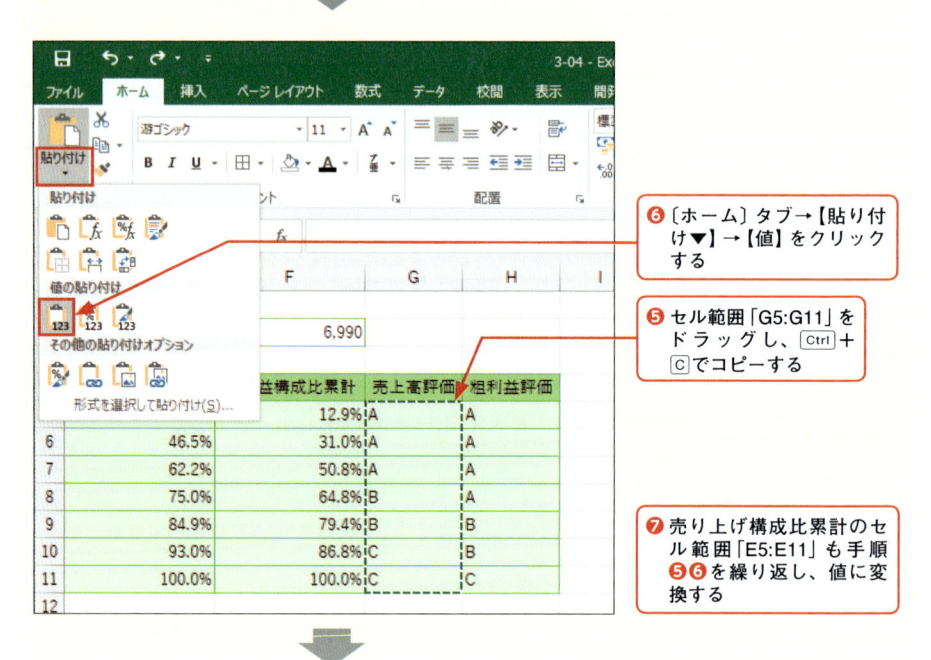

▶手順❺❻は、Ctrl＋Cでコピー後、続けてCtrl＋Vを押し、【貼り付けのオプション】から【値】をクリックすることもできる。

❻〔ホーム〕タブ→【貼り付け▼】→【値】をクリックする

❺ セル範囲「G5:G11」をドラッグし、Ctrl＋Cでコピーする

❼ 売り上げ構成比累計のセル範囲「E5:E11」も手順❺❻を繰り返し、値に変換する

▶粗利益のセル範囲
「D5;D11」内のセルをク
リックして降順に並べ
替える。

❽粗利益も手順❶から❼まで同様に操作し、
売上高と粗利益のABC評価が確定した

	A	B	C	D	E	F	G	H
1	掛け時計-上期販売実績							
2		売上高合計	17,930		粗利益合計		6,990	
3								
4	No	商品	売上高	粗利益	売上高構成比累計	粗利益構成比累計	売上高評価	粗利益評価
5	3	からくり	2,830	1,380	62.2%	19.7%	A	A
6	7	メロディー	3,120	1,270	46.5%	37.9%	A	A
7	2	オーダー	1,780	1,020	84.9%	52.5%	B	A
8	4	キャラクター	2,280	980	75.0%	66.5%	B	A
9	1	アンティーク	1,250	920	100.0%	79.7%	C	B
10	5	電波	5,210	900	29.1%	92.6%	A	C
11	6	振り子	1,460	520	93.0%	100.0%	C	C
12								

▶ 結果の読み取り

売上高と粗利益の両面から評価した現時点の結果は次のとおりです。評価は「売り上げ評価-粗利益評価」を示します。今後も定期的に同様の分析を行い、時間経過に対する商品評価の変化を捉えるようにします。

● A-A評価

売り上げも粗利益も取れる商品です。からくり時計とメロディー時計が該当します。複数のからくり時計やメロディー時計がディスプレイできるように陳列スペースを確保し、在庫が欠品することがないように努めます。

● C-C評価

売り上げも粗利益も取れない商品です。振り子時計が該当します。在庫がなくなったら、商品陳列からカットすることを検討します。

● B-A評価

売り上げは悪くなく、粗利益が取れている商品です。オーダー時計とキャラクター時計が該当します。キャラクター時計については、商品を目立つ場所にディスプレイして顧客の目に留まりやすくします。オーダー時計は、過去のオーダー実績の写真やオーダーの流れ等をわかりやすく説明したポスターなどを展示して商品訴求を図ります。次回のクロスABC分析で施策の効果を確認します。

● A-C評価

売り上げは良いのに、粗利益が取れていない商品です。電波時計が該当します。売上高のABC分析では全売上高の3割を占める第1位の重点管理にあたる商品ですが、売り上げを上げるために無理な値下げをした可能性があります。販売価格を決定した理由を明らかにし、売り方について再検討します。

●C-B評価

　売り上げが少ないものの、粗利益はB評価です。売れると粗利益が取れる商品で、アンティーク時計が該当します。アンティーク時計の需要がアンティークファンなどを中心に一定程度見込める場合は、アンティークコーナーなどを設け、必要以上にディスプレイせずに、売れたら補充する程度の管理にします。

発展 ▶ ▶ ▶

▶ 類似の分析例

サンプル
3-04の「参考」シート

　クロスABC分析は、ABC分析と同様に、評価する要素と「切り口」によって、さまざまな場面で使えます（→P.81参照）。たとえば、顧客管理を目的に「購入金額」と「最終購入日」の両面からクロスABC分析を行い、顧客層の現状を把握したり、今後、ロイヤルティーを高められそうな顧客層を見つけたりするのに利用します。

　以下は、商品の「売上高」と「最終販売日」を切り口にしてクロスABC分析をした例です。サンプル「3-04.xlsx」の「参考」シートでご覧いただけます。最終販売日は、2015/9/1以降をA、2015/6/1以降をB、2015/6/1より前をCとしています。

●商品の売上高と最終販売日のクロスABC分析

▶日付は、1900/1/1を「1」とするシリアル値と呼ばれる通し番号の「数値」が割り当てられ、日付が新しいほどシリアル値が大きくなる。

▶IF関数の条件に「D5>="2015/9/1"」は指定できない。セル「D5」は「数値」であり、「"2015/9/1"」は「日付文字列」であり、数値と文字列は比較できないためである。

	A	B	C	D	E	F	G
1		掛け時計-上期販売実績			販売日の評価	2015/9/1	以降をA
2		売上高合計	17,930			2015/6/1	以降をB
3						2015/6/1	より前はC
4	No	商品	売上高	最終販売日	売上高構成比累計	売上高評価	販売日評価
5	5	電波	5,210	2015/9/28	29.1%	A	A
6	7	メロディー	3,120	2015/9/1	46.5%	A	A
7	4	キャラクター	2,280	2015/8/25	75.0%	B	B
8	3	からくり	2,830	2015/7/28	62.2%	A	B
9	2	オーダー	1,780	2015/7/20	84.9%	B	B
10	1	アンティーク	1,250	2015/5/25	100.0%	C	C
11	6	振り子	1,460	2015/5/6	93.0%	C	C
12							

=IF(D5>=$F$1,"A",IF(D5>=$F$2,"B","C"))と入力し、最終販売日からA,B,Cを評価している

　売上高と粗利益のクロスABC分析で「B-A」評価だった、キャラクターとオーダー時計に着目すると、販売日評価が「B」になっています。目立つ場所へのディスプレイやポスター展示などの商品訴求の強化が必要であることが販売日評価の面からも裏付けられています。

　心配なのが、からくり時計です。売上高と粗利益の評価ではA-Aでしたが、販売日評価は「B」です。売り上げにかげりが出てきていないかどうか、定期的なクロスABC分析を実施してチェックする必要があります。

▶ デシジョンテーブルを作成する

Excelの関数を使ってデシジョンテーブルを作成します。作成にあたって利用する関数は次の3つです。

INDEX関数 ➡ 指定した位置の値を検索する

書 式	=**INDEX**(配列, 行番号, 列番号)
解 説	配列に指定したセル範囲の1行1列目を行番号「1」、列番号「1」とし、行番号と列番号に該当するセルの値を検索します。行番号と列番号はMATCH関数で調べた位置番号を利用することが多いため、INDEX関数は、しばしばMATCH関数と一緒に利用されます。

MATCH関数 ➡ 検査値に一致する位置番号を求める

書 式	=**MATCH**(検査値, 検査範囲, 0)
解 説	検査値を検査範囲で検索し、検査値に一致する位置番号を求めます。検査範囲は1行または1列構成で指定し、先頭のセルを1行目、または1列目とします。

IFERROR関数 ➡ エラー表示を回避する

書 式	=**IFERROR**(値, エラーの場合の値)
解 説	指定した値がエラーの場合は、エラーの場合の値を表示します。主に、数式や関数の結果がエラーになるときの対処法です。エラーの場合の値に長さ0の文字列「""」を指定し、エラー値の表示を回避します。

▶ デシジョンテーブル作成の手順

ここで作成するデシジョンテーブルは、商品数×商品数のマトリクス表とし、売り上げ順位と粗利益順位に一致する商品名を検索して表示します。ここでは、商品数が7個のため、7×7の表にABC評価に応じた色分けをしたマトリクス表を準備しています。
作り方の流れは次のとおりです。

1. 売上高を降順で並べ替え、順位を付ける。
2. 粗利益を降順で並べ替え、順位を付ける。
3. 売上高と粗利益の順位を「11」のように合成してMATCH関数の検索範囲を作る。
4. デシジョンテーブルの縦横の順位を合成して、マトリクスの各セルの位置番号「11」「12」のように作成し、MATCH関数の検査値として使う。
5. MATCH関数で得た位置番号をもとに、INDEX関数で該当する商品名を検索する。

▶MATCH関数の第3引数は、検査値の検査範囲における照合の程度を「1」「0」「-1」の3パターンから選択できるが、ここでは、完全一致の「0」を利用する。

長さ0の文字列
▶セルの表示を空白に見せる文字列。関数では、文字列の指定は「"あい"」と半角ダブルクォーテーションで囲む。「あい」は長さ2の文字列という。長さ0は「""」になり、文字がないので何も表示されない。

売上高と粗利益に順位を付ける

サンプル
3-04「操作2」シート

❶ 売上高の任意のセルをクリックし、〔データ〕タブの【降順】をクリックして並べ替える

❷ セル範囲「H5:H11」に「1」〜「7」を入力して順位を付ける

	A	B	C	D	H	I	J	K	L
4	No	商品	売上高	粗利益	売上高順位	粗利益評価	粗利益順位	順位合成	
5	5	電波	5,210	900	1	C			
6	7	メロディー	3,120	1,270	2	A			
7	3	からくり	2,830	1,380	3	A			
8	4	キャラクター	2,280	980	4	A			
9	2	オーダー	1,780	1,020	5	A			
10	6	振り子	1,460	520	6	C			
11	1	アンティーク	1,250	920	7	B			

❸ 粗利益も手順❶❷と同様に操作し、セル範囲「J5:J11」に「1」〜「7」を入力して順位を付ける

	A	B	C	D	H	I	J	K	L
4	No	商品	売上高	粗利益	売上高順位	粗利益評価	粗利益順位	順位合成	
5	3	からくり	2,830	1,380	3	A	1		
6	7	メロディー	3,120	1,270	2	A	2		
7	2	オーダー	1,780	1,020	5	A	3		
8	4	キャラクター	2,280	980	4	A	4		
9	1	アンティーク	1,250	920	7	B	5		
10	5	電波	5,210	900	1	C	6		
11	6	振り子	1,460	520	6	C	7		

MATCH関数の検査範囲と検査値に使う順位合成を求める

●セル「K5」と「P5」に入力する数式

K5	=H5&J5	P5	=$M5&P$2

	A	B	H	J	K	L	M	N
4	No	商品	売上高順位	粗利益順位	順位合成			
5	3	からくり	3	1	31		1	
6	7	メロディー	2	2	22			
7	2	オーダー	5	3	53			
8	4	キャラクター	4	4	44			売上高
9	1	アンティーク	7	5	75			
10	5	電波	1	6	16			
11	6	振り子	6	7	67			

❶ セル「K5」に「=H5&J5」と入力し、売上高と粗利益の順位を合成し、オートフィルでセル「K11」までコピーする

▶セル範囲「K5:K11」は、セル「K5」を1行目とするMATCH関数の検査範囲に利用する。

▶右図では、操作する列が見やすいように列を非表示にしている。適宜必要に応じて操作する。

▶【書式なしコピー】は今後、数式を更新するたびに実施する。

❷ セル「P5」に「=$M5&P$2」と入力し、売上高と粗利益の順位を合成し、セル「V5」までオートフィルでコピーする

❸【オートフィルオプション】をクリックし、【書式なしコピー】をクリックする

▶【書式なしコピー】は、式はコピーするが、コピー元のセルの色や罫線などの書式はコピーしないオプション機能である。

▶セル範囲「P5:V11」は、MATCH関数の検査値に利用する。

❹ セル範囲「P5:V5」が選択された状態で下方向にオートフィルでコピーし、手順❸と同様に操作し、【書式なしコピー】をクリックする

MATCH関数で検査値に一致する位置番号を求める

●セル「P5」に追記して入力する関数

| P5 | =MATCH($M5&P$2,$K$5:$K$11,0) |

❶ セル「P5」をダブルクリックし、「=」の後ろをクリックして、MATCH関数を追記し、[Enter]を押す

▶順位合成のセル範囲「K5:K11」に存在しない検査値は「#N/A」エラーになる。セル「P7」に表示された「1」とは、検査値「31」がセル範囲「K5:K11」の1行目にあることを示している。

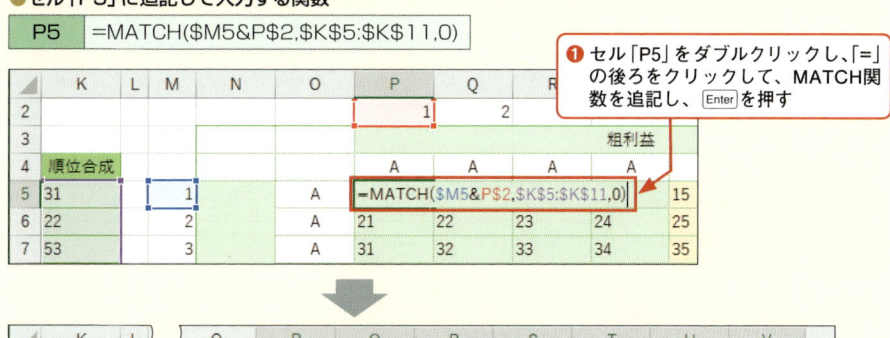

❷ 書式はコピーしないように、セル「V11」までMATCH関数をオートフィルでコピーする

INDEX関数で位置番号に該当する商品名を検索する

● セル「P5」に追記して入力する関数

P5	=INDEX($B$5:$B$11,MATCH($M5&P$2,$K$5:$K$11,0),1)

❶ セル「P5」をダブルクリックし、「=」の後ろをクリックして、INDEX関数を追記し、Enter を押す

▶INDEX関数では、MATCH関数で求めた行位置に対応する商品名を検索する。たとえば、セル「P7」の「1」は、商品名のセル範囲「B5:B11」の1行目の「からくり」が検索される。

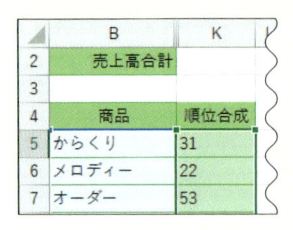

	B	K		O	P	Q	R	S	T	U
2	売上高合計				1	2	3	4	5	6
3							粗利益			
4	商品	順位合成		A	A	A	A	B	C
5	からくり	31	A	=INDEX($B$5:$B$11,MATCH($M5&P$2,$K$5:$K$11,0),1)
6	メロディー	22	A	#N/A	2	#N/A	#N/A	#N/A	#N/A
7	オーダー	53	A	1	#N/A	#N/A	#N/A	#N/A	#N/A

IFERROR関数で「#N/A」表示を消す

● セル「P5」に追記して入力する関数

P5	=IFERROR(INDEX($B$5:$B$11,MATCH($M5&P$2,$K$5:$K$11,0),1),"")

❶ セル「P5」をダブルクリックし、「=」の後ろをクリックして、IFERROR関数を追記し、Enter を押す

	M	N	O	P	Q	R	S	T	U	V
2				1	2	3	4	5	6	7
3						粗利益				
4			A	A	A	A	B	C	C
5	1		A	=IFERROR(INDEX($B$5:$B$11,MATCH($M5&P$2,$K$5:$K$11,0),1),"")
6	2		A	#N/A	2	#N/A	#N/A	#N/A	#N/A	#N/A
7	3		A	1	#N/A	#N/A	#N/A	#N/A	#N/A	#N/A
8	4	売上高	B	#N/A	#N/A	#N/A	#N/A	#N/A	#N/A	#N/A

❷ P.91の手順❸❹を操作し、書式はコピーしないように、セル「V11」まで完成した式をオートフィルでコピーする

▶デシジョンテーブルの色分けは、A-A、B-B、C-Cの3色とした。よって、片方がAでも、もう片方がCの場合はCの色が付くようにしている。

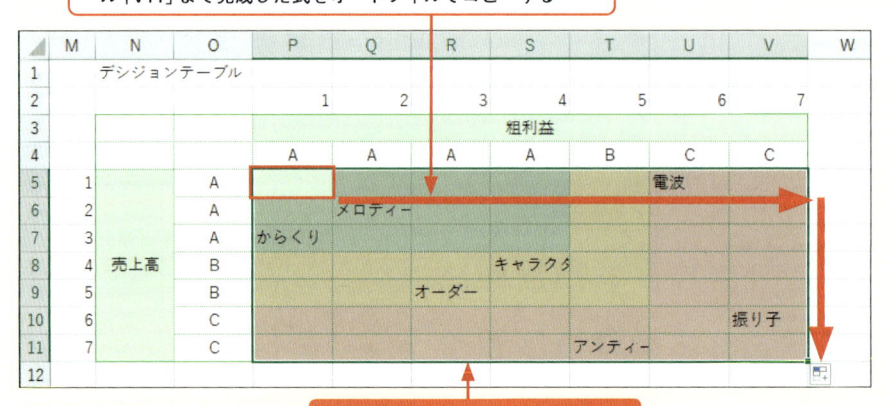

	M	N	O	P	Q	R	S	T	U	V	W
1		デシジョンテーブル									
2				1	2	3	4	5	6	7	
3						粗利益					
4			A	A	A	A	B	C	C	
5	1		A					電波			
6	2		A		メロディー						
7	3		A	からくり							
8	4	売上高	B			キャラクタ					
9	5		B		オーダー						
10	6		C						振り子		
11	7		C				アンティー				
12											

❸ 売上高と粗利益の順位を加味したデシジョンテーブルが完成した

05 効率よく利益を生み出している部門を見つける

効率よく利益を生み出すとは、レアな高額商品を売って一気に利益額を増やすことでしょうか。それとも定番商品をコツコツ売って利益を積むことでしょうか。答えは、利益額が大きく、かつ、繰り返し何回も売れることです。ここでは、利益と回数を使った交差比率と、売り上げ構成比を加味した利益貢献度を求め、効率よく利益を生み出している商品部門を探します。

導入 ▶ ▶ ▶

事例 「早期利益アップを見込める商品部門を見つけたい」

食品スーパーチェーンの店長を務めるG氏は、来月の売り上げ報告会に、利益がアップした結果を持っていきたいと考えています。そこで、売上高と粗利益が高い商品部門に力を入れようと、部門別の売上高と粗利益を集計し、粗利益の大きい順に並べたグラフを作成しました。すると、粗利益と売上高は比例しないばかりか、「ベーカリー」「酒類」「その他」以外の粗利益は、あまり大きな差がないように見え、どこに力を入れるべきかわかりません。効率よく利益を生み出し、店に最も利益貢献している部門を見つけるにはどうすればいいでしょうか。

●部門別売上高と粗利益

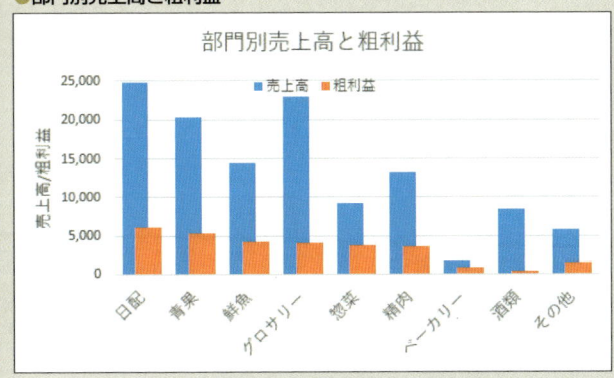

▶ 交差比率で販売効率のよい商品を見つける

「販売効率がよい」とは、1回売れると利益が多く取れ、繰り返し何回も売れることです。交差比率は利益と回数に着目した指標で、次の式で求められます。

$$交差比率（\%）= \frac{粗利益}{売上高} \times \frac{売上高}{平均在庫高} = 売上高粗利益率 \times 商品回転率$$

▶交差比率の単位
→P.100

売上高粗利益率は、売上高に占める粗利益の割合です。割合が高いほど、売れたら利益が多く取れることを示します。商品回転率とは、売上高は平均在庫高の何回分相当か、つまり、在庫が何度入れ替わったかを表し、回数が多いほど、繰り返し売れたことになります。

● 交差比率の目標値

交差比率は、業界によって値が大きく異なるため、一般的に広く使用できる目標値はありませんが、過去の自社との比較や所属する業界との比較はできます。たとえば、所属する業界の売上高粗利益率の平均が30%、商品回転率の平均が10回であれば、業界の平均交差比率は300%です。すると、自社の交差比率も300%以上が達成すべき目標となります。

自社の目標交差比率＝売上高粗利益率×商品回転率≧業界の平均交差比率

▶在庫の持ち方に関しては、1品あたりの仕入れ量を減らすものの、他の仕入れ品と抱き合わせで全体量を変えないようにし、現在の仕入れ値と同等での交渉を行うといった施策が考えられる。

仮に、自社の売上高粗利益率が30%、商品回転率が8回とすると交差比率は240%です。売上高粗利益率はまずまずですが、商品回転率が業界平均より低いため、在庫の持ち方に改善が必要だとわかります。交差比率は、利益と回数に分解できるため、利益アップとコストダウンのどちらを優先して取り組むべきかがわかる指標でもあります。

▶ 交差比率と粗利益を同時に見える化する

交差比率には2つの弱点があります。1つ目は、比率の弱点と同様、規模が示せないことです。以下のバブルチャートは、交差比率を構成する売上高粗利益率と商品回転率を軸に取り、規模を示す粗利益を同時に示すことで比率の弱点を解消しています。

▶比率は10,000に対する1,000も、10に対する1もどちらも10%という表現になる。

比較的高回転で高利益率、かつ、バブルサイズ（円の大きさであり、粗利益額を示す）も比較的大きい部門が効率よく利益を生み出す部門としてピックアップされます。

▶バブルチャートの作成方法→P.100

●交差比率のバブルチャート

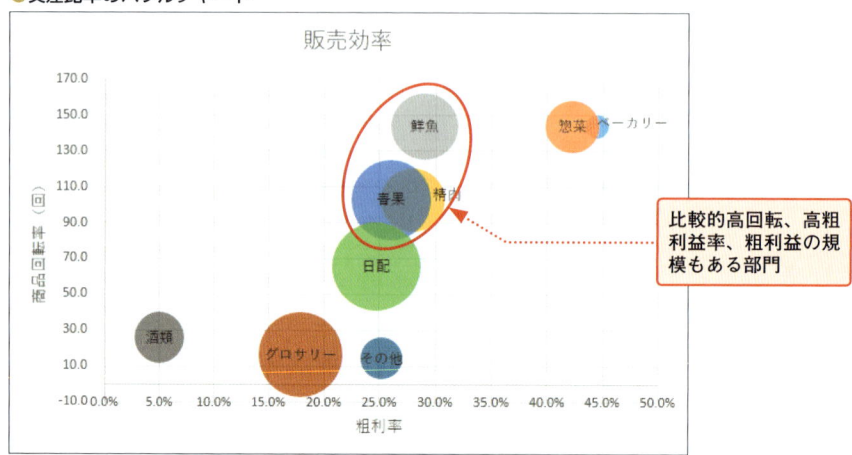

▶ 利益貢献度の高い商品を見つける

交差比率のもう1つの弱点は、在庫を多く持たない商品が高回転になり、交差比率が上昇しやすくなることです。在庫をあまり持たないのは、売れたら補充すればよいという程度の商品、ABC分析でいうところのC評価の商品である可能性があります。利益貢献度は、交差比率に売り上げ規模の要素を入れて補正した指標です。

▶ABC分析 →P.71

利益貢献度（％）＝交差比率×売り上げ構成比

実践 ▶▶▶

▶ 用意するビジネスデータ

部門別の売上高、粗利益、平均在庫をまとめた表を準備します。平均在庫は、期首在庫高と期末在庫高の平均値です。

サンプル
3-05「操作1」シート

●部門別集計表

	A	B	C	D	E	F
1	販売効率の検討		単位：千円			
2	No	部門	売上高	粗利益	平均在庫	売上構
3	1	グロサリー	22,950	4,104	1,403	
4	2	惣菜	9,120	3,850	63	
5	3	日配	24,880	6,145	380	
6	4	精肉	13,200	3,696	128	
7	5	鮮魚	14,400	4,176	100	
8	6	青果	20,400	5,304	198	
9	7	酒類	8,400	420	327	
10	8	ベーカリー	1,822	810	13	
11	9	その他	5,832	1,470	405	
12		合計	121,004	29,975	3,017	
13						

▶ Excelの操作①：交差比率と利益貢献度を求める

交差比率に必要な売上高粗利益率と商品回転率、利益貢献度に必要な売り上げ構成比はすべて計算式で求められます。

売り上げ構成比、売上高粗利益率、商品回転率を求める

●セル「F3」と「G3」と「H3」に入力する式

F3	=C3/$C$12	G3	=D3/C3	H3	=C3/E3

❶ セル「F3」「G3」「H3」に計算式を入力する

	A	B	C	D	E	F	G	H	
1	販売効率の検討		単位：千円						
2	No	部門	売上高	粗利益	平均在庫	売上構成比	粗利益率	商品回転率	交
3	1	グロサリー	22,950	4,104	1,403	19.0%	17.9%	16.4	
4	2	惣菜	9,120	3,850	63	7.5%	42.2%	144.0	
5	3	日配	24,880	6,145	380	20.6%	24.7%	65.5	
6	4	精肉	13,200	3,696	128	10.9%	28.0%	102.9	
7	5	鮮魚	14,400	4,176	100	11.9%	29.0%	144.0	
8	6	青果	20,400	5,304	198	16.9%	26.0%	102.9	
9	7	酒類	8,400	420	327	6.9%	5.0%	25.7	
10	8	ベーカリー	1,822	810	13	1.5%	44.5%	144.0	
11	9	その他	5,832	1,470	405	4.8%	25.2%	14.4	
12		合計	121,004	29,975	3,017	100.0%	24.8%	40.1	
13									

❷ セル範囲「F3:H3」をドラッグし、オートフィルで表の末尾行までコピーする

交差比率と利益貢献度を求める

●セル「I3」と「J3」に入力する式

I3	=G3*H3	J3	=I3*F3

❶ セル「I3」と「J3」に計算式を入力する

❷ セル範囲「I3:J3」をドラッグし、表の末尾行までオートフィルでコピーする

	E	F	G	H	I	J
1						
2	平均在庫	売上構成比	粗利益率	商品回転率	交差比率	貢献利益
3	1,403	19.0%	17.9%	16.4	292.6%	55.5%
4	63	7.5%	42.2%	144.0	6078.9%	458.2%
5	380	20.6%	24.7%	65.5	1616.6%	332.4%
6	128	10.9%	28.0%	102.9	2880.0%	314.2%
7	100	11.9%	29.0%	144.0	4176.0%	497.0%
8	198	16.9%	26.0%	102.9	2674.3%	450.9%
9	327	6.9%	5.0%	25.7	128.6%	8.9%
10	13	1.5%	44.5%	144.0	6401.8%	96.4%
11	405	4.8%	25.2%	14.4	363.0%	17.5%
12	3,017	100.0%	24.8%	40.1	993.6%	993.6%
13						

❸ 商品部門別の交差比率と利益貢献度が求められた

▶ Excelの操作②：交差比率と利益貢献度の順位を付ける

交差比率の高い順と利益貢献度の高い順にそれぞれ並べ替えます。表の末尾行の「合計」は並べ替えの対象から外すため、並べ替える範囲を指定してから「並べ替え」ダイアログボックスを出して操作します。

交差比率の高い順に並べ替える

❶ 合計行を除くセル範囲「A2:J11」をドラッグする

❷ 〔データ〕タブの【並べ替え】をクリックする

▶手順❶は、先頭のセル「A2」をクリック、末尾のセル「J11」は Shift を押しながらクリックしても選択できる。

❸ 「最優先されるキー」の一覧から「交差比率」、「順序」の一覧から「降順」をクリックして「OK」をクリックする

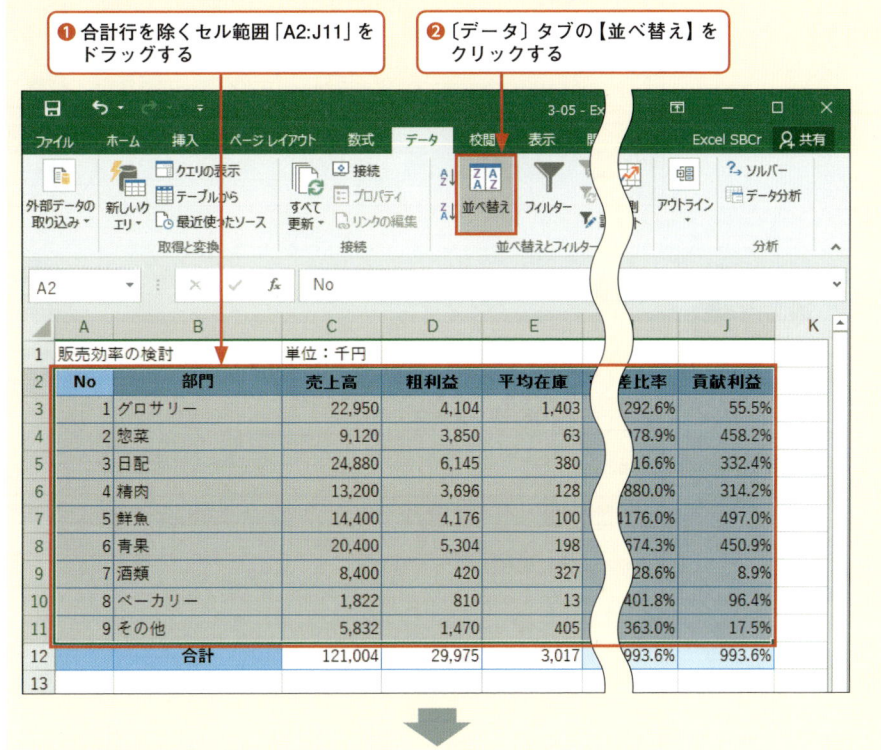

❹ 交差比率の高い順に並べ替えられた

	A	B	C	D	E		I	J
1	販売効率の検討		単位：千円					
2	No	部門	売上高	粗利益	平均在庫	率	交差比率	貢献利益
3	8	ベーカリー	1,822	810	13	.0	6401.8%	96.4%
4	2	惣菜	9,120	3,850	63	4.0	6078.9%	458.2%
5	5	鮮魚	14,400	4,176	100	.0	4176.0%	497.0%
6	4	精肉	13,200	3,696	128	.9	2880.0%	314.2%
7	6	青果	20,400	5,304	198	.9	2674.3%	450.9%
8	3	日配	24,880	6,145	380	5	1616.6%	332.4%
9	9	その他	5,832	1,470	405	4.4	363.0%	17.5%
10	1	グロサリー	22,950	4,104	1,403	4	292.6%	55.5%
11	7	酒類	8,400	420	327	7	128.6%	8.9%
12		合計	121,004	29,975	3,017	0.1	993.6%	993.6%
13								

▶ 交差比率のトップ3は
「ベーカリー」「惣菜」「鮮
魚」の順になった。

利益貢献度の高い順に並べ替える

❶ P.97の手順❶❷と同様に操作し、「最優先されるキー」を「貢献利益」に変更して「OK」をクリックする

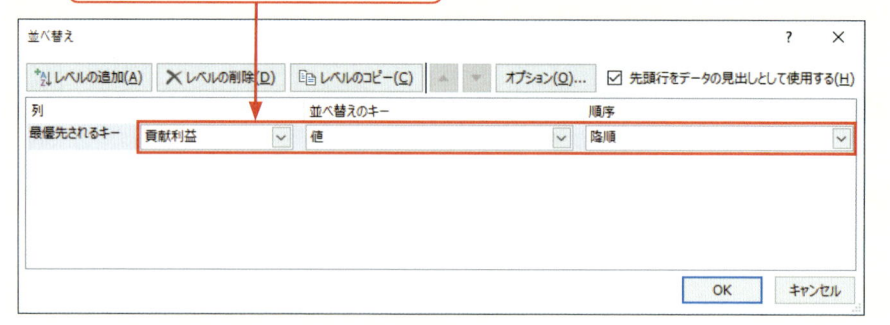

❷ 利益貢献度の高い順に並べ替えられた

	A	B	C	D		H	I	J
1	販売効率の検討		単位：千円					
2	No	部門	売上高	粗利益		商品回転率	交差比率	貢献利益
3	5	鮮魚	14,400	4,176	%	144.0	4176.0%	497.0%
4	2	惣菜	9,120	3,850	2%	144.0	6078.9%	458.2%
5	6	青果	20,400	5,304		102.9	2674.3%	450.9%
6	3	日配	24,880	6,145	%	65.5	1616.6%	332.4%
7	4	精肉	13,200	3,696	%	102.9	2880.0%	314.2%
8	8	ベーカリー	1,822	810	%	144.0	6401.8%	96.4%
9	1	グロサリー	22,950	4,104	9%	16.4	292.6%	55.5%
10	9	その他	5,832	1,470	%	14.4	363.0%	17.5%
11	7	酒類	8,400	420	%	25.7	128.6%	8.9%
12		合計	121,004	29,975	8%	40.1	993.6%	993.6%
13								

▶ 利益貢献度のトップ3
は「鮮魚」「惣菜」「青果」
の順になった。

▶ 結果の読み取り

● 力を入れる部門の選定

　交差比率のトップ3は、「ベーカリー」「惣菜」「鮮魚」ですが、売り上げ規模の小さい「ベーカリー」は利益貢献度では、6位に後退します。

　利益貢献度のトップ3は「鮮魚」「惣菜」「青果」です。4位以下に対して100％以上の差を付けてます。

　交差比率と利益貢献度の結果から、両方とも高い「惣菜」「鮮魚」がピックアップされますが、「惣菜」と「鮮魚」は「青果」に比べて消費期限が短く、人件費も高くなる部門です。消費期限が短い食品は、客足が重要な要素の1つであり、客足を決める要因の1つに、自分たちではコントロールできない「天気」があります。

▶内部要因と外部要因
→P.7

　以上を踏まえると、「青果」に力を入れるのが比較的安全になります。

　青果に決まったあとは、さらに根菜類、きのこ類といった分類、または、商品まで分解して交差比率と利益貢献度を求め、いかに売るかという目線で棚割りなどの具体的な施策に取り組みます。

● 目標値の設定

　販売効率の面からみた全部門の結果は次のとおりです。食品スーパーの業界平均と比べたり、過去の自社の実績と比べたりして、目標を設定します。

●目標の設定例

交差比率 ＝ 売上高粗利益率 × 商品回転率
1000％ ＝ 　　25％ 　　×　　40回転

発 展 ▶▶▶

▶ 類似の分析例

　交差比率は、一般的に小売業で利用される指標です。部門別だけでなく、個別商品の交差比率に利用できます。個別商品の交差比率による分類と販売戦略は次のようになります。

●交差比率による個別商品の分類

		売上高粗利益率	
		低利益	高利益
商品回転率	高回転	低利益-高回転 薄利多売 交差比率中	高利益-高回転 厚利多売 交差比率高
	低回転	低利益-低回転 薄利少売 交差比率低	高利益-低回転 厚利少売 交差比率中

●交差比率による個別商品の販売戦略

分類	交差比率	商品の特徴	販売戦略
厚利多売	高	高収益商品	現状維持。売り上げが鈍ってきたら、値下げして薄利多売商品へ移行し、商品回転率の高さで勝負することを検討します。
薄利多売	中	売れ筋商品	現在の価格と商品回転率の管理を強化し、現状維持を目指します。
厚利少売	中	新規商品	認知度を上げ、高利益-高回転率の厚利多売へと育てます。高価格維持が期待できない場合は、薄利多売へ移行し、商品回転率を上げて利益アップに努めます。
薄利少売	低	死に筋商品	この商品での顧客とのつながりを利用して他の商品を育て上げるなど、戦略的な意図がなければ撤退を検討します。

▶ 交差比率の単位

▶在庫投資に対するリターンを表す指標にGMROIがある。GMROIは在庫高を原価ベースでとらえた値で交差比率=GMROI×原価率の関係にある。

　交差比率の単位は、売上高粗利益率、商品回転率ともに比率のため、百分率の「%」で表示されますが、交差比率の式より、在庫1円あたりの粗利益額として「円」で表示することもできます。在庫にかける金額は販売のための投資なので、交差比率は、投資した在庫からいくら儲かるかという指標にもなります。

$$交差比率（円）= \frac{粗利益}{売上高} \times \frac{売上高}{平均在庫高} = \frac{粗利益}{平均在庫高} = 在庫1円あたりの粗利益$$

▶ 交差比率と粗利益のバブルチャートを作成する

　Excelのバブルチャートは、グラフの元になる表のデータ範囲の左から「横軸」「縦軸」「バブルサイズ」の順に認識されます。ここでは、横軸に売上高粗利益率、縦軸に商品回転率、バブルサイズに粗利益を取ります。

バブルチャートを挿入する

サンプル
3-05「操作2」シート

Excel2007/2010
▶手順❷は、〔挿入〕タブ→【その他のグラフ】→【バブル】をクリックする。

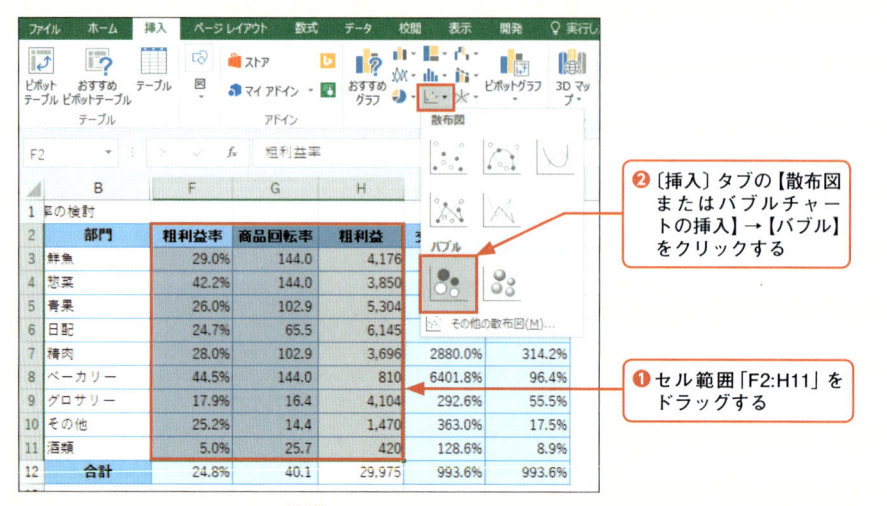

❷〔挿入〕タブの【散布図またはバブルチャートの挿入】→【バブル】をクリックする

❶セル範囲「F2:H11」をドラッグする

●グラフの編集

タイトル	部門別販売効率
軸ラベル	横軸：売上高粗利益率　縦軸：商品回転率
目盛り	横軸：0〜0.5まで0.05刻み 縦軸：-10〜170まで20刻み

▶グラフの編集方法
→P.41

Excel2007/2010
凡例はクリックして
Deleteを押し、非表示に
する。

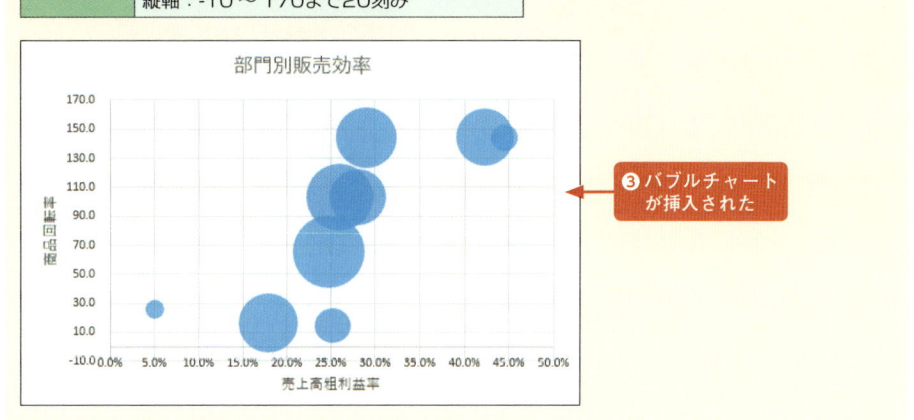

③バブルチャート
が挿入された

バブルに商品名を表示する

Excel2013/2016

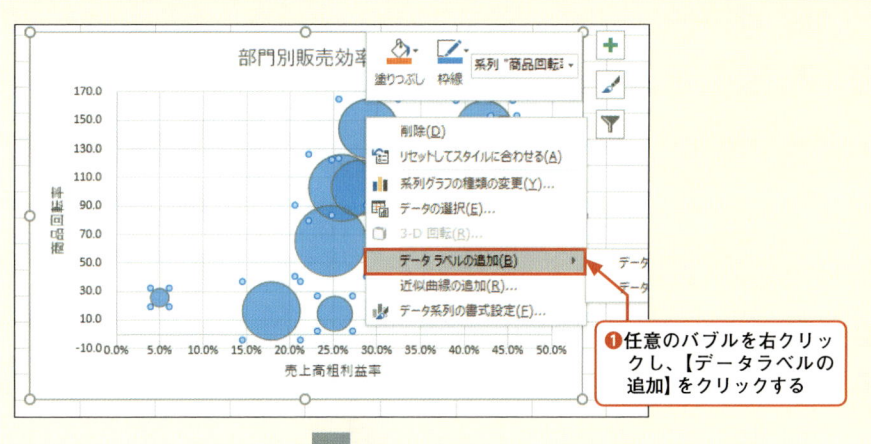

❶任意のバブルを右クリックし、【データラベルの追加】をクリックする

Excel2007/2010
▶手順❶は同様に操作
し、P.103へ進む。

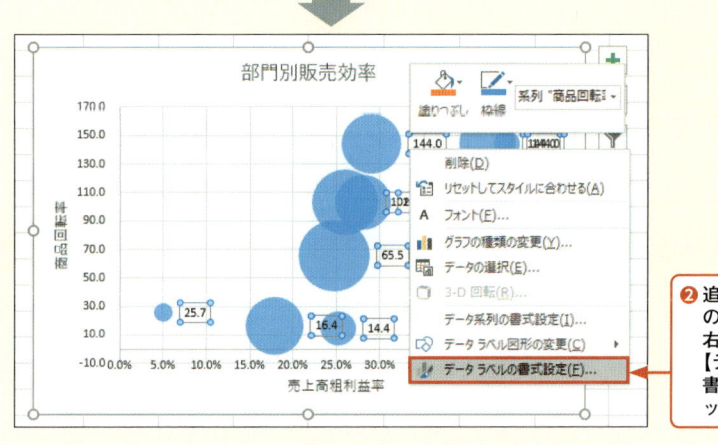

❷追加された任意のデータラベル右クリックし、【データラベルの書式設定】をクリックする

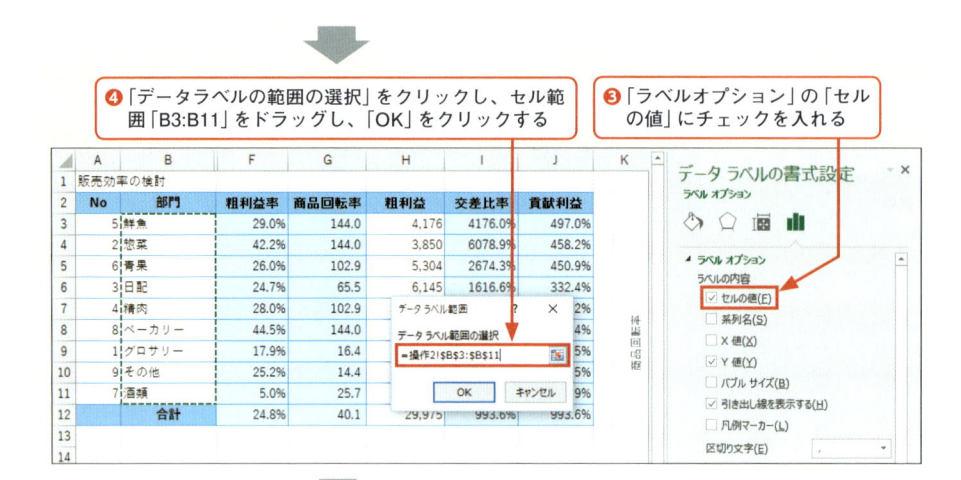

④「データラベルの範囲の選択」をクリックし、セル範囲「B3:B11」をドラッグし、「OK」をクリックする

③「ラベルオプション」の「セルの値」にチェックを入れる

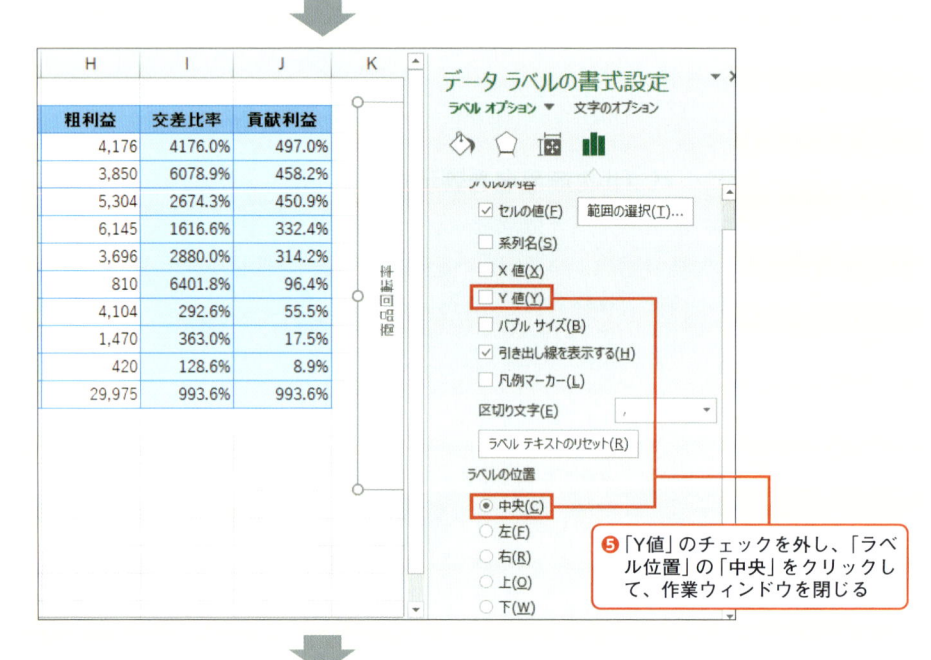

⑤「Y値」のチェックを外し、「ラベル位置」の「中央」をクリックして、作業ウィンドウを閉じる

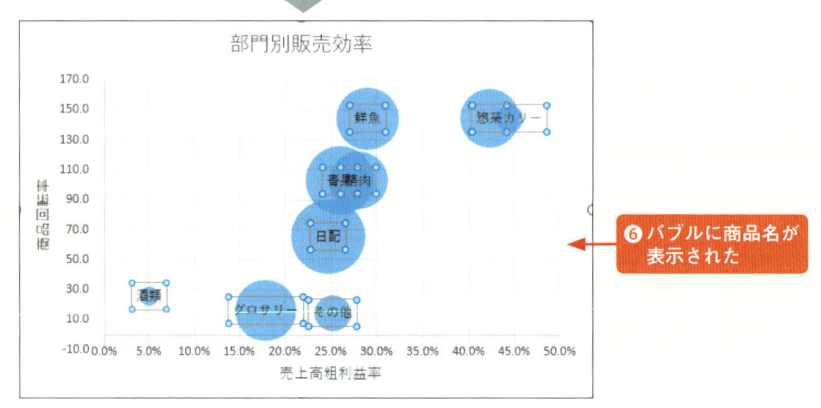

⑥バブルに商品名が表示された

バブルに商品名を表示する

Excel2007/2010

▶手順❷は、ゆっくり2回クリックする。ダブルクリックではないので注意する。

❶ P.101の手順❶を操作し、データラベルを追加する

❷ 追加されたデータラベルを2回クリックすると、1つのラベルが選択される

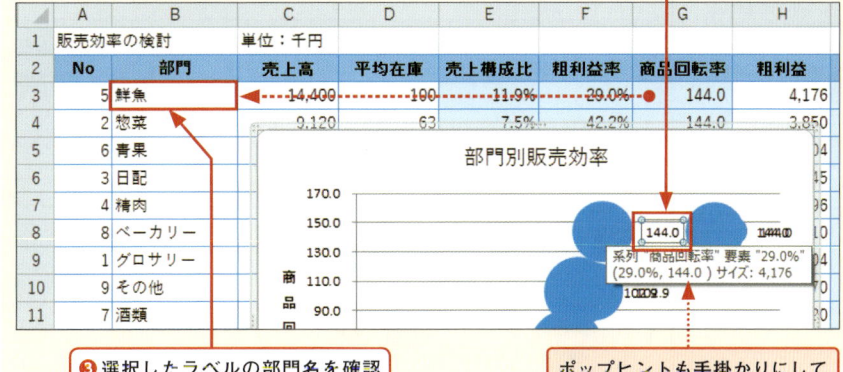

❸ 選択したラベルの部門名を確認する（ここではセル「B3」の鮮魚）

ポップヒントも手掛かりにして該当する部門を確認する

❹ 数式バーをクリックし、「=」を入力して、セル「B3」をクリックし、Enterを押す

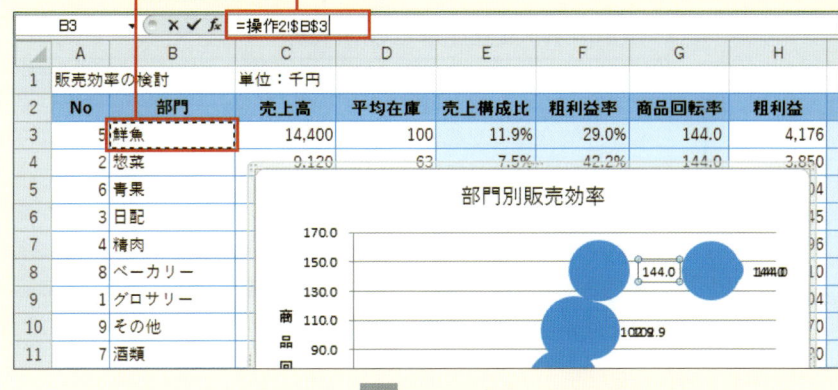

❺ ラベル名が部門名に置き換えられた。他のラベルも同様に操作して部門名に変更する

データラベルの位置
▶データラベルを右クリックし、【データラベルの書式設定】をクリックする。表示されたダイアログボックスの「ラベルオプション」画面の「ラベルの位置」を選択する。

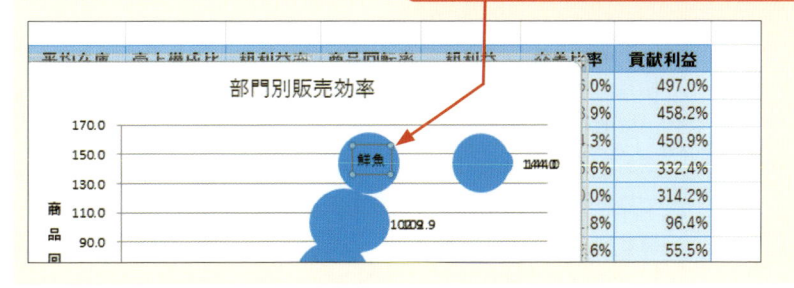

MEMO　バブルの色を塗り分けるには

バブルの色を塗り分けるには、任意のバブルを右クリックして【データ系列の書式設定】をクリックし、塗りつぶしを設定します。

その他の編集
▶グラフ上に、目標とする粗利益率や商品回転率に合わせて図形の直線を引くと、各部門の位置がよりわかりやすくなる。サンプルファイル「3-05.xlsx」の「完成2」シートで確認できる。

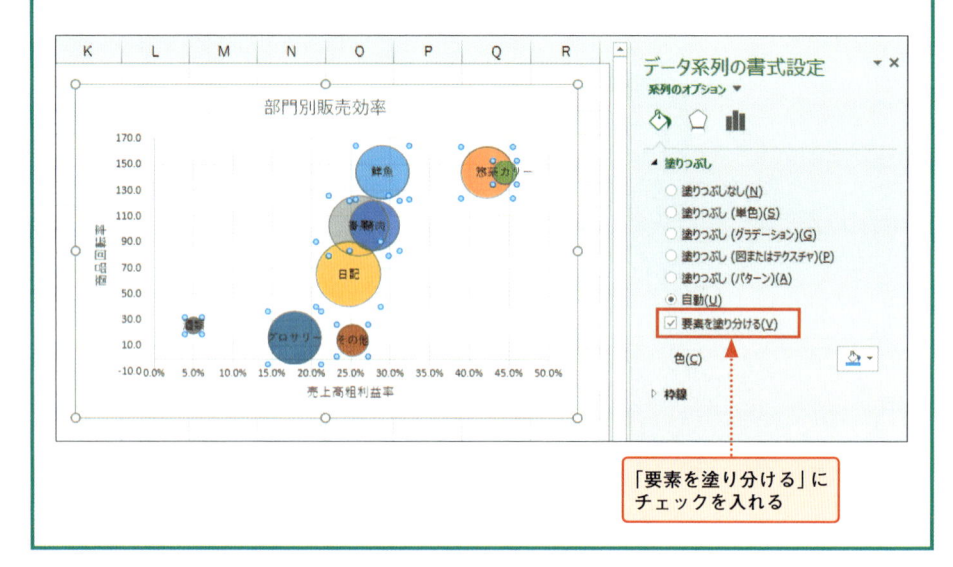

「要素を塗り分ける」にチェックを入れる

Column　交差比率とGMROI

交差比率と同様の指標にGMROI（ジーエムロイ）と呼ばれる指標があります。違いは、平均在庫高を売価ベース、つまり、売り値で見る場合が交差比率、原価ベース、つまり仕入れ値で見る場合がGMROIです。

交差比率は、何を売れば、効率よく利益を上げられるかを目的としていますが、GMROIは何を仕入れたら、効率よく利益を上げられるかを目的とします。現代は、社内ネットワークなどを通じて仕入れ値を調べることもできると思いますが、売価値入率が分かっていれば、売り値からGMROIに変換できます。

●GMROIの計算式

$$\text{GMROI（％）}=\text{粗利益率} \times \text{商品回転率（原価）}$$

$$=\text{粗利益率} \times \frac{\text{商品回転率（売価）}}{1-\text{売価値入率}}=\frac{\text{交差比率}}{1-\text{売価値入率}}$$

上の式からGMROIを高めるには、交差比率と売価値入率を上げれば良いことがわかります。売価値入率を上げるポイントは3つです。いかに安く仕入れるか、仕入れの経費をどこまで削れるか、そして、在庫のムダをどうやって減らすかです。交差比率もGMROIもいかに効率よく利益を上げるかという点は共通していますが、売り値で見れば、販売の現場で使う指標になり、仕入れ値で見れば、仕入れの現場で使う指標となります。

バーゲン効果の高い商品をみつける

「全品半額」といった大々的な値引きをアナウンスする広告や値引きの赤札など、バーゲンは、顧客を惹きつける有効な販売促進活動の1つです。バーゲンが成功すれば、新規顧客の獲得と固定化、そして収益向上へとつながります。ここでは、需要の価格弾力性という観点からバーゲン効果、すなわち、値引き効果の高い商品をみつけます。

導入 ▶ ▶ ▶

事例 「値引き効果の高い商品が知りたい」

小売店に勤務するG氏は、商品の値引き効果を把握する目的で、商品の値引きと売り上げの関係について調査しています。G氏がピックアップした4商品の販売実績は次のとおりです。4商品はメーカーと内容量が異なる同種の商品です。各商品の値引き効果を測るにはどのようにすればよいでしょうか。また、4商品のうち、どの商品が最も値引き効果が高いでしょうか。

● 4商品の販売数と販売価格の実績値

	A	B	C	D	E	F	G	H	I	J	K
1	4商品の販売実績										
2											
3	商品	NB-500		商品	NB-300		商品	PB-500		商品	PB-300
4	販売数	販売価格		販売数	販売価格		販売数	販売価格		販売数	販売価格
5	155	198		172	178		90	158		88	158
6	152	208		155	188		85	178		82	168
7	140	222		142	198		82	198		85	178
8	138	238		136	208		80	218		83	188
9	120	258		128	220		78	228		80	208
10											

▶ 需要の価格弾力性で価格に対する反応度を数値化する

▶商品と価格と数量の関係についてはP.114参照。

商品には持って生まれた性格があります。高級品は少しでも値引きになると買い物客が増加する傾向にありますが、普段使いの商品は値引きしても見向きもされない場合があります。同種類の商品間でも、ブランド名、内容量などの違いで価格に対する消費者の反応が変わります。消費者の反応は、販売数量という目に見える形で現れます。

上の図でも、販売価格が変化すると販売数が変化しています。しかし、何種類もある価

格と販売数を眺めていても、商品の価格に対する反応や商品間の反応の違いは見えてきません。そこで、商品の価格に対する反応をひと言で表せる値があれば、商品固有の価格反応度がわかり、商品間の比較もできます。

▶ 需要の価格弾力性

需要の価格弾力性とは、価格が1%変化したときの需要の変化率です。経済学に出てくる、いわゆる学問用語のため難しい印象のネーミングですが、価格の変化に対する反応をみる、つまり、販売数量の変化を知るための値です。式で表すと次のようになります。式の頭に付いた「−（マイナス）」は、需要の価格弾力性を正の値で表現したいためなので、あまり気にしないでください。

$$需要の価格弾力性 = -\frac{需要の変化率}{価格の変化率} = -\frac{\dfrac{変化後の需要量－変化前の需要量}{変化前の需要量}}{\dfrac{変化後の価格－変化前の価格}{変化前の価格}}$$

ここで、通常価格100円で100個売れる商品AとBがあり、ともに販売価格を50円に値下げしたところ、商品Aは300個売れ、商品Bは120個売れたとします。商品Aの方が価格に対する反応が高いことは一目瞭然ですが、反応の高さを需要の価格弾力性できちんと数字にしてみます。

$$商品Aの需要の価格弾力性 = -\frac{\dfrac{300-100}{100}}{\dfrac{50-100}{100}} = -\frac{200}{-50} = 4$$

$$商品Bの需要の価格弾力性 = -\frac{\dfrac{120-100}{100}}{\dfrac{50-100}{100}} = -\frac{20}{-50} = 0.4$$

商品AとBの需要の価格弾力性より、個別の価格反応度が数値で示せるとともに、商品AB間には、値下げによる消費者の反応が10倍違うことも明らかになります。一般に、需要の価格弾力性は「1」を境い目に次のように分類されます。

●需要の価格弾力性

>1	弾力的	価格の変化率を上回る需要の変化率で、数値が大きくなるほど、値下げや値上げに敏感です。
=1		価格の変化率と需要の変化率が等しい場合です。
<1	非弾力的	価格の変化率より需要の変化率が小さく、値下げや値上げをしても需要にあまり響きません。数値が小さいほどこの傾向が強くなります。

▶普段使いの商品もバーゲン効果はある。消費者は「○○メーカーの○○商品は○○円くらい」と心にイメージする「参照価格」と呼ばれる値ごろ感を持っている。普段使いの商品も参照価格より安ければ買う人が増加する。

弾力性
▶変化率の比のこと。分母の揺れ幅より分子の揺れ幅が大きい場合は弾力性>1になり、「弾力的」と呼ぶ。分母の揺れ幅より分子の揺れ幅が小さい場合は弾力性<1になり、「非弾力的」と呼ぶ。

● 需要の価格弾力性とバーゲン効果

　需要の価格弾力性は価格と数量を使った値です。また、価格と数量といえば売り上げですから、需要の価格弾力性と売り上げには密接な関係があるとわかります。

　結論は、採算が取れる価格であれば、需要の価格弾力性が高いほどバーゲン効果は高まります。

　先の商品AとBは、50円で販売しても採算割れしないという条件の元では、需要の価格弾力性が「4」の商品Aの方が、同じく「0.4」の商品Bよりバーゲン効果が高くなります。

　売り上げを計算しても明らかです。商品AとBの値下げ前の売り上げは100円で100個の販売ですから10000円です。値下げ後の売り上げは、商品Aが50円×300個で15000円となり、値下げにより売り上げが1.5倍になります。商品Bは、値下げすると売り上げが6000円になり、4割減となります。

● 需要の価格弾力性と需要曲線

　需要曲線とは、需要を表す数量を横軸、価格を縦軸に取ったグラフです。一般的に、値上げすると販売数が落ち、値下げすると販売数が上昇する基調があるため、需要曲線は右肩下がりの傾向を示します。

　また、需要曲線の傾きは、需要の価格弾力性を示しています。

　結論は、需要曲線の全体的な傾きが緩やかであるほど、需要の価格弾力性が高く、価格に敏感であり、値下げ効果が高くなります。

●需要曲線

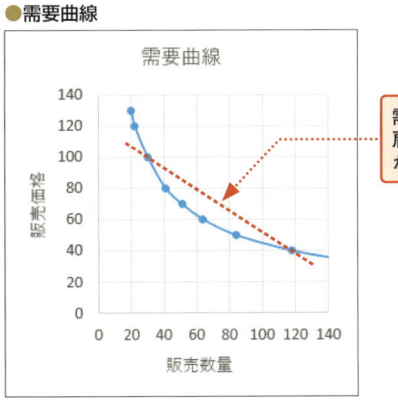

需要曲線は全体的に右肩下がりであり、傾きが価格弾力性を示す

　ところで、需要の価格弾力性の勾配の表現に違和感を持った方もいらっしゃると思います。通常の感覚では、需要の価格弾力性の値が大きい方が急勾配になるイメージです。なぜなら、通常のグラフは、原因（ここでは価格の変化）を横軸に取り、原因に伴う結果（ここでは販売数の変化）を縦軸に取るからです。しかし、需要曲線は数量が横軸で価格が縦軸であり、因果の表現が逆なのです。ですから、需要の価格弾力性が高いほど平たんで、需要の価格弾力性が低いほど急勾配になります。

▶売り上げが1.5倍になるなら、商品Aは、最初から50円で売ればいいのでは？と思うがそうはいかない。いつも50円で売ると、消費者の心の参照価格が100円から50円に切り下げられ、50円よりもっと安くしないと反応しなくなる恐れがあるためである。

▶需要曲線を指数モデルと仮定して価格弾力性を求めることができる。→P.115

実践 ▶▶▶

▶ 用意するビジネスデータ

　需要の価格弾力性は、価格と数量の「変化」を必要とする値ですので、少なくとも変化前と変化後の2種類の販売価格と販売数量の実績値が必要です。さらに、需要曲線を描いて、価格帯による傾きの変化、すなわち、需要の価格弾力性の変化をみるには、複数の販売価格による販売数量の実績値が必要です。

　ここでは、商品ごとにシートを分け、「変化前」の通常価格と通常販売数、「変化後」の販売価格と販売数を用意しています。また、Excelの機能を効率的に利用するため、各シートの表構成を同一にし、「販売数」「販売実績」の並び順で実績を入力しています。

サンプル
3-06

●商品別販売実績

	A	B	C	D	E	F
1	価格の検討					
2	メーカー	NB	内容量	500g	通常販売数	120
3	仕入価格	168			通常価格	258
4						
5	販売数	販売価格	売上高	数量変化率	価格変化率	価格弾力性
6	155	198	30,690			
7	152	208	31,616			
8	140	222	31,080			
9	138	238	32,844			
10	120	258	30,960			

　　NB-500　NB-300　PB-500　PB-300　⊕

準備完了

> 実績の末尾行に通常価格と販売数を入力している

▶ Excelの操作①：需要の価格弾力性を求める

　4商品の通常価格と通常販売数を「変化前」、実績値を「変化後」として、販売価格に対する需要の価格弾力性を求めます。ここでは、需要の価格弾力性の計算式を分子の数量変化率と分母の価格変化率に分け、数量変化率を価格変化率で割って求めます。4商品を一度に計算できるように作業グループに設定してから計算式を入力します。

4商品の数量変化率、価格変化率、需要の価格弾力性を求める

●セル「D6」「E6」「F6」に入力する数式

D6	=(A6-A$10)/A$10	E6	=(B6-B$10)/B$10	F6	= -D6/E6

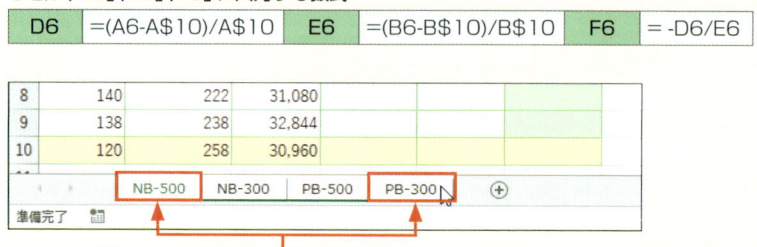

❶ 先頭のシート見出しをクリックし、[Shift]を押しながら末尾のシート見出しをクリックし、作業グループに設定する

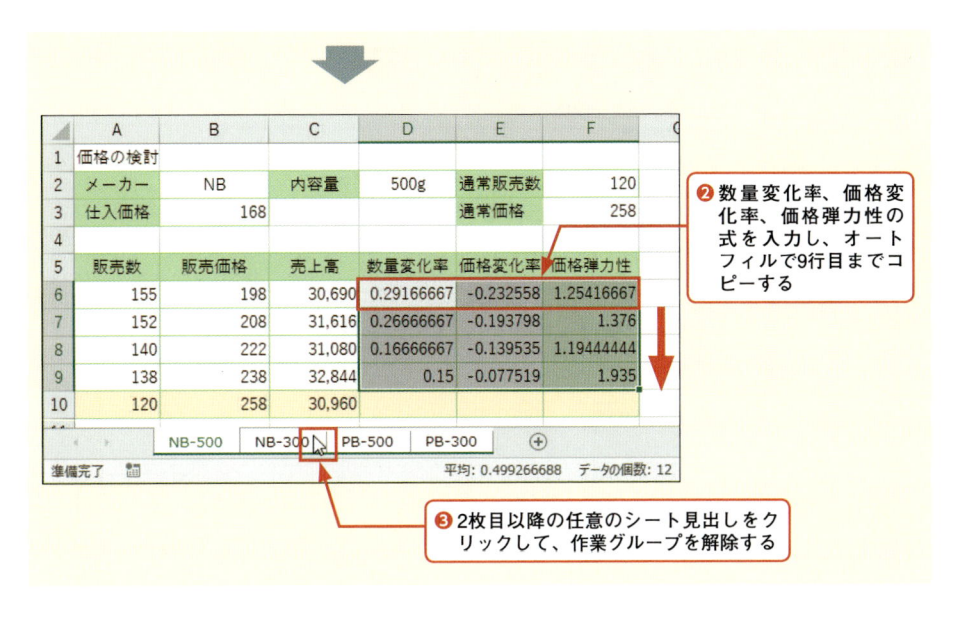

▶セル「E6」の計算式は、セル「D6」をオートフィルでコピーしても入力できる。価格弾力性を求めるときは、先頭に「−（マイナス）」を付けて正の値になるようにする。

▶ここで求めている価格弾力性は、通常価格と通常販売数に対する値である。通常価格→販売価格→通常価格のサイクルで販売したものとする。

❷数量変化率、価格変化率、価格弾力性の式を入力し、オートフィルで9行目までコピーする

❸2枚目以降の任意のシート見出しをクリックして、作業グループを解除する

▶ Excelの操作②：需要曲線を作成する

　販売数と販売価格から需要曲線を作成します。ともに数値データのため散布図で作成します。Excelの散布図は、指定した範囲の左側の列を横軸、右側の列を縦軸と認識します。グラフ作成は作業グループが使えないため、シートごとに作成します。効率的に作成し、かつ、4商品を同じグラフで比較できるように、1枚目のグラフをしっかり作り、残りのグラフはコピーして使います。

散布図を挿入する

▶グラフのボタン名は、バージョンによって異なるが、ボタンデザインは同様である。

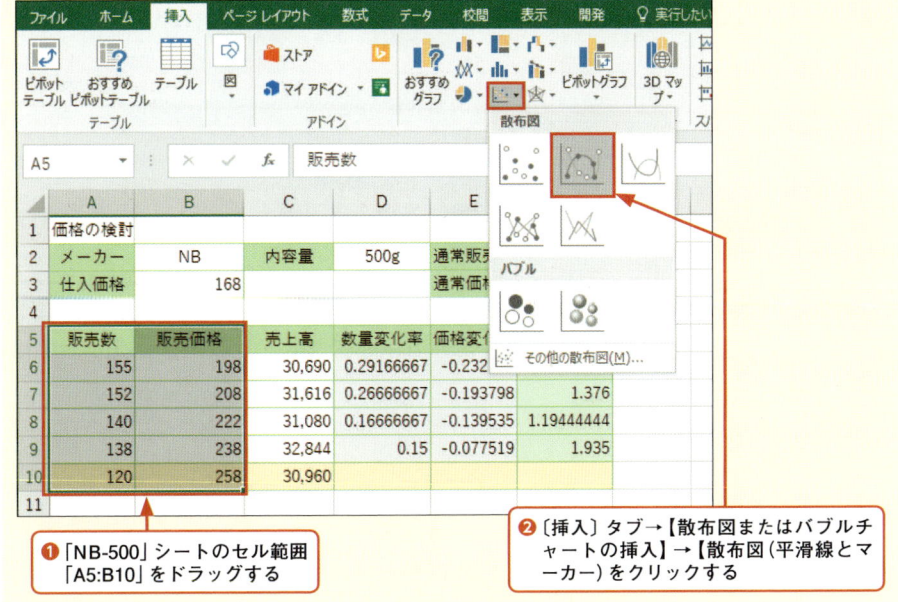

❶「NB-500」シートのセル範囲「A5:B10」をドラッグする

❷〔挿入〕タブ→【散布図またはバブルチャートの挿入】→【散布図（平滑線とマーカー）】をクリックする

●グラフの編集

タイトル	NB-500の需要曲線
軸ラベル	縦軸ラベル：販売価格　横軸ラベル：販売数
目盛り	縦軸目盛り：150 ～ 270まで　20刻み 横軸目盛り：70 ～ 190まで　20刻み

▶グラフの編集方法
→P.41

Excel2007/2010
▶凡例をクリックして、
Delete を押し、非表示に
する。

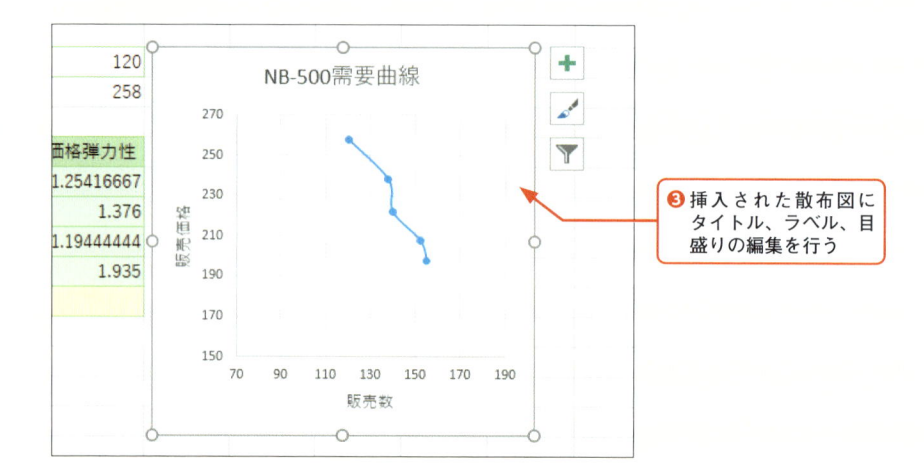

❸ 挿入された散布図に
タイトル、ラベル、目
盛りの編集を行う

グラフをコピーする

❶ グラフをクリックし、Ctrl ＋
C を押してコピーする

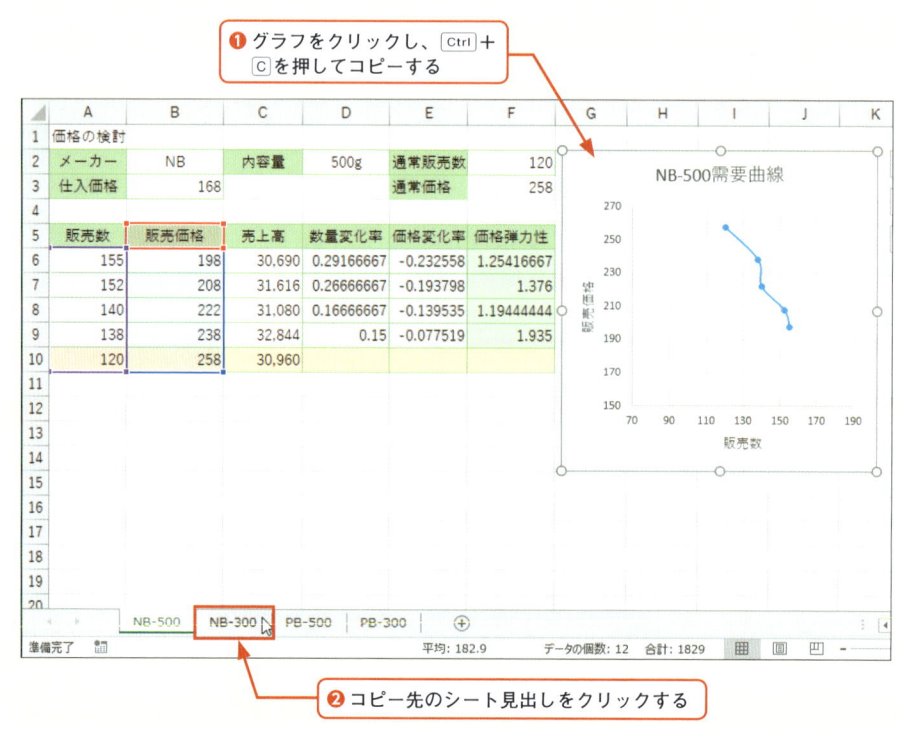

❷ コピー先のシート見出しをクリックする

Excel2007/2010
▶手順❺の【データの選択】は〔デザイン〕タブの左側に配置されている。

❸貼り付け先のセル（ここではセル「G2」付近）をクリックし、Ctrl＋Vを押す

❺〔デザイン〕タブの【データの選択】をクリックする

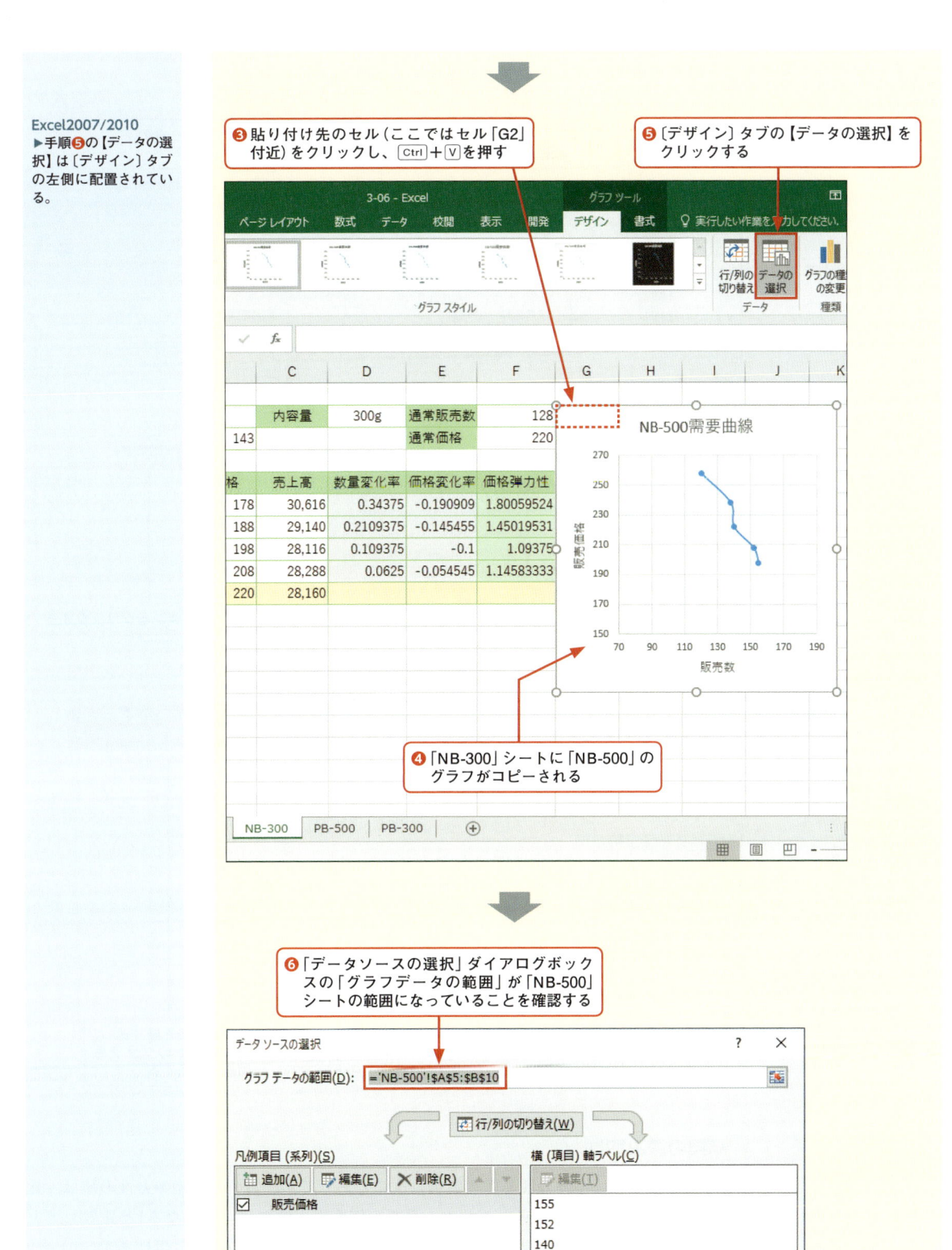

❹「NB-300」シートに「NB-500」のグラフがコピーされる

❻「データソースの選択」ダイアログボックスの「グラフデータの範囲」が「NB-500」シートの範囲になっていることを確認する

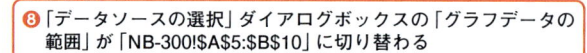

❽ 「データソースの選択」ダイアログボックスの「グラフデータの範囲」が「NB-300!$A$5:$B$10」に切り替わる

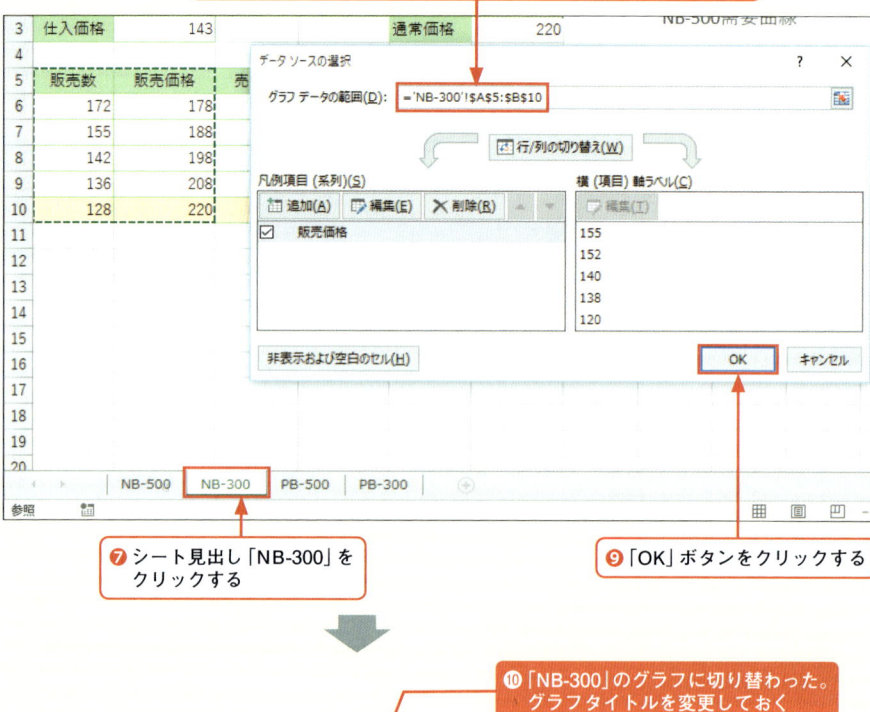

❼ シート見出し「NB-300」をクリックする

❾ 「OK」ボタンをクリックする

❿ 「NB-300」のグラフに切り替わった。グラフタイトルを変更しておく

▶コピーしたグラフは、コピーの情報が残っているので、シート見出しを切り替えながら、グラフを貼り付けられる。

⓫ 手順❶〜❿を繰り返し、他のシートのグラフも同様に作成する

▶ 結果の読み取り

　各商品の需要の価格弾力性と需要曲線は次のとおりです。需要の価格弾力性の値は、比較する通常価格がそれぞれ異なるため、需要の価格弾力性の境い目となる1と比較してどうかという点をみます。需要の価格弾力性の変化は、需要曲線の勾配に現れます。

●NB-500の需要の価格弾力性と需要曲線

	A	B	F
1	価格の検討		
2	メーカー	NB	120
3	仕入価格	168	258
4			
5	販売数	販売価格	価格弾力性
6	155	198	1.25416667
7	152	208	1.376
8	140	222	1.19444444
9	138	238	1.935
10	120	258	
11			
12			
13			
14			
15			

NB-500需要曲線

通常価格と通常販売数に対するそれぞれの販売実績は、いずれも需要の価格弾力性の1を超え、値下げに敏感な商品ですが、需要曲線を見ると、238円を堺に勾配が急になり、値下げ効果が薄くなります。過度な値下げはしない方が得な商品です。

●NB-300の需要の価格弾力性と需要曲線

	A	B	F
1	価格の検討		
2	メーカー	NB	128
3	仕入価格	143	220
4			
5	販売数	販売価格	価格弾力性
6	172	178	1.80059524
7	155	188	1.45019531
8	142	198	1.09375
9	136	208	1.14583333
10	128	220	
11			
12			
13			
14			
15			

NB-300需要曲線

通常販売に対するそれぞれの需要の価格弾力性は高く、値下げに敏感な商品です。需要曲線を見ると、価格を下げるにしたがって、勾配が比較的緩やかになるため、値下げによる効果が高い商品です。

●PB-500の需要の価格弾力性と需要曲線

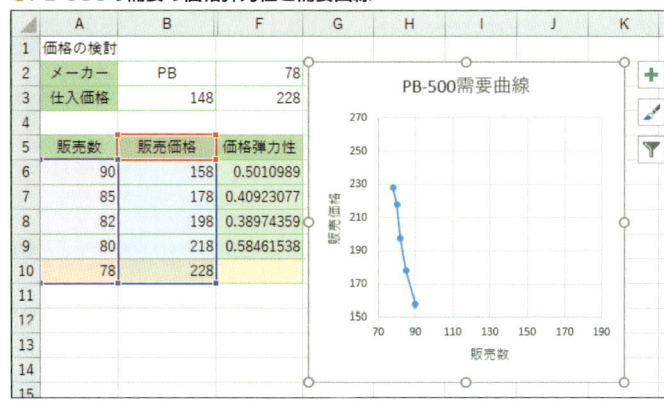

	A	B	F
1	価格の検討		
2	メーカー	PB	78
3	仕入価格	148	228
4			
5	販売数	販売価格	価格弾力性
6	90	158	0.5010989
7	85	178	0.40923077
8	82	198	0.38974359
9	80	218	0.58461538
10	78	228	
11			
12			
13			
14			
15			

PB-500需要曲線

需要の価格弾力性は、通常価格に対しては、いずれも1を下回り、価格の変動に対して敏感ではありません。需要曲線も急勾配であり、値下げ効果は低い商品です。

●PB-300の需要の価格弾力性と需要曲線

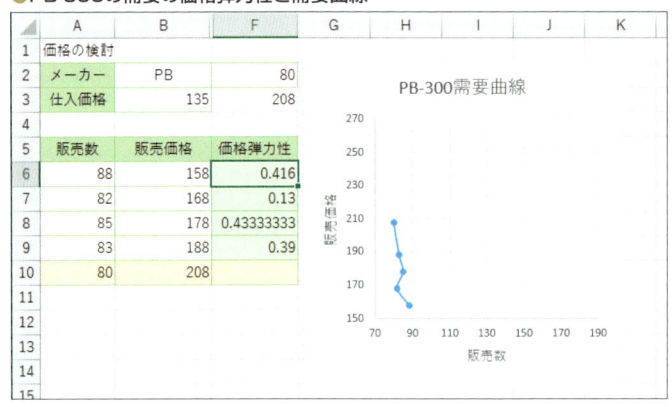

	A	B	F
1	価格の検討		
2	メーカー	PB	80
3	仕入価格	135	208
4			
5	販売数	販売価格	価格弾力性
6	88	158	0.416
7	82	168	0.13
8	85	178	0.43333333
9	83	188	0.39
10	80	208	

需要の価格弾力性は、通常価格に対して1を下回る商品です。複雑な需要曲線をしていますが、基本的には急勾配であり、値下げをしても反応が鈍く、値下げ効果の低い商品です。

以上のことから、4商品の中で最も値下げ効果が高いのは、NB-300になります。

発展 ▶ ▶ ▶

▶ 需要の価格弾力性のパターン

需要の価格弾力性のパターンと商品例は次のとおりですが、あくまでも一般論です。通常、需要の価格弾力性が1を下回る日用品でも消費者の値ごろ感より販売価格が低ければ、安いと感じて買う人が増え、需要の価格弾力性は1を超えます。また、通常、需要の価格弾力性が1を超える高級品は、「価格の高さ＝価値の高さ」となっている場合があり、あまり安くなるとブランド価値が下がって売れなくなり、需要の価格弾力性が1を下回ることもあります。

●需要の価格弾力性のパターンと商品例

需要曲線	特徴	商品例
価格弾力性>1 のグラフ	価格弾力性>1 縦軸の価格の変化に対して、横軸の需要の変化が大きく、価格に敏感に反応する商品が該当します。	高級品、贅沢品 普段は高いと感じて購入しない商品が該当します。安くなると敏感に反応し、購入量が増えるタイプです。
価格弾力性=1 のグラフ	価格弾力性 =1 縦軸の価格の変化と横軸の需要の変化が同じタイプです。	特定の商品例はありませんが、価格帯によって1に近くなるケースは存在します。

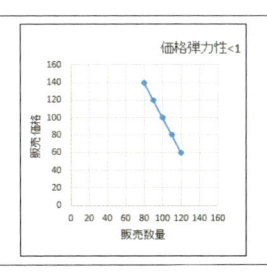

価格弾力性<1
縦軸の価格の変化に対して横軸の需要の変化があまり大きくなく、価格の変化に大きな反応を示さない商品が該当します。

必需品
日常生活に欠かせない商品が該当します。価格よりその商品があるかどうかに左右されます。たとえば、車のガソリンが満タン状態のときに、安いからといってガソリンを入れに行くことはありませんが、なければ多少割高でも入れにいきます。

▶ 需要曲線を指数モデルと仮定した場合の需要の価格弾力性

P.107の曲線的な右肩下がりを示す需要曲線を指数モデルと仮定すると、需要曲線は①式で表されます。次に、数学の公式を使って、両辺の対数を取ると、需要曲線は②式になります。

$$D = aP^{-\beta} \quad ❶ \qquad D:需要（販売数）\ a：定数 \quad P：販売価格 \quad \beta：価格弾力性$$

❶式の両辺の対数を取ると❷式になります。

$$\log D = \log a P^{-\beta} = \log a + \log P^{-\beta} = \log a - \beta \log P \quad ❷$$

❷式のlogDをd、log a をa、logPをpに置き換えると需要曲線は一次式になり、一次式の傾き「β」が需要の価格弾力性そのものになります。一次式とは、価格と数量が直線の関係にあるという意味です。

$$d = a - \beta p \quad ❸$$

カーブしている需要関数も、対数を取ると、下図のように直線に見なせる関係にあるというのが指数モデルです。直線の関係とみなすと、傾きは一定になるため、需要曲線に示される価格帯全域で同じ需要の価格弾力性とみなしていることになります。

P.107の需要曲線に引いた直線を見て、「何だか無理やり直線を引いていないか？」と感じた方もいらっしゃると思いますが、指数モデルで考えるということは、100円近傍の価格帯とか60円近傍の価格帯といった細かいことを見ずに、全体にエイっと線を引いていることになります。

●需要曲線（左）と対数を取った需要曲線（右）

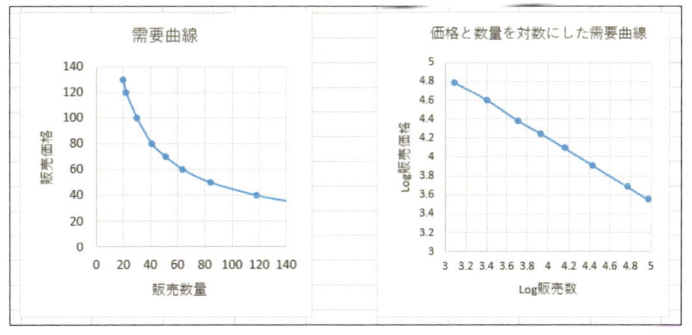

以上より、需要の価格弾力性は、販売数量と販売価格の実績値を使って、数量と価格の対数を計算し、対数を一次式とみなしたときの直線の傾きを求めればよいことになります。Excelでは、対数と直線の傾きは、関数を使って求められます。

LN関数 ➡ 指定した数値の自然対数を求める

書　式	=**LN**(数値)
解　説	数値の自然対数を求めます。

SLOPE関数 ➡ 直線と見なせる関係の値から直線の傾きを求める

書　式	=**SLOPE**(既知のy, 既知のx)
解　説	既知のyと既知のxをもとに直線の傾きを求めます。既知のxを変化させると既知のyが影響を受けるという関係から、既知のxが販売価格にあたり、既知のyが販売数量にあたります。

今回の事例のNB-300について、指数モデルと仮定した需要の価格弾力性を求めてみます。

サンプル
3-06-発展

販売数量と販売価格の対数から、需要の価格弾力性を求める

●セル「C5」「D2」に入力する関数

C5	=LN(A5)	D2	=−SLOPE(C5:C9,D5:D9)

❶ セル「C5」をクリックして、関数を入力し、オートフィルでセル「D9」までコピーする　　❷ セル「D2」をクリックし、先頭に「-」を付けてSLOPE関数を入力する

需要価格弾力性は、正の値で表すため、「−」を付けてプラスにしています。指数モデルと仮定すると、価格弾力性は「約1.38」になりますが、これは、P.113の計算式で求めた「NB-300」の需要の価格弾力性の「1.09〜1.80」の範囲の中に収まる値です。

▶ 類似の分析例

①バーゲン商品を決める場合、どの商品も需要の価格弾力性がほぼ同じで、どれをバーゲン商品にすればよいかわからない場合があります。この場合は、商品の粗利益を計算し、粗利益が大きくなる商品を選定します。

②需要曲線が数量と価格から構成される点に着目すると、需要曲線上の数量と価格の組

み合わせは、同時に売り上げの組み合わせでもあります。あらかじめわかっている売上原価と比較すれば利益の計算も可能です。需要曲線上のどの数量と価格が最も利益が高くなるかを分析することができます（次節で解説しています）。

Column　需要の価格弾力性は高いほどよいのか!?

　バーゲン、すなわち値引きの面では、需要の価格弾力性が高いほどバーゲン効果が高まりますが、高い需要の価格弾力性は、値上げにも敏感ということです。値上げすると販売数が落ち込み、売り上げも大幅ダウンです。その点、需要の価格弾力性の低い商品は、バーゲンには向きませんが、値上げにも鈍感なので、多少の値上げくらいでは売り上げが大きく落ち込むことはありませんし、むしろ販売数が変わらないのですから、売り上げがアップするほどです。需要の価格弾力性は、値引き面か値上げ面か、みる視点によって評価が変わる指標です。

Column　いろいろな弾力性

　本節では、需要の価格弾力性を取り扱いましたが、弾力性は、変化率同士の比を表す言葉なので、いろいろな弾力性があります。「供給の」価格弾力性もあります。ほかにも、需要の所得弾力性、投資の利子弾力性などさまざまです。このうち、需要の所得弾力性は次のように定義されます。

●需要の所得弾力性

$$需要の所得弾力性 = \frac{需要の変化率}{所得の変化率} = \frac{\dfrac{変化後の需要量 - 変化前の需要量}{変化前の需要量}}{\dfrac{変化後の所得 - 変化前の所得}{変化前の所得}}$$

　需要の価格弾力性とよく似ていますが、「マイナス」が付いていないのが特徴です。需要の価格弾力性では、価格と数量は相反する動きをするのが通常ですので、式に「マイナス」を付ける小細工をしておけば、大概、プラスで表現できます。ところが、需要の所得弾力性については、所得の変化によって買うものが変わるので、商品の性質によってプラスやマイナスになります。小細工はできない指標です。

　需要の所得弾力性と商品の性質は次のとおりです。

●需要の所得弾力性

需要の所得弾力性	商品の性質
>1	上級品、ぜいたく品、買い回り品
<1	必需品
<0	下級品

　需要の価格弾力性と同様、可愛げのない用語ですが、給料などの所得が上がったときと下がったときをイメージしてみてください。給料が上がったので、いつもよりグレードアップした商品を買おう、給料が下がったので、コーヒーショップの本格コーヒーはやめてコンビニの100円コーヒーにしよういった具合です。需要の所得弾力性は、グレードアップした商品、コンビニの100円コーヒーに与えられる「数字」です。

粗利益を最大にする販売価格を検討する

一般に、商品の価格を値下げすると販売数を伸ばし、値上げすると販売数が落ち込む傾向にありますが、販売数の変化は商品の持つ特徴によって異なります。少し値下げをしただけで大きく販売数を伸ばす場合は、売り上げと利益アップも期待できます。ここでは、商品の販売実績から粗利益を最大にする販売価格を検討します。

導入 ▶ ▶ ▶

事例 「粗利益が最大になる販売価格が知りたい」

　H氏の勤務する服飾製造販売会社では、直営店を通して商品を販売しています。商品A1と商品B1の販売実績は次の通りです。投入当初は定価で販売し、1か月程度の期間を目安に、定期的に適当な値引きを行い、商品入れ替えの前に大幅に値引いて在庫が残らないようにしています。H氏は定期的に値引きをするスタイルに疑問を持ち、商品A1と商品B1の後継にあたる商品A2と商品B2を投入する前に、商品A1と商品B1の販売実績から、粗利益が最大になる販売価格を把握したいと考えています。どのようにすればいいでしょうか。

●商品A1と商品B1の販売実績

	A	B	C	D	E	F	G
1		商品A1	商品B1			商品A1	商品B1
2	販売価格	販売数合計	販売数合計		仕入れ値	1,800	1,500
3	3,980	16	51				
4	3,580	43	86				
5	2,720	79	110				
6	2,380	52	61				
7	1,980	30	22				
8							

▶ ソルバーで粗利益が最大になる需要曲線上の数量と価格の組み合わせを求める

　制約条件のもとで、目的を達成するための値の組み合わせを求めるには、ソルバーを使います。ここでは、需要曲線上という制約のもとで、粗利益を最大にするための販売数と販売価格の組み合わせを求めます。

● 需要曲線で売上高と粗利益を求める

　商品の需要曲線は、横軸に販売数量、縦軸に販売価格を取った曲線です。数量と価格をかけると売上高になるので、需要曲線上の販売数量と販売価格の組み合わせは売り上げの組み合わせでもありますし、仕入価格を引いた粗利益の組み合わせでもあります。そして、下の図に示すように、販売数量と販売価格の組み合わせ方によっては、売上高が異なります。どの組み合わせが最も粗利益が取れるのかを求めるのに使うのがソルバーです。

▶需要曲線→P.107

▶需要曲線の作成方法
→P.109

▶粗利益=売上高−販売数×1個あたりの仕入れ値

● 需要曲線と売り上げの関係

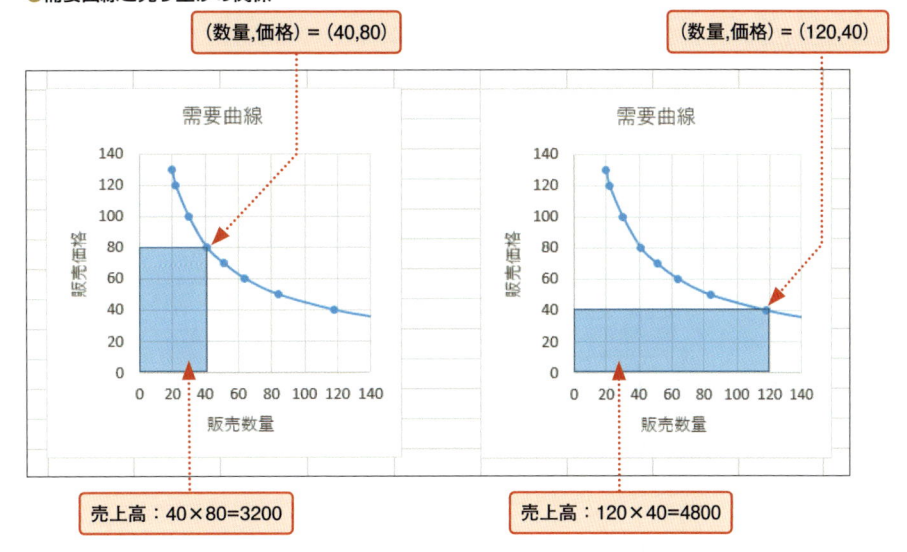

▶数量は1個単位の整数のため、需要曲線上のすべてが対象ではない。需要曲線上の整数の組み合わせが対象となる。

● 需要曲線を表す近似式

　需要曲線上の販売価格と販売数量を求めるには、販売価格と販売数量の関係式が必要です。
　関係式を求めるには、Excelの近似曲線を利用します。近似曲線を引くと、引いた曲線の数式と、需要曲線と近似曲線の当てはまりの良さを示す決定係数（R2乗値）を表示させることができます。R2乗値は、0〜1の範囲で表示され、1に近いほど当てはまりが良いと判断します。

● 近似曲線とその数式、および、決定係数

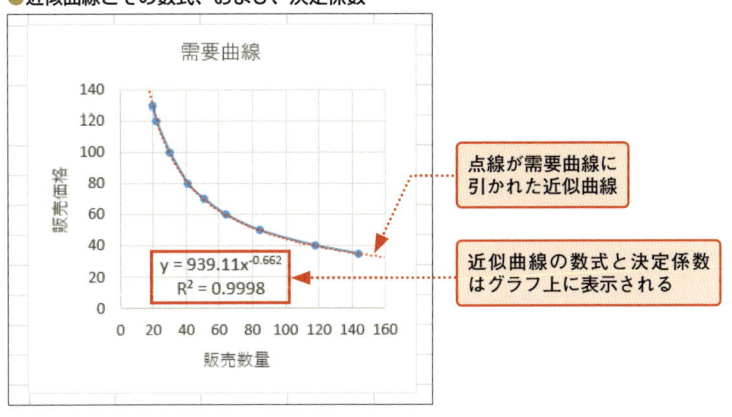

さて、本来は、価格が変化したら販売数にどのくらい影響が出るのかという関係にしたいのですが、需要曲線は、因果の表現が通常のグラフとは逆になっています（→P.107）。

しかし、近似式は、通常のグラフと同様に横軸の販売数が原因で縦軸の価格が結果を表す関係式です。そこで、今回は、需要曲線のグラフの因果を反転させ、販売価格を横軸、販売数量を縦軸に取った上で近似曲線を引くことにします。

実践 ▶ ▶ ▶

▶ 用意するビジネスデータ

販売価格と販売数量の実績値を準備します。ここでは、P.118に示した販売数合計を一定期間ごとに分解した表を用意し、販売価格の変化に対する販売数の変化として認識できるよう、「販売価格」「販売数量」の順に表を並べています。

サンプル
3-07

●商品A1と商品B1の販売実績

	A	B	C	D	E	F	G	H
1	商品A1	仕入れ値	1,800					
2	販売価格	販売数量	売上	粗利益				
3	3,980	4	15,920	8,720				
4	3,980	3	11,940	6,540				
5	3,980	4	15,920	8,720				
6	3,980	5	19,900	10,900				
7	3,580	8	28,640	14,240				
8	3,580	7	25,060	12,460				
9	3,580	9	32,220	16,020				
10	3,580	6	21,480	10,680				
11	3,580	7	25,060	12,460				
12	3,580	6	21,480	10,680				
13	2,720	13	35,360	11,960				
14	2,720	11	29,920	10,120				
15	2,720	12	32,640	11,040				
16	2,720	15	40,800	13,800				
17	2,720	15	40,800	13,800				
18	2,720	13	35,360	11,960				
19	2,380	20	47,600	11,600				
20	2,380	13	30,940	7,540				

商品A1 商品B1 ソルバーのモデル +

準備完了

▶ Excelの操作①：需要曲線の近似式を求める

Excelの近似曲線は複数の種類が用意されていますが、一般的な需要曲線は、累乗近似に近い曲線になります。ここでは、累乗近似を選択して数式と決定係数（R2乗値）を表示します。表示した数式が簡略形式で表示される場合は、近似式の表示形式を変更します。手順❹～❿は手を休めずに一気に操作を行ってください。商品B1のグラフと近似式は商品A1のグラフのコピーを利用します。

販売価格と販売数量の散布図を挿入し、近似曲線を追加する

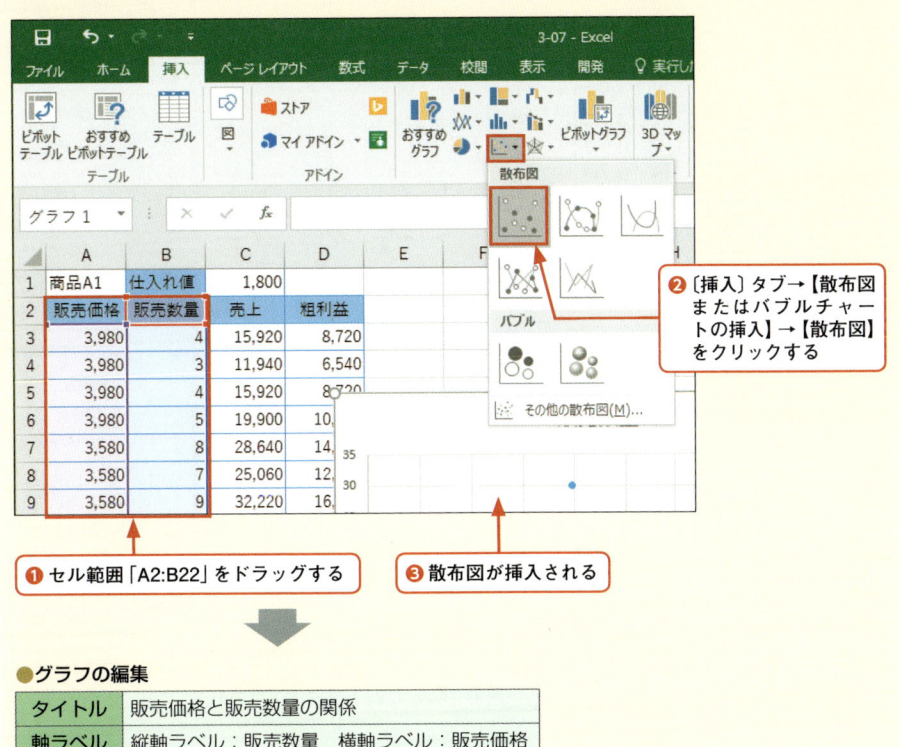

❷〔挿入〕タブ→【散布図またはバブルチャートの挿入】→【散布図】をクリックする

❶ セル範囲「A2:B22」をドラッグする

❸ 散布図が挿入される

▶グラフのボタン名は、バージョンによって異なるが、ボタンデザインは同様である。

●グラフの編集

タイトル	販売価格と販売数量の関係
軸ラベル	縦軸ラベル：販売数量　横軸ラベル：販売価格
目盛り	横軸：1000～6000　1000刻み

Excel2007/2010
▶凡例をクリックしてDeleteを押し、非表示にする。

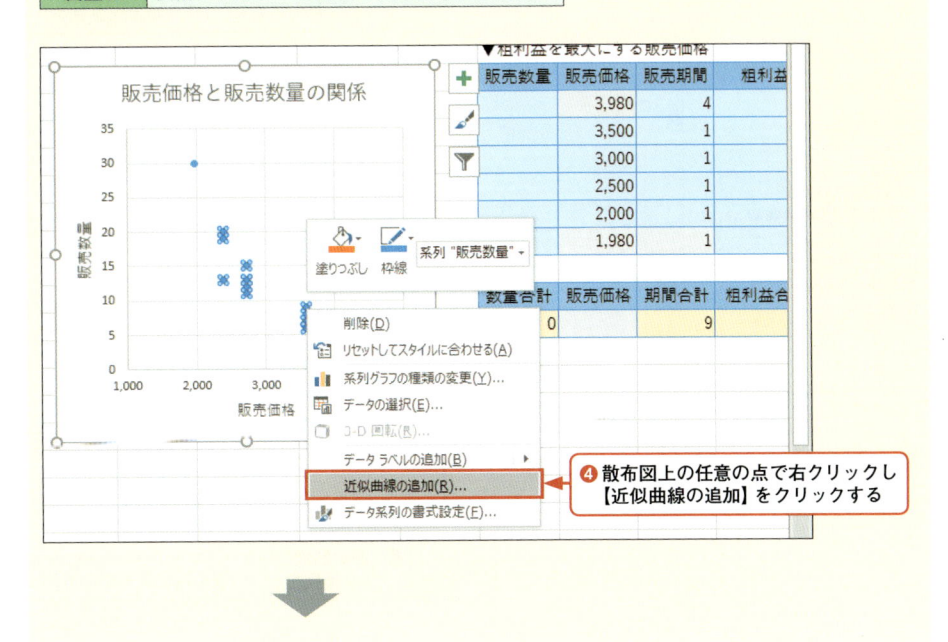

❹ 散布図上の任意の点で右クリックし【近似曲線の追加】をクリックする

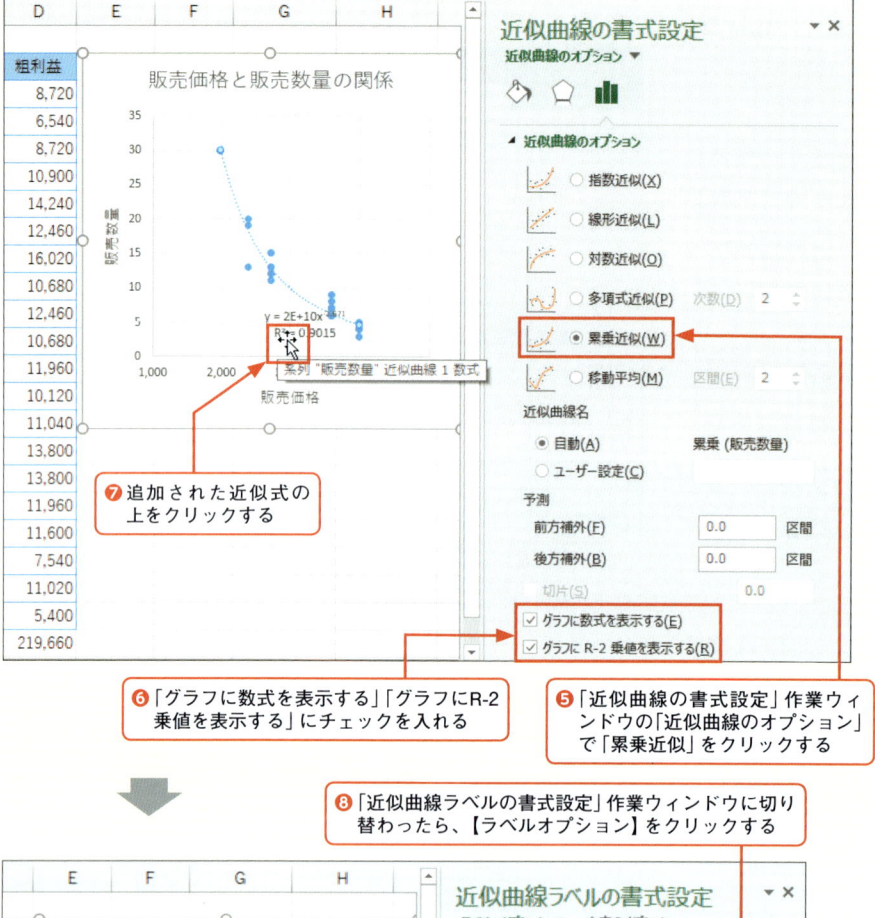

Excel2007/2010
▶手順❺❻「近似曲線の書式設定」ダイアログボックスで同様に操作する。手順❼を操作すると、「近似曲線ラベルの書式設定」ダイアログボックスに切り替わる。

▶近似式が指数表示の簡略形式で表示されると詳細な計算ができなくなるので、近似式の表示形式を変更する。

❼ 追加された近似式の上をクリックする

❻「グラフに数式を表示する」「グラフにR-2乗値を表示する」にチェックを入れる

❺「近似曲線の書式設定」作業ウィンドウの「近似曲線のオプション」で「累乗近似」をクリックする

❽「近似曲線ラベルの書式設定」作業ウィンドウに切り替わったら、【ラベルオプション】をクリックする

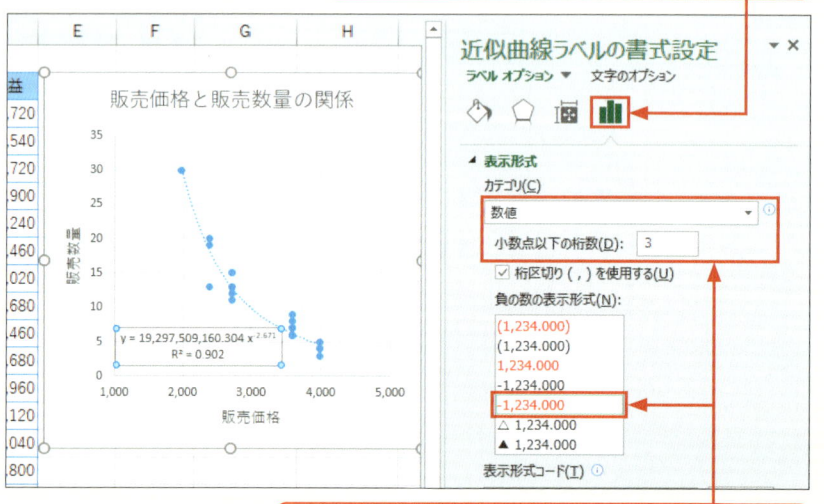

Excel2007/2010
▶手順❽は「近似曲線ラベルの書式設定」ダイアログボックスの「表示形式」で同様に操作する。

❾「表示形式」のカテゴリーから「数値」を選択し、小数点以下の桁数を「3」に変更し、負の数の表示形式を設定する

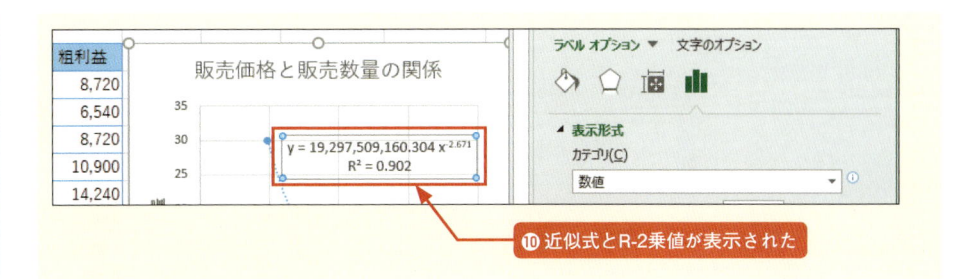

⑩ 近似式とR-2乗値が表示された

グラフをコピーする

Excel2007/2010
▶手順❷の【データの選択】は〔デザイン〕タブの左側に配置されている。

❶ 商品A1で作成したグラフをクリックし、Ctrl＋Cでコピー後、「商品B1」シートのセル「E2」付近をクリックし、Ctrl＋Vで貼り付ける

❷ 〔デザイン〕タブの【データの選択】をクリックする

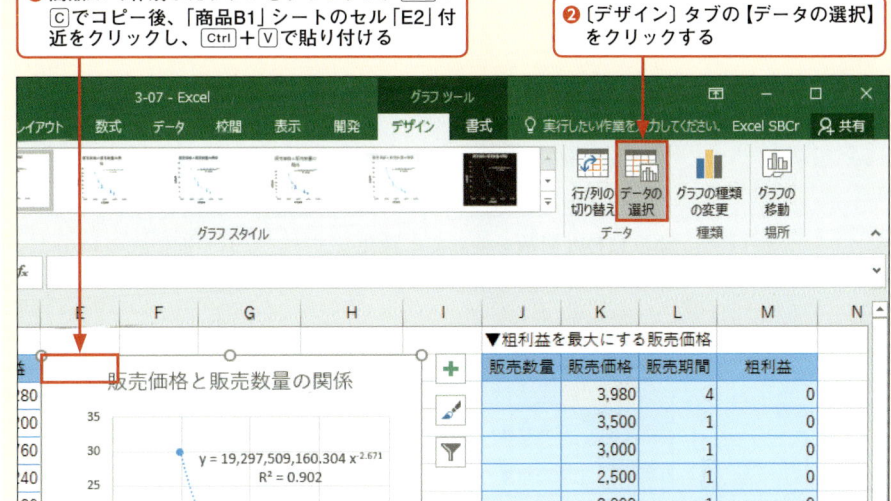

❹ グラフデータ範囲が「商品B1!$A$2:$B$22」に切り替わったことを確認し、「OK」ボタンをクリックする

❸ 「商品B1」のシート見出しをクリックする

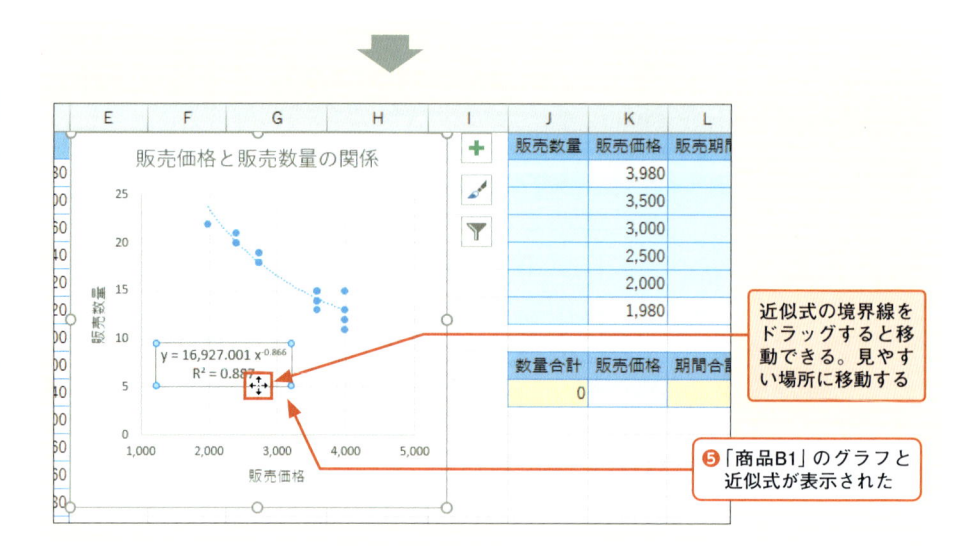

近似式の境界線を
ドラッグすると移
動できる。見やす
い場所に移動する

❺「商品B1」のグラフと
近似式が表示された

▶ Excelの操作②：近似式を販売数量にセットする

　近似式をセル範囲「J3:J8」の販売数量に近似式を入力し、販売数量が小数点にならないようにINT関数を使って整数化します。なお、近似式の「x」は、横軸の販売価格、「y」は縦軸の販売数量を指します。

●販売価格と販売数量の関係を表す近似式

	近似式
商品A1	販売数量=19,297,509,160.304×販売価格の-2.671乗
商品B1	販売数量= 16,927.001×販売価格の-0.866乗

INT関数 ➡ 指定した数値を整数にする

書　式　=**INT**(数値)

解　説　数値の小数点以下を切り捨て整数にします。

販売数量、粗利益を求める式を入力する

●「商品A1」シートのセル「J3」に入力する式

J3	=INT(19297509160.304*K3^-2.671)

●「商品B1」シートのセル「J3」に入力する式

J3	=INT(16927.001*K3^-0.866)

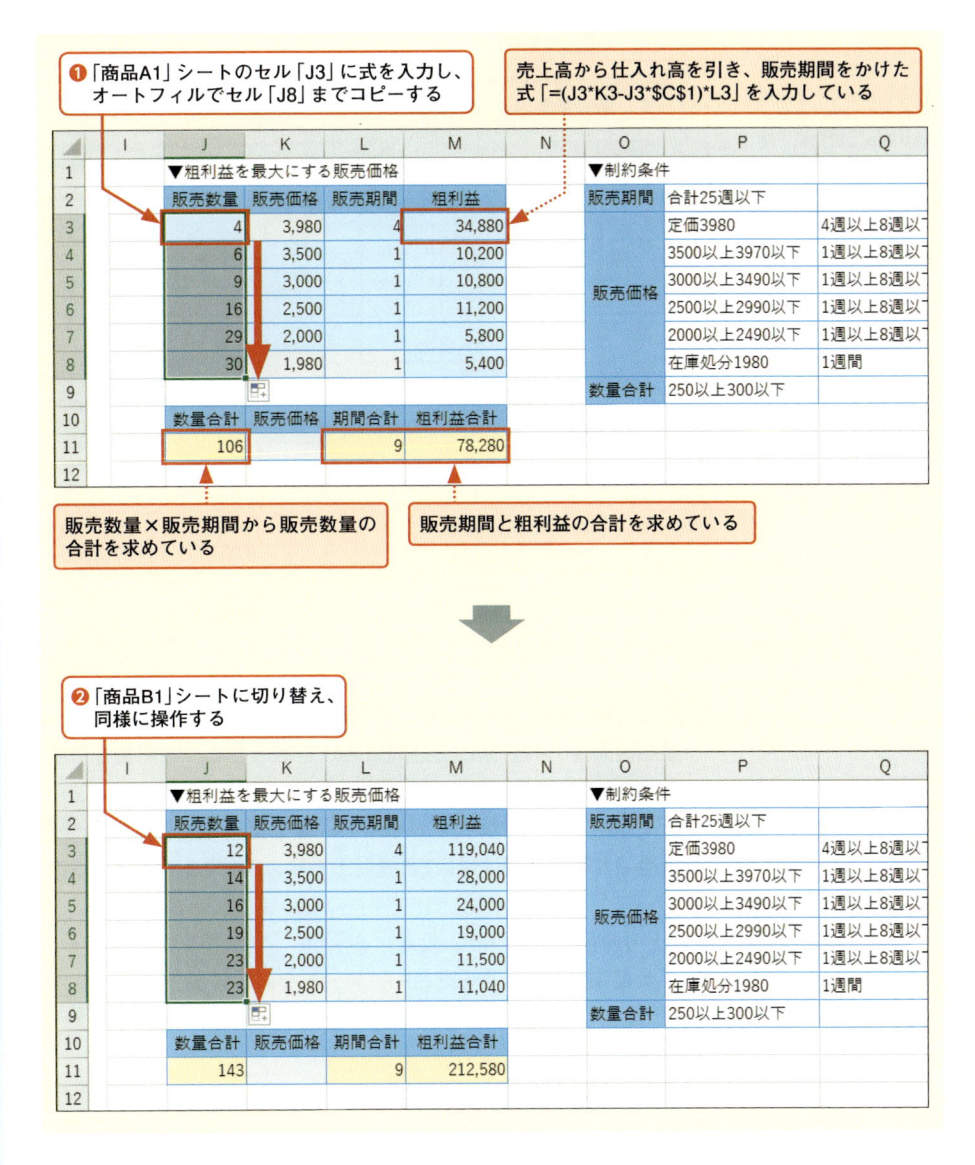

▶ Excelの操作③：ソルバーの設定を行う

　ソルバーの設定を行います。下の図に示すように、販売数量は販売価格で決まるため、変化させるセルは販売価格と販売期間です。また、販売価格と販売期間の制約条件も合わせて示します。

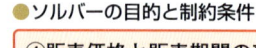

▶販売価格と販売期間を変化させながら、販売数量の計算の更新を繰り返し、粗利益を最大化する目的に近づける。目的を達成した時点で計算が修了し、解が代入される。

●ソルバーの目的と制約条件

④販売価格と販売期間の変動に伴って、販売数量が計算される

③販売価格と販売期間を変化させると、

②制約条件のもとで

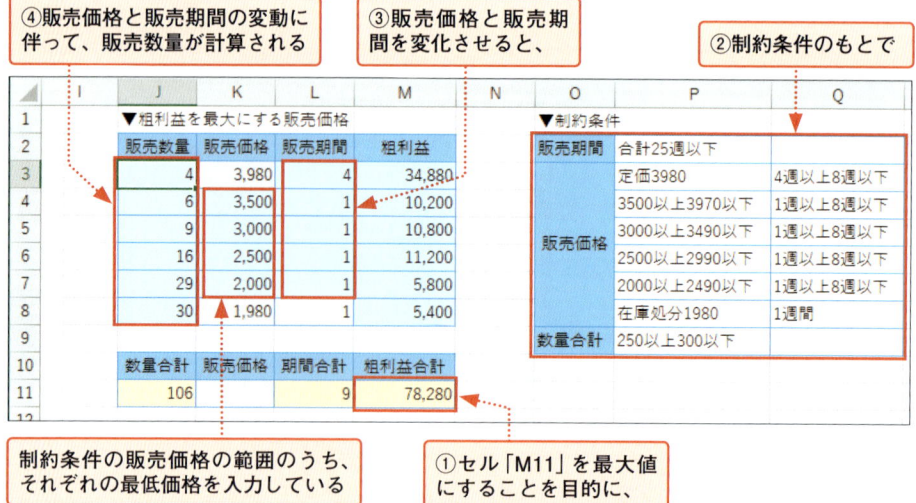

	J	K	L	M		N	O	P	Q
1	▼粗利益を最大にする販売価格						▼制約条件		
2	販売数量	販売価格	販売期間	粗利益			販売期間	合計25週以下	
3	4	3,980	4	34,880				定価3980	4週以上8週以下
4	6	3,500	1	10,200				3500以上3970以下	1週以上8週以下
5	9	3,000	1	10,800			販売価格	3000以上3490以下	1週以上8週以下
6	16	2,500	1	11,200				2500以上2990以下	1週以上8週以下
7	29	2,000	1	5,800				2000以上2490以下	1週以上8週以下
8	30	1,980	1	5,400				在庫処分1980	1週間
9							数量合計	250以上300以下	
10	数量合計	販売価格	期間合計	粗利益合計					
11	106		9	78,280					

制約条件の販売価格の範囲のうち、それぞれの最低価格を入力している

①セル「M11」を最大値にすることを目的に、

次期投入の商品A2とB2の制約条件は共通です。条件の概要は、次のとおりです。

・商品の投入量は300で売り切れとし、25週間以内に250以上販売します。
・商品投入後、4週間以上8週間以内は定価販売し、在庫処分価格の販売期間は1週間とします。
・販売価格は徐々に値引きしますが、販売価格の範囲に制約を設けます。設定した販売価格での販売期間は最低1週間以上とし、8週間まで価格を維持できます。

以上の内容をソルバーに設定しますが、ソルバーはワークシート単位での設定となるため、「商品A1」シートと「商品B1」シートを同時に設定できません。そこで、「商品A1」シートで設定したソルバーの設定内容を「ソルバーのモデル」シートに書き出し、「商品B1」シートのソルバーに読み込みます。

ソルバーは、バージョンによって、ダイアログボックスのサイズや、画面内のテキストボックス、ボタンの表示位置が変わりますが、同様に操作できます。

ソルバーを起動し、目的と変化させるセルを設定する

❶「商品A1」シートを表示し、〔データ〕タブの【ソルバー】をクリックする

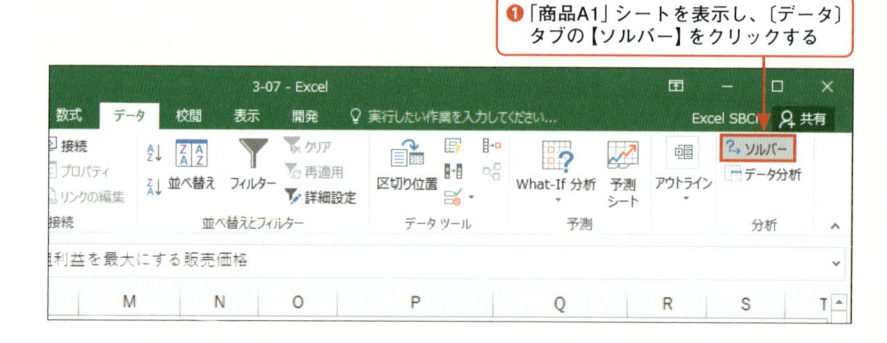

▶手順❷❹はセルをク
リックしたり、ドラッグ
したりすると、自動的に
絶対参照が設定される。

Excel2007
▶手順❷は「目的セル」、
手順❹は「変化させるセ
ル」で同様に操作する。

❸「目標値」は「最大値」を
クリックする

❷「目的セルの設定」にセル
「M11」をクリックする

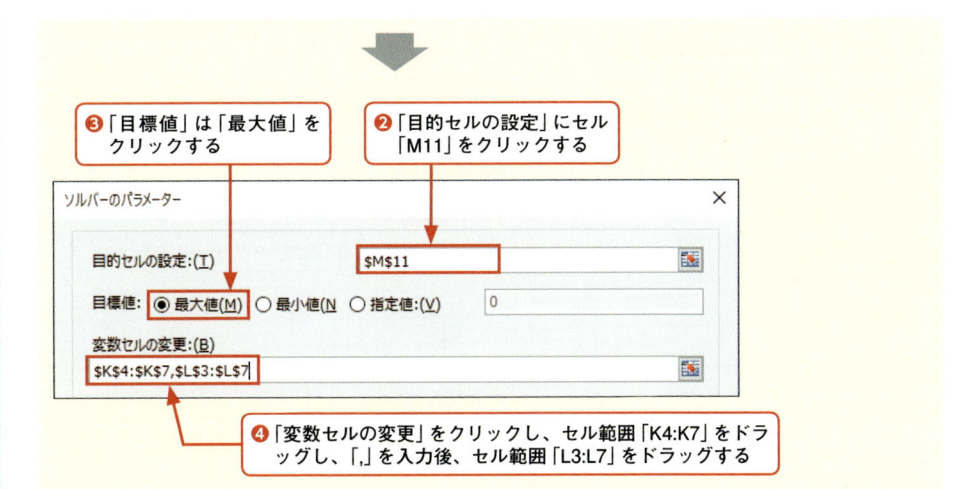

❹「変数セルの変更」をクリックし、セル範囲「K4:K7」をドラ
ッグし、「,」を入力後、セル範囲「L3:L7」をドラッグする

合計販売個数と合計販売期間の制約条件を設定する

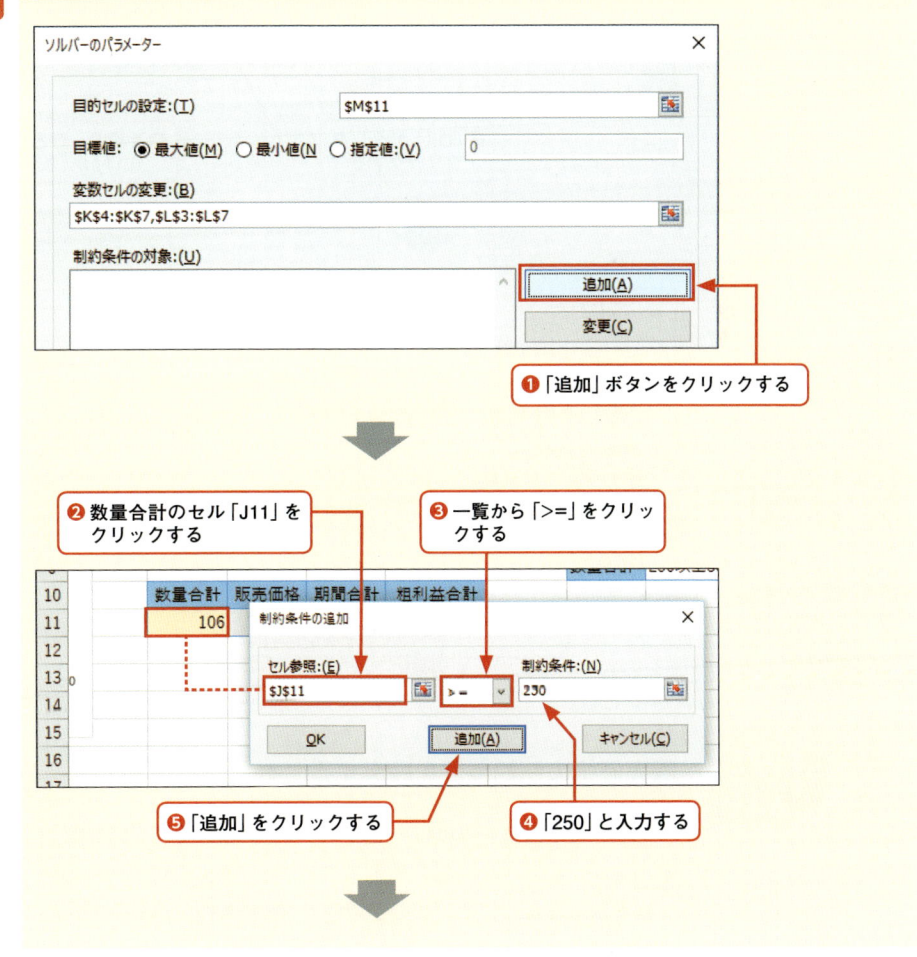

❶「追加」ボタンをクリックする

❷数量合計のセル「J11」を
クリックする

❸一覧から「>=」をクリッ
クする

❺「追加」をクリックする

❹「250」と入力する

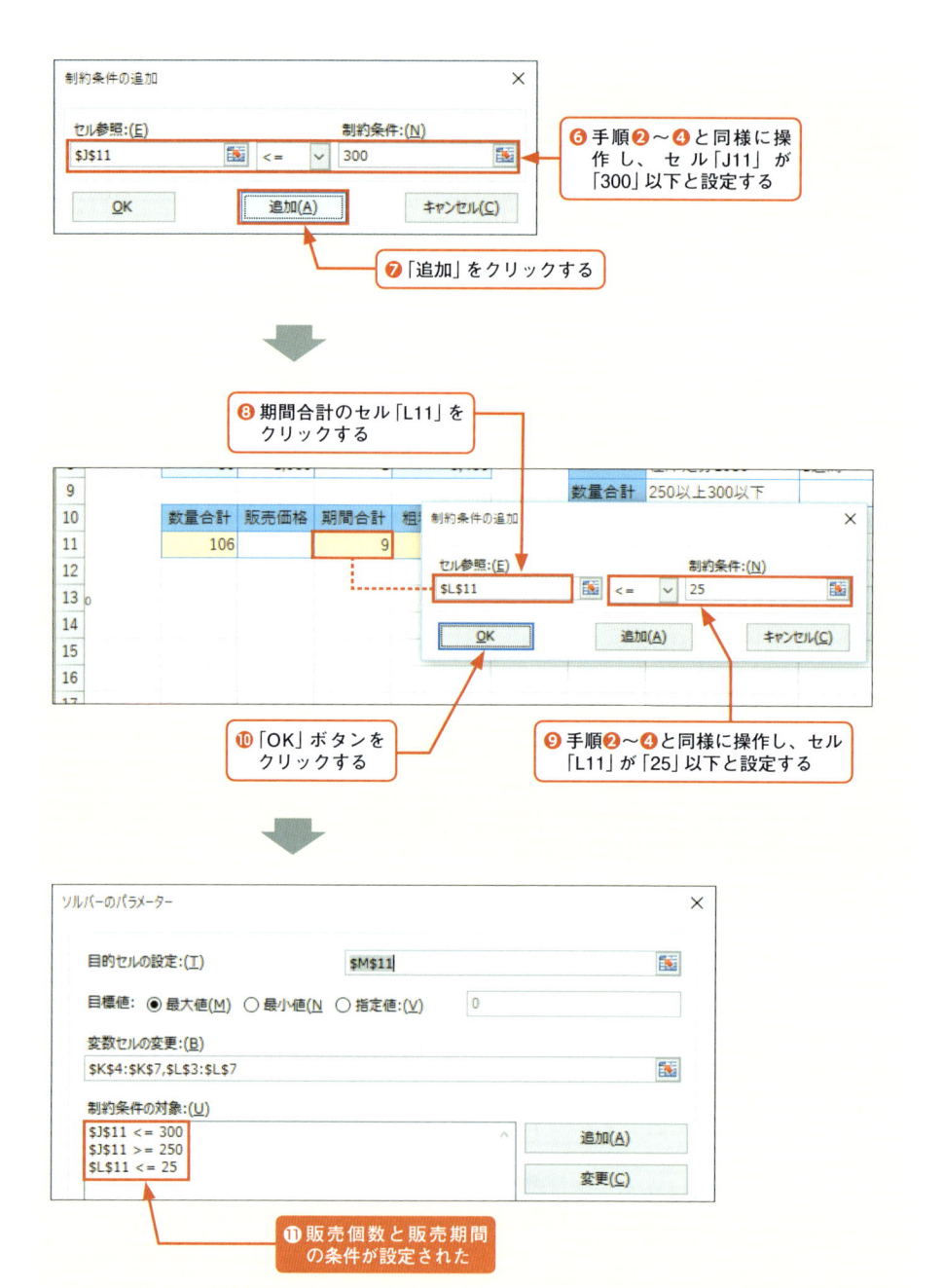

▶制約条件が多いときは、切の良いタイミングで「OK」ボタンをクリックして「ソルバーのパラメーター」ダイアログボックスに戻って「制約条件」を確認する。

⑥ 手順**②**〜**④**と同様に操作し、 セル「J11」が「300」以下と設定する

⑦「追加」をクリックする

⑧ 期間合計のセル「L11」をクリックする

⑩「OK」ボタンをクリックする

⑨ 手順**②**〜**④**と同様に操作し、セル「L11」が「25」以下と設定する

▶設定内容は維持されるため、操作を中断したい場合は、「ソルバーのパラメーター」ダイアログボックスの「閉じる」をクリックしてよい。〔データ〕タブの【ソルバー】を起動すると、途中から再開できる。

⑪ 販売個数と販売期間の条件が設定された

販売価格の制約条件を設定する

　P.127の手順**①**を操作し、手順**②**〜**⑦**と同様の操作を繰り返し、以下の条件を設定します。

　設定が済んだら、P.128の手順**⑩**の「制約条件の追加」ダイアログボックスの「OK」ボタンをクリックし、設定した条件を確認します。

●販売価格の制約条件

セル参照	選択する不等号	制約条件
セル「K4」	>=	3500
セル「K4」	<=	3970
セル「K5」	>=	3000
セル「K5」	<=	3490
セル「K6」	>=	2500
セル「K6」	<=	2990
セル「K7」	>=	2000
セル「K7」	<=	2490

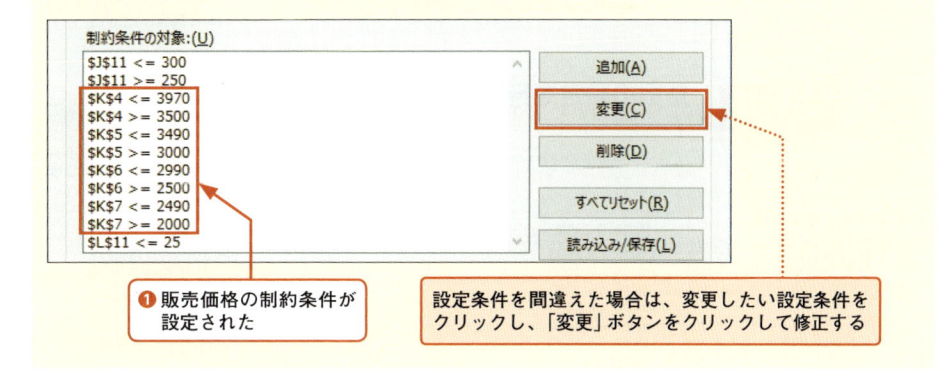

❶ 販売価格の制約条件が設定された

設定条件を間違えた場合は、変更したい設定条件をクリックし、「変更」ボタンをクリックして修正する

 やってみよう!

販売期間の制約条件を設定する

「ソルバーのパラメーター」ダイアログボックスの「追加」ボタンをクリックし、P.127、128の手順❷～❼と同様の操作を繰り返し、以下の条件を設定します。

設定が済んだら、P.128の手順❿の「制約条件の追加」ダイアログボックスの「OK」ボタンをクリックし、設定した条件を確認します。

●販売期間の制約条件

セル参照	選択する不等号	制約条件
セル「L3」	>=	4
セル「L3」	<=	8
セル範囲「L4:L7」	>=	1
セル範囲「L4:L7」	<=	8

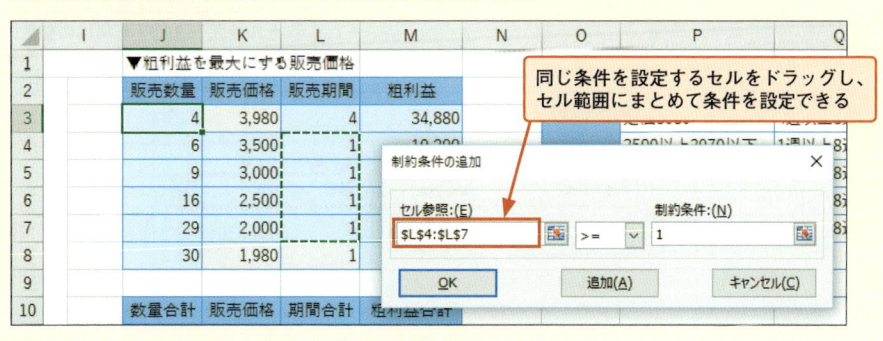

同じ条件を設定するセルをドラッグし、セル範囲にまとめて条件を設定できる

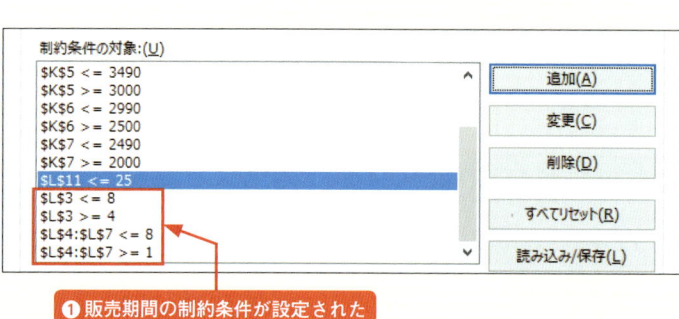

❶ 販売期間の制約条件が設定された

整数の設定を行う

▶販売価格と販売期間
に小数が含まれないよ
うに、整数の設定を行
う。

Excel2007
▶手順❸は「区間」を選
択する。

❶ 「追加」ボタンをクリックする

❷ セル範囲「K4:K7」を
ドラッグする

❸ 一覧から「int」を選ぶと、
「整数」と表示される

❹ 「追加」ボタンをクリックする

❺ セル範囲「L3:L7」も同様に整数の設定を
行い「OK」ボタンをクリックする

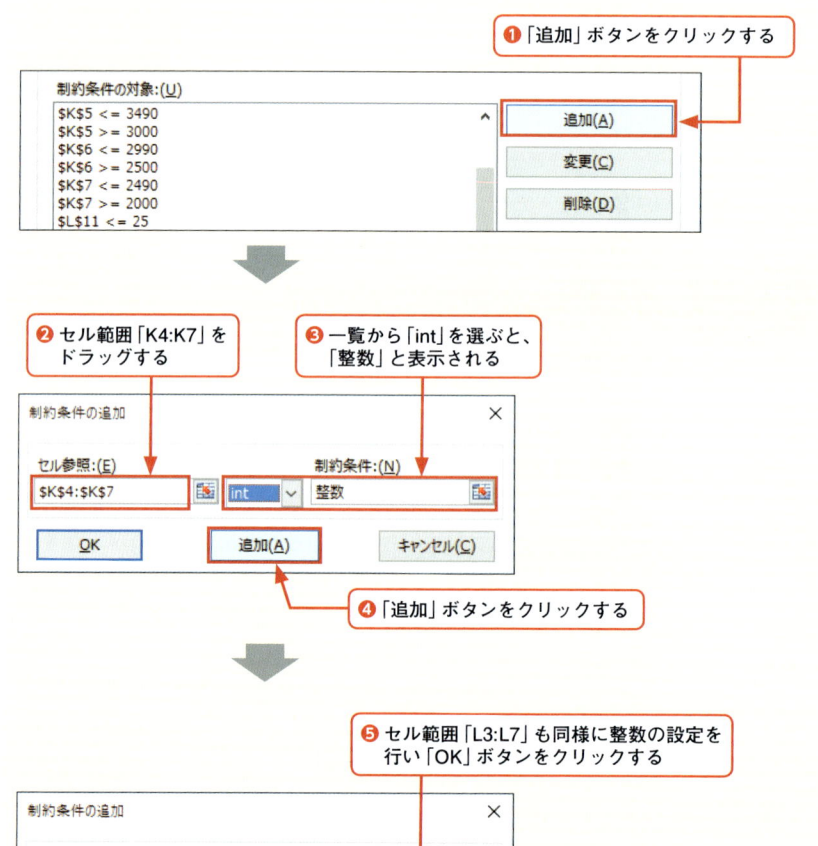

ソルバーの設定内容を書き出す

Excel2007
▶手順❶は、「オプション」ボタンをクリックすると表示される「ソルバー：オプション設定」ダイアログボックスの「モデルの保存」ボタンをクリックする。

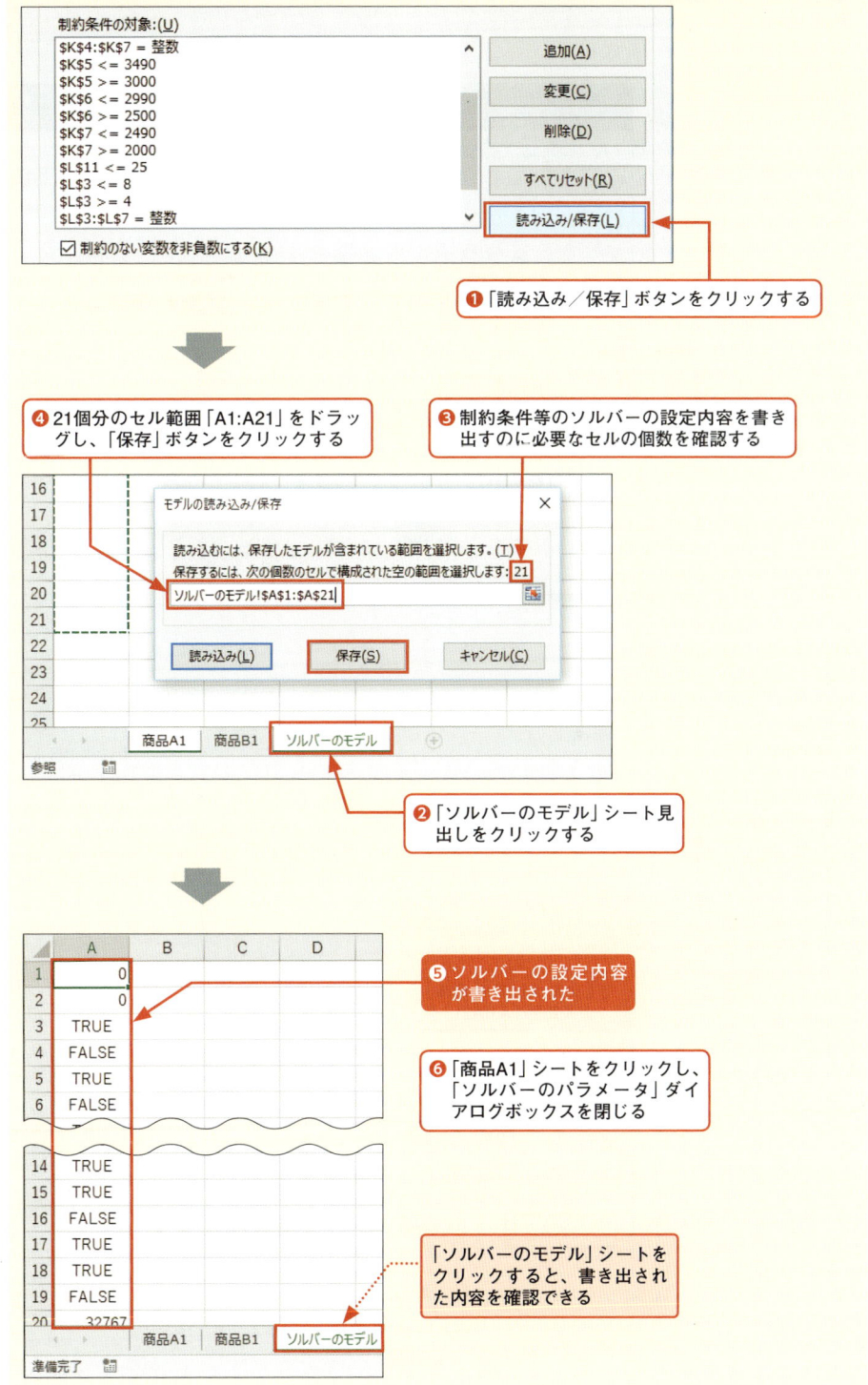

制約条件の対象:(U)

```
$K$4:$K$7 = 整数
$K$5 <= 3490
$K$5 >= 3000
$K$6 <= 2990
$K$6 >= 2500
$K$7 <= 2490
$K$7 >= 2000
$L$11 <= 25
$L$3 <= 8
$L$3 >= 4
$L$3:$L$7 = 整数
```

☑ 制約のない変数を非負数にする(K)

追加(A)
変更(C)
削除(D)
すべてリセット(R)
読み込み/保存(L)

❶「読み込み／保存」ボタンをクリックする

❹ 21個分のセル範囲「A1:A21」をドラッグし、「保存」ボタンをクリックする

❸ 制約条件等のソルバーの設定内容を書き出すのに必要なセルの個数を確認する

モデルの読み込み/保存

読み込むには、保存したモデルが含まれている範囲を選択します。(T)
保存するには、次の個数のセルで構成された空の範囲を選択します: 21
ソルバーのモデル!$A$1:$A$21

読み込み(L)　　保存(S)　　キャンセル(C)

商品A1　商品B1　ソルバーのモデル

参照

❷「ソルバーのモデル」シート見出しをクリックする

	A	B	C	D
1	0			
2	0			
3	TRUE			
4	FALSE			
5	TRUE			
6	FALSE			
14	TRUE			
15	TRUE			
16	FALSE			
17	TRUE			
18	TRUE			
19	FALSE			
20	32767			

商品A1　商品B1　ソルバーのモデル

準備完了

❺ ソルバーの設定内容が書き出された

❻「商品A1」シートをクリックし、「ソルバーのパラメータ」ダイアログボックスを閉じる

「ソルバーのモデル」シートをクリックすると、書き出された内容を確認できる

▶「ソルバーのモデル」シートに書き出した設定内容を「商品B1」シートのソルバーに読み込む。

 ソルバーの設定内容を読み込む

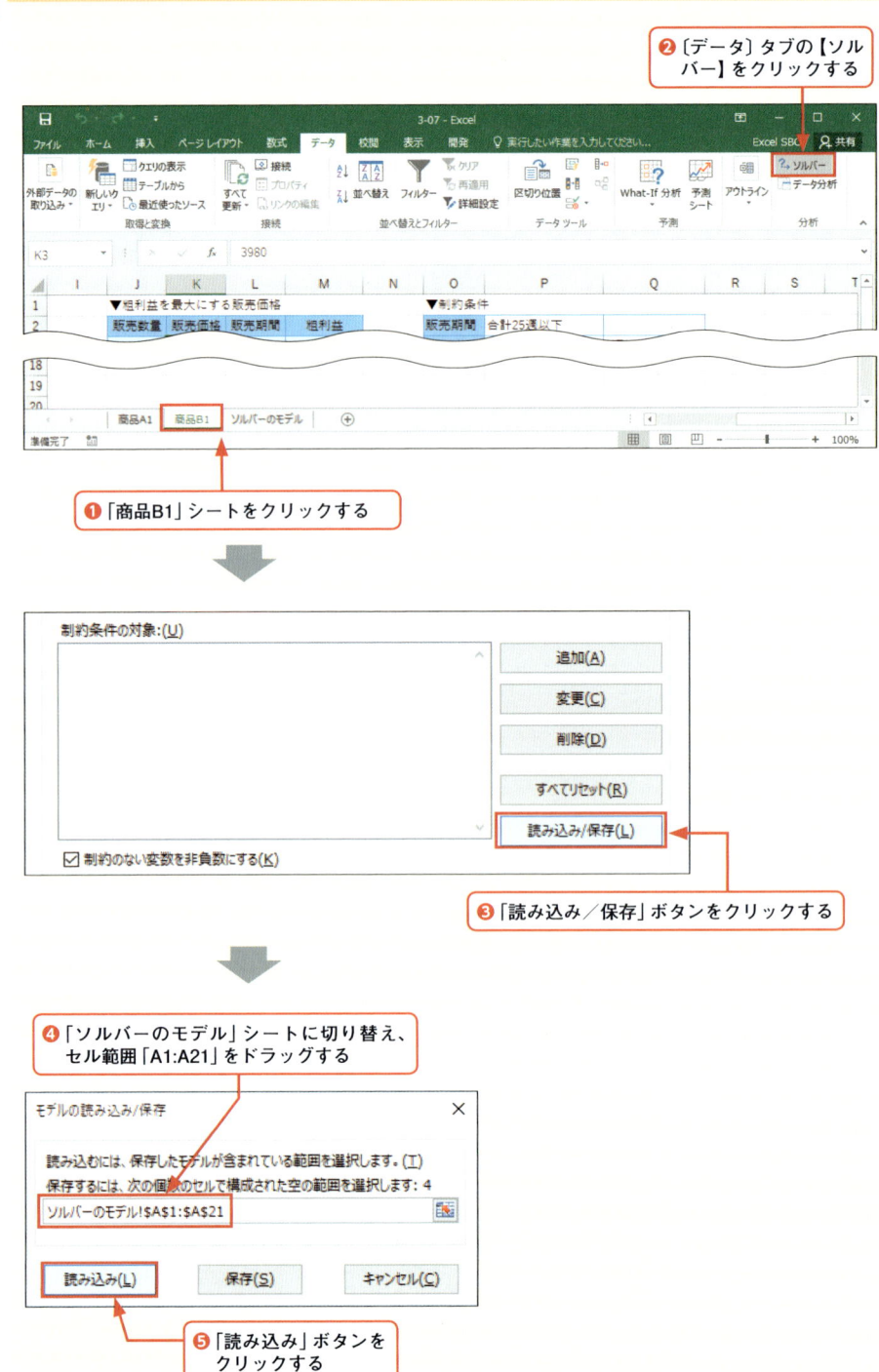

❷ [データ] タブの【ソルバー】をクリックする

❶「商品B1」シートをクリックする

Excel2007
▶手順❸は、「オプション」ボタンをクリックすると表示される「ソルバー:オプション設定」ダイアログボックスの「モデルの読み込み」ボタンをクリックする。

❸「読み込み／保存」ボタンをクリックする

❹「ソルバーのモデル」シートに切り替え、セル範囲「A1:A21」をドラッグする

❺「読み込み」ボタンをクリックする

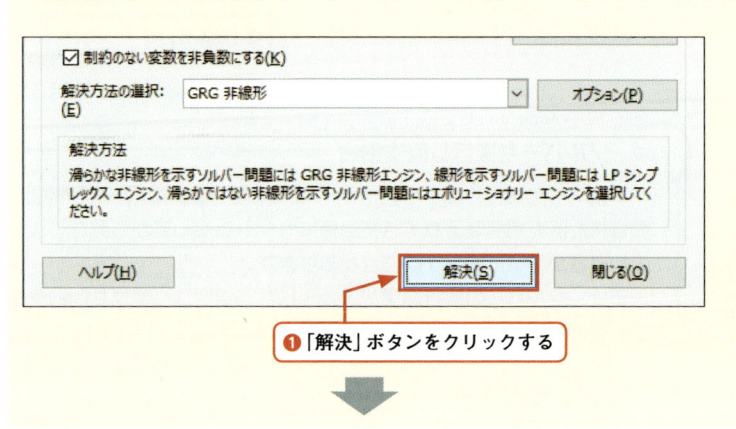

❻ ソルバーの設定内容が読み込まれた。「閉じる」をクリックして設定を終了する

▶ **Excelの操作④：ソルバーを実行する**

ソルバーを実行して粗利益を最大にする価格と数量、および、販売期間の組み合わせを求めます。

ソルバーを実行する

「商品A1」シートを表示し、〔データ〕タブの【ソルバー】をクリックします。

Excel2007
▶手順❶は、「実行」ボタンをクリックする

❶「解決」ボタンをクリックする

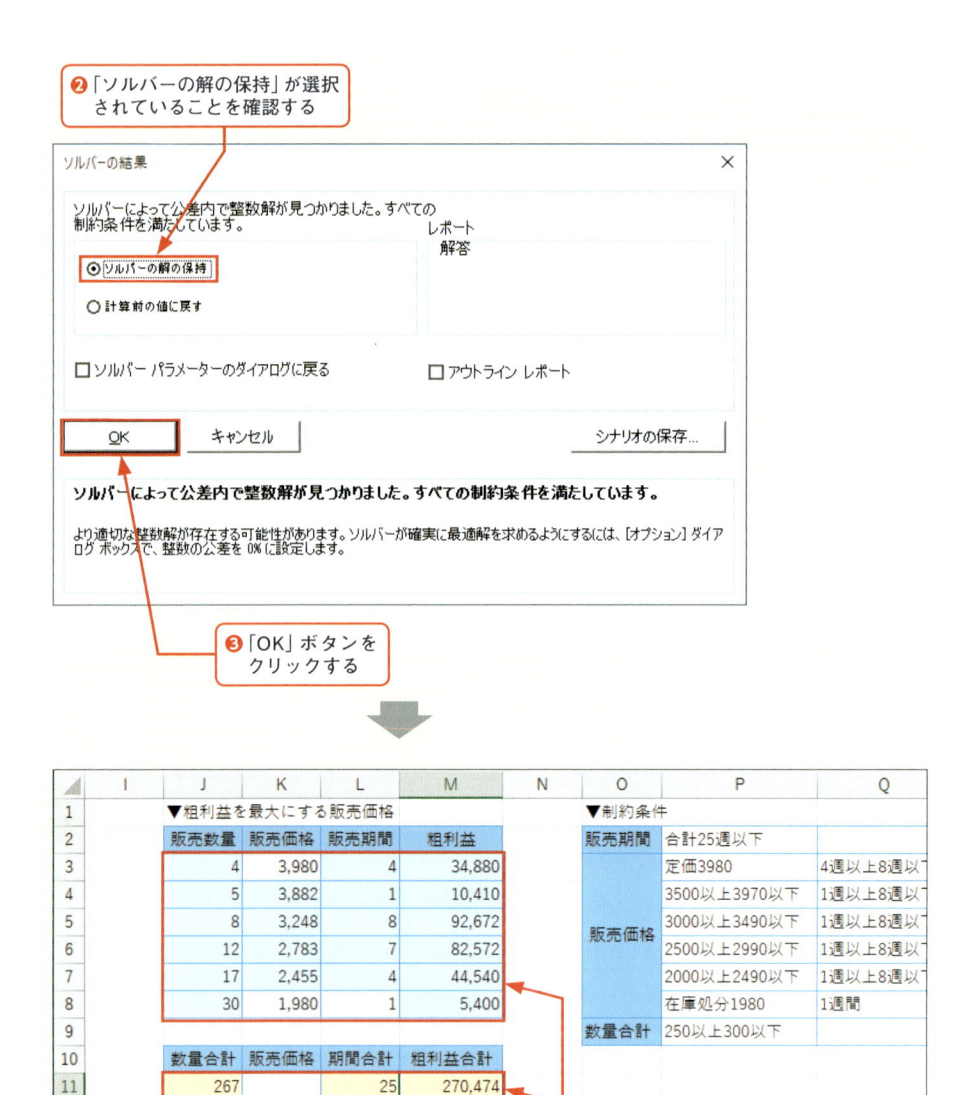

❷「ソルバーの解の保持」が選択されていることを確認する

❸「OK」ボタンをクリックする

▶ソルバーの実行結果は、セルに上書きされる。

❹ ソルバーの実行結果が表示された

❺「商品B1」シートも同様に操作する

▶ソルバーの実行結果が毎回異なる場合は、条件を満たす解の組み合わせが複数存在する可能性がある。解を絞るための制約条件が増やせるかどうか検討する。

MEMO ソルバーを実行し直す場合

ソルバーを実行し直す場合は、P.126の図「●ソルバーの目的と制約条件」を参考に、販売価格と販売期間をそれぞれ初期値にセットし直してから実行します。ソルバーは、実行前の初期値が結果に影響することがあります。

また、ソルバーの実行結果がエラーになる場合は、無理な制約条件を設定している可能性があるので、制約条件を見直す必要があります。

しかし、同じ設定をしているのにも関わらず、実行するExcelのバージョンの違いによって、解が異なる、または、エラーになって解が求められないといったケースもあります。その場合は、整数の条件を無効にしたり、または、整数の最適性の値を大きくしたりして、条件を緩和します。

一般に、整数問題は、整数という離散値の制約を受ける分だけ、ソルバーの解が見つけにくくなります。そこで、整数の条件を外すことで条件を緩和し、解を見つけやすくします。

オプション画面を表示するには、「ソルバーのパラメーター」ダイアログボックスの「オプション」ボタンをクリックします。

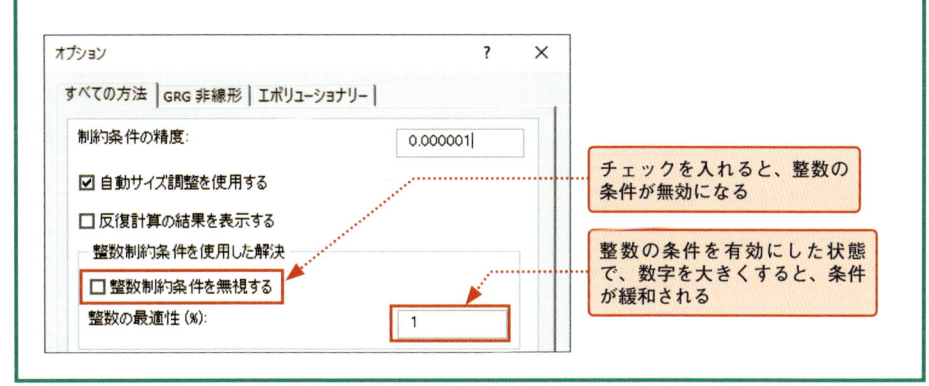

チェックを入れると、整数の条件が無効になる

整数の条件を有効にした状態で、数字を大きくすると、条件が緩和される

▶ 結果の読み取り

商品A1と商品B1の分析結果から読み取れる次期投入品の商品A2と商品B2の粗利益を最大にする販売価格と販売数量、および、販売期間の組み合わせは次の通りです。

●商品A2の場合

▶グラフは需要曲線の縦軸と横軸が反転した表示となっている。需要曲線は、本書を横にしてページの裏から透かした図になる。

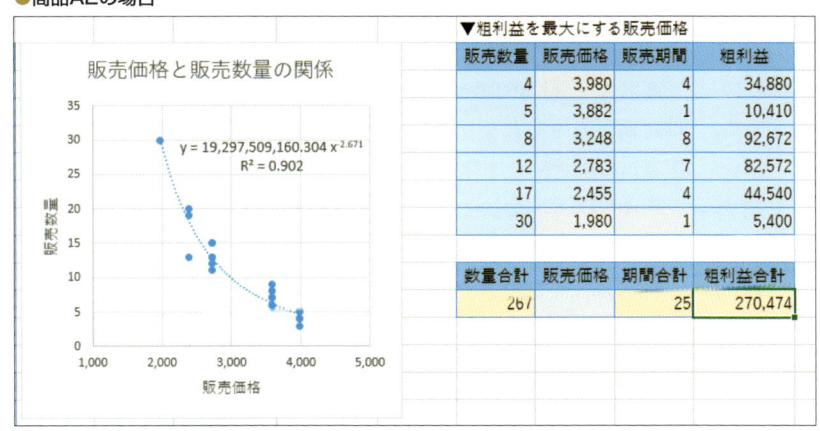

▼粗利益を最大にする販売価格

販売数量	販売価格	販売期間	粗利益
4	3,980	4	34,880
5	3,882	1	10,410
8	3,248	8	92,672
12	2,783	7	82,572
17	2,455	4	44,540
30	1,980	1	5,400

数量合計	販売価格	期間合計	粗利益合計
261		25	270,474

商品A1は、販売価格を下げると、販売数量が伸びやすい商品であり、後継品の商品A2も同様と考えられます。ソルバーの実行結果より、定価販売する期間は最低の4週間にと

どめ、全体的に値引き中心の販売を展開します。しかし、25週間以内に販売できる数量は
「267」で投入量「300」を下回るため、期間内に売り切るためには、さらなる販売価格の検
討が必要です。

●商品B2の場合

▶商品A1と商品B1の価格弾力性と販売価格の関係

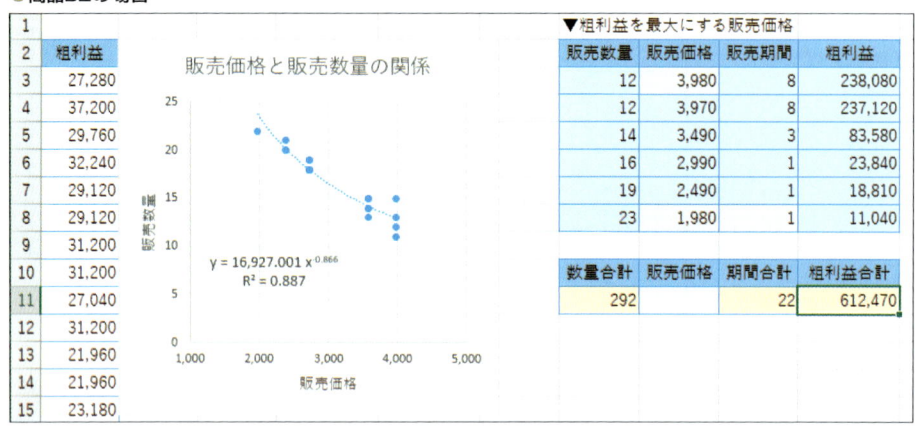

商品B1は、商品A1に比べて、販売価格を下げても、販売数量が伸びにくい商品であり、
後継品の商品B2も同様と考えられます。ソルバーの実行結果より、定価販売する期間を
最大の8週間維持し、全体的に値引きは実施しない販売を展開します。この方法での販売
が成功する場合は、22週間でほぼ売れます。

発展 ▶ ▶ ▶

▶ 需要の価格弾力性と販売価格の関係

商品A1と商品B1のソルバーの実行結果は対照的になり、商品A1は値引き中心、商品B1
は定価販売中心となりました。対照的な結果の背景には、商品Aと商品Bの販売価格に対
する反応の違い、すなわち、需要の価格弾力性の違いがあります。

商品A1と商品B1について、P.115の指数モデルを仮定した需要の価格弾力性を求めると
次のようになります。

●商品A1の需要の価格弾力性

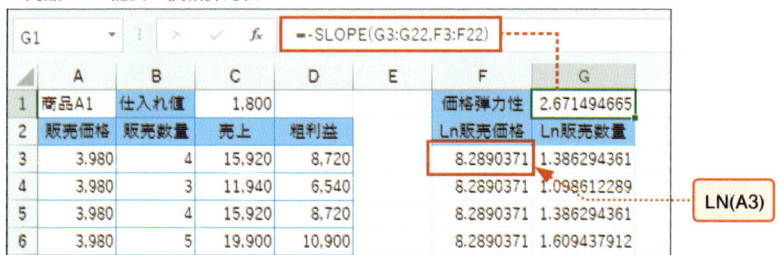

●商品B1の需要の価格弾力性

	A	B	C	D	E	F	G
					f_x	=-SLOPE(G3:G22,F3:F22)	
1	商品B1	仕入れ値	1500			価格弾力性	0.865598164
2	販売価格	販売数量	売上	粗利益		Ln販売価格	Ln販売数量
3	3,980	11	43,780	27,280		8.2890371	2.397895273
4	3,980	15	59,700	37,200		8.2890371	2.708050201
5	3,980	12	47,760	29,760		8.2890371	2.48490665
6	3,980	13	51,740	32,240		8.2890371	2.564949357

　商品A1の需要の価格弾力性は、約2.671です。1を超える弾力的な商品で、販売価格の変化に敏感です。バーゲンに向いた商品です。商品B1の需要の価格弾力性は約0.866です。1を下回る非弾力的な商品で、販売価格の変化にあまり反応しません。バーゲンには向きませんが、価格を維持したまま展開できます。

　最後に、商品A1の「2.67」や商品Bの「0.866」はすでに登場しています。P.124の近似曲線の近似式の累乗です。実は、近似式の累乗は需要の価格弾力性を表していたのです。

▶ 類似の分析例

　本節は、ソルバーを取り扱いましたので、以下にソルバーの分析事例を挙げます。P.134のMemoで解説しているとおり、ソルバーは少々デリケートな機能です。ソルバーは、ある程度、寛容な気持ちを持って使いたい機能です。

●ソルバーの分析事例

ソルバーの目的	用意するビジネスデータ	制約条件の例
利益最大化を目的とした生産計画 複数の製品をいくつずつ生産すれば、利益が最大になるかを求める	・製品ごとの価格と生産費用 ・その他生産に関わるデータ 複数の製品を段取り替えしながら生産する場合、固定費は共通になる。複数の製品全体を通して利益を最大化すればよいので、固定費を製品ごとに配賦する必要はない。 複数の製品の利益＝複数の製品の売り上げ合計−（個別製品の変動費の合計＋共通固定費)とし、利益を最大化する	生産条件が制約条件になる。 ・生産量の下限と上限 ・製品ごとの工程数 ・生産量は整数
費用最小化を目的とした輸送計画 どの物流センターからどこへ何個配送すれば、輸送コストが最小になるかを求める	・物流センターの供給量データ(在庫状況) ・輸送先の需要データ ・物流センターから輸送先への需要あたりの輸送コスト 総費用は、各輸送先の需要量×各輸送コストの合計とし、費用を最小化する	物流センターの在庫と輸送先の需要量が制約条件になる。 ・在庫量を超えない ・需要量に過不足がない ・輸送数は整数

練習問題

事　例　「売り上げの現状と商品の特性を把握したい」

　Y氏は、「カワイイ」をテーマにした雑貨店を開業し、半年が経過しました。商品は、キッチン雑貨やインテリア雑貨だけでなく、アクセサリー、ウェア、文房具など、Y氏こだわりの商品を取り揃え、内装やディスプレイにも工夫を凝らしています。しかし、Y氏は、近頃、客足が減っていると感じています。そこで、売り上げ動向や各種商品の位置づけなどを把握しようとこれまでの売上表を準備しました。

●売上表

	A	B	C	D	E	F	G	H
1	No	日付	曜日	商品分類	商品名	売価	数量	金額
2	1	2015/4/1	水	小物	携帯・スマホケース	2,300	2	4,600
3	2	2015/4/1	水	アクセサリー	イヤリング	1,200	1	1,200
4	3	2015/4/1	水	バッグ	ショルダーバッグ	5,300	2	10,600
5	4	2015/4/3	金	小物	ポーチ	1,500	1	1,500
6	5	2015/4/3	金	ウェア	パンツ	3,980	2	7,960
7	6	2015/4/4	土	インテリア雑貨	キャンドル	980	1	980
8	7	2015/4/4	土	アクセサリー	リング	1,780	2	3,560
9	8	2015/4/4	土	小物	携帯・スマホケース	2,300	2	4,600
10	9	2015/4/4	土	インテリア雑貨	ティッシュカバー	1,100	2	2,200
11	10	2015/4/4	土	小物	ストラップ	580	2	1,160
12	11	2015/4/6	月	アクセサリー	ヘア・アクセサリー	450	3	1,350
13	12	2015/4/6	月	アクセサリー	ブレスレット	2,200	2	4,400

サンプル
練習：3-renshu
完成：3-kansei

問題②
売り上げ集計表を作成するには、ピボットテーブルを利用する。

問題❶　「Zチャート」シートには、売上表をもとに1週間単位で集計した売上金額が入力されています。第14週の「14W」からの週次累計と13週間を単位とする移動週計を求め、Zチャートを作成してください。

問題❷　売上表を使って、商品分類別の売上金額と売上数量を集計し、集計表を「クロスABC分析」シートに値で書き出してください。

問題❸　問題❷で書き出した表をもとに、売上金額のABC評価と売上数量のABC評価を実施してください。評価にあたっては、構成比累計の70%までをA評価、85%までをB評価、100%までをC評価とします。その後、デシジョンテーブルに商品分類名を入力してください。

問題❹　「需要曲線」シートを開きます。文具のクリップとウェアのワンピースの需要曲線を作成してください。

問題❺　・Zチャートが示す売り上げ動向はどうなっているでしょうか。
　　　　　・クロスABC分析の結果、撤退を検討する商品分類はあるでしょうか。
　　　　　・文具とウェアの需要曲線から価格弾力性が弾力的か非弾力的かを類推してください。

　問題❺は、問題❶から❹の結果から検討してください。なお、3-06節と3-07節の発展までお読みになった方は、問題❹について、需要の価格弾力性を求めてください。

企画に関するデータ分析

本章は、企画をテーマに、販売や出店計画時に欠かせないデータ予測を中心に解説します。操作のメインは、近似曲線と回帰分析です。現在は、社内外を問わず、さまざまなデータが蓄積・整備されていますので、精度の高い分析ができるようになりました。回帰分析は、さまざまな場面で利用できる、汎用性の高い分析手法です。この機会にぜひ、身に付けてください。使いこなせるようになれば、仕事のデキル人として一目置かれるやもしれません。

01 販売実績をもとに来期の売上高を予測する

「何が何でも売上高○億円！」と気持ちだけのスローガンを掲げても、○億円のために作成した無理な販売計画には、当然のごとく狂いが生じ、費用が回収できずに赤字になることがあります。気持ちも大事ですが、現在の状況や外部環境を見据えた論理的な計画が必要です。論理的な計画を行うには、計画の前提となる売り上げ予測が重要です。ここでは、販売実績をもとに来期の売上高を予測します。

導入 ▶ ▶ ▶

事例　「過去5年間の販売実績をもとに来年度の売上高を予測したい」

　ある販売会社の企画部長を務めるH氏は、来期の販売計画を立てたいと考えています。近年の社会ブームに乗り、年々売り上げを伸ばしていますが、どこに目標を設定すべきか悩んでいます。そこで、目標を決める前に来年度の売り上げを予測しようと、下図のグラフを作成しました。月次ベースでは変動がありますが、上昇基調が読み取れますし、年次ベースでは曲線的な上昇にも見えます。どうすれば、より正確に売り上げを予測できるでしょうか。

●過去5年間の売上高推移（月次）

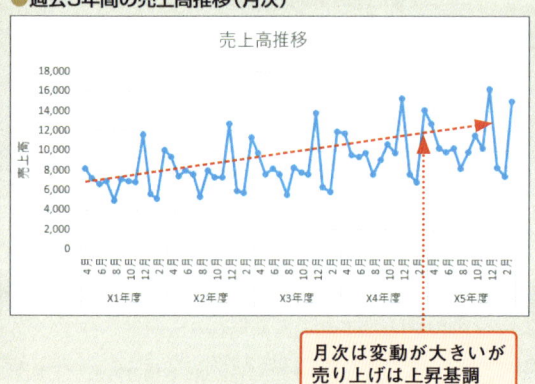

月次は変動が大きいが
売り上げは上昇基調

●過去5年間の売上高推移（年次）

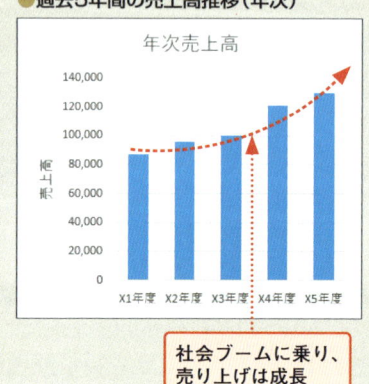

社会ブームに乗り、
売り上げは成長

▶ **近似曲線の近似式から計算する**

図「過去5年間の売上高推移（年次）」に引いた赤い線は、ブームに乗った成長を表現する

「気持ち」で引いた線です。これは、目安法といってグラフを見ながら大体このくらいと線を引く方法ですが、Excelを使えば、実績値との差を最小限にする近似曲線を引いてくれます。

グラフに線が引けるということは、グラフの縦横の関係を式で示せるということです。式があれば、計算によって売上高が算出できます。

▶いっけんおろそかに見える目安法は、一種の仮説であり、近似曲線を引いて仮説検証を行うと考えれば、主観で線を引く行動もPPDACサイクル活動の一環であると捉えることができる。

● 近似曲線の種類

Excelには、5種類の近似曲線が用意されていますが、まずは、直線的な関係で線を引く「線形近似」を試みます。

●近似曲線の種類

種類	用途
線形近似	最初に引いてみる線です。実測値が直線的に増加、減少する傾向が見られる場合に利用します。
二次多項式近似	実測値に曲線的な上昇が見られるときに引く線です。業績の成長度合いが大きいと判断される強気の場合に利用します。最大で6次まで指定できます。
対数近似	実測値は増加傾向を示しますが、次第に横ばいになる傾向が見られるときに引く線です。業績の成長が止まりつつあると判断される弱含みの場合に利用します。または、実測値は減少傾向を示しつつも、減少の割合が小さくなり、持ち直しの兆しが見える場合にも利用します。
累乗近似	実測値の成長、横ばい、下降のどれでも使えますが、基本的には対数近似の代わりに引く線です。対数近似よりも早く収束するため、早い段階で成長や衰退が止まりつつある場合に利用します。
指数近似	指数近似は、ねずみ算的に増加、または、下降するので、よほどの急成長か急落が見込まれるとき以外は使いません。

● 決定係数／寄与率／R2乗値

決定係数とは、近似曲線の実測値との当てはまりの良さを示す指標で、0〜1の範囲で示されます。別名、寄与率ともいい、近似曲線は実測値をどのくらいの割合で説明できているかを表しています。一般的に決定係数は「0.5」以上あれば、近似曲線は使えるとされています。「0.5」とは、近似曲線が実測値の半分程度を説明できるという意味です。「0.8」以上で精度の高い近似とされています。

もう1つの呼び名としてR2乗値があります。決定係数は相関係数（R）の2乗になるところに由来しています。

相関係数
▶気温とビールの出荷数の関係など、片方の変化に反応してもう片方も変化する場合の2つの値の関わり具合を示す指標のこと。

● 販売目標の決定

決定係数の高い近似曲線が引ければ、売り上げ予測の精度は高まりますが、売り上げ予測はそのまま販売目標にはなりません。たとえば、予測値を達成するための設備の増強、マーケティング費用の増加など、予測値の増加とは、同時に費用の増加でもあります。また、世界情勢の変化、為替変動といった外部環境の変化もみていく必要があります。販売目標は、売り上げ予測に加えて、費用の増加などの内的要因と外的要因を含めて決定します。

実 践 ▶ ▶ ▶

▶ 用意するビジネスデータ

　5年〜6年分の年次売上高を準備します。年次より幅を持たせた月次データを集めた場合は、年単位に集計して利用します。なお、想定外の著しい外部環境の変化により、売り上げが著しく影響を受けた年がある場合は、外れ値として扱い、近似する実績値から除外します。ここでは、5年分の月次データを準備し、SUM関数で年次売上高を集計しています。

サンプル
4-01

●過去5年分の月次売上高

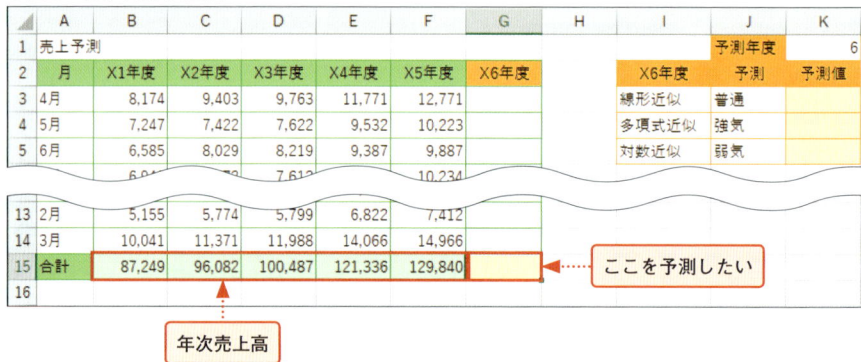

	A	B	C	D	E	F	G	H	I	J	K
										予測年度	6
1	売上予測										
2	月	X1年度	X2年度	X3年度	X4年度	X5年度	X6年度		X6年度	予測	予測値
3	4月	8,174	9,403	9,763	11,771	12,771			線形近似	普通	
4	5月	7,247	7,422	7,622	9,532	10,223			多項式近似	強気	
5	6月	6,585	8,029	8,219	9,387	9,887			対数近似	弱気	
		6,9??	7,6?3	7,613		10,234					
13	2月	5,155	5,774	5,799	6,822	7,412					
14	3月	10,041	11,371	11,988	14,066	14,966					
15	合計	87,249	96,082	100,487	121,336	129,840					
16											

ここを予測したい

年次売上高

▶ Excelの操作①：年次売上高推移グラフを作成する

　横軸に年度、縦軸に年次売上高を取った折れ線グラフを挿入します。ここでは、X6年度までグラフの範囲に指定します。

折れ線グラフを挿入する

▶手順❶の折れ線グラフのボタン名はバージョンによって異なるが、ボタンのデザインは同じである。

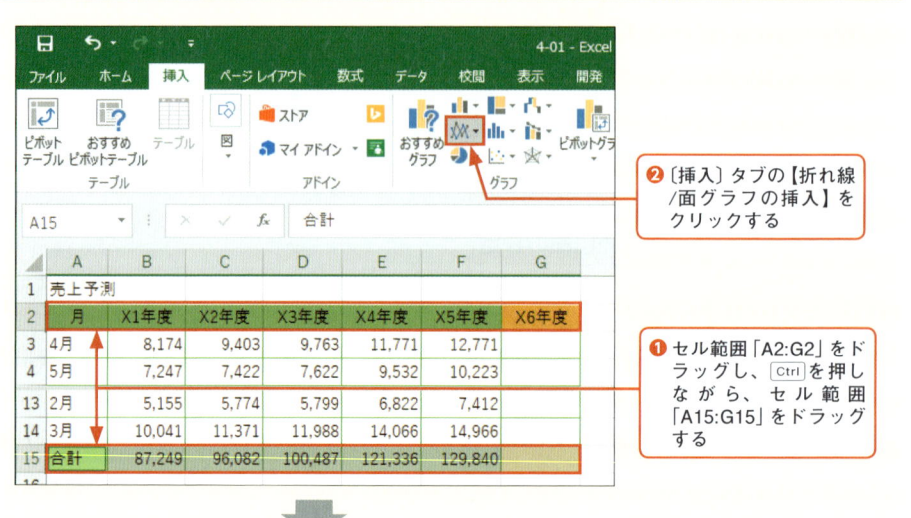

❷〔挿入〕タブの【折れ線/面グラフの挿入】をクリックする

❶セル範囲「A2:G2」をドラッグし、Ctrl を押しながら、セル範囲「A15:G15」をドラッグする

▶グラフタイトルや軸
ラベルは適宜編集する。
グラフの編集→P.41

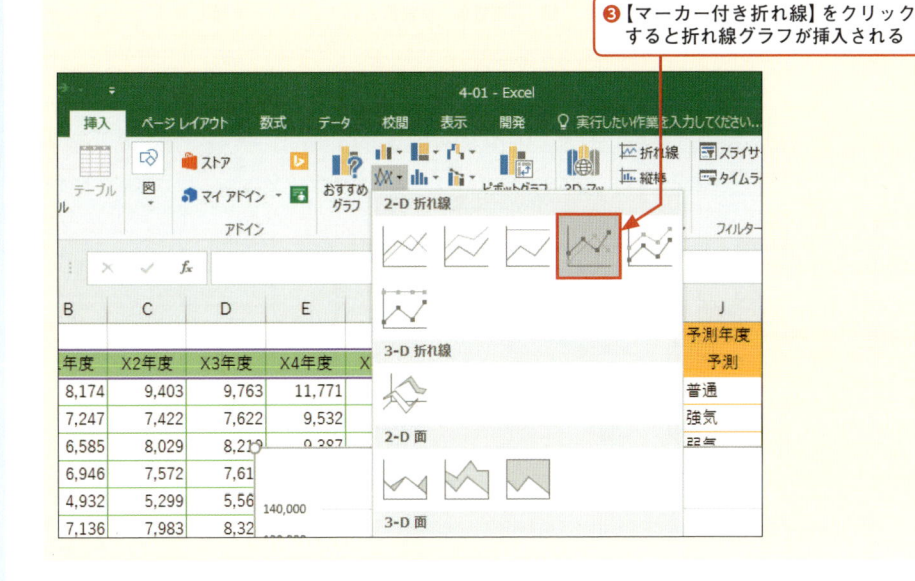

❸【マーカー付き折れ線】をクリック
すると折れ線グラフが挿入される

▶ Excelの操作②：近似曲線を追加する

　折れ線グラフは横軸が文字列ですが、近似曲線を追加することができます。近似曲線の式は、X1年度を1、X2年度を2のように連番を対応付けて内部処理し、年度を「x」、売上高を「y」で表現します。

　ここでは、線形近似、二次多項式、対数近似の3種類の近似曲線を引き、式とR2乗値も一緒に表示します。

Excel2007/2010
▶手順❷以降はダイア
ログボックスで同様に
操作する。

3種類の近似曲線を引く

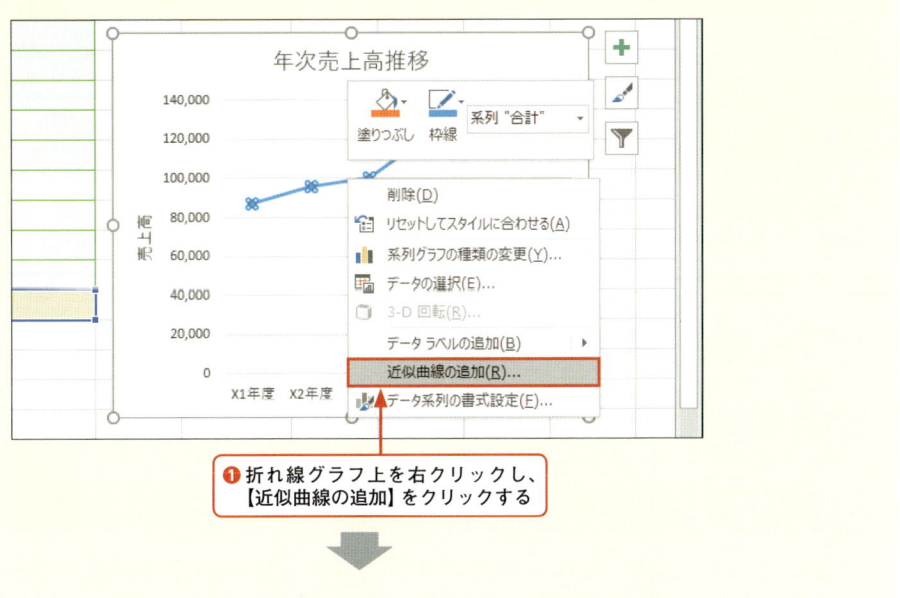

❶折れ線グラフ上を右クリックし、
【近似曲線の追加】をクリックする

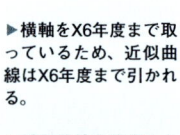

▶横軸をX6年度まで取っているため、近似曲線はX6年度まで引かれる。

▶近似曲線を設定したら、手順❺を操作し、いったん設定画面を閉じる。閉じずに「多項式近似」をクリックすると、線形近似から切り替わってしまうので注意する。

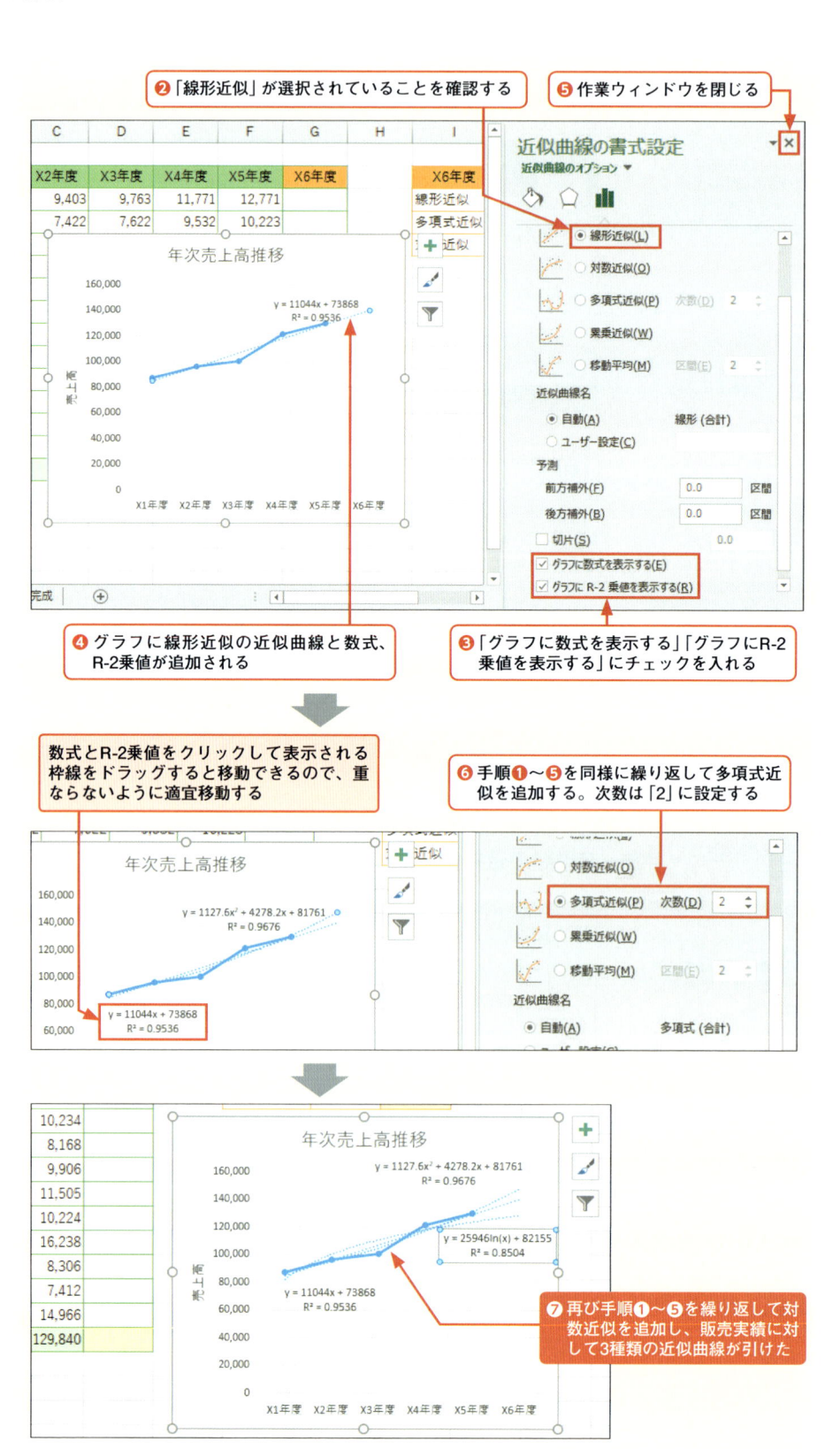

❷「線形近似」が選択されていることを確認する

❺作業ウィンドウを閉じる

❹グラフに線形近似の近似曲線と数式、R-2乗値が追加される

❸「グラフに数式を表示する」「グラフにR-2乗値を表示する」にチェックを入れる

数式とR-2乗値をクリックして表示される枠線をドラッグすると移動できるので、重ならないように適宜移動する

❻手順❶～❺を同様に繰り返して多項式近似を追加する。次数は「2」に設定する

❼再び手順❶～❺を繰り返して対数近似を追加し、販売実績に対して3種類の近似曲線が引けた

▶ **Excelの操作③：次年度の売上高を予測する**

　3種類の近似曲線の決定係数（R2乗値）はすべて「0.8」を超えた精度の高い近似になっています。ここでは、3種類の近似曲線の数式からX6年度の予測値を計算します。

　対数近似の「ln(x)」は、ExcelのLN関数で求めることができます。

▶LN関数　→P.116

X6年度の売り上げ予測を求める

●セル「K3」「K4」「K5」に入力する式

| K3 | =11044*K1+73868 | K4 | =1127.6*K1^2+4278.2*K1+81761 |
| K5 | =25946*LN(K1)+82155 | | |

❶ 近似式の数式を入力し、3種類の近似によるX6年度の売り上げ予測が求められた

	F	G	H	I	J	K	L	M
					予測年度	6		
	X5年度	X6年度		X6年度	予測	予測値		
	12,771			線形近似	普通	140,132		
	10,223			多項式近似	強気	148,024		
	9,887			対数近似	弱気	128,644		
	10,234							
	8,168			年次売上高推移				
	9,906		160,000		y = 1127.6x² + 4278.2x + 81761			

▶ **結果の読み取り**

　3種類の近似曲線を追加した結果は次のとおりです。

●近似曲線と売り上げ予測

曲線の種類	決定係数	X6年度の売り上げ予測
線形近似	0.9536	140,132
二次多項式近似	0.9676	148,024
対数近似	0.8504	128,644

▶X7年度は、セル「K1」に「7」を入力すると求められる。

　ここで、決定係数が最も高いという理由で二次多項式近似を選択するのは早計です。多項式近似は、業績判断が強気で、高い成長が見込まれる場合です。多項式近似をX7年度に適用すると「166,961」になり、X5年度の「129,840」に比べて、2年間で約30%の成長を果たすことになります。実現可能かどうかを検討する必要があります。

　3種類の決定係数は、良い近似とされる0.8を上回っているため、どれもあり得ると捉え、決定係数に左右されずに同じレベルで扱います。そして、どのパターンを採用すべきかは、外部環境の影響を加味し、内部の懐事情なども考慮して最終的な判断を行います。

　さらに、目安法で線を引いた場合は、仮説検証として近似曲線の結果と比較してみてください。主観の入り具合がわかります。

発 展 ▶▶▶

▶ Zチャートによる売り上げ予測

　売り上げ変動を除去したZチャートの移動年計で近似曲線を引くと、年次を分解した月次データを利用した近似が可能になります。移動年計は、変動を除去しているだけあって、直線で表現されやすいため、最も簡単な式の線形近似が使えます。

▶Zチャートの作成方法はP.56

　Zチャートの移動年計に線形近似を追加すると次のようになります。決定係数は約0.96で精度の高い近似です。

　数式：y（売り上げ予測値）= 886.64×x（経過月数）+83,987

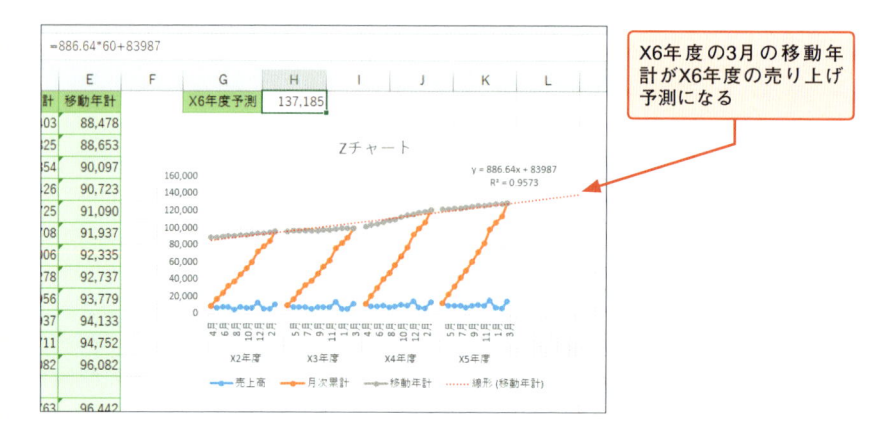

　数式の「x」はグラフ横軸の先頭のX2年度4月を「1」とする連番で処理されるため、X6年度3月は「60」番目です。Xに「60」を入力して計算すると、X6年度予測値は「137,185」です。年次売上高で求めた線形近似の「140,132」に近い値になり、年次より詳細な分、信頼性も増します。

▶ 類似の分析例

　ブームが予想される商品の売り上げ予測や、商品の売り上げのピークを予想するのに利用できます。ブームが繰り返される場合は、多項式近似の次数を上げて近似します。たとえば、3回目のブームが来ていると思われる商品の売り上げ予測は、6次多項式にします。

●3回目のブームが予想される近似曲線

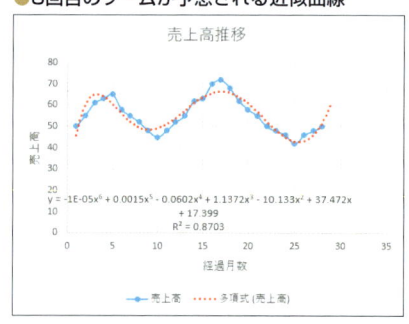

02 売り上げ変動を考慮した月別販売計画を立てる

年間売り上げ目標金額を月別目標に落とし込む際、売り上げが多くなる月と売り上げが少なくなる月があるため、単純に12で割った金額を分配することはできません。ここでは、季節指数と呼ばれる値を使い、売上高が多い月の予算は高く、売上高が少ない月の予算は低くなるように、合理的な予算配分を行います。

導 入 ▶ ▶ ▶

事例 「次年度目標売上高を月別に分配したい」

　H氏が勤務する販売会社では、X1年からX5年までの5年間の販売実績をもとに売り上げ予測を行った結果、来期の売り上げ目標は140,000に意思決定されました。H氏は、年間売り上げ目標をもとに月別目標を策定中です。H氏の販売会社は月ごとに売り上げが変動するため、年間目標を12で均等に割ることはできません。売り上げ変動を加味した月別予算を組むにはどうすればいいでしょうか。

●直近3年間の売上高推移

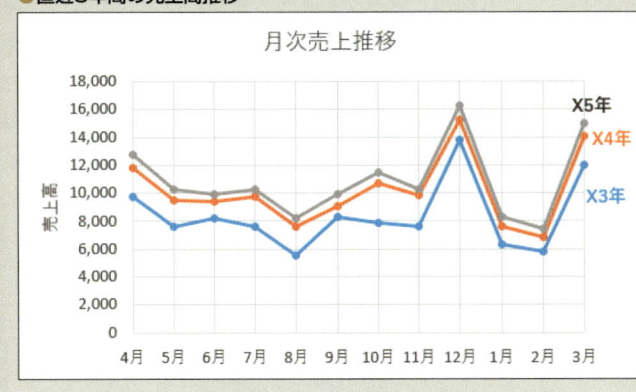

▶ 月別平均法で年次売上高を月別に分配する

　月別平均法とは、3年間の月平均売り上げを基準に、基準の売り上げを上回る月は予算を多く配分し、基準の売り上げを下回る月は予算を少なく配分する方法です。

● 季節指数と分配率

季節指数は、複数年の売上高の平均に対する期ごとの売り上げの割合と定義されています。期ごとの売り上げは、複数年の同期の売上高の平均を使います。ここでは、3年間、かつ、月別です。

$$季節指数 = \frac{3年間の各月の平均売り上げ}{3年間の全体の月平均売り上げ}$$

そして、月別予算を分配する分配率は、次の式で求めます。

$$月別予算の分配率 = \frac{季節指数}{12}$$

$$月別予算 = 年間販売目標 \times 分配率 = 年間販売目標 \times \frac{季節指数}{12}$$

分配率の分母にある「12」は、1年間の月数です。期が四半期の場合は「4」、期が前後期の場合は「2」で割ります。

● 調整データ

各月のデータを季節指数で割ると、変動除去後の調整データになり、季節の違いで比較できなかった月同士の売り上げが比較できるようになります。

$$各月の調整データ = \frac{各月のデータ}{季節指数}$$

● 分配率の正体

結論からいうと、年間売り上げ目標を月別に配分するための分配率は売り上げ構成比です。季節指数の定義や季節指数からの分配率の算出方法を忘れたら、売り上げ構成比を求めて各月に分配して良いです。

平均とは、数値を全部足し、足した数値の個数で割った値です。季節指数で定義した式を、平均を求める過程で書き直すと次のようになります。3年間の月別販売実績の個数は全体で36個（12か月×3年分）です。

▶「3年間−月別」以外でも同様である。「複数年間−四半期別」、「複数年間−前後期」などでも、期別の予算分配率は、売り上げ構成比になる。

$$季節指数 = \frac{3年間の各月の平均売り上げ}{3年間の全体の月平均売り上げ}$$

$$季節指数 = \frac{\dfrac{3年間の各月の売上合計}{3}}{\dfrac{3年間の全体の売上合計}{36}} = 12 \times \frac{3年間の各月の売上合計}{3年間の全体の売上合計}$$

上の式から分配率も書き直します。

$$\text{月別予算の分配率} = \frac{\text{季節指数}}{12} = \frac{12 \times \dfrac{\text{3年間の各月の売上合計}}{\text{3年間の全体の売上合計}}}{12} = \frac{\text{3年間の各月の売上合計}}{\text{3年間の全体の売上合計}}$$

以上より、分配率は売り上げ構成比であることがわかります。売り上げ構成比でよいなら、わざわざ季節指数を定義し、分配率を求める必要があるのかと疑問に思う方もいらっしゃると思います。

結論としては同じですが、視点が異なるとお考えください。売り上げ構成比は、売り上げ全体を構成するアイテムの売り上げ状況を知るため、売上高（売り上げの合計）から比率を求めます。一方、季節指数や分配率は、合理的な予算配分をするため、月によってでこぼこしている売り上げを平らにならす平均から比率を求めています。視点が異なる2つの目的から導かれた結果、同じ値に行き着いたと考えます。

▶売り上げ構成比のアイテムには、商品や事業部門などの互いに独立な項目、前期／後期、四半期、月といった時系列の項目がある。

実践 ▶▶▶

▶ 用意するビジネスデータ

同月平均を求めるため、最低2年分の月別販売実績が必要です。ここでは、X3年度〜X5年度の3年分の月別販売実績を準備しています。

サンプル
4-02

●直近3年間の月別販売実績

	A	B	C	D	E	F	G	H	
1	月次販売計画					年間売上目標		140,000	
2	月／年	X3年	X4年	X5年	同月平均	季節指数	分配率	X6年計画	調整
3	4月	9,763	11,771	12,771					
4	5月	7,622	9,532	10,223					
5	6月	8,219	9,387	9,887					
6	7月	7,612	9,732	10,234					
7	8月	5,569	7,568	8,168					
8	9月	8,323	9,106	9,906					
9	10月	7,826	10,705	11,505					
10	11月	7,622	9,803	10,224					
11	12月	13,828	15,238	16,238					
12	1月	6,316	7,606	8,306					
13	2月	5,799	6,822	7,412					
14	3月	11,988	14,066	14,966					
15	平均								
16	季節指数合計								
17									

▶ Excelの操作①：季節指数と分配率を求める

季節指数と分配率を売り上げ構成比と対比して考えます。売り上げ構成比は、アイテムごとの小計を総合計で割りますが、季節指数は、3年間の月ごとの平均を全平均で割ります。

 **同月平均と全平均を求める**

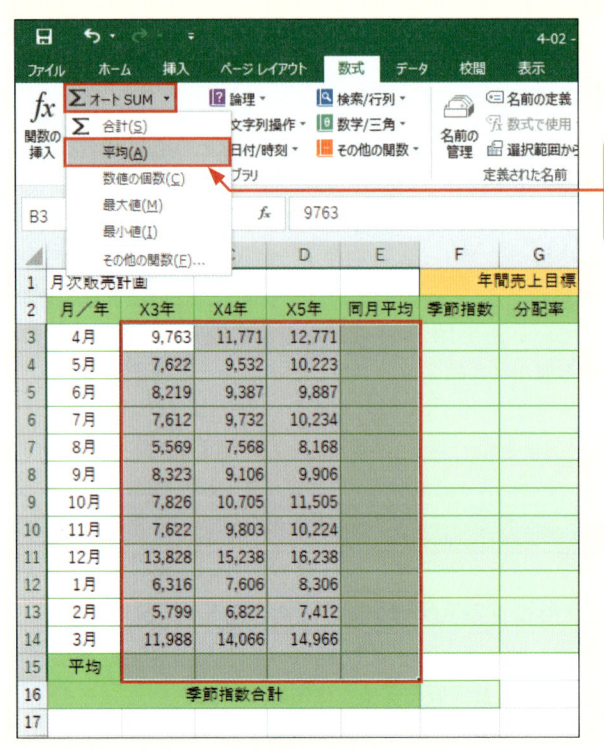

❶ セル範囲「B3:E15」をドラッグし、〔数式〕タブの【オートSUM】→【平均】をクリックする

	A	B	C	D	E	F	G
1	月次販売計画					年間売上目標	
2	月／年	X3年	X4年	X5年	同月平均	季節指数	分配率
3	4月	9,763	11,771	12,771			
4	5月	7,622	9,532	10,223			
5	6月	8,219	9,387	9,887			
6	7月	7,612	9,732	10,234			
7	8月	5,569	7,568	8,168			
8	9月	8,323	9,106	9,906			
9	10月	7,826	10,705	11,505			
10	11月	7,622	9,803	10,224			
11	12月	13,828	15,238	16,238			
12	1月	6,316	7,606	8,306			
13	2月	5,799	6,822	7,412			
14	3月	11,988	14,066	14,966			
15	平均						
16	季節指数合計						
17							

	A	B	C	D	E	F	G
1	月次販売計画					年間売上目標	
2	月／年	X3年	X4年	X5年	同月平均	季節指数	分配率
3	4月	9,763	11,771	12,771	11,435		
4	5月	7,622	9,532	10,223	9,126		
5	6月	8,219	9,387	9,887	9,164		
6	7月	7,612	9,732	10,234	9,193		
7	8月	5,569	7,568	8,168	7,102		
8	9月	8,323	9,106	9,906	9,112		
9	10月	7,826	10,705	11,505	10,012		
10	11月	7,622	9,803	10,224	9,216		
11	12月	13,828	15,238	16,238	15,101		
12	1月	6,316	7,606	8,306	7,409		
13	2月	5,799	6,822	7,412	6,678		
14	3月	11,988	14,066	14,966	13,673		
15	平均	8,374	10,111	10,820	9,768		
16	季節指数合計						
17							

❷ 同月平均と全平均が求められた

▶全平均は、各年平均のセル範囲「B15:D15」の平均でもある。

季節指数と分配率を求める

●セル「F3」「G3」に入力する式

F3	E3/$E$15	G3	=F3/12

	A	B	C	D	E	F	G	H
1	月次販売計画					年間売上目標		140,000
2	月／年	X3年	X4年	X5年	同月平均	季節指数	分配率	X6年計画
3	4月	9,763	11,771	12,771	11,435	1.170609	0.097551	
4	5月	7,622	9,532	10,223	9,126	0.934201	0.07785	
5	6月	8,219	9,387	9,887	9,164	0.93816	0.07818	
6	7月	7,612	9,732	10,234	9,193	0.94106	0.078422	
7	8月	5,569	7,568	8,168	7,102	0.727003	0.060584	
8	9月	8,323	9,106	9,906	9,112	0.932768	0.077731	
9	10月	7,826	10,705	11,505	10,012	1.024936	0.085411	
10	11月	7,622	9,803	10,224	9,216	0.943483	0.078624	
11	12月	13,828	15,238	16,238	15,101	1.545935	0.128828	
12	1月	6,316	7,606	8,306	7,409	0.758499	0.063208	
13	2月	5,799	6,822	7,412	6,678	0.683598	0.056966	
14	3月	11,988	14,066	14,966	13,673	1.399749	0.116646	
15	平均	8,374	10,111	10,820	9,768			
16			季節指数合計			12		
17								

❶ セル「F3」と「G3」に式を入力してオートフィルで末尾までコピーし、各月の季節指数と分配率が求められた

▶セル「F16」は「=SUM(F3:F14)」と入力し、季節指数の合計を求めている。分配率のセル「G3」には、「=F3/$F$16」と入力しても求められる。下のMemo参照。

MEMO 季節指数の合計と分配率

季節指数の合計は、季節指数を求める個数になります。P.148の季節指数を求める計算式の分子にある「3年間の各月の売上合計」を12か月分積み上げると、分母の「3年間の全体の売上合計」になります。よって、計算式の分数は1になるため、季節指数の合計は12になります。

$$月別の季節指数の合計 = 12 \times \frac{3年間の12か月の売上合計}{3年間の全体の売上合計} = 12$$

同様に、四半期別の季節指数は下の式になり、四半期ベースの季節指数の合計は4になります。

$$四半期別の季節指数 = \frac{3年間の四半期別の平均売り上げ}{3年間の全体の四半期平均売り上げ}$$

$$= \frac{\dfrac{3年間の四半期の売上合計}{3}}{\dfrac{3年間の全体の売上合計}{12}} = 4 \times \frac{3年間の四半期別売上合計}{3年間の全体の売上合計}$$

▶3年間全体の四半期平均売り上げは、全体の売上合計を4半期×3年の12期で割った値になる。

同様の計算で前後期の2期に分けた場合の季節指数の合計は2です。以上のことから、分配率を一般化すると次の式で表せます。

$$期別予算の分配率 = \frac{季節指数}{季節指数の合計}$$

CHAPTER 01
CHAPTER 02
CHAPTER 03
CHAPTER 04
CHAPTER 05

X6年度の月別予算を求める

●セル「H3」に入力する式

| H3 | =$H$1*G3 |

> ❶ セル「H3」に式を入力し、オートフィルで末尾まで
> コピーする。次年度の月別予算が求められた

	A	B	C	D	E	F	G	H	I
1	月次販売計画					年間売上目標		140,000	
2	月／年	X3年	X4年	X5年	同月平均	季節指数	分配率	X6年計画	調整X3年
3	4月	9,763	11,771	12,771	11,435	1.170609	0.097551	13,657	
4	5月	7,622	9,532	10,223	9,126	0.934201	0.07785	10,899	
5	6月	8,219	9,387	9,887	9,164	0.93816	0.07818	10,945	
6	7月	7,612	9,732	10,234	9,193	0.94106	0.078422	10,979	
7	8月	5,569	7,568	8,168	7,102	0.727003	0.060584	8,482	
8	9月	8,323	9,106	9,906	9,112	0.932768	0.077731	10,882	
9	10月	7,826	10,705	11,505	10,012	1.024936	0.085411	11,958	
10	11月	7,622	9,803	10,224	9,216	0.943483	0.078624	11,007	
11	12月	13,828	15,238	16,238	15,101	1.545935	0.128828	18,036	
12	1月	6,316	7,606	8,306	7,409	0.758499	0.063208	8,849	
13	2月	5,799	6,822	7,412	6,678	0.683598	0.056966	7,975	
14	3月	11,988	14,066	14,966	13,673	1.399749	0.116646	16,330	
15	平均	8,374	10,111	10,820	9,768				
16			季節指数合計			12			

▶ **Excelの操作③：実績値と次年度の予算の調整データを求める**

　季節指数を使って、X3年〜X5年の販売実績から売り上げ変動分を取り除いた調整値と X6年度の月別予算の調整値を求めます。X6年度は計算によって求めた理論値の予算配分 のため、売り上げ変動分を取り除いた調整値はすべての月で同じ値になることを確認しま す。また、変動の除去具合について、グラフを作成して確認します。

変動を除去した調整データを求める

●セル「I3」「L3」に入力する式

| I3 | =B3/$F3 | L3 | =H3/F3 |

> ❶ セル「I3」に式を入力し、セル「K3」
> までオートフィルでコピーする

> ❷ セル「L3」に式を
> 入力する

	A	B	C	D	E	H	I	J	K	L	M
1	月次販売計画				売上目標	140,000					
2	月／年	X3年	X4年	X5年	季節指数	X6年計画	調整X3年	調整X4年	調整X5年	調整X6年	
3	4月	9,763	11,771	12,771	1.170609	13,657	8,340	10,055	10,910	11,667	
4	5月	7,622	9,532	10,223	0.934201	10,899	8,159	10,203	10,943	11,667	
5	6月	8,219	9,387	9,887	0.93816	10,945	8,761	10,006	10,539	11,667	
6	7月	7,612	9,732	10,234	0.94106	10,979	8,089	10,342	10,875	11,667	
7	8月	5,569	7,568	8,168	0.727003	8,482	7,660	10,410	11,235	11,667	
8	9月	8,323	9,106	9,906	0.932768	10,882	8,923	9,762	10,620	11,667	
9	10月	7,826	10,705	11,505	1.024936	11,958	7,636	10,445	11,225	11,667	
10	11月	7,622	9,80_			_007	8,079	10,390	10,836	11,667	
11	12月	13,828	15,2__			_36	8,945	9,857	10,504	11,667	
12	1月	6,316	7,60_			_49	8,327	10,028	10,951	11,667	
13	2月	5,799	6,8__			_75	8,483	9,980	10,843	11,667	
14	3月	11,988	14,066	14,966	1.399749	16,330	8,564	10,049	10,692	11,667	
15	平均	8,374	10,111	10,820							

> ❸ セル範囲「I3:L3」をドラ
> ッグし、オートフィル
> で末尾までコピーし、調
> 整データが求められた

実績値と変動除去後の調整データの折れ線グラフを作成する

❶「グラフ」シートのセル範囲「A2:D50」をドラッグし、〔挿入〕→【折れ線/面グラフの挿入】→【マーカー付き折れ線】をクリックする

サンプル
4-02「グラフ」シート

▶「グラフ」シートの表は、「操作」シートで求めた値を参照している。

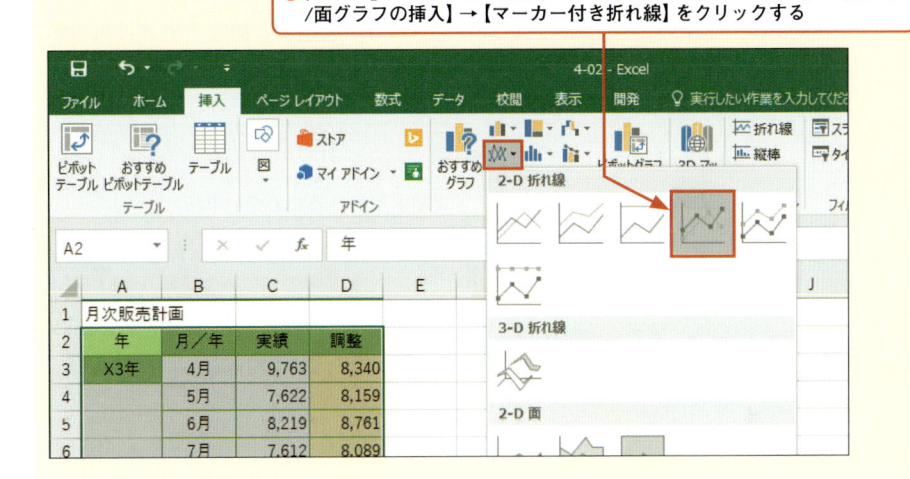

▶グラフタイトルや軸ラベルは適宜設定する。

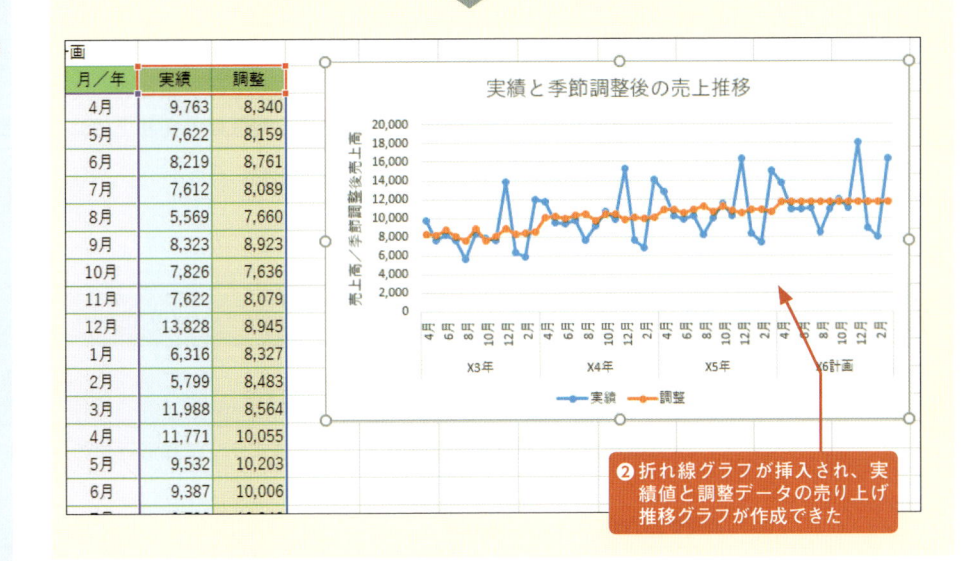

❷ 折れ線グラフが挿入され、実績値と調整データの売り上げ推移グラフが作成できた

▶ 結果の読み取り

月別平均法による季節指数を使った結果は次のとおりです。

● 季節指数とX6年度月別販売計画

　売り上げ推移グラフから、直近3年間の売り上げ状況は、2月と8月が閑散期、3月と12月が繁忙期と読み取れます。季節指数をもとに配分されたX6年計画値は、繁忙期の3月と12月には多く、閑散期の2月と8月には少なく分配され、売り上げ変動を加味した予算配分になっていることがわかります。

● 実績と調整データ

実績と季節調整後の売り上げ推移グラフより、調整データは、売り上げ変動を除去していることがわかります。

下の図は、X5年度の7月から12月の実績値と調整データの拡大図です。

● X5年度の実績と調整データの拡大図

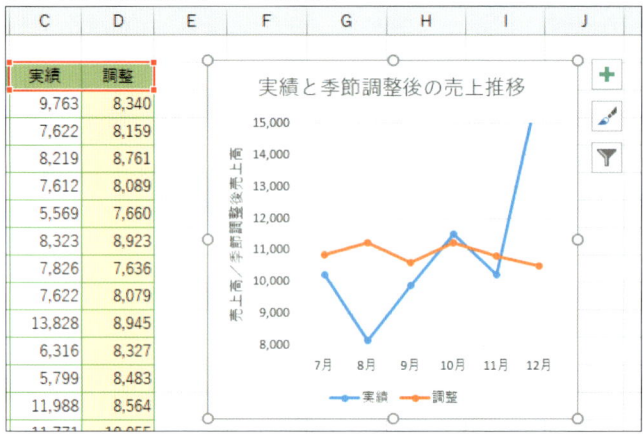

X5年8月は閑散期の売れない月のため、売り上げ実績は低いですが、季節変動を取り除いた調整値は、7月〜12月の中で最も高く、閑散期の売り上げにしては健闘していると読み取ることができます。

発展 ▶ ▶ ▶

▶ 近似曲線で月別予算を求める

下の図は、実績と季節調整後の売り上げ推移グラフに線形近似の近似曲線を引いた図です。

● 売り上げ推移グラフと近似曲線

▶近似曲線やR2乗値は
P.141参照。
近似式の「y」は各月の
売り上げ予測、「x」は
X3年度4月を1とする連
番で、経過月数を表す。

実測データの近似
曲線の数式と当て
はまりの良さを示
すR2乗値

調整データの近似曲
線の数式と当てはま
りの良さを示すR2乗
値。R2乗値は、約0.8
であり、精度の良い近
似である

実績	調整
9,763	8,340
7,622	8,159
8,219	8,761
7,612	8,089
5,569	7,660
8,323	8,923
7,826	7,636
7,622	8,079
13,828	8,945
6,316	8,327
5,799	8,483
11,988	8,564

実績値は売り上げ変動が激しいため、線形近似のR2乗値が低く、精度が悪くて近似式が使えませんが、変動を取り除いた調整データは近似式が使えます。近似式をもとにX6年度の変動除去後の各月の調整値を予測し、季節指数を使って逆算すると、変動除去前の各月の売り上げを予測することができます。求めた予測値を月別予算として使うことも可能です。

●調整データの近似曲線の数式による月別販売計画

「=J3*H3」と入力し、変動除去前の売り上げ予測値を求めている

「=93.303*G3+8042.3」と入力し、変動除去後の予測値を求めている

	F	G	H	I	J	K
1	X6年度計画					
2	X3年4月からの経過月数	季節指数	調整前予測値	調整後予測値	販売目標調整
3	4月	37	1.1706094	13,456	11,495	13,062
4	5月	38	0.9342012	10,825	11,588	10,508
5	6月	39	0.9381595	10,959	11,681	10,638
	7月		0.941	11,	11,77	10,756
11			540	24		
12	1月	46	0.7584989	9,356	12,334	9,082
13	2月	47	0.6835976	8,495	12,428	8,247
14	3月	48	1.3997492	17,526	12,521	17,013
15	合計			144,222		140,000

「=I3*140000/$I$15」と入力し、年間販売目標が140,000になるように按分している

▶ Zチャートで月別予算を求める

売り上げ変動を取り除く方法は、本節の季節指数のように、平均で除去する方法と値を積み上げて変動を目立たなくする方法があり、Zチャートの移動年計は、値を積み上げて変動を除去する例です。以下は、X3年〜X5年の実績を使ってZチャートを作成し、移動年計に近似曲線を引いて各月の売り上げを予測しています。

●X3年〜X5年の月別実績によるZチャートと近似曲線

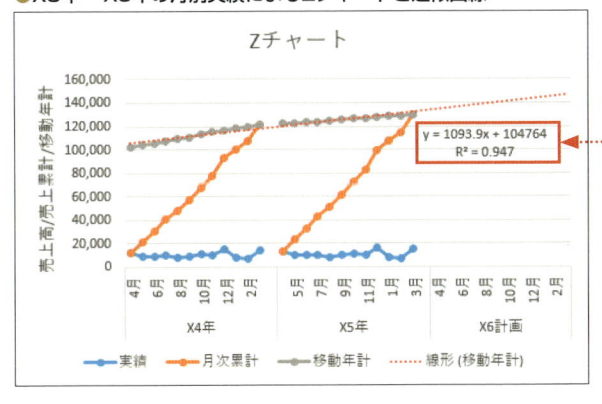

移動年計の近似曲線の数式と当てはまりの良さを示すR2乗値。R2乗値は、約0.95であり、精度の良い近似である

$y = 1093.9x + 104764$
$R^2 = 0.947$

▶近似式を使って予測すると、年間合計が「144,222」（セル「I15」）になる。右の図のK列では、年間販売目標が140,000になるように調整している。

▶調整後予測値を求める近似式や季節指数は小数点以下の桁数が多い細かい値ばかりのため、調整後予測値の合計と調整前予測値の合計は誤差が発生して一致しない。

▶Zチャート →P.56

▶各月の移動年計は、当月と過去11か月分の売上合計であるので、各月の売り上げ予測値は、移動年計の予測値から、過去11か月分の売上合計を引いた値になる。

▶近似式を使って予測した年間合計は「144,144」（セル「E51」）になる。年間合計を販売目標の140,000にするには、上の図と同様に調整する。

●Zチャートの移動年計による各月の売り上げ予測

	E40		▼	:	×	✓	fx	=1093.9*F40 + 104764	

	A	B	C	D	E	F	G	H
39		3月	14,966	129,840	129,840	X4年4月からの経過月数		
40	X6計画	4月	15,043		132,112	25		
41		5月	11,317		133,205	26		
42		6月	10,981		134,299	27		
43		7月	11,328		135,393	28		
44		8月	9,262		136,487	29		
45		9月	11,000		137,581	30		
46		10月	12,599		138,675	31		
47		11月	11,318		139,769	32		
48		12月	17,332		140,863	33		
49		1月	9,400		141,957	34		
50		2月	8,506		143,051	35		
51		3月	16,060		144,144	36		

移動年計の近似式から
X6年4月の移動年計を計
算する

「=E40-SUM(C29:C39)」
と入力し、算出した移動
年計からX6年4月の売り
上げ予測を計算する

X6年の売上合計の予測値

　本節の事例は、前節と同じデータを用いています。P.146でも、Zチャートの移動年計に近似曲線を引き、近似式をもとにX6年度の年間売り上げの予測値「137,185」を算出しています。上記の年間売り上げの予測値「144,144」と異なるのは、予測に使ったデータの数です。前節は、X1年度からX5年度までの5年分のデータを利用していますが、本節は直近3年分のデータで求めています。前節の年間売り上げの予測値が低いのは、売り上げが低かった頃のX1年度やX2年度を計算に入れているためです。

▶ 類似の分析例

●①月別予算を分解した日割り予算の作成

　月別予算を求めた方法と同様に、月別予算を目標金額とする日にち単位の予算を求めるのに利用します。同じ月の中でも、平日と休日、イベントデー、給料日前後などによって売り上げが変動するため、日にち単位の売り上げ変動を加味した配分を行います。

　なお、月の日数は、30日、31日など、ばらつきがあるので、31日がない月が含まれていても、最低2で割った平均が取れるように、3か月分以上の日次販売実績を用意します。

●②商品の月別予算の作成

　商品または商品分類単位の月別予算を求めます（以下「商品」と記載）。商品ごとの月別販売実績データを3年分程度準備して季節指数と分配率を求め、商品の売り上げ目標金額を分配します。

●③商品の売り上げ予測の積み上げによる月別予算の作成

▶ABC分析 →P.71

　商品の3か月分以上の日次、または週次販売実績をもとに調整データを求め、折れ線グラフを作成して近似曲線を引きます。近似曲線の近似式を使って変動除去後の売り上げ予測値を求めて合計し、商品の月次売り上げ予測を求めます。商品ごとの月次売り上げ予測を積み上げ、月別予算を決めます。

　すべての商品で実施すると、時間がかかりすぎるため、あらかじめABC分析を行って、売り上げの7割〜8割を占める商品をピックアップし、ピックアップした商品のみ月次売り上げ予測を行い、求めた売り上げ予測の合計を2割〜3割増しにして月別予算にします。

新店舗の売上高を予測する

新店舗を出店するにあたっては、出店したらどのくらいの売り上げが見込めるのか、売り上げ予測が重要です。立地などの店舗条件が似ている既存店がある場合、既存店の売上高を目安にするのも1つの方法ですが、ここでは、立地条件と売上高の関係性に着目して、式を立てて予測します。

導入 ▶▶▶

事例 「既存店の売上高と駅乗降客数から新店舗の売上高を予測したい」

飲食チェーンの企画室に勤務するK氏は、駅前の新店舗の出店計画に携わっています。次回の会議で新店舗の売り上げ予測を報告する予定です。K氏は既存店の売り上げを参考にしようと、既存店の中でも、駅前店舗に絞り、売上高と駅乗降客数を表にまとめました。駅乗降客数データを集めた理由は、乗降客数が多いほど売り上げも上がると予想したためです。

駅乗降客数と売上高の関係を示し、駅乗降客数から売上高を予測するにはどうすればいいでしょうか。

●駅前既存店の売上高と駅乗降客数

	A	B	C	D	E	F	G
1	▽既存店データ						
2	駅前店舗	駅乗降客数	売上高		駅前店舗	駅乗降客数	売上高
3	A	93,261	48,600		C	56,988	10,500
4	B	91,628	76,100		I	68,224	42,900
5	C	56,988	10,500		L	72,304	28,600
6	D	189,897	88,600		E	75,839	16,500
7	E	75,839	16,500		K	83,838	38,000
8	F	151,310	59,700		B	91,628	76,100
9	G	161,454	63,300		A	93,261	48,600
10	H	124,765	52,500		新店舗O	100,481	
11	I	68,224	42,900		M	110,877	70,900
12	J	253,632	102,600		H	124,765	52,500
13	K	83,838	38,000		F	151,310	59,700
14	L	72,304	28,600		G	161,454	63,300
15	M	110,877	70,900		D	189,897	88,600
16	新店舗O	100,481			J	253,632	102,600
17							

駅乗降客数の少ない順に並べ替えた

ばらつきはあるが、駅乗降客数が多くなると、売上高も高い傾向にあると読み取れる

▶ 回帰分析で駅乗降客数と売上高の関係式を求める

　例題では、乗降客数が多いほど売り上げが上がると予想していますが、予想は思いつきの範囲内です。思いつきといわれないようにするには、「駅乗降客数」データと「売上高」データの関係性を、合理的で客観性のある数式にして、数式を使って売上高を予測する必要があります。回帰分析は、データ同士の関係性を数式にして、数式から予測値を求める分析手法です。

● 相関と因果

　「思いつきにならないように」といいましたが、回帰分析は、予想や経験則が分析の出発点です。データAが変化するとデータBも変化する、または、データBが変化するとデータAが変化するようにも見えるといった具合で、データ同士の傾向を何となく読み取るところから始まります。

　データAとデータBは、Aに起因してBが変化するのか、Bに起因してAが変化するのかよくわかりませんが、2つのデータに関係性が読み取れる場合、データAとデータBは相関があるといいます。

　相関には、正の相関と負の相関があります。

● 相関関係

相関	データA	データB
正の相関	増加（↑）	増加（↑）
	減少（↓）	減少（↓）
負の相関	減少（↓）	増加（↑）
	増加（↑）	減少（↓）

▶話題の店が出店して乗降客数が増えることはあっても、売り上げが上がるから乗降客数が増えるという関係は考えられない。よって、乗降客数（要因）→売り上げ（結果）の一方通行の関係と判断する。

　例題は、乗降客数が多いと売り上げも高くなると読み取っているので、「乗降客数」と「売上高」には正の相関があります。加えて、経験則的に、乗降客数の増加に起因して来客数が多くなり結果的に売り上げが上がると考えられます。例題のように、2つのデータの片方が要因でもう片方が結果になる場合、2つのデータには、因果があるといいます。因果が成立するときは、相関も成立しています。

● 散布図

　データ同士の傾向を読み取るには散布図が有効です。散布図を描くと、はっきりと右肩上がりや右肩下がりの関係が読み取れたり、うっすらと直線性が読み取れたりします。はっきりとした関係が読み取れる場合は「相関が強い」、うっすらと読み取れる場合は「相関が弱い」と表現します。相関の強さは相関係数（r）と呼ばれる±1の範囲で定量的に表現されます。

● 散布図と相関の強さ

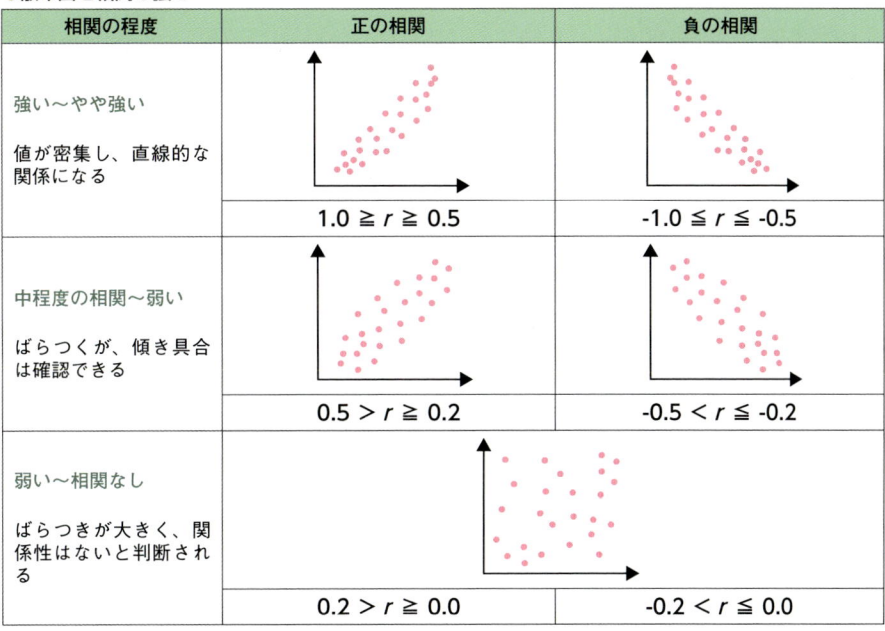

相関の程度	正の相関	負の相関
強い〜やや強い 値が密集し、直線的な関係になる	$1.0 \geqq r \geqq 0.5$	$-1.0 \leqq r \leqq -0.5$
中程度の相関〜弱い ばらつくが、傾き具合は確認できる	$0.5 > r \geqq 0.2$	$-0.5 < r \leqq -0.2$
弱い〜相関なし ばらつきが大きく、関係性はないと判断される	$0.2 > r \geqq 0.0$	$-0.2 < r \leqq 0.0$

散布図では、相関の有無を観察するだけでなく、他のデータと明らかに異なる点がないかどうかもチェックします。たとえば、下の図のような外れ値が発見された場合は、マウスポインターを合わせてデータ内容を確認し、原因を調査します。入力ミスの場合もあれば、特別な事情や条件による場合もあります。回帰分析にとって望ましくないと判断された場合は、データを取り除きます。

外れ値
▶ 他のデータと明らかに異なる、かけ離れたデータのこと。回帰分析では、分析結果を狂わせるノイズになることが多いため、見つけたら原因を調査して取り除く。

● 散布図で外れ値をチェックする

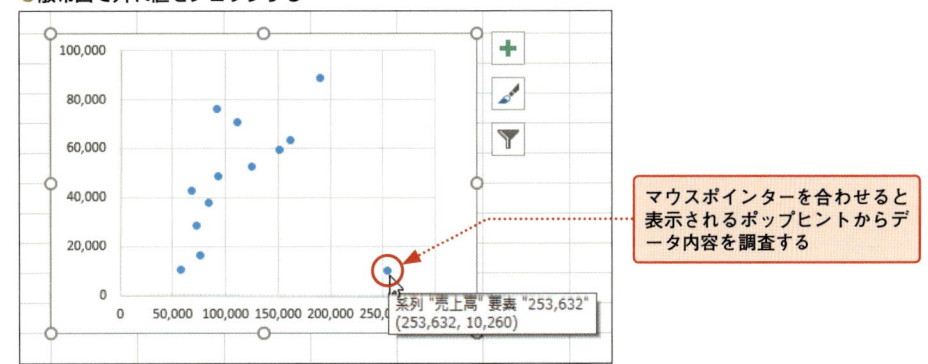

マウスポインターを合わせると表示されるポップヒントからデータ内容を調査する

回帰式

回帰式は、データ同士の関係性を表す数式で、要因と結果に直線的な関係があることを前提としています。要因で結果を説明する関係式になっていることから、要因を説明変数、結果を目的変数といいます。また、直線的な関係を線形といい、結果に影響を与える要因

が1つの場合を単回帰といいます。

$$y = ax+b \quad y:結果 \quad x:要因$$

例題の場合、新店舗の乗降客数を回帰式のxに入力すれば、計算で売上高の予測値yが求められます。「既存の○○店が何となく新店舗と似ているので○○店と同様の売り上げになると思いますが…。」といった弱い予測より説得力が増します。

▶要因が2つ以上の場合を重回帰という。
→P.171

▶ 回帰式の妥当性を判断する

データ同士の関係を表す図に引いた直線を回帰曲線といいます。回帰式は、データ同士の関係性を示す数式ですから、要するに、回帰曲線の数式です。回帰曲線は、データの平均値を通り、散布図上にプロットされた各データとの距離が最も小さくなるように引きます。Excelでは、「線形」の近似曲線を追加することで回帰曲線が引けます。しかし、いくら距離が最も小さくなるように引いたとはいえ、回帰曲線の予測の精度は、相関の強弱に影響されます。そこで、回帰式の妥当性、つまり、回帰式は予測に使えるかどうかを判断する指標が必要になります。

▶正方形やひし形が四角形の特別な形であるように、直線は曲線の特別な線であるため、直線であっても回帰曲線と表記する。

● 相関係数

相関係数は、相関の強さを±1の範囲で定量的に表した値です。負の相関が強いほど-1に近づき、正の相関に近いほど+1に近づきます。相関がない、または、あっても非常に弱い場合は0に近いです。相関係数が0に近いデータで無理に回帰曲線を引いて回帰式を求めても、予測値の精度は低い、もしくは、低すぎて利用できません。

▶相関係数は決定係数から換算できるため、通常は、決定係数で妥当性を判断すればよい。

● 決定係数 (寄与率)

決定係数(寄与率)は、回帰式の当てはまりの良さを表す指標で、0～1の範囲で表され、1に近いほど、回帰式はデータを良く説明していることを表します。決定係数は、相関係数を2乗した値でR2乗値とも表記されます。通常は、決定係数が0.5以上(相関係数に換算すると約0.7以上)であれば、回帰式は予測値を求めるのに使えると判断します。なお、決定係数「0.5」とは、回帰式は散布図にプロットされたデータ数の半分を説明しているという意味です。

▶回帰式の妥当性を判断するには、残差も見るとよい。
→P.167

実践 ▶▶▶

▶ 用意するビジネスデータ

サンプル
4-03

既存店の売り上げデータと最寄り駅の乗降客数データを用意します(→P.157参照)。参考にできる値が多いほど、回帰分析にとっては望ましいですが、新店舗の環境に合わせます。ここでは、駅前に出店する予定のため、既存店データも駅前に絞っているものとしま

す。参考にできる既存店が少ない場合は、出店予定地近郊で、同規模、同業種の他店データを入手して利用します。

▶ Excelの操作①：散布図で相関を調べる

駅乗降客数データと売り上げデータの散布図を作成し、相関の有無と外れ値を目視でチェックします。経験則的に駅乗降客数が売り上げに影響すると判断しているので、散布図の横軸に要因となる駅乗降客数、縦軸に売上高を取ります。

散布図を挿入する

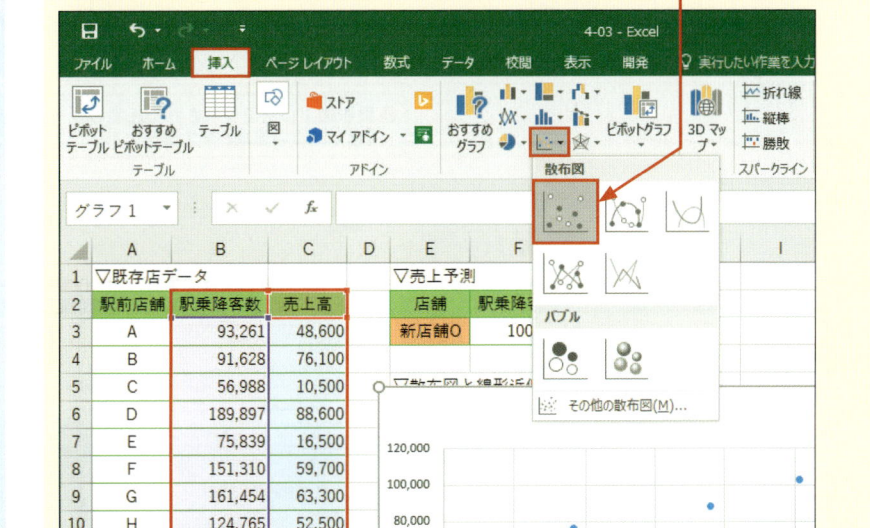

❶ セル範囲「B2:C15」をドラッグし、〔挿入〕→【散布図またはバブルチャートの挿入】→【散布図】をクリックする

❷ 散布図が挿入された。ばらつきはあるが、右肩上がりの関係が読み取れる。外れ値も見当たらない

▶ Excelの操作②：散布図に近似曲線を引く

回帰分析では線形を前提としているため、散布図に追加する近似曲線は「線形近似」です。近似曲線を追加する際、数式とR2乗値をグラフに表示する設定を行います。数式は回帰式、R2乗値は決定係数です。

線形近似を追加し、回帰式と決定係数を表示する

▶グラフタイトルや軸ラベルは適宜設定する。

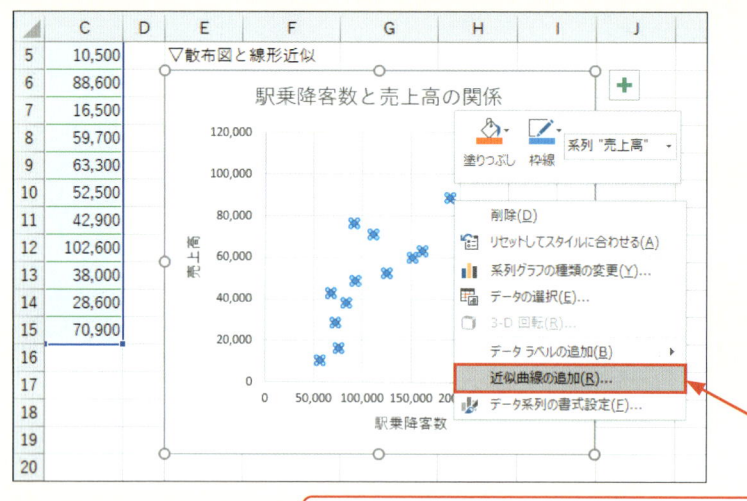

❶散布図上にプロットされた任意のデータの上を右クリックし、【近似曲線の追加】をクリックする

❷「近似曲線の書式設定」作業ウィンドウの「近似曲線のオプション」で「線形近似」をクリックする

Excel2007/2010
▶手順❷❸は、ダイアログボックスで同様に操作する。

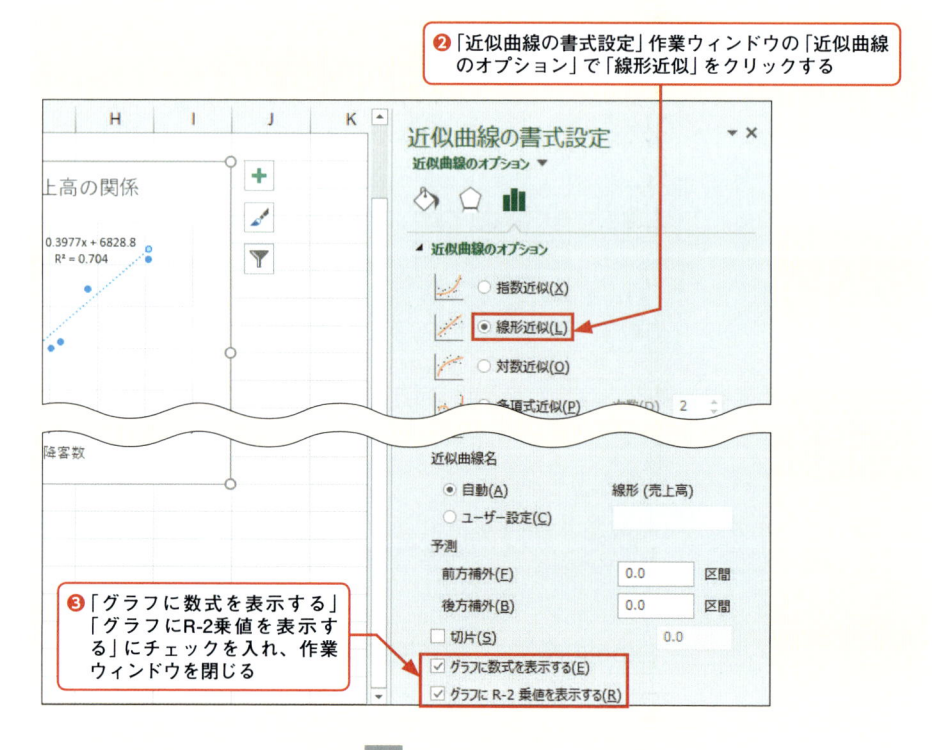

❸「グラフに数式を表示する」「グラフにR-2乗値を表示する」にチェックを入れ、作業ウィンドウを閉じる

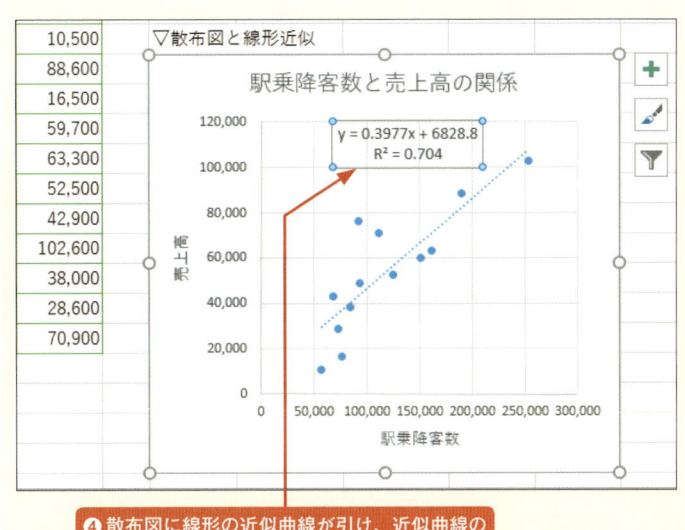

❹散布図に線形の近似曲線が引け、近似曲線の数式と決定係数が表示された

▶数式とR-2乗値は、数式の上をクリックすると表示される枠線をドラッグし、見やすい場所に移動する。また、［ホーム］タブの【フォントサイズ】ボックスでフォントサイズを大きくすることもできる。

▶ Excelの操作③：新店舗の売上高を求める

グラフに追加した回帰式をもとに、新店舗の売上高の予測値を求め、予測値が近似曲線上に乗ることを確かめます。また、回帰曲線のルールであるデータの平均値を通ることも確かめます。平均値を求める欄は作成していませんので、空いているセル「B16」とセル「C16」を使って求めます。

駅乗降客数から新店舗の売上高を予測する

●セル「G3」に入力する式

G3	=0.3977*F3+6828.8

	A	B	C	D	E	F	G	H
1	▽既存店データ				▽売上予測			
2	駅前店舗	駅乗降客数	売上高		店舗	駅乗降客数	売上高予測	
3	A	93,261	48,600		新店舗O	100,481	46,790	
4	B	91,628	76,100					
5	C	56,988	10,500		▽散布図と線形近似			
6	D	189,897	88,600					
7	E	75,839	16,500					
8	F	151,310	59,700					
9	G	161,454	63,300					
10	H	124,765	52,500					
11	I	68,224	42,900					
12	J	253,632	102,600					
13	K	83,838	38,000					
14	L	72,304	28,600					
15	M	110,877	70,900					
16								
17								

❶セル「G3」に数式を入力し、新店舗の売り上げ予測が求められた

予測値と平均値をグラフにプロットする

●セル「B16」に入力する式

| B16 | =AVERAGE(B3:B15) |

❸〔ホーム〕タブの【貼り付け▼】→【形式を選択して貼り付け】をクリックする

❶セル範囲「F3:G3」をドラッグし、Ctrl＋Cを押してコピーする

▶16行目に平均値欄を作り、セル「B16」とセル「C16」に平均値を求めておく。セル「B16」にAVERAGE関数を入力し、オートフィルでセル「C16」にコピーする。

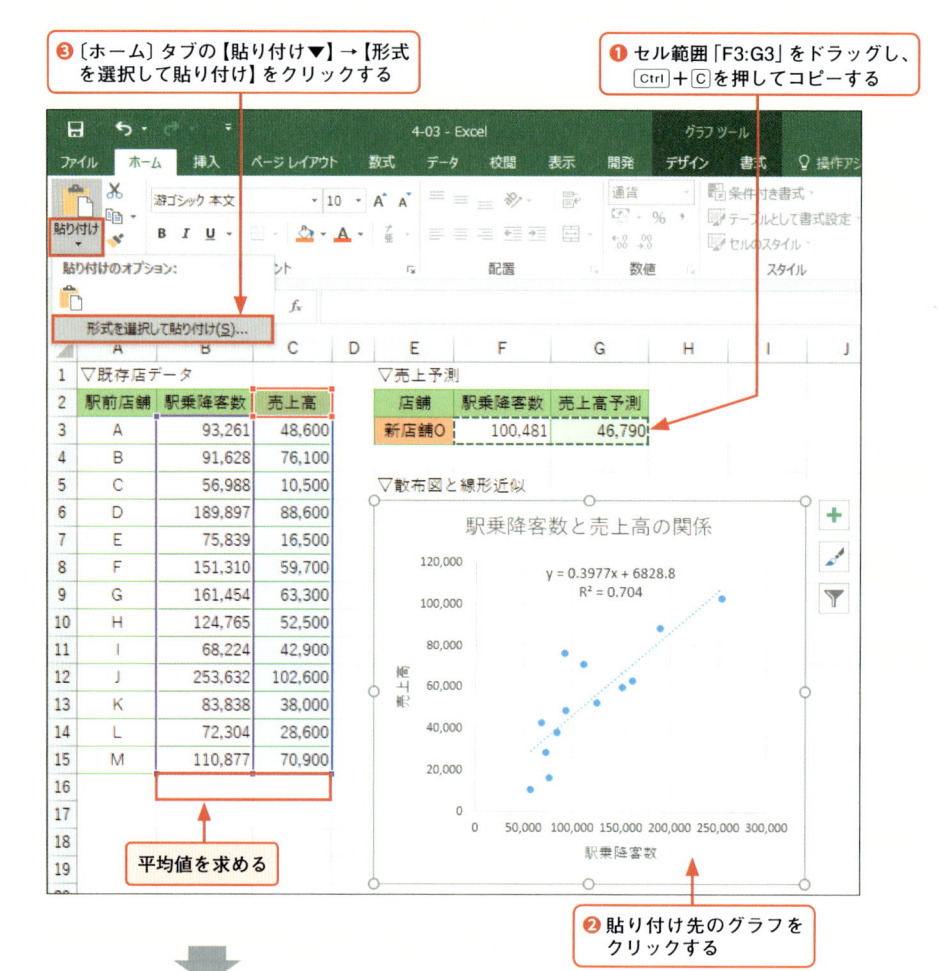

平均値を求める

❷貼り付け先のグラフをクリックする

▶ここでの先頭列は、セル「F3」の駅乗降客数を指す。「項目列として使用」は、横軸に設定するという意味である。

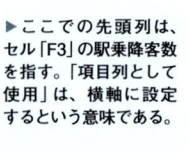

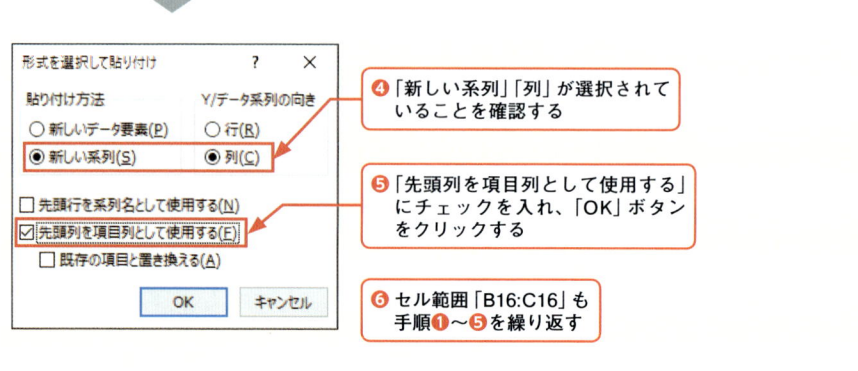

❹「新しい系列」「列」が選択されていることを確認する

❺「先頭列を項目列として使用する」にチェックを入れ、「OK」ボタンをクリックする

❻セル範囲「B16:C16」も手順❶〜❺を繰り返す

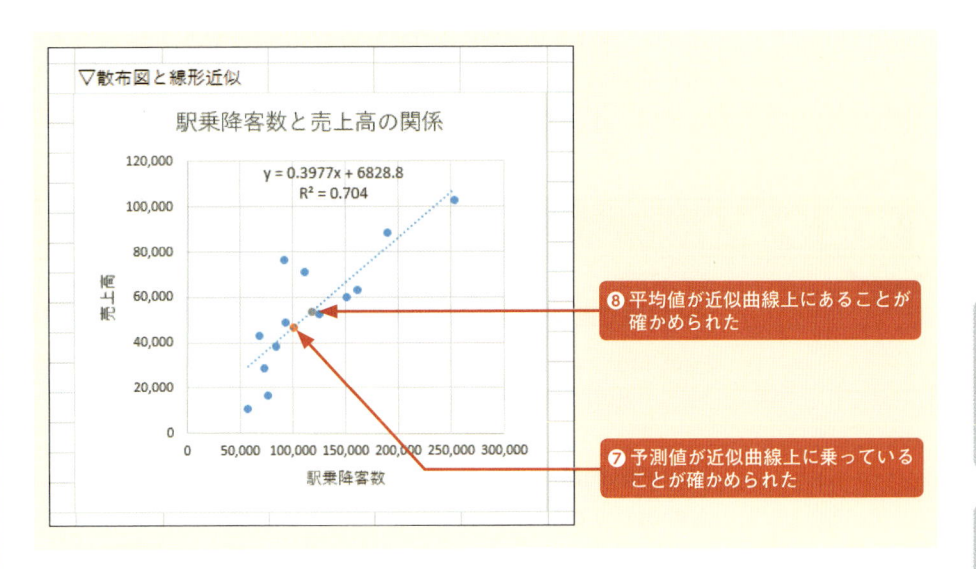

▽散布図と線形近似

駅乗降客数と売上高の関係

$y = 0.3977x + 6828.8$
$R^2 = 0.704$

❽ 平均値が近似曲線上にあることが確かめられた

❼ 予測値が近似曲線上に乗っていることが確かめられた

▶ 結果の読み取り

　駅乗降客数が売上高に影響すると予想して回帰分析を実施した結果、散布図に右肩上がりの正の相関が読み取れたため、線形近似の回帰曲線を引いたところ、決定係数は「0.704」となりました。

　回帰曲線は、データの平均値を通り、散布図にプロットされたデータの7割を説明していることから、回帰式は、予測に使えると判断します。

　回帰式から予測値を求めた結果、新店舗Oの売り上げ予測は、「46,790」になります。

● 類似の既存店との比較

　回帰曲線は、決定係数から予測に利用可能と判定されましたが、新店舗Oと既存店の売上高を比較します。P.160では、類似の既存店と比較するだけでは弱いとしましたが、数式で予測値を求めた上で、既存店の売上高と同様であれば、予測の精度の裏付けに使えます。

●類似既存店の売上高と予測値の比較

駅前店舗	駅乗降客数	売上高
B	91,628	76,100
A	93,261	48,600
新店舗O	100,481	46,790
M	110,877	70,900
H	124,765	52,500

　上の表から、駅乗降客数が少ないA店、B店より新店舗Oの売り上げ予測が低く、予測の精度を裏付けるには、物足りなさを感じます。また、新店舗Oより乗降客数が2万人以上多いH店の売り上げが他店より低いこと、乗降客数にあまり差がないA店とB店の売り上げに差があることから、売り上げに影響する要因は駅乗降客数以外にもあると予想され

ます。このように、売り上げに影響する要因、あるいは、売り上げを説明する要因が複数ある場合は、重回帰分析を実施します。重回帰分析は次節で解説しています。

発展 ▶ ▶ ▶

▶ 関数で回帰曲線の妥当性を判断し、売り上げ予測値を求める

散布図による相関の有無と外れ値のチェックを行ったあと、相関係数と決定係数、および、予測値は関数で求めることができます。

CORREL関数 ➡ 2つのデータの相関係数を求める

書　式	=**CORREL**(配列1, 配列2)
解　説	2つのデータの入ったセル範囲を配列1と配列2に指定し、相関係数を求めます。
補足1	セル範囲内の各セル同士を互いに対応付けるため、配列1と配列2は同じ列数×行数で構成されている必要があります。
補足2	要因と結果の関係はわからないことが前提のため、配列1と配列2に指定するセル範囲を入れ替えても同じ結果になります。

RSQ関数 ➡ 線形近似曲線の決定係数を求める

▶既知のxは既存店の駅乗降客数、既知のyは既存店の売上高の入ったセル範囲を指定する。

書　式	=**RSQ**(既知のy, 既知のx)
解　説	既知のyと既知のxの関係が直線近似であることを前提に、回帰曲線の当てはまりの良さを求め、0〜1の範囲で表示します。既知のxを変化させると既知のyが影響を受けるという関係です。

FORECAST関数 ➡ 線形近似曲線の予測値を求める

▶既知のxは既存店の駅乗降客数、既知のyは既存店の売上高の入ったセル範囲を指定し、xは新店舗の駅乗降客数を指定する。

書　式	=**FORECAST**(x, 既知のy, 既知のx)
解　説	既知のyと既知のxの関係が直線近似であることを前提に、指定したxに対するyを求めます。既知のxで既知のyを説明する関係であり、xは既知のx、yは既知のyと同じ種類のデータです。
補足1	Excel2016からFORECAST.LINEと関数名が変更されましたが、Excel2016でも引き続きFORECAST関数が利用できます。

サンプル
4-03-発展

関数で相関係数、決定係数、予測値を求める

●セル「G3」に入力する式

F2	=CORREL(B3:B15,C3:C15)	F3	=RSQ(C3:C15,B3:B15)
G7	=FORECAST(F7,C3:C15,B3:B15)		

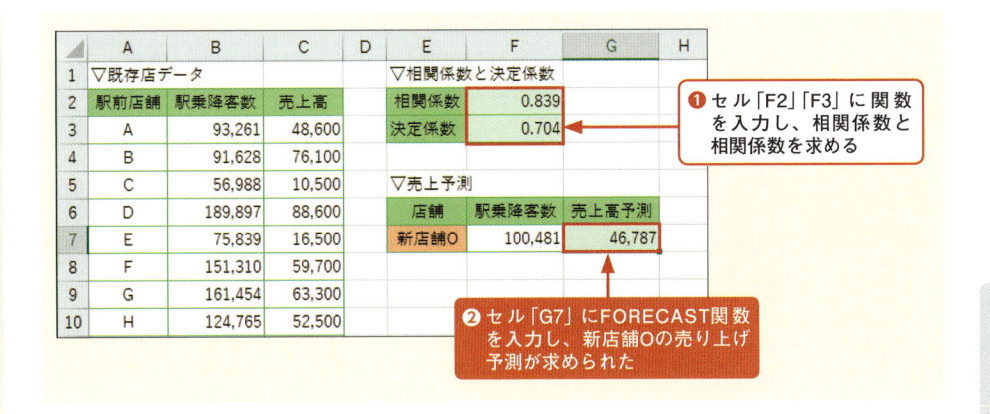

▶回帰式の売り上げ予測は「46,790」であり、関数の結果より「3」大きい。原因は、回帰式の数値の桁数と関数内部の計算で使用している数値の桁数の違いである。

❶ セル「F2」「F3」に関数を入力し、相関係数と相関係数を求める

❷ セル「G7」にFORECAST関数を入力し、新店舗Oの売り上げ予測が求められた

▶ 残差による回帰式の妥当性

　残差とは、データと回帰曲線との距離です。たとえば、A店は、駅乗降客数「93,261」、売上高「48,600」ですが、回帰式に基づく売上高は、「0.3977×93,261＋6828.8」より、「43,919」です。したがって、売り上げ残差は「48,600-43,919」より、「4,681」になります。このような残差が各既存店のデータにあります。

●残差

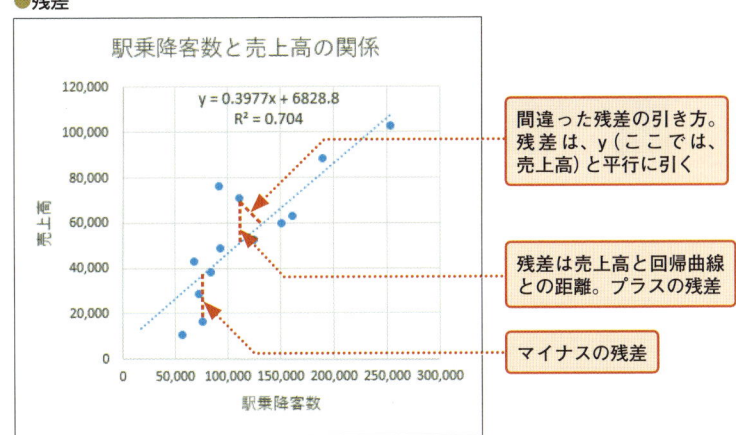

　回帰曲線は、見た目で勝手に引く直線ではなく、データの平均値を通り、各データとの残差が最も小さくなるように引かれています。厳密には、残差の2乗の合計が最も小さくなる直線です。残差を2乗するのは、単純に残差を合計すると回帰曲線の上側のプラスの残差と回帰曲線の下側のマイナスの残差が打ち消し合って0になるためです。なお、残差の合計が0になるとは、回帰曲線がデータの平均値を通っていることの証しです。

　回帰曲線に妥当性があれば、残差は次の性質を持ちます。

● 残差の平均値は0になります

　回帰曲線がデータの平均値を通っていれば、残差の合計は0になるはずであり、残差の合計が0ならば、平均値も0になります。

● 残差と要因は無相関になります

　残差と要因データの散布図を作成し、何らかの関係性が認められる場合は、要因によって結果がうまく説明できていないことを示します。ここでは、残差と駅乗降客数の関係が無相関とはいえない場合、駅乗降客数で売上高がうまく説明できていないことになります。

● 残差は正規分布に従います

　残差はほぼ誤差の意味です。誤差の分布は正規分布に従います。誤差と言い切らないのは、回帰曲線自体が売上高を完璧に予測する線ではないためです。誤差とは、実測値と正解の値（理論値）との差です。回帰式による値は決して正解ではありません。なお、正規分布かどうかを調べるには、正規確率グラフを利用し、残差がほぼ直線になるかどうか調べます。

正規分布
▶各データがデータの平均値を中心に均等に散らばっている状態のデータ分布。左右対称の山の形になる。

　残差は、A店で示したように、「実際のデータ−回帰式の計算値」で求められますが、分析ツールを使うと、残差、残差と要因の散布図、正規確率グラフを同時に出力することができて便利です。

分析ツールで残差と残差グラフ、正規確率グラフを出力する

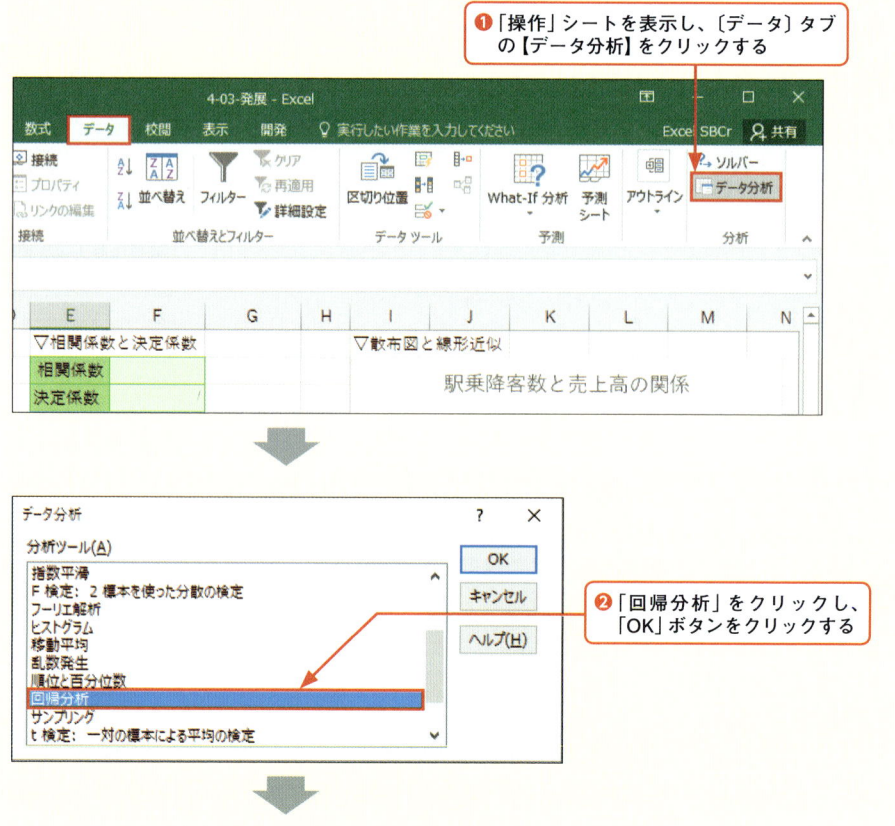

❶「操作」シートを表示し、〔データ〕タブの【データ分析】をクリックする

❷「回帰分析」をクリックし、「OK」ボタンをクリックする

▶入力Y範囲は、既存店の売上高のセル範囲、入力X範囲は、既存店の駅乗降客数のセル範囲を指定する。絶対参照は自動的に設定される。セル「C2」とセル「B2」は項目名のため「ラベル」にチェックを入れる。

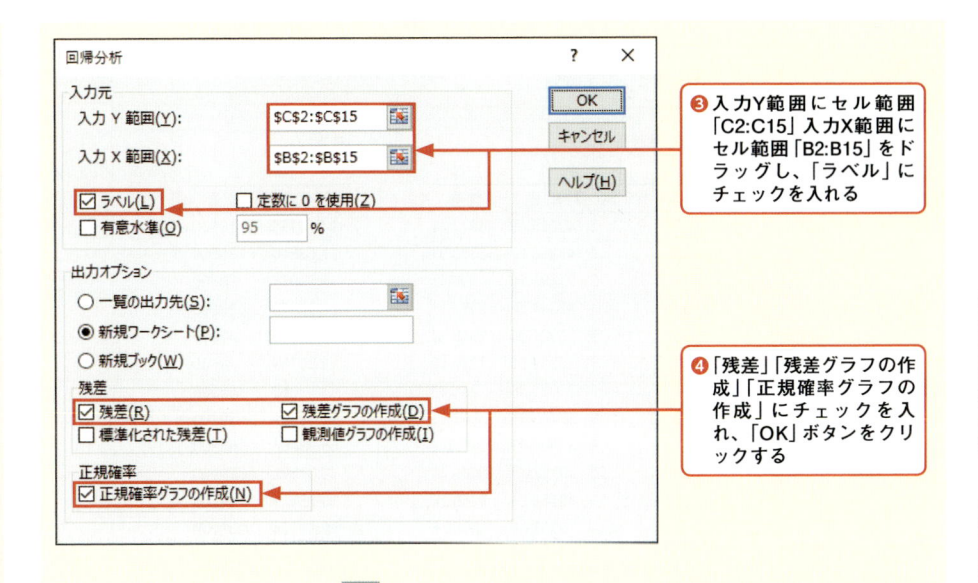

❸ 入力Y範囲にセル範囲「C2:C15」入力X範囲にセル範囲「B2:B15」をドラッグし、「ラベル」にチェックを入れる

❹「残差」「残差グラフの作成」「正規確率グラフの作成」にチェックを入れ、「OK」ボタンをクリックする

▶駅乗降客数と売り上げ残差の散布図と正規確率グラフは重なって表示されるため、適宜移動する。

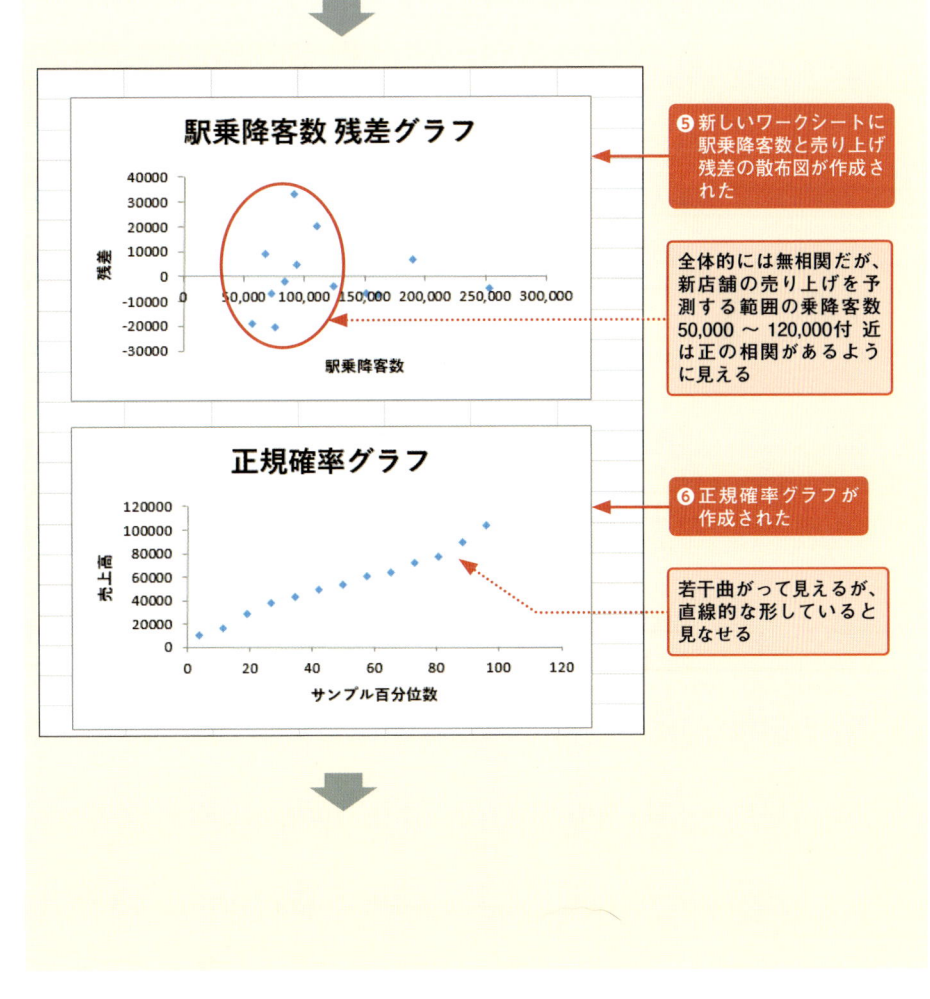

❺ 新しいワークシートに駅乗降客数と売り上げ残差の散布図が作成された

全体的には無相関だが、新店舗の売り上げを予測する範囲の乗降客数50,000 〜 120,000付近は正の相関があるように見える

❻ 正規確率グラフが作成された

若干曲がって見えるが、直線的な形していると見なせる

C38		▼	⋮	×	✓	fx	=AVERAGE(C25:C37)	

◢	A	B	C	D	E	F	G
22	残差出力				確率		
23							
24	観測値	測値:売上	残差		百分位数	売上高	
25	1	43915.48	4684.521		3.846154	10500	
26	2	43266.09	32833.91		11.53846	16500	
27	3	29490.96	-18991		19.23077	28600	
28	4	82344.28	6255.717		26.92308	38000	
29	5	36987.35	-20487.4		34.61538	42900	
30	6	66999.56	-7299.56		42.30769	48600	
31	7	71033.48	-7733.48		50	52500	
32	8	56443.53	-3943.53		57.69231	59700	
33	9	33959.13	8940.872		65.38462	63300	
34	10	107689.5	-5089.49		73.07692	70900	
35	11	40168.28	-2168.28		80.76923	76100	
36	12	35581.6	-6981.6		88.46154	88600	
37	13	50920.75	19979.25		96.15385	102600	
38		残差の平均	0				

> ❼ セル「C38」に「=AVERAGE(C25:C37)」
> と入力し、残差の平均値を求め、「0」
> になることが確認された

▶ 類似の分析例

　回帰分析は相関が認められるデータ同士で実施できます。なお、要因と結果の関係は、経験則的に判断します。以下の⑥と⑦は、「満足」「不満」「晴れ」「雨」といった定性データですが、定量化して回帰分析に利用することができます。定性データを利用した回帰分析はP.185で解説しています。

①来店者数と売上高の関係
②チラシの広告面積と商品の販売量の関係
③駐車場台数と売上高の関係
④店舗面積と売上高の関係
⑤気温と商品の販売量の関係
⑥顧客満足度とリピーター数の関係
⑦天候と販売量の関係

複数のデータから新店舗の売上高を予測する

売り上げを上げるには、魅力的な商品やサービスの存在が大前提ですが、立地条件なども売り上げに影響します。売上高などの知りたい目的を駅乗降客数といったデータで説明できるかどうか、目的と目的を説明するデータの関係に着目した分析を回帰分析といいます。ここでは、売り上げを説明するデータを2つ以上に増やして、新店舗の売上高を予測します。

導入 ▶ ▶ ▶

事 例 **「売り上げに影響する要因を使って新店舗の売上高を予測したい」**

飲食チェーンの企画室に勤務するK氏は、駅前の新店舗の売り上げ予測値を駅乗降客数で説明しようと、回帰分析を実施しましたが、駅乗降客数だけで説明するのは不十分ではないかとの結論に至りました（→4-03節 P.165）。そこで、次のデータも収集し、売り上げ予測値の精度を上げたいと考えています。

収集したデータはすべて売上高の予測に利用できるでしょうか。また、売り上げ予測値はいくらになるでしょうか。

●駅前既存店の売上高と売り上げに影響すると考えられるデータ

	A	B	C	D	E	F	G	H
1	▽既存店データと要因データ							
2	駅前店舗	売上高	駅乗降客数	駅からの距離	昼間人口	客席数	スタッフ数	店舗坪数
3	A	48,600	93,261	80	92,625		6	20
4	B	76,100	91,628	50	428,025	36	7	30
5	C	10,500	56,988	150	87,750	16	4	10
6	D	88,600	189,897	55	316,750	42	8	40
7	E	16,500	75,839	200	59,475	22	5	20
8	F	59,700	151,310	40	150,150	32	6	30
9	G	63,300	161,454	70	228,175	38	7	30
10	H	52,500	124,765	55	281,350	34	6	30
11	I	42,900	68,224	90	194,300	28	5	22
12	J	102,600	253,632	30	278,550	48	9	42
13	K	38,000	83,838	100	212,125	30	6	28
14	L	28,600	72,304	125	153,575	20	4	18
15	M	70,900	110,877	45	200,100	26	6	28
16	新店舗O		100,481	80	150,150	32	6	30

▶ 重回帰分析で売り上げに影響する要因と売上高の関係式を求める

売り上げに影響する、あるいは、売り上げを説明するデータが1つの場合を単回帰分析といい、説明するデータが2つ以上ある場合を重回帰分析といいます。重回帰分析においても、目的と目的を説明するデータは線形である、つまり、直線的な関係があることを前

提にしています。よって、回帰式は次のようになります。

$$y = a_1 \times x_1 + a_2 \times x_2 + \cdots + a_n \times x_n + b \qquad y:結果(目的) \quad x_n:要因(説明)$$

● **重回帰分析における外れ値の見つけ方**

外れ値を見つけるには、要因を横軸、目的を縦軸とする散布図を描いて、明らかに他のデータとは異なる点を探しますが、散布図は、2つのデータの関係を示すグラフです。複数の要因と売り上げの関係を一度にまとめて散布図に示すことはできません。そこで、各要因と目的との散布図をそれぞれ作成して外れ値を見つけます。例題の場合は、駅乗降客数と売上高、駅からの距離と売上高、昼間人口と売上高という具合で収集した要因データの数だけ売上高との散布図を作成して外れ値があるかどうか確認します。外れ値を見つけた場合の対処方法は、P.12、29、159を参照してください。

▶ 分析ツールで回帰式を求める

説明するデータが1つの場合は、散布図に線形の近似曲線を引き、近似曲線の数式を表示させれば回帰式がわかりますが(→P.162)、説明するデータが2つ以上ある場合は、散布図が描けないため、分析ツールを利用します。

● **分析ツールの「回帰分析」で着目する値と値の見方**

以下の図と表は、駅乗降客数と売上高の関係について、分析ツールの「回帰分析」を実施した結果と回帰分析の値の見方です。なお、駅乗降客数と売上高の関係を示す回帰式と決定係数は、散布図に引いた近似曲線でも求めていますので(→P.163)、分析ツールの結果と散布図に引いた近似曲線の結果との対応関係も見比べてみてください。

● 分析ツールの「回帰分析」の結果

▶重決定R²は、P.163の散布図に表示されたR²のことである。

▶係数は、y=0.3977666×x+6828.796と読み、xは駅乗降客数を指す。P.163の散布図に示された数式と対応している。

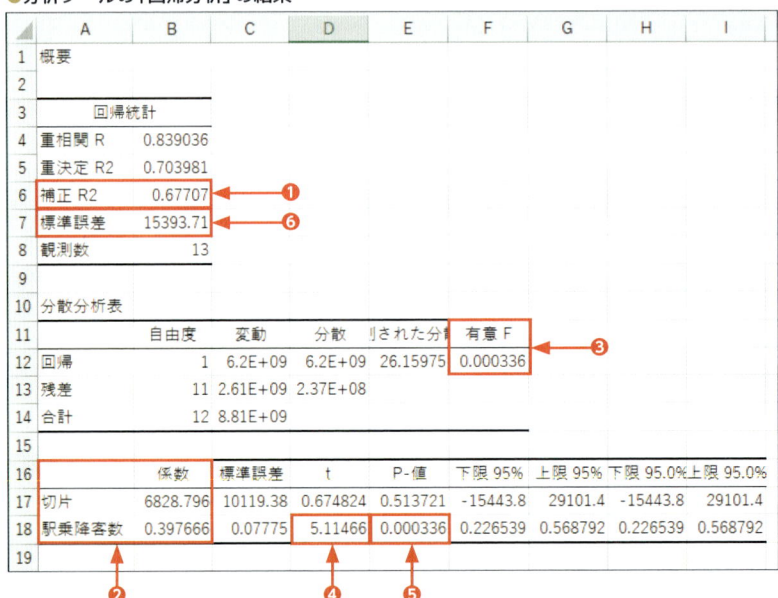

●分析ツールで着目する値と値の見方

No	指標名	内容
❶	補正R2	回帰式の当てはまりの良さを0～1で示します。数値は、回帰式で説明できるデータの割合です。補正R2が0.5ならば、回帰式で実データの半分程度を説明できると考えます。一般に、結果を説明する要因の種類を増やすと、決定係数Rは1に近づきやすく、誤った判断になりがちです。そこで、重回帰分析では、補正R2を見て回帰式の当てはまりの良さを判定します。
❷	係数	回帰式の係数です。近似曲線の数式の対応関係と同様です。
❸	有意F	分析結果が間違えている危険性が5%あることを承知の上で使うとき、有意水準5%と言ったり、危険率5%といったりします。有意Fは、0.05より小さければ、有意水準5%では有意な結果であると判定します。単回帰分析では、有意Fと要因のP値は一致します。
❹	t	要因の影響度を示します。正の相関の場合はプラス、負の相関の場合はマイナスになるので、t値は大きさ（絶対値）を見ます。t値が2より大きい要因は、影響力があると判断します。
❺	P値	各要因の有意Fと考えます。各要因のP値が有意水準を下回っているかどうか見ます。有意水準5%とする場合、要因のP値が0.05を上回ると、結果を説明する要因として使うには危険率が高いことを意味します。
❻	標準誤差	残差の標準偏差です。値が小さい方が、ばらつきが小さく、精度が良いと判断します。

▶❹：駅乗降客数のt値は約5.11であり、2より大きく売り上げへの影響が大きいと判断される。

残差
▶実際の値と回帰式で求められる値との差。

▶ 使える要因と使えない要因を見分ける

回帰式の妥当性に関して、決定係数を確認するのは、単回帰分析でも重回帰分析でも同じです。単回帰分析の場合は決定係数（R2乗値）、重回帰分析では補正された決定係数の「補正R2」が0.5以上かどうかを見ます。

重回帰分析では、決定係数に加えて、目的を説明するために集めた要因データ同士が回帰分析に悪影響を及ぼしていないかどうかを調べる必要があります。重回帰分析の回帰式では、要因x_1～要因x_nは別々の要因で、互いに関連がないのが前提です。したがって、要因同士に高い相関があると分析に悪影響を引き起こします。

▶要因データは、目的を説明するデータであることから説明変数と呼ぶが、要因1～要因nは互いに関係なく独立していることから、独立変数とも呼ぶ。

$$y = a_1 \times x_1 + a_2 \times x_2 + \cdots + a_n \times x_n + b \qquad y:結果（目的）\quad x_n:要因（説明）$$

互いに違って見える要因が、実は本質的に同じ要因だった場合、極端にいうと、上の回帰式が「$y=n \times a_1 \times x_1 + b$」のようなイメージで同じ要因を何重にも影響させてしまう状態に陥り、回帰分析の信頼性が失われます。

このように、要因同士に高い相関があるために、分析に悪影響を引き起こす問題を多重共線性といいます。多重共線性が発生しているかどうかは、要因同士の相関係数を確認します。相関係数が0.9以上になる場合は、多重共線性が発生していると判断し、必ず要因の片方を除外します。他にも多重共線性が発生している状態で回帰分析を行うと、次のような症状が出ます。

・要因は正（負）の相関のはずなのに、係数の符号が反転する
・補正R2が良好な結果なのにt値が小さすぎる
・利用できるはずの要因のP値が5%を超えてしまう

実践 ▶ ▶ ▶

▶ 用意するビジネスデータ

既存店の売り上げデータと売り上げを説明すると考えられる要因データを複数準備します。ここでは、駅乗降客数、駅からの距離、昼間人口、客席数、スタッフ数、店舗坪数を用意しています（→P.171参照）。重回帰分析では、客数などの人数、距離を表すメートル、店舗面積を表す坪数など、単位が異なるデータ同士で同時に分析を行います。なお、外れ値のチェックは済んでいる状態とします。

▶ Excelの操作①：要因データ同士の相関分析を行う

多重共線性のチェックとして要因同士の相関係数を求めます。分析ツールの「相関」を利用すると要因同士の相関係数を一度にまとめて求めることができます。

要因同士の相関係数を求める

▶分析ツールでは、分析で指定するセルやセル範囲が表示されていれば、アクティブセルは任意のセルでよい。

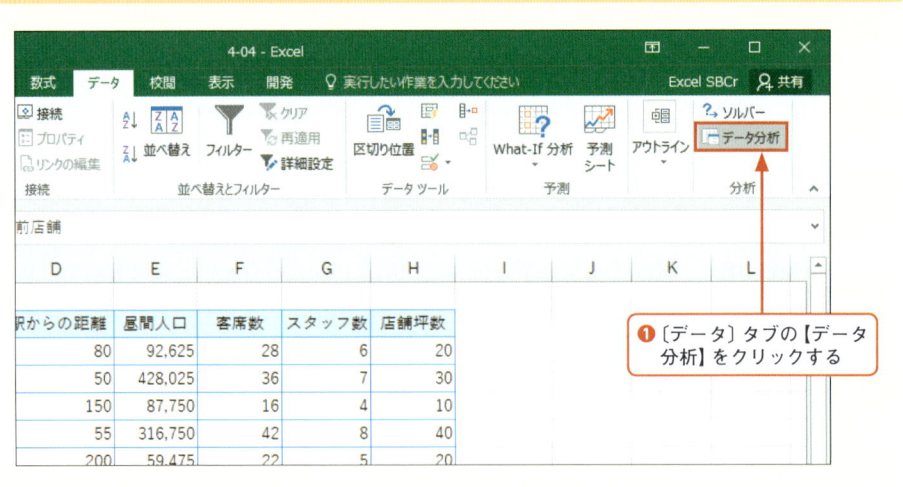

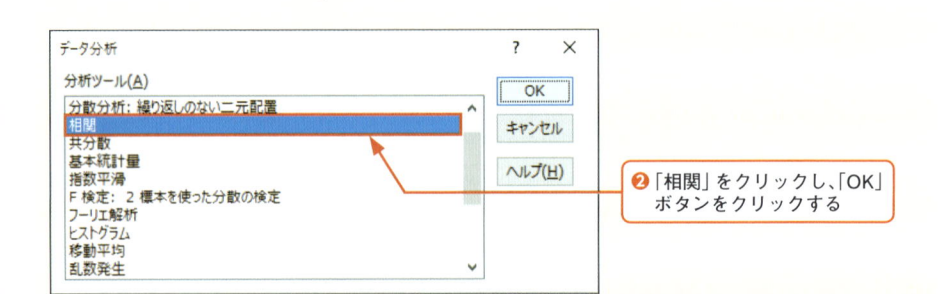

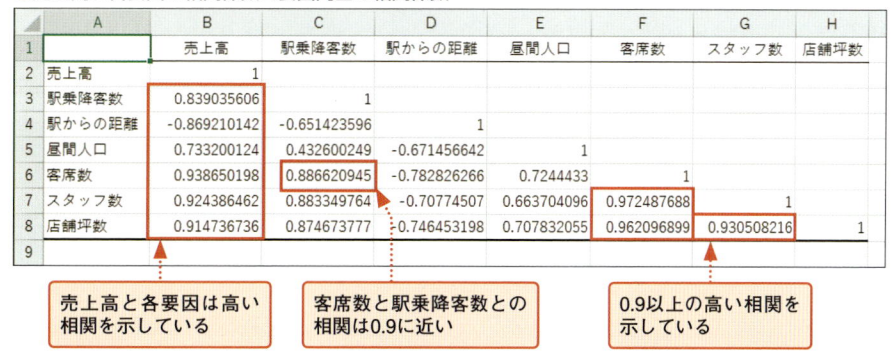

▶ここでは、売り上げ（目的）と各要因との相関係数も求めるため、売上高も「入力範囲」に含める。

③ セル範囲「B2:H15」をドラッグする（自動的に絶対参照で入力される）

③ 指定したセル範囲の先頭行は項目名のため、「先頭行をラベルとして使用」にチェックを入れる

④ 通常は、「新規ワークシート」のまま「OK」ボタンをクリックすると新しいワークシートが追加され、結果が表示される

▶ 結果の読み取り①：要因同士の相関係数

　相関の結果は次のとおりです。分析ツールでは、項目名の長さに応じた列幅の調整はされないため、適宜列幅を調整します。

●売上高と各要因の相関係数と要因同士の相関係数

	A	B	C	D	E	F	G	H
1		売上高	駅乗降客数	駅からの距離	昼間人口	客席数	スタッフ数	店舗坪数
2	売上高	1						
3	駅乗降客数	0.839035606	1					
4	駅からの距離	-0.869210142	-0.651423596	1				
5	昼間人口	0.733200124	0.432600249	-0.671456642	1			
6	客席数	0.938650198	0.886620945	-0.782826266	0.7244433	1		
7	スタッフ数	0.924386462	0.883349764	-0.70774507	0.663704096	0.972487688	1	
8	店舗坪数	0.914736736	0.874673777	-0.746453198	0.707832055	0.962096899	0.930508216	1
9								

売上高と各要因は高い相関を示している

客席数と駅乗降客数との相関は0.9に近い

0.9以上の高い相関を示している

● 目的と各要因の相関

　売上高（目的）と売り上げに影響していると予想して収集したデータ（要因）との間には高い相関が示されており、収集したデータはどれも売り上げに影響していると考えることができます。収集したデータのうち、「駅からの距離」は負の相関を示し、店舗の場所が駅から離れるほど売り上げにはマイナスの影響があることを示しています。

● 要因同士の相関

　客席数とスタッフ数、客席数と店舗坪数、スタッフ数と店舗坪数は、相関係数が0.9を超えているため、多重共線性が発生しています。発生原因は、経験則的に、店舗の大きさと客席数は比例し、客席数が多ければ、スタッフ数も多くなると考えられるためです。店の広さや人数などデータ自体は異なっていても、本質は同じ要因だったと判断し、ここでは、売上高との相関が最も高い「客席数」を残し、「スタッフ数」と「店舗坪数」は要因から

除外します。

残すことにした「客席数」に注目すると、「駅乗降客数」との相関が0.9に近くなっています。多重共線性の疑いがあり、どちらかの要因を除外する可能性があることを視野に入れながら、重回帰分析を実施します。

▶ Excelの操作②：重回帰分析を行う

分析ツールの「回帰分析」では、「入力X範囲」に指定する要因データは連続する範囲にまとめて指定します。飛び飛びの範囲を指定できないため、要因から外すデータが要因に指定するデータの間に挟まっている場合は、分析前にデータを移動しておきます。ここでは、次の5つの要因のパターンで回帰分析を行います。操作方法は同じになるため、①のみ操作解説し、分析結果はP.177 〜 179に表示します。

▶④の「駅からの距離」「客席数」はデータが離れているので、「客席数」を「昼間人口」の左側に移動するなどして連続する範囲になるようにする。

① 「駅乗降客数」「駅からの距離」「昼間人口」「客席数」
② 「駅乗降客数」「駅からの距離」「昼間人口」
③ 「駅からの距離」「昼間人口」「客席数」
④ 「駅からの距離」「客席数」
⑤ 「駅からの距離」「駅乗降客数」

やってみよう！ 分析ツールで重回帰分析を行う

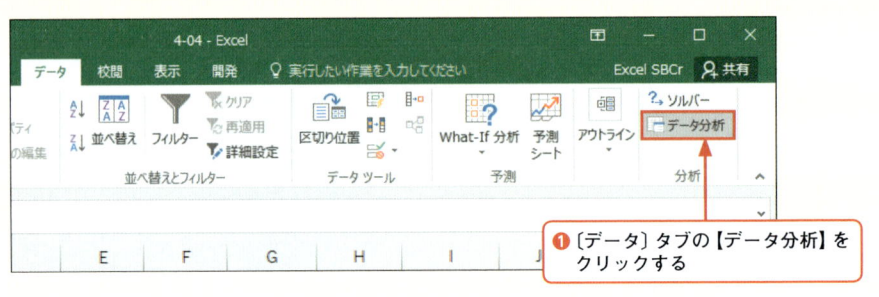

❶〔データ〕タブの【データ分析】をクリックする

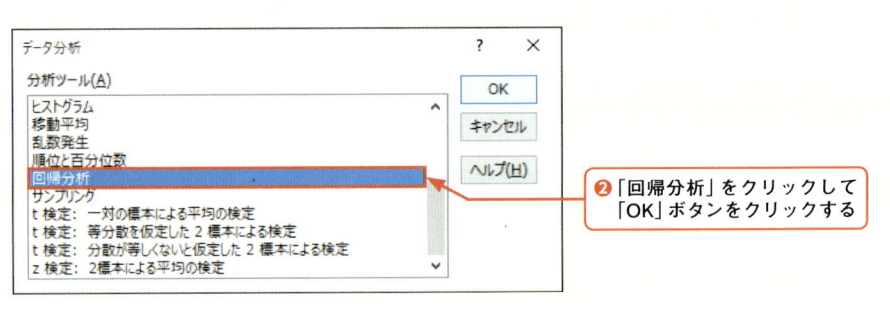

❷「回帰分析」をクリックして「OK」ボタンをクリックする

▶分析結果は、新しい
ワークシートが自動的
に追加され、追加され
たシートのセル「A1」か
ら表示される。

❸「入力Y範囲」は売上高の
セル範囲「B2:B15」をド
ラッグする

❹「入力X範囲」は「駅乗降客
数」から「客席数」までの
セル範囲「C2:F15」をド
ラッグする

❺指定した範囲の先頭行は
項目名のため「ラベル」に
チェックを入れ、「OK」
ボタンをクリックすると、
結果が表示される

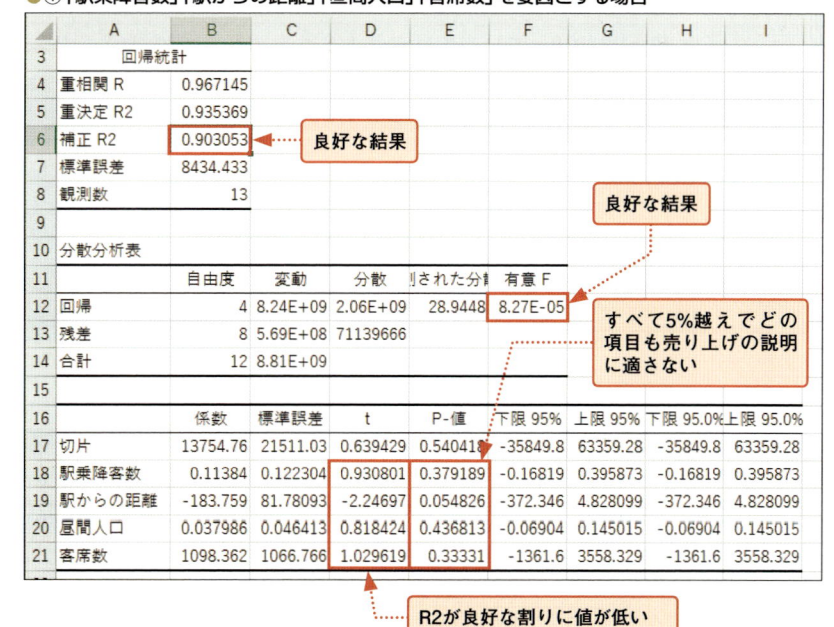

▶ 結果の読み取り②：売上高を説明する要因を決定する

5つのパターンの分析結果は次のとおりです。

●① 「駅乗降客数」「駅からの距離」「昼間人口」「客席数」を要因とする場合

	A	B	C	D	E	F	G	H	I
3	回帰統計								
4	重相関 R	0.967145							
5	重決定 R2	0.935369							
6	補正 R2	0.903053		← 良好な結果					
7	標準誤差	8434.433							
8	観測数	13							
9									
10	分散分析表								
11		自由度	変動	分散	測された分	有意 F			
12	回帰	4	8.24E+09	2.06E+09	28.9448	8.27E-05			
13	残差	8	5.69E+08	71139666					
14	合計	12	8.81E+09						
15									
16		係数	標準誤差	t	P-値	下限 95%	上限 95%	下限 95.0%	上限 95.0%
17	切片	13754.76	21511.03	0.639429	0.540411	-35849.8	63359.28	-35849.8	63359.28
18	駅乗降客数	0.11384	0.122304	0.930801	0.379189	-0.16819	0.395873	-0.16819	0.395873
19	駅からの距離	-183.759	81.78093	-2.24697	0.054826	-372.346	4.828099	-372.346	4.828099
20	昼間人口	0.037986	0.046413	0.818424	0.436813	-0.06904	0.145015	-0.06904	0.145015
21	客席数	1098.362	1066.766	1.029619	0.33331	-1361.6	3558.329	-1361.6	3558.329

良好な結果

すべて5%越えでどの
項目も売り上げの説明
に適さない

R2が良好な割りに値が低い

　補正R2が0.9と高い当てはまりの良さを示す一方で、t値が低く、P値はどの要因も5%を超えていることから、多重共線性が発生しています。「駅乗降客数」と「客席数」の相関の高さが原因です。多重共線性が発生している状態で回帰分析を実施すると、単回帰分析で

は利用できた「駅乗降客数」も要因として適さないという判定に陥ります。

●② 「駅乗降客数」「駅からの距離」「昼間人口」を要因とする場合

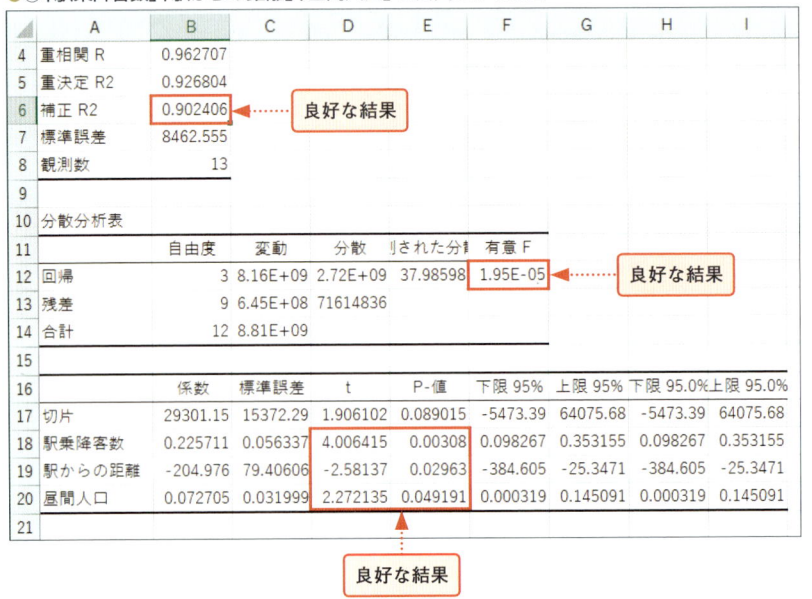

補正R2が0.9と高い当てはまりの良さを示し、t値の大きさも2以上、P値もすべて5%未満です。また有意Fも5%未満であり、回帰式は有意性があります。「駅乗降客数」「駅からの距離」「昼間人口」は売り上げを説明する要因として利用可能です。

●③ 「駅からの距離」「昼間人口」「客席数」を要因とする場合

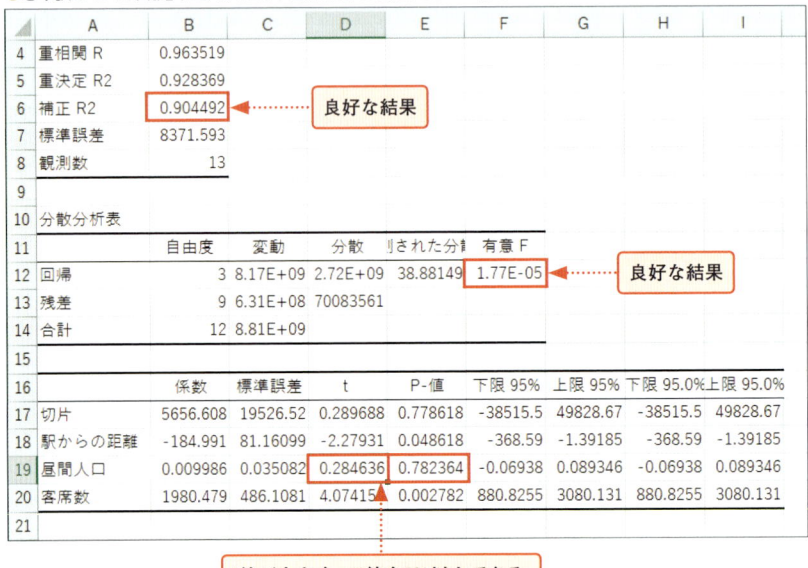

「駅からの距離」「昼間人口」「客席数」の場合は、「昼間人口」が要因として適していません。「昼間人口」を売り上げの説明として採用したい場合は、②のパターンを適用します。

●④「駅乗降客数」「駅からの距離」を要因とする場合

	A	B	C	D	E	F	G	H	I
3		回帰統計							
4	重相関 R	0.940647							
5	重決定 R2	0.884818							
6	補正 R2	0.861781			良好な結果				
7	標準誤差	10071.01							
8	観測数	13							
9									
10	分散分析表								
11		自由度	変動	分散	された分散	有意 F			
12	回帰	2	7.79E+09	3.9E+09	38.40939	2.03E-05		良好な結果	
13	残差	10	1.01E+09	1.01E+08					
14	合計	12	8.81E+09						
15									
16		係数	標準誤差	t	P-値	下限 95%	上限 95%	下限 95.0%	上限 95.0%
17	切片	53052.22	13413.38	3.955172	0.002708	23165.35	82939.09	23165.35	82939.09
18	駅乗降客数	0.224618	0.067043	3.35036	0.007361	0.075237	0.373998	0.075237	0.373998
19	駅からの距離	-307.749	77.66871	-3.96233	0.002676	-480.805	-134.692	-480.805	-134.692
20									

良好な結果

補正R2、有意F、t値、P値とも良好な結果であり、「駅乗降客数」「駅からの距離」は、売り上げを説明する要因として利用できます。決定係数は、要因が増えるほど1に近づきやすくなる傾向にあります。①②③のパターンより補正R2が低下した原因は、要因のデータ数が減ったためと考えられます。

●⑤「駅からの距離」「客席数」を要因とする場合

	A	B	C	D	E	F	G	H	I
3		回帰統計							
4	重相関 R	0.963185							
5	重決定 R2	0.927724							
6	補正 R2	0.913269			良好な結果				
7	標準誤差	7977.657			①～④のパターンより小さい				
8	観測数	13							
9									
10	分散分析表								
11		自由度	変動	分散	された分散	有意 F			
12	回帰	2	8.17E+09	4.08E+09	64.17973	1.97E-06		良好な結果	
13	残差	10	6.36E+08	63643005					
14	合計	12	8.81E+09						
15									
16		係数	標準誤差	t	P-値	下限 95%	上限 95%	下限 95.0%	上限 95.0%
17	切片	6334.685	18468.68	0.342996	0.738702	-34816.1	47485.46	-34816.1	47485.46
18	駅からの距離	-190.61	75.01853	-2.54085	0.029321	-357.762	-23.4588	-357.762	-23.4588
19	客席数	2040.135	417.9652	4.881112	0.000641	1108.85	2971.419	1108.85	2971.419
20									

良好な結果

「駅からの距離」「客席数」は、売り上げを説明する要因として利用できます。以上の5つのパターンで重回帰分析を実施した結果、売り上げを説明する要因として利用できるパターンは、②④⑤です。このうち、補正R2が最も良好なパターンは、⑤の「駅からの乗降客数」「客席数」を要因とする場合です。また、⑤の標準誤差は、他のパターンより低い値です。よって、⑤を利用して売り上げを予測します。

> **MEMO** **目的を説明するデータの数**
>
> 売り上げを説明するデータが1つでは物足りない、あるいは、不十分であるとの見解から6種類の要因を準備しましたが、多重共線性の問題から要因を減少させました。また、5つのパターンで重回帰分析を実施した結果、3つの要因を使うパターンより、2つの要因を使うパターンを採用することになりました。立地条件に関するデータが多かったことは要因を減少させた理由ですが、3つより2つの要因の方が良いという判断は、目的を説明する要因は多ければいいというものではないことの証明でもあります。現在は、手に入れようと思えばいくらでもデータが手に入る時代ですが、多くのデータを手に入れた場合は、使うデータと捨てるデータの取捨選択が重要です。

▶ Excelの操作③：新店舗の売上高を予測する

パターン⑤の係数から売上高を予測します。回帰式は次のとおりです。

売り上げ予測値 = 2040.135×客席数－190.61×駅からの距離＋6334.685

新店舗Oの売り上げ予測値を求める

● セル「B16」に入力する式

| B16 | =2040.135*E16-190.61*D16+6334.685 |

▶パターン⑤の重回帰分析を実施したため、客席数と昼間人口のデータが入れ替わり、客席数はセル「E16」を指定している。

	A	B	C	D	E	F	G	H
1	▽既存店データと要因データ							
2	駅前店舗	売上高	駅乗降客数	駅からの距離	客席数	昼間人口	スタッフ数	店舗坪数
16	新店舗O	56,370	100,481	80	32	150,150	6	30
17								

❶ セル「B16」に回帰式を入力し、新店舗の売り上げ予測が求められた

▶ 結果の読み取り③：まとめ

単回帰分析で実施した「駅乗降客数と売上高」の回帰式から求めた新店舗Oの売り上げ予測は、「46,790」でしたが、「駅からの距離」と「客席数」を要因とする新店舗Oの売り上げ予測は、「56,370」となりました。売上高の高い順に店舗を並べ替えると次のようになります。

●売上高を降順に並べ替え

	A	B	C	D	E	F	G	H
1	▽既存店データと要因データ							
2	駅前店舗	売上高	駅乗降客数	駅からの距離	客席数	昼間人口	スタッフ数	店舗坪数
3	J	102,600	253,632	30	48	278,550	9	42
4	D	88,600	189,897	55	42	316,750	8	40
5	B	76,100	91,628	50	36	428,025	7	30
6	M	70,900	110,877	45	30	200,100	6	28
7	G	63,300	161,454	70	38	228,175	7	30
8	F	59,700	151,310	40	32	150,150	6	30
9	新店舗O	56,370	100,481	80	32	150,150	6	30
10	H	52,500	124,765	55	34	281,350	6	30
11	A	48,600	93,261	80	28	92,625	6	20
12	I	42,900	68,224	90	28	194,300	5	22
13	K	38,000	83,838	100	30	212,125	6	28
14	L	28,600	72,304	125	20	153,575	4	18
15	E	16,500	75,839	200	22	59,475	5	20
16	C	10,500	56,988	150	16	87,750	4	10
17								

駅乗降客数が10万を下回るが、売り上げがよい

駅乗降客数で売り上げを説明できない

　当初、説明できると考えて回帰分析した「駅乗降客数」は、全体的には乗降客数が多いほど売り上げが高くなる傾向にありますが、ところどころ、傾向に反する箇所が見られます。「駅乗降客数」に比べて、「駅からの距離」は、駅から遠くなると売り上げのマイナス要因になり、「客席数」は、多いほど売り上げのプラス要因の傾向がはっきりしています。

　既存店の「I」「K」「L」「E」店は、「駅乗降客数」からは売り上げを説明するのが難しいですが、「駅からの距離」と「客席数」の傾向は一致しています。またB店は、駅乗降客数が10万人を切っていますが、駅から近く客席数が多いことが要因であれば説明が付きます。

　以上より、「駅からの距離」と「客席数」であれば、既存店との矛盾も見られず、「56,370」は、新店舗Oの売り上げの目安として利用できるだろうと判断します。

発展 ▶ ▶ ▶

▶ 残差グラフを確認する

▶残差グラフの出力方法
→P.168

　「駅からの距離」と「客席数」の残差グラフは次のようになります。P.169の「駅乗降客数」の残差グラフと比較してみてください。「駅からの距離」と「客席数」の方が「駅乗降客数」より無相関であるわかります。「駅乗降客数」で売り上げを説明するより、「駅からの距離」と「客席数」で説明する方がよいことの裏付けとなります。

●駅からの距離と残差の関係と客席数と残差の関係

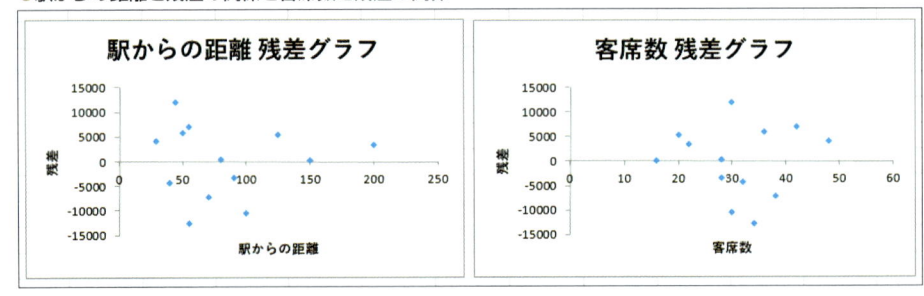

▶ 外れ値を数値で見つける

　散布図は視覚的に外れ値を見つけるのに役立ちますが、データの中には外れ値かどうか微妙な値もあり、散布図での判断が困難な場合もあります。

　そこで、分析ツールの「回帰分析」ダイアログボックスで「標準化された残差」にチェックを入れて残差の標準化データを出力すると、数値で外れ値を判定できます。残差は、データと回帰式までの距離ですから、残差が大きいほど、回帰式からかけ離れたデータになります。残差を標準化すると、平均値「0」、標準偏差「1」に換算されます。標準化データの絶対値が大きいほど、残差が大きい、つまり、外れ値の可能性が高まります。

　外れ値を判定する境界値は、一般には残差の標準化データが±2以上ですが、±3以上で判定することもありますし、±2以上のデータ数の割合などで判定することもあります。なお、1つの要因に対するデータ数が30件より少ない場合は、±2を超えるデータが出やすいので、±2.5以内で判定します。

▶1つの要因に対するデータ数が多いほど、多少のズレは埋もれてしまうが、データ数が少ないと、ズレが目立ってしまうため、±2を超えるデータが出やすくなる。

●残差の標準化データ（客席数の場合）

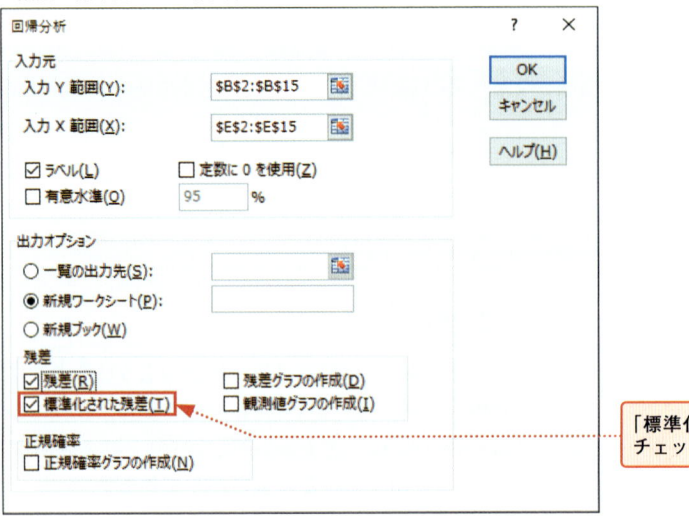

「標準化された残差」にチェックを入れる

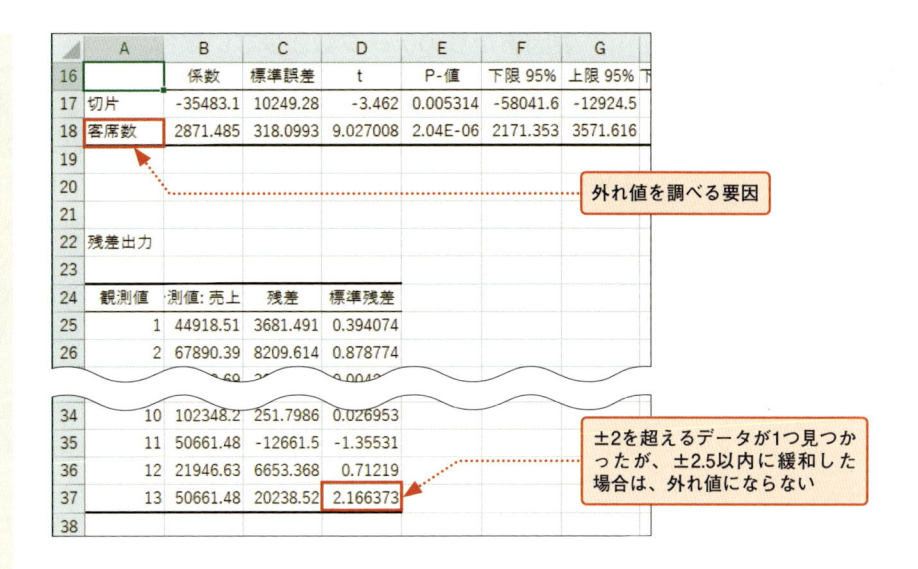

	A	B	C	D	E	F	G
16		係数	標準誤差	t	P-値	下限 95%	上限 95% 下
17	切片	-35483.1	10249.28	-3.462	0.005314	-58041.6	-12924.5
18	客席数	2871.485	318.0993	9.027008	2.04E-06	2171.353	3571.616
19							
20							
21							
22	残差出力						
23							
24	観測値	測値: 売上	残差	標準残差			
25	1	44918.51	3681.491	0.394074			
26	2	67890.39	8209.614	0.878774			
34	10	102348.2	251.7986	0.026953			
35	11	50661.48	-12661.5	-1.35531			
36	12	21946.63	6653.368	0.71219			
37	13	50661.48	20238.52	2.166373			
38							

外れ値を調べる要因

±2を超えるデータが1つ見つかったが、±2.5以内に緩和した場合は、外れ値にならない

Column　正規分布と外れ値

　P.168にあるとおり、残差は正規分布に従います。正規分布は左右対称の山の形をした分布です。正規分布は、確率分布であり、データがその値を取る確率を示しています。データはいろいろな値を取りますが、正規分布の場合は、それぞれのデータが平均値付近の値をとる確率が高く、平均値から離れた値になる確率は低くなることを示しています。外れ値は、正規分布の端の方に位置する値です。

　下の図は、標準化残差に対応できるように、平均値「0」、標準偏差「1」の正規分布を示しています。なお、平均値「0」標準偏差「1」の正規分布は標準正規分布と呼ばれます。

●標準正規分布と確率

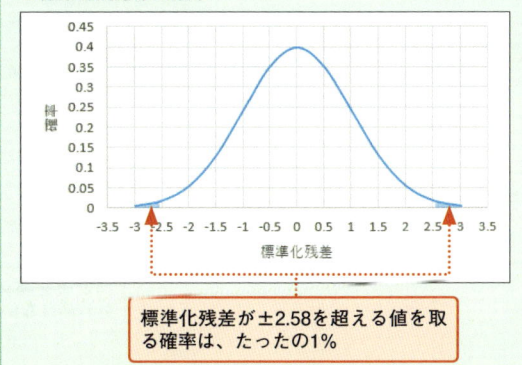

標準化残差が±2.58を超える値を取る確率は、たったの1%

　正規分布の横軸が標準化残差です。標準化残差が±1.96を超える確率は、プラスマイナスの両方で5%です。また、標準化残差が±2.58を超える確率は1%、さらに、±3を超えるようなら、0.3%です。1%や0.3%といった、めったに起こらないはずのデータは、外れ値と見なしましょうというのが、標準化残差の判定値の根拠です。なお、本書では、1.96や2.58を丸めて2や2.5と切りの良い数字を利用しています（→P.203）。

Column 要因あたりのデータ数が少ない場合

　P.168で残差はほぼ、誤差であり、誤差の分布は正規分布に従うと説明しましたが、正規分布に従うには、要因当たりのデータ数が30件程度必要になります。例題のように、13件の場合は、正規分布に良く似たt分布を使います。t分布は、データ数が30個程度になるとほぼ正規分布と同様になり、30個未満では、正規分布よりやや扁平で裾広がりの分布になります。

　分析ツールの「回帰分析」で求めた「標準化された残差」は平均が0、標準偏差が1の正規分布に当てはめた標準化データで「z値」と呼ばれます。z値と判定値±2を比較して外れ値があるかどうかを見ているのが、上述の方法です。

　t分布を使う場合は、「z値」に対応する「t値」と、正規分布の判定値±2（確率でいうと4.6%）に対応する、t分布の判定値を求めます。t値は、残差を標準誤差で割って求めます。標準誤差は、「回帰分析」で出力されており、セル「B7」に表示されています。t分布の判定値は、例題の13件の場合は、1を引いた12を自由度とする4.6%のt値になります。この値は、TINV関数で求めることができます。

●t値による判定

> 「=C25/$B$7」を入力してオートフィルでコピーする

> 「=TINV(4.6%,12)」プラス側のみ求めた。±2.23が判定値となる

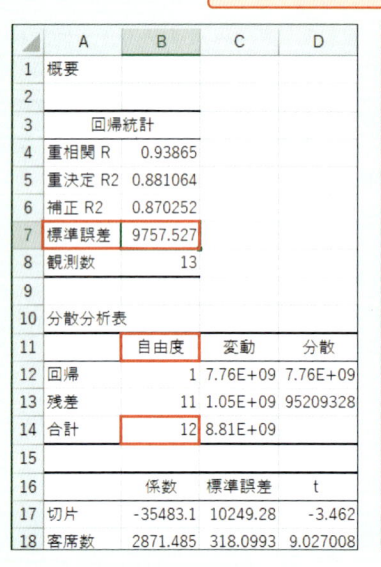

> 判定値を超えるデータはないため、外れ値はないと判定する

　t分布に従うとして判定すると、t値はz値（標準残差）より小さくなり、判定値は±2から±2.23に緩和されます。よって、要因あたりのデータ数が少ない場合に、標準誤差を見て外れ値をチェックする場合は、判定値±2より緩和して判定します。

売り上げを説明する要因の影響力を調べる

買い物に行く予定が、雨が降ってきたので取りやめにしたという経験はありませんか。販売する側からすると、雨のせいで来客が減少して売り上げダウンです。もし、日持ちのしない商品があれば、廃棄に追い込まれることもあります。ここでは、売り上げを説明する要因の影響力について分析します。

導入 ▶ ▶ ▶

事例　「何がどのくらい販売量に影響しているのか知りたい」

　小売店で日配品の管理を担当しているL氏は、商品の販売量が価格だけでなく、曜日や天気にも影響していると考え、商品の日次売り上げデータと天気データを1年分収集しました。天気データは、インターネットからデータを入手し、日照時間や天気概況をもとに「晴」「曇」「雨」の3パターンに振り分けました。

　L氏は、販売量に影響する要因として、曜日、祝日、特売日、天気、価格を検討しています。販売量を説明する要因の影響力を調べるにはどのようにすればいいでしょうか。

　店休日は毎年1月1日と6月15日です。特売は毎週火曜日に実施しています。商品の価格は、148円〜208円です。また、商品に季節変動はないものとします。

●売り上げデータ

	A	B	C	D	E	F	G
1	▽データ						
2	日付	曜日	祝日	特売日	価格	販売量	天気
3	2015/1/1	木	元旦		178	0	曇
4	2015/1/2	金			178	192	晴
5	2015/1/3	土			198	248	晴
6	2015/1/4	日			178	277	晴
364	2015/12/28	月			178	100	晴
365	2015/12/29	火		○	148	228	晴
366	2015/12/30	水			178	191	晴
367	2015/12/31	木			178	182	晴
368							

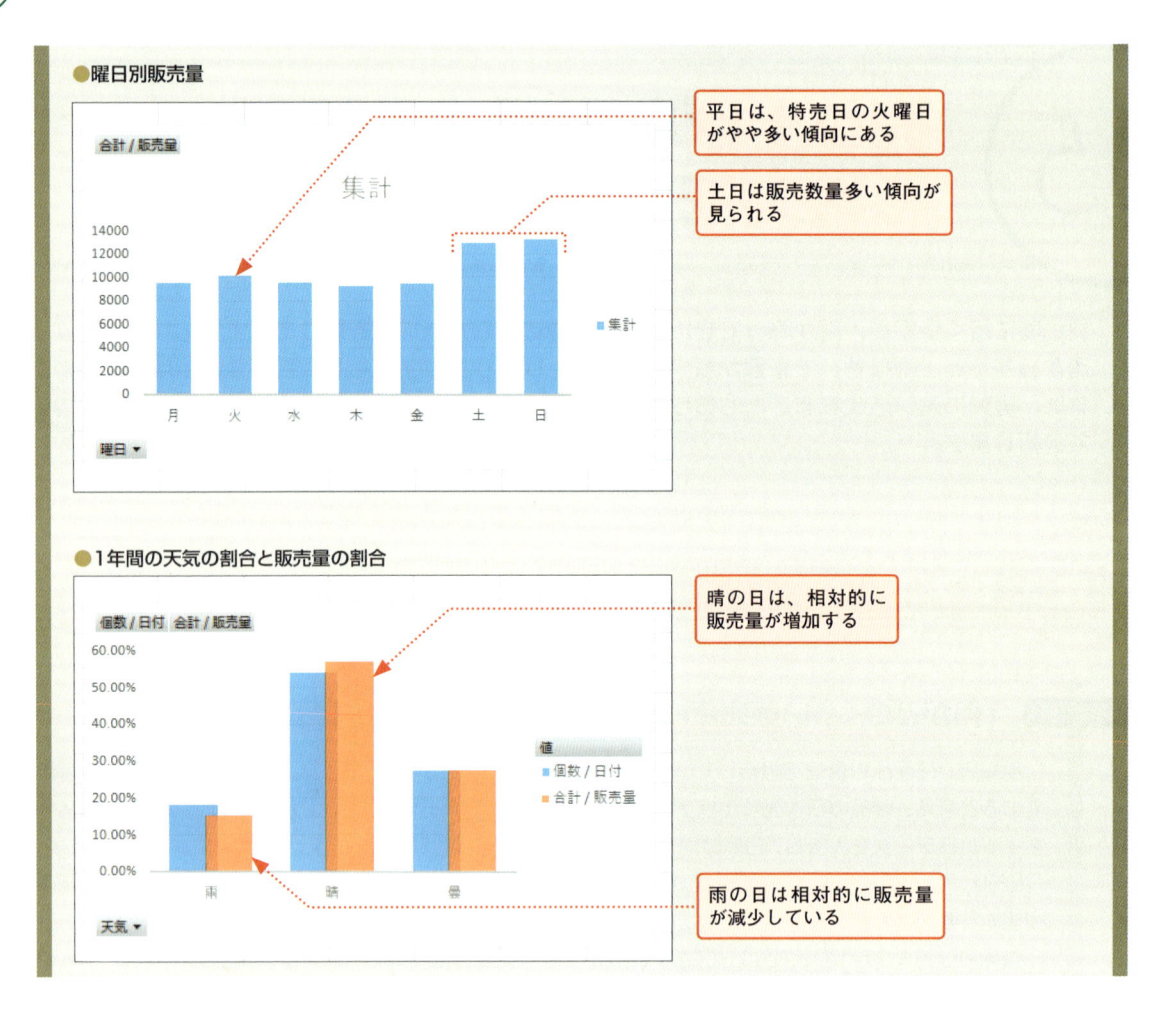

●曜日別販売量

合計 / 販売量

集計

平日は、特売日の火曜日がやや多い傾向にある

土日は販売数量多い傾向が見られる

■集計

月　火　水　木　金　土　日

曜日 ▾

●1年間の天気の割合と販売量の割合

個数 / 日付　合計 / 販売量

晴の日は、相対的に販売量が増加する

値
■ 個数 / 日付
■ 合計 / 販売量

雨　晴　曇

雨の日は相対的に販売量が減少している

天気 ▾

▶ 定性データを定量化して回帰分析を行う

▶定性データを定量化
する
→P.14

データの冗長性
▶ムダを省いて簡潔にすること。「有／無」のどちらかを取る場合、「有」なら「無」でない、「無」なら「有」でないことは自明のため、「有」「無」の2欄は必要なくどちらかを排除して1欄にする。

　検討する要因のうち、定量データは価格データのみで、曜日や天気などはすべて定性データです。定性データは、定性データの要素名で列項目を作り、要素名であるかどうかを1と0で表現して定量化します。またデータの冗長性を排除するため、各要因の要素名を1つずつ除外します。要因の影響力は、外れ値や多重共線性をチェックしたあと、「回帰分析」を実施してP値とt値で調べます。回帰分析は回帰式から予測値を求めるだけでなく、要因の影響力の分析にも利用できます。

（MEMO）　**正式な分析名と用語**

　目的を説明するデータが定量データの場合は、重回帰分析といいますが、定性データを1と0に定量化して目的を説明する場合は、数量化理論Ⅰ類といいます。目的を説明するデータが定量データか定性データかの違いで分析名が変わりますが、分析方法は回帰分析と同じです。
　また、曜日を構成する「月」「火」「水」などの要素名は水準、もしくは、カテゴリーといい、定性データを1と0に定量化するために用意した各水準はダミー変数といいます。

MEMO **要因に指定できる数は16個まで**

　分析ツールの「回帰分析」に指定できる要因の数は16個までです。通常は問題ありませんが、定性データを定量化して使う場合は数が多くなり、足りない場合があります。たとえば、日付の「月」が目的を説明する要因になる場合は、要素が12か月分あり、冗長性を排除しても11個です。「曜日」「祝日」「イベントデー」などを追加すれば、カレンダーにまつわる要因だけで16個を突破してしまいます。足りない場合は、P.186のような目的と要因のグラフを作成して特徴を観察します。特徴に応じて、曜日は平日と土日の2種類にする、月は繁忙期と閑散期の目立つ月だけにするといった具合で要因の数を調整します。

　要因をまとめたり、取捨選択したりすることが困難な場合は、要因ごとに回帰分析を実施し、補正R2、P値、t値などの観察から要因を取捨選択し、徐々に要因を追加します。たとえば、最初に「月」で回帰分析し、次に使える月数と「曜日」を回帰分析します。要因を取捨選択後、「イベントデー」を追加して回帰分析をするという手順です。このほか、「月」だけの回帰分析、「曜日」だけの回帰分析なども実施し、総合的に要因を取捨選択します。

実践 ▶ ▶ ▶

▶ 用意するビジネスデータ

　売り上げデータと売り上げを説明する要因データを準備します。定性データは要因の要素名を列項目に列挙しておきます。また、回帰分析では、要因を一続きのセル範囲で指定するため、「価格」データは定量化した定性データに隣接させておきます。

サンプル
4-05

●回帰分析用要因データ

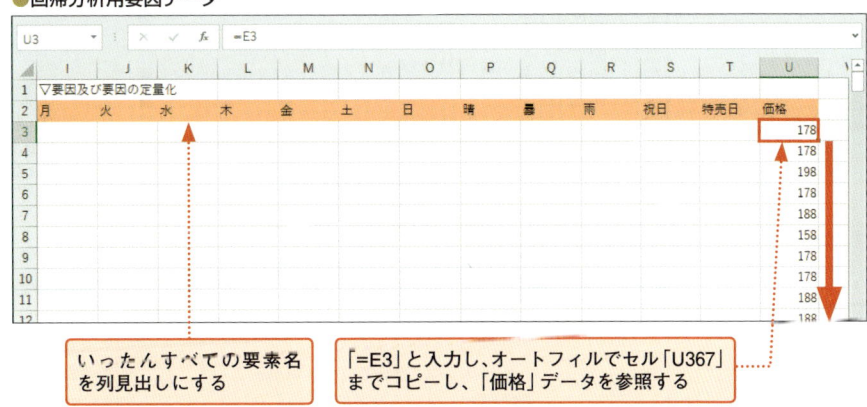

いったんすべての要素名を列見出しにする

「=E3」と入力し、オートフィルでセル「U367」までコピーし、「価格」データを参照する

▶ Excelの操作① : 外れ値をチェックする

　ここでは、フィルターを用いて、価格と販売量に異常な値がないかをチェックします。見つかったら内容を確認し、必要に応じて行ごと削除または移動します。

▶ 散布図で外れ値を見つける
→P.159

フィルターを設定して価格と販売量を確認する

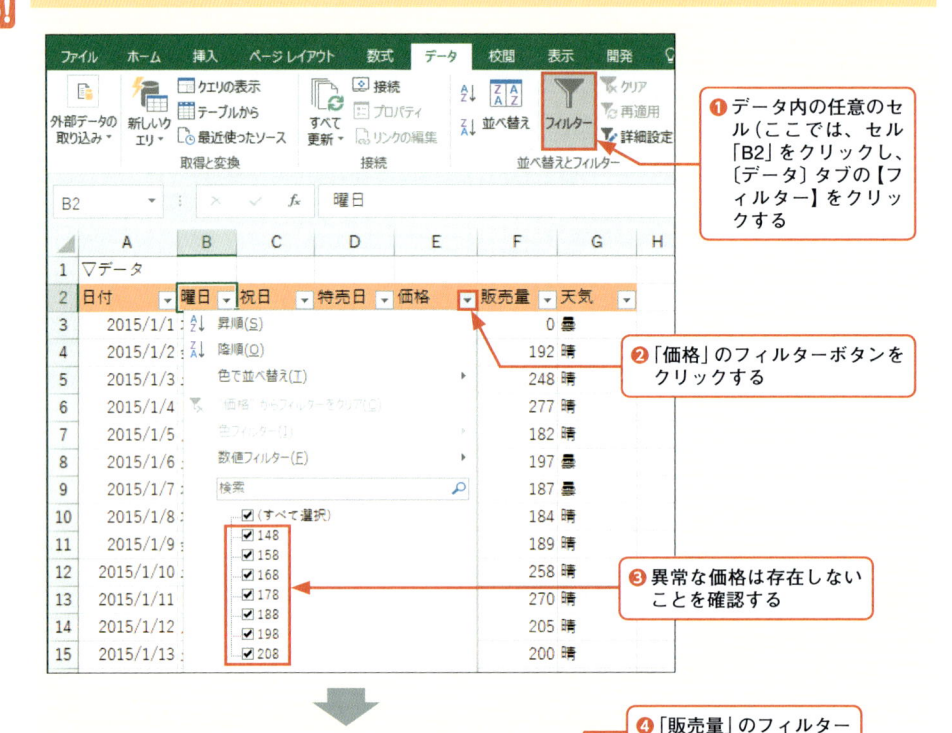

❶ データ内の任意のセル（ここでは、セル「B2」をクリックし、〔データ〕タブの【フィルター】をクリックする

❷「価格」のフィルターボタンをクリックする

❸ 異常な価格は存在しないことを確認する

▶手順❺は「(すべて選択)」のチェックを外したあと、「0」にチェックを入れると効率よく操作できる。

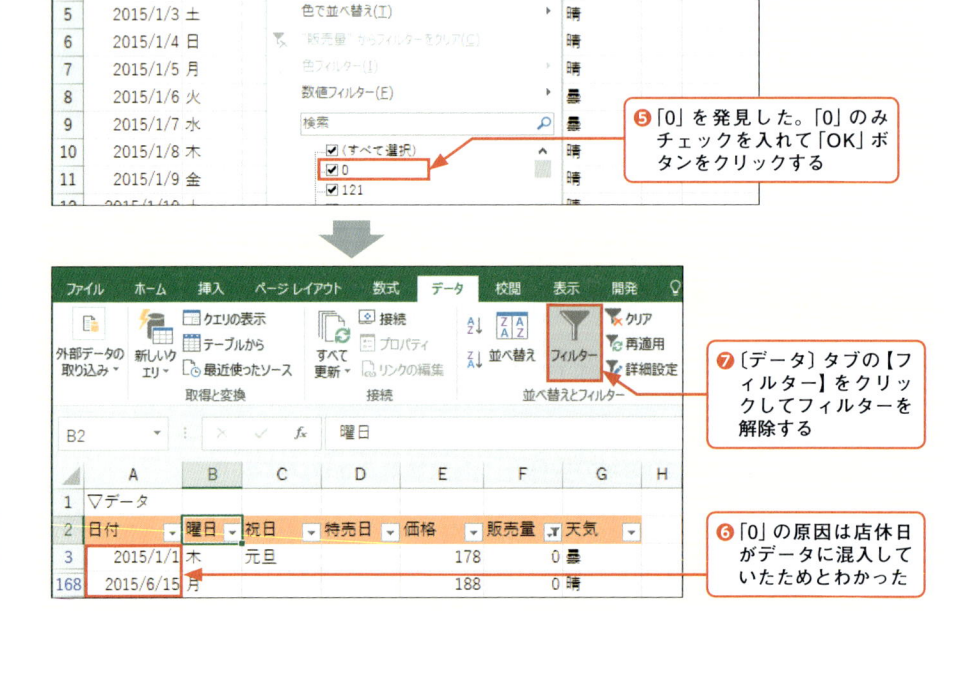

❹「販売量」のフィルターボタンをクリックする

❺「0」を発見した。「0」のみチェックを入れて「OK」ボタンをクリックする

❼〔データ〕タブの【フィルター】をクリックしてフィルターを解除する

❻「0」の原因は店休日がデータに混入していたためとわかった

▶移動は、3行目の行番号をクリックして Ctrl ＋ X を押し、貼り付け先の行番号を右クリックして【切り取ったセルの挿入】をクリックする。「2015/6/15」の行も同様に操作する。

	A	B	C	D	E	F	G	H
365	2015/12/31	木			178	182	晴	
366								
367								
368	2015/1/1	木	元旦		178	0	曇	
369	2015/6/15	月			188	0	晴	
370								

❽見つかったデータは、データの末尾から1行以上空けて移動し、外れ値が除外された

▶天気情報を定量化する
→P.15

▶データの冗長性を排除する
→P.17

▶ Excelの操作②：定性データを定量化し、冗長データを除外する

　定性データの定量化はIF関数を使って処理します。曜日と天気は、要素名が一致する場合に1、祝日と特売日は、セルが空白でない場合に1とします。

　除外する要因は、天気、曜日から1つずつですが、今回は特売日が毎週火曜日です。曜日から「火」を除外しても、特売日は火曜日と同じであるため、曜日から冗長データを除外したことになりません。よって、もう1つ曜日を除外します。ここでは、天気の「曇」と曜日の「火」「水」を除外します。

やってみよう！

定性データを1と0に定量化する

●セル「I3」「P3」「S3」に入力する式

I3	=IF($B3=I$2,1,0)	P3	=IF($G3=P$2,1,0)	S3	=IF(C3<>"",1,0)

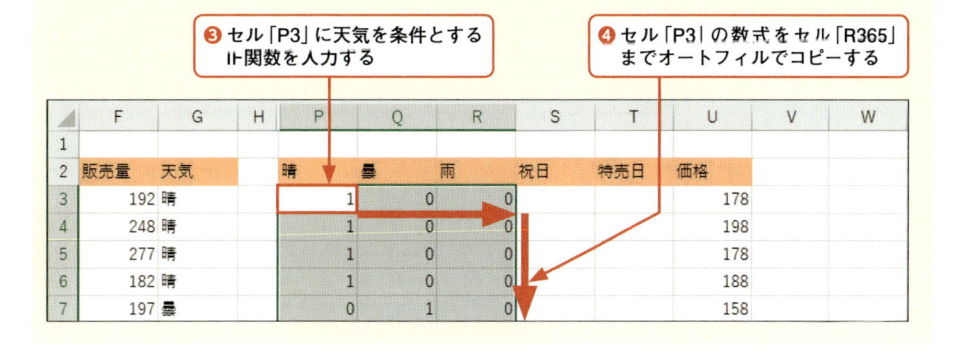

❶セル「I3」に曜日を条件とするIF関数を入力する

❷セル「I3」の数式をセル「O365」までオートフィルでコピーする

	A	B	H	I	J	K	L	M	N	O	P
1	▽データ			▽要因及び要因の定量化							
2	日付	曜日		月	火	水	木	金	土	日	晴
3	2015/1/2	金		0	0	0	0	1	0	0	
4	2015/1/3	土		0	0	0	0	0	1	0	
5	2015/1/4	日		0	0	0	0	0	0	1	
6	2015/1/5	月		1	0	0	0	0	0	0	
7	2015/1/6	火		0	1	0	0	0	0	0	

▶手順❹は、セル「R3」までオートフィルでコピーし、セル「R3」のフィルハンドルをダブルクリックするとデータが入った末尾行までコピーされる。

❸セル「P3」に天気を条件とするIF関数を入力する

❹セル「P3」の数式をセル「R365」までオートフィルでコピーする

	F	G	H	P	Q	R	S	T	U	V	W
1											
2	販売量	天気		晴	曇	雨	祝日	特売日	価格		
3	192	晴		1	0	0			178		
4	248	晴		1	0	0			198		
5	277	晴		1	0	0			178		
6	182	晴		1	0	0			188		
7	197	曇		0	1	0			158		

CHAPTER 01
CHAPTER 02
CHAPTER 03
CHAPTER 04
CHAPTER 05

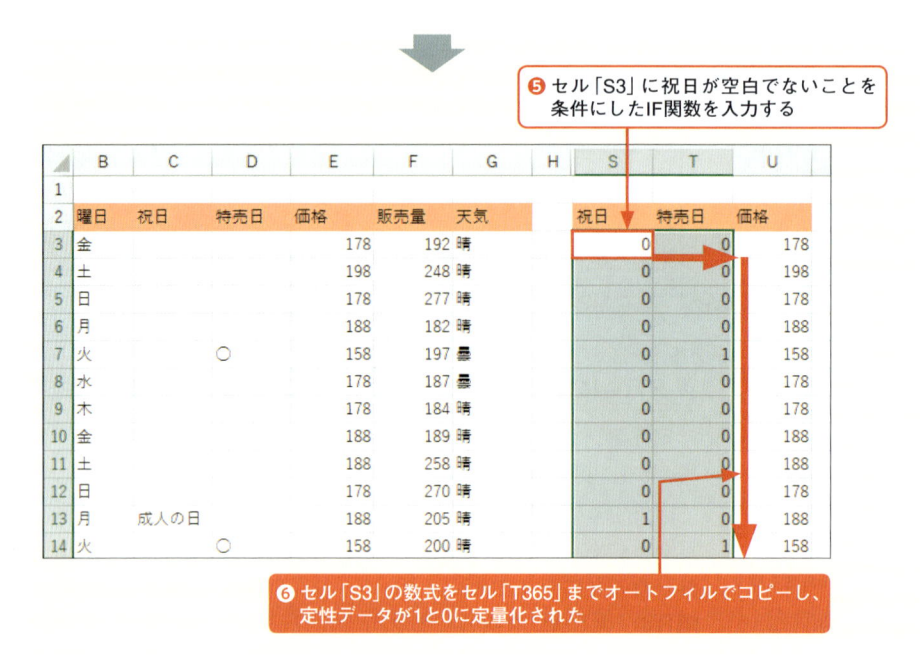

❺ セル「S3」に祝日が空白でないことを条件にしたIF関数を入力する

❻ セル「S3」の数式をセル「T365」までオートフィルでコピーし、定性データが1と0に定量化された

冗長データを移動する

❶ 列番号「J」「K」をドラッグし、[Ctrl]＋[X]を押す

❷ 末尾の列より、1列以上空けて（ここではW列）右クリックし、【切り取ったセルの挿入】をクリックする

▶【切り取ったセルの挿入】を選択すると、切り取った「火」「水」の列が詰められる。

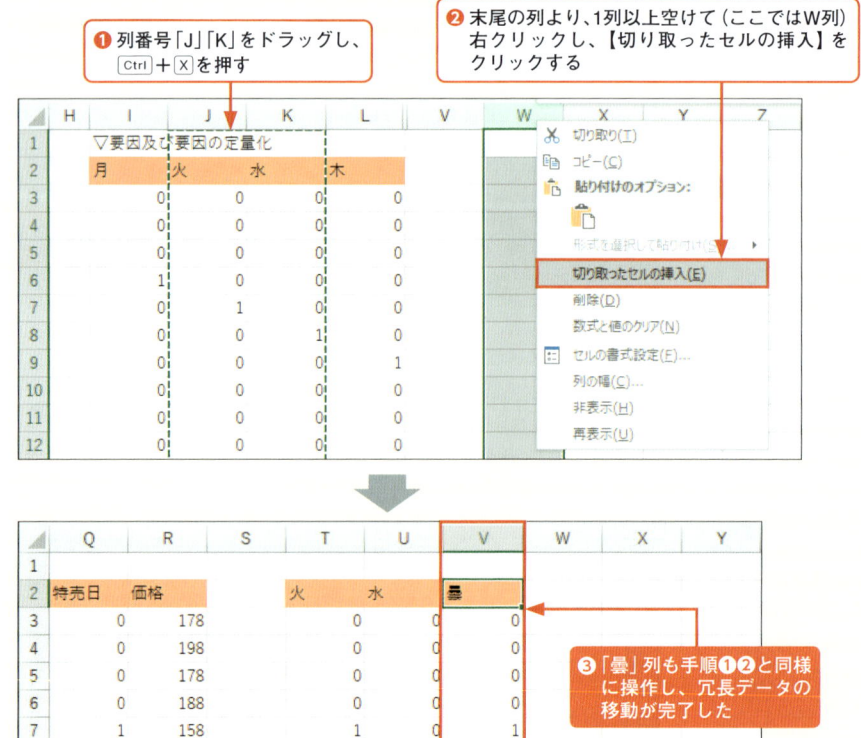

❸「曇」列も手順❶❷と同様に操作し、冗長データの移動が完了した

▶ Excelの操作③：多重共線性をチェックする

データ分析の「相関」を利用して多重共線性をチェックします。多重共線性は要因同士の相関のみで確認できますが、ここでは、目的変数の「販売量」と要因の相関も合わせてチェックします。そのため、一時的に「販売量」をS列にコピーしておきます。

要因同士の相関と目的と要因の相関を求める

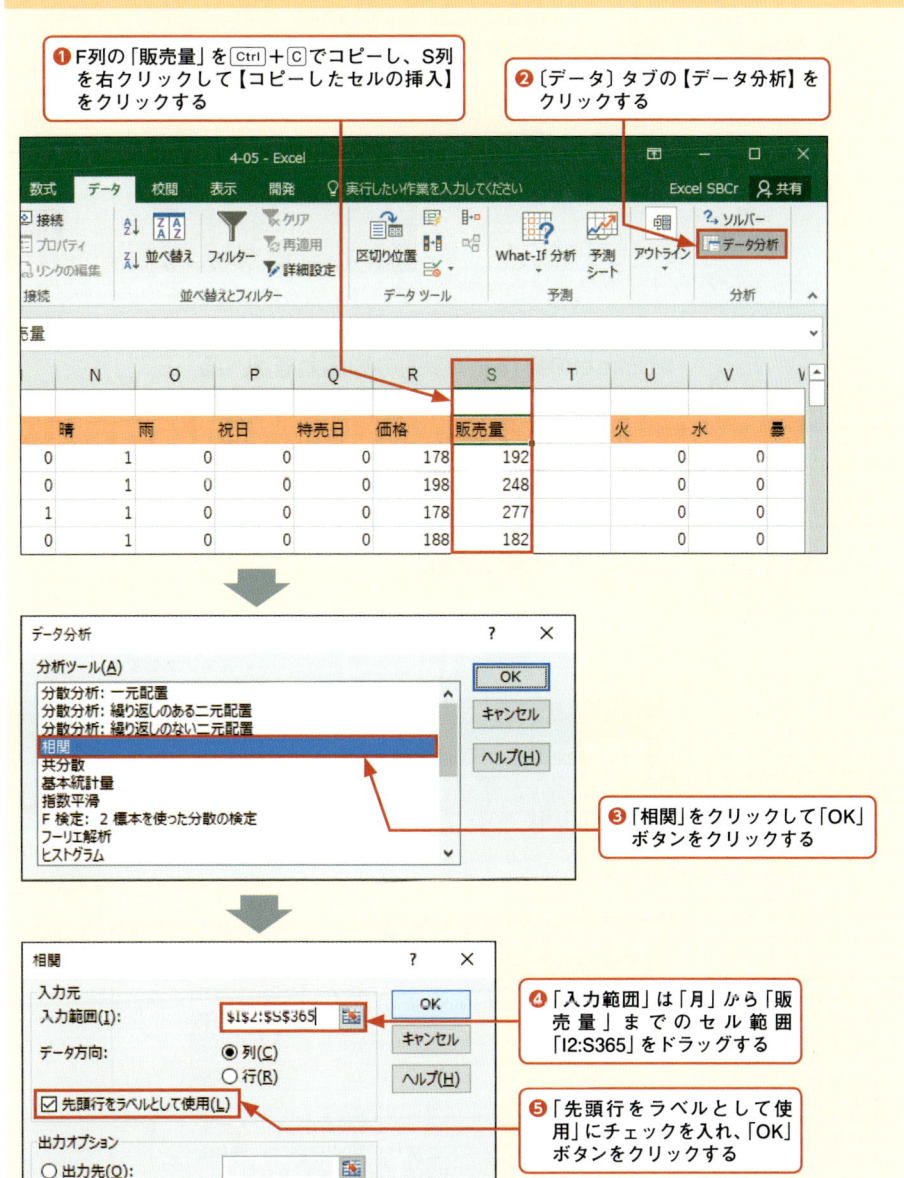

❶ F列の「販売量」を Ctrl + C でコピーし、S列を右クリックして【コピーしたセルの挿入】をクリックする

❷ 〔データ〕タブの【データ分析】をクリックする

❸ 「相関」をクリックして「OK」ボタンをクリックする

❹ 「入力範囲」は「月」から「販売量」までのセル範囲「I2:S365」をドラッグする

❺ 「先頭行をラベルとして使用」にチェックを入れ、「OK」ボタンをクリックする

▶手順❹はセル「I2」をクリックし、Ctrl + Shift + →、つづけて Ctrl + Shift + ↓ を押すと効率よく選択できる。

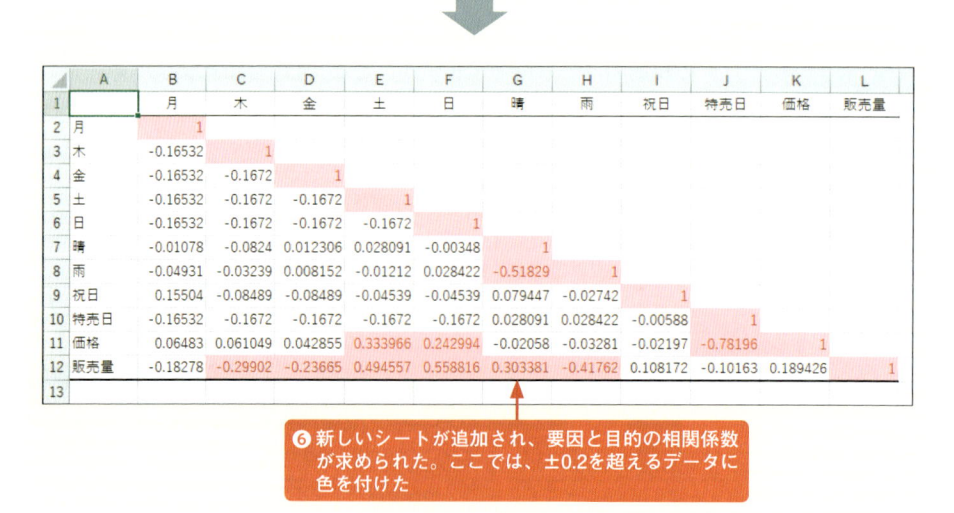

▶販売量は土日と雨に中程度の相関がある。要因同士では、特売日（火曜日）と価格、晴と雨にやや強い相関が見られるが、要因を削除するほどの強さではない。

▶一時的にコピーした「操作」シートの「S」列は削除する。

❻新しいシートが追加され、要因と目的の相関係数が求められた。ここでは、±0.2を超えるデータに色を付けた

▶ Excelの操作④：要因の影響力を調べる

定量化した定性データと価格データを要因とし、販売量を目的とする回帰分析を実行します。分析結果から、補正R2と各要因のP値とt値を確認し、要因の影響力がひと目でわかるようにt値をグラフに表示します。

回帰分析を実行する

❷〔データ〕タブの【データ分析】をクリックする

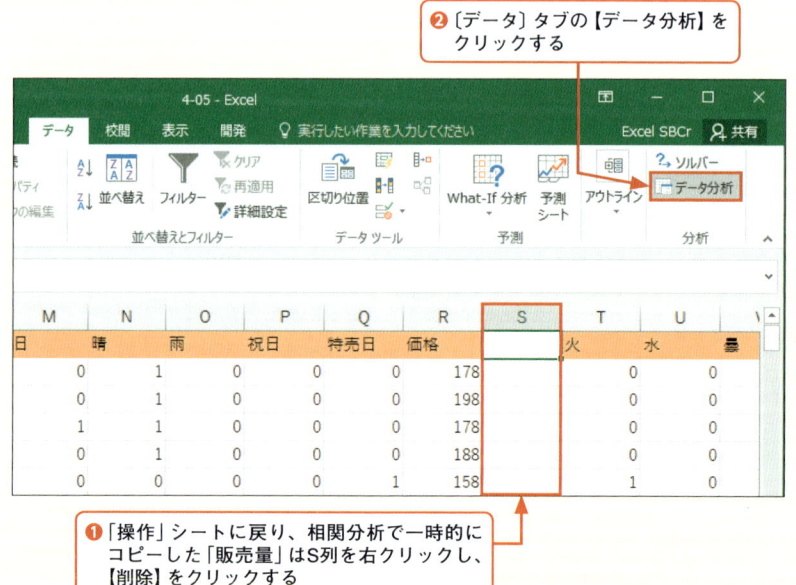

❶「操作」シートに戻り、相関分析で一時的にコピーした「販売量」はS列を右クリックし、【削除】をクリックする

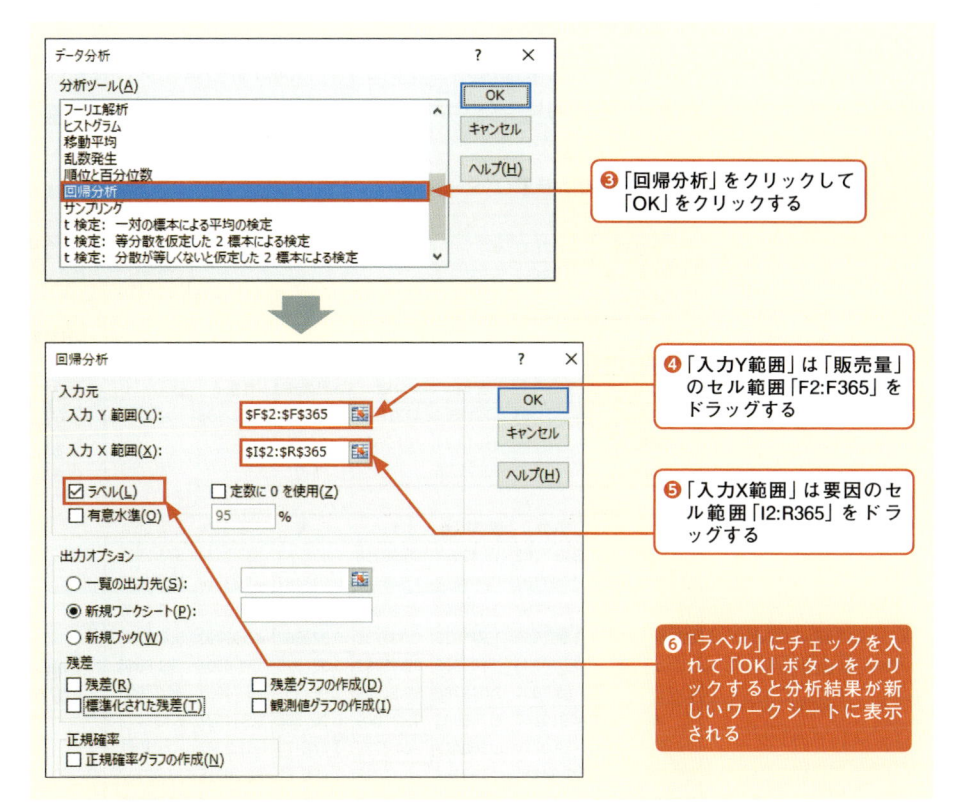

❸「回帰分析」をクリックして「OK」をクリックする

▶回帰分析結果は、結果の読み取りP.194で解説する。

❹「入力Y範囲」は「販売量」のセル範囲「F2:F365」をドラッグする

❺「入力X範囲」は要因のセル範囲「I2:R365」をドラッグする

❻「ラベル」にチェックを入れて「OK」ボタンをクリックすると分析結果が新しいワークシートに表示される

t値の縦棒グラフを作成する

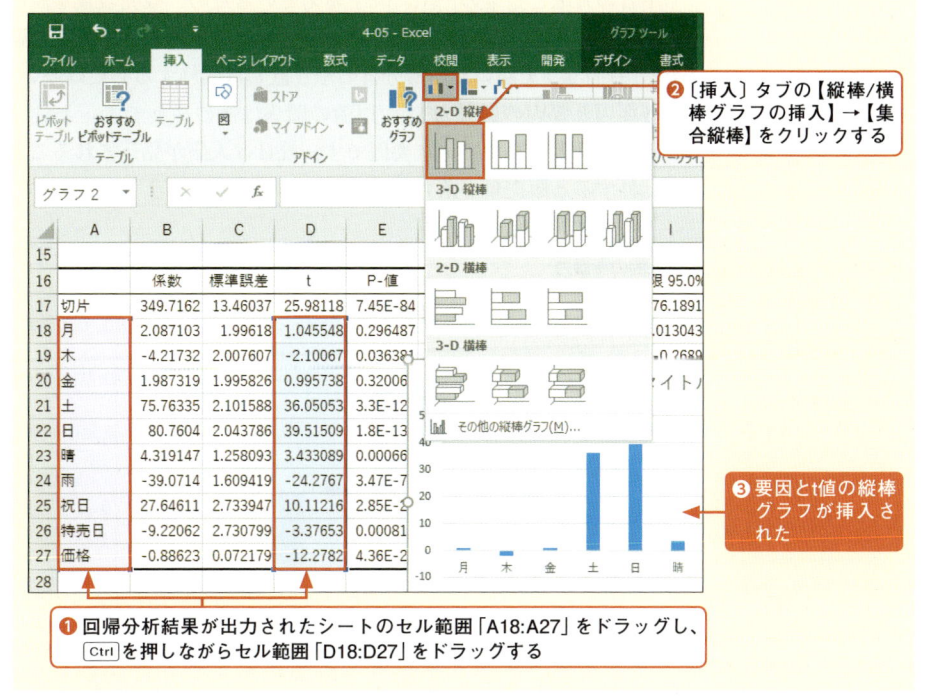

❷〔挿入〕タブの【縦棒/横棒グラフの挿入】→【集合縦棒】をクリックする

❸要因とt値の縦棒グラフが挿入された

❶回帰分析結果が出力されたシートのセル範囲「A18:A27」をドラッグし、[Ctrl]を押しながらセル範囲「D18:D27」をドラッグする

CHAPTER 01
CHAPTER 02
CHAPTER 03
CHAPTER 04
CHAPTER 05

▶ 結果の読み取り

回帰分析の結果は次のとおりです。相関分析の販売量と各要因の相関係数で確認したとおり、土日と雨については、係数とt値が大きく、販売に影響していることがわかります。

●回帰分析の出力結果（パターン①）

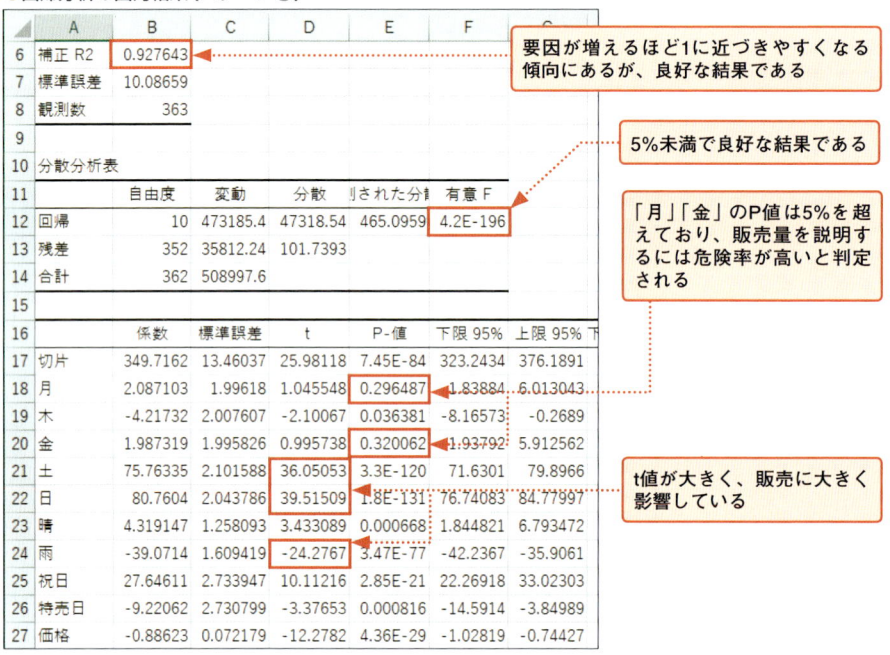

	A	B	C	D	E	F	G
6	補正 R2	0.927643					
7	標準誤差	10.08659					
8	観測数	363					
9							
10	分散分析表						
11		自由度	変動	分散	測された分	有意 F	
12	回帰	10	473185.4	47318.54	465.0959	4.2E-196	
13	残差	352	35812.24	101.7393			
14	合計	362	508997.6				
15							
16		係数	標準誤差	t	P-値	下限 95%	上限 95% 下
17	切片	349.7162	13.46037	25.98118	7.45E-84	323.2434	376.1891
18	月	2.087103	1.99618	1.045548	0.296487	-1.83884	6.013043
19	木	-4.21732	2.007607	-2.10067	0.036381	-8.16573	-0.2689
20	金	1.987319	1.995826	0.995738	0.320062	-1.93792	5.912562
21	土	75.76335	2.101588	36.05053	3.3E-120	71.6301	79.8966
22	日	80.7604	2.043786	39.51509	1.8E-131	76.74083	84.77997
23	晴	4.319147	1.258093	3.433089	0.000668	1.844821	6.793472
24	雨	-39.0714	1.609419	-24.2767	3.47E-77	-42.2367	-35.9061
25	祝日	27.64611	2.733947	10.11216	2.85E-21	22.26918	33.02303
26	特売日	-9.22062	2.730799	-3.37653	0.000816	-14.5914	-3.84989
27	価格	-0.88623	0.072179	-12.2782	4.36E-29	-1.02819	-0.74427

要因が増えるほど1に近づきやすくなる傾向にあるが、良好な結果である

5%未満で良好な結果である

「月」「金」のP値は5%を超えており、販売量を説明するには危険率が高いと判定される

t値が大きく、販売に大きく影響している

平日の月曜と金曜のP値は5%を超えているため、販売数量を説明する要因には適していません。しかし、月曜と金曜の係数を見ると、ともに「2」程度の販売量しか変わらないので、「月」「金」を除いた回帰分析のやり直しは実施する必要はないと判断します。

各要因と要因の影響力を示すt値の関係は次の通りです。土日は販売量の大きなプラス要因、雨は大きなマイナス要因です。祝日は人出が見込まれることからプラス要因、価格は上昇すると販売量が落ちる傾向にあるため、マイナス要因です。

●要因の影響力

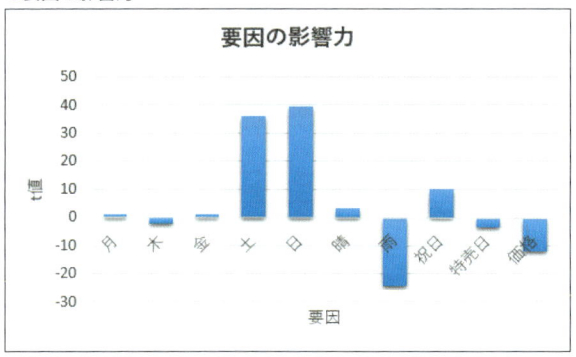

　ところが、特売日がマイナス要因です。通常、特売日は良く売れるのでプラス要因になると考えられます。P.192の相関分析では、価格と特売日の相関が強かったため、多重共線性の疑いがあります。そこで、特売日を除外し、水曜日を要因に入れて回帰分析をすると次のようになります。

●特売日を除外し、水曜日を要因に入れた場合（パターン②）

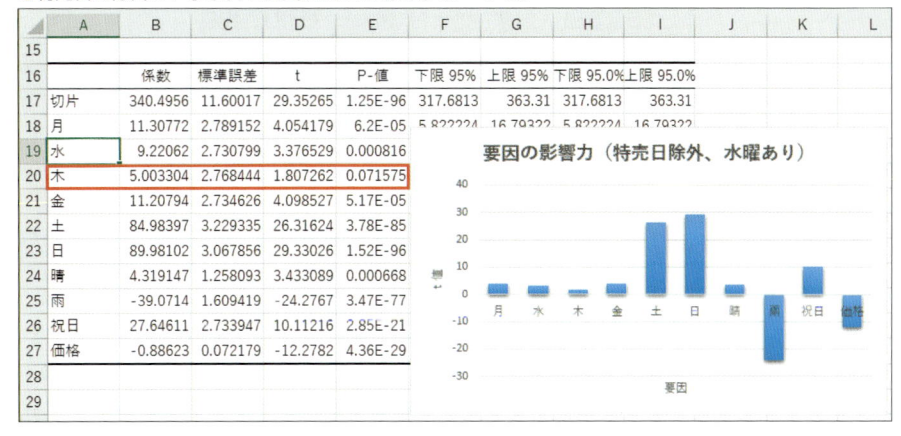

	A	B	C	D	E	F	G	H	I	J	K	L
15												
16		係数	標準誤差	t	P-値	下限 95%	上限 95%	下限 95.0%	上限 95.0%			
17	切片	340.4956	11.60017	29.35265	1.25E-96	317.6813	363.31	317.6813	363.31			
18	月	11.30772	2.789152	4.054179	6.2E-05	5.822224	16.79322	5.822224	16.79322			
19	水	9.22062	2.730799	3.376529	0.000816							
20	木	5.003304	2.768444	1.807262	0.071575							
21	金	11.20794	2.734626	4.098527	5.17E-05							
22	土	84.98397	3.229335	26.31624	3.78E-85							
23	日	89.98102	3.067856	29.33026	1.52E-96							
24	晴	4.319147	1.258093	3.433089	0.000668							
25	雨	-39.0714	1.609419	-24.2767	3.47E-77							
26	祝日	27.64611	2.733947	10.11216	2.85E-21							
27	価格	-0.88623	0.072179	-12.2782	4.36E-29							
28												
29												

要因の影響力（特売日除外、水曜あり）

　木曜日のP値が高くなり、t値も2未満ですが、他の曜日は利用可能となります。土日は販売量の大きなプラス要因、雨は大きなマイナス要因となる傾向、祝日と価格の要因の傾向も同じです。

　ここで、特売日ありのパターンを①、特売日を除外し水曜日を入れたパターンを②として考察します。

●パターン①を採用する場合の考察

　特売日は平日の火曜日に実施され、商品は需要の価格弾力性が低い日配品である。他の平日と同様、もしくは、特売日の効果は需要の価格弾力性の高い商品に奪われ、日配品にとっては特売日がマイナス要因に働いたと考える。火曜日が他の平日より販売量が多いのは、価格要因による影響が大きく、通常より安くなった価格がプラス要因に働くことで、特売日のマイナス要因をカバーし、トータルではプラスになっている。

●パターン②を採用する場合の考察

　特売日は価格「148 〜 168」で、特売日以外の価格は「178 〜 208」になる。特売日とは価格が「148 〜 168」の言い換えであり、同じ影響を重ねている多重共線性の問題が発生している。火曜日も特売日も要因からなくなるが、通常価格より安い値段が火曜日と特売日を示しているので、価格要因で説明できる。

　現時点ではパターン②に軍配が上がり、パターン①は採用できません。もし、パターン①を採用する場合は、少なくとも、需要の価格弾力性の高い商品で同じ回帰分析を実施し、特売日に大きなプラス要因が働くことを示す必要があります。また、需要の価格弾力性の

需要の価格弾力性
▶価格が変化したときの数量の変化を見る指標。一般にぜいたく品は価格が下がると販売量が伸びる。これを弾力的、または、弾力性が高いという。→P.105

高い商品と日配品の売り上げ全体に占める割合が特売日と他の平日との間で差が出ることも示す必要があります。

パターン①②は特売日をどう扱うかで考察が分かれましたが、全体の傾向は同じです。改めてまとめておきます。

販売量に影響する主な要因

プラス要因　　：曜日の土日（週末）、および、祝日
マイナス要因　：天気の雨、および、価格上昇

発展 ▶ ▶ ▶

▶ Webデータをワークシートに読み込む

省庁のホームページなどにある統計情報はExcel形式で提供されているため、ダウンロードして利用することができます。ほかにもリスト形式の表はWebクエリを利用して取り込むことができます。ここでは、気象庁のホームページ（http://www.jma.go.jp/jma/index.html）を例にリスト形式のデータをExcelに取り込む方法を紹介します。

Webページのアドレスをコピーする

▶2016年1月11日現在の
ページ内容を元に操作
を紹介する。

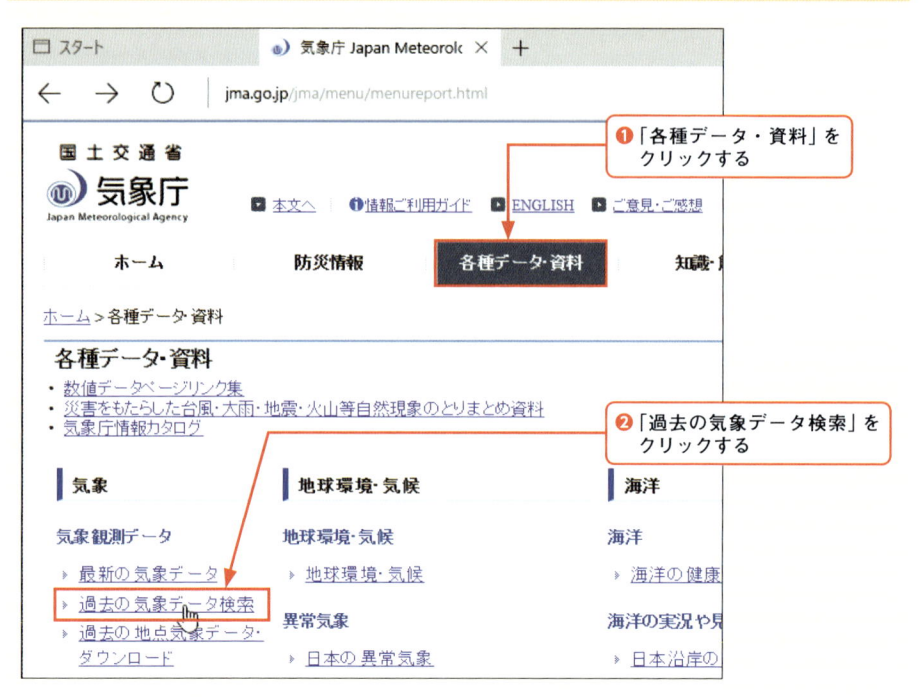

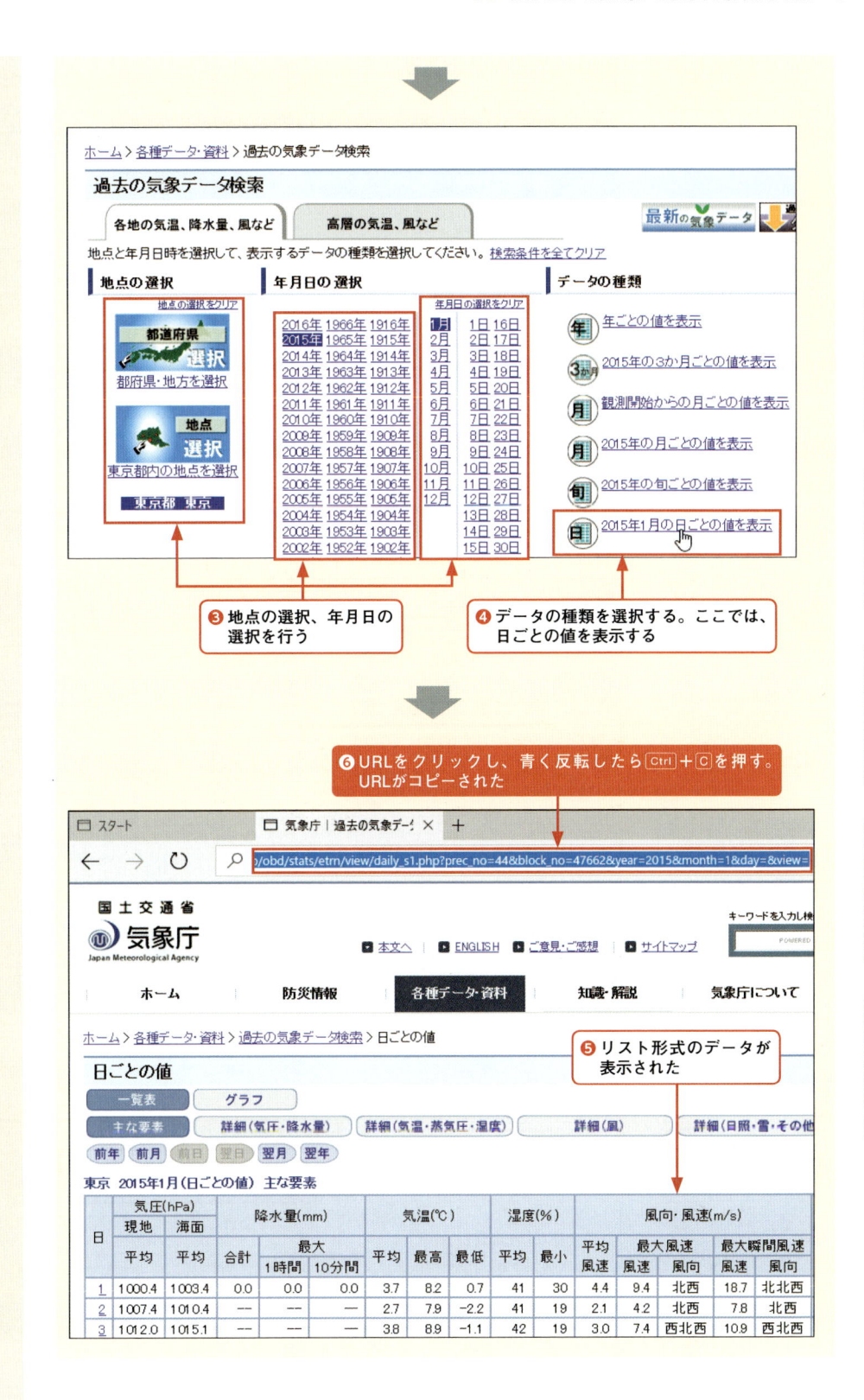

❸ 地点の選択、年月日の選択を行う

❹ データの種類を選択する。ここでは、日ごとの値を表示する

❻ URLをクリックし、青く反転したら Ctrl + C を押す。URLがコピーされた

❺ リスト形式のデータが表示された

東京 2015年1月（日ごとの値）主な要素

日	気圧(hPa)		降水量(mm)			気温(℃)			湿度(%)		風向・風速(m/s)				
	現地	海面	合計	最大		平均	最高	最低	平均	最小	平均風速	最大風速		最大瞬間風速	
	平均	平均		1時間	10分間							風速	風向	風速	風向
1	1000.4	1003.4	0.0	0.0	0.0	3.7	8.2	0.7	41	30	4.4	9.4	北西	18.7	北北西
2	1007.4	1010.4	---	---	---	2.7	7.9	-2.2	41	19	2.1	4.2	北西	7.8	北西
3	1012.0	1015.1	---	---	---	3.8	8.9	-1.1	42	19	3.0	7.4	西北西	10.9	西北西

Excelにデータを読み込む

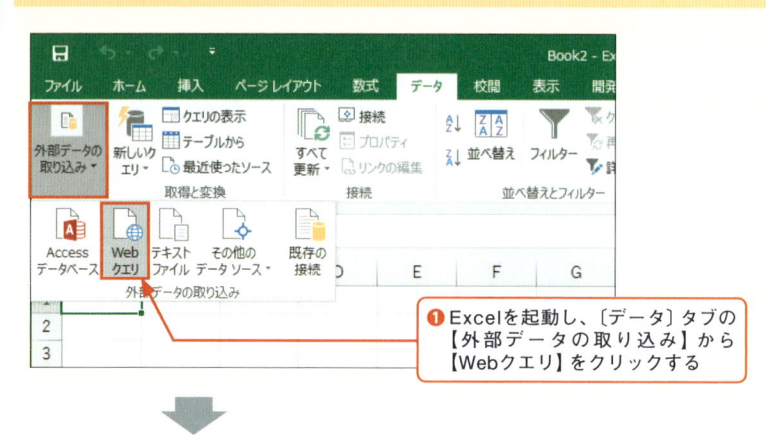

❶ Excelを起動し、〔データ〕タブの【外部データの取り込み】から【Webクエリ】をクリックする

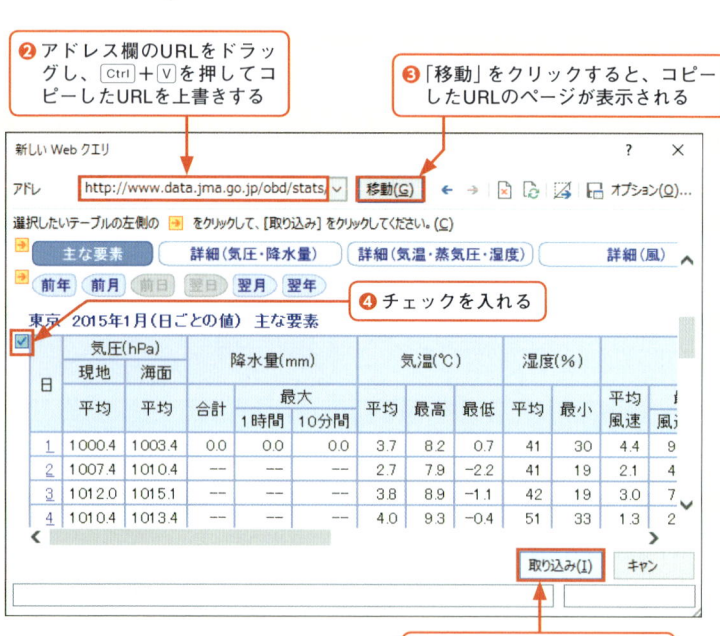

❷ アドレス欄のURLをドラッグし、Ctrl＋Vを押してコピーしたURLを上書きする

❸ 「移動」をクリックすると、コピーしたURLのページが表示される

❹ チェックを入れる

❺ 「取り込み」をクリックする

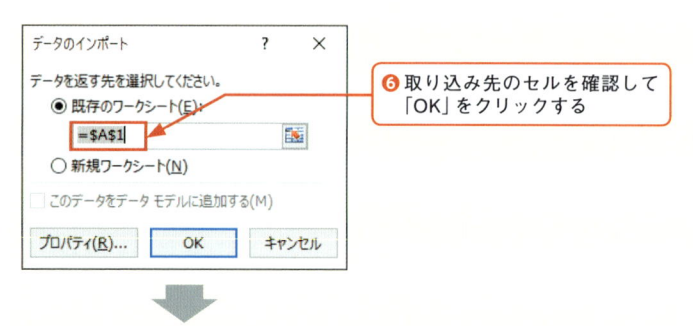

❻ 取り込み先のセルを確認して「OK」をクリックする

	A	B	C	D	E	F	G	H	I	J	K	L
1	日	気圧(hPa)		降水量(mm)			気温(℃)			湿度(%)		風向・風速(m/s)
2		現地	海面									
3		平均	平均	合計	最大		平均	最高	最低	平均	最小	平均
4					1時間	10分間						風速
5	1	1000.4	1003.4	0	0	0	3.7	8.2	0.7	41	30	4.4
6	2	1007.4	1010.4	--	--	--	2.7	7.9	-2.2	41	19	2.1
7	3	1012	1015.1	--	--	--	3.8	8.9	-1.1	42	19	3
8	4	1010.4	1013.4	--	--	--	4	9.3	-0.4	51	33	1.3
9	5	1014.6	1017.5	--	--	--	6.9	12.9	1.3	56	29	2.4
10	6	1000.6	1003.5	6.5	5	1.5	10.8	16	5.8	64	40	5.2

❼ ワークシートにデータが取り込まれた

(MEMO) **Excel2016でWebデータを取り込む**

Excel2016では、〔データ〕タブの【新しいクエリ】からWebデータを取り込むことができます。なお、Excel2010/2013でPowerQueryをアドインできる場合は、〔POWER QUERY〕タブの【Webから】ボタンで同様に操作できます。操作方法は次の通りです。あらかじめ、取り込みたいページのURLはコピーし、Excelを起動します。

Excel2010/2013
▶アドインのPowerQueryはマイクロソフトダウンロードセンターから入手可能だが、Excel 2010は「Microsoft Office 2010 Professional Plus」が必要である。

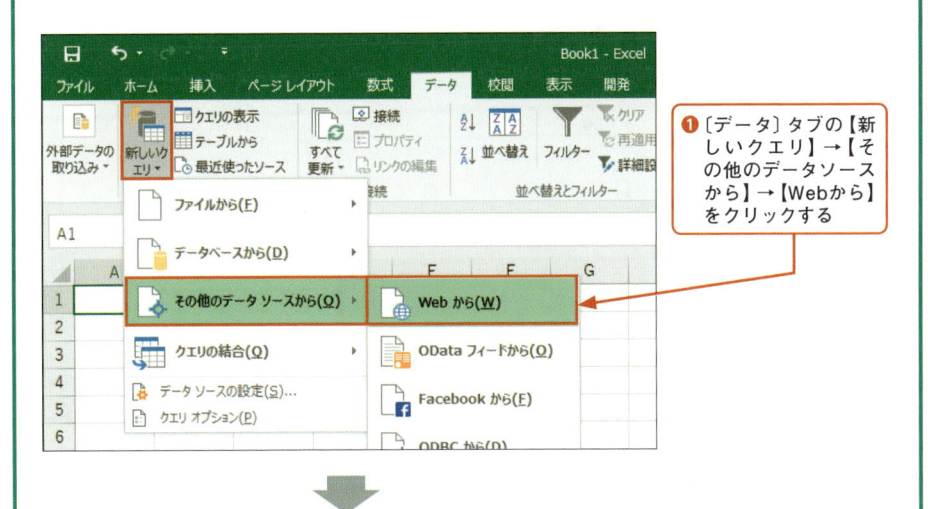

❶〔データ〕タブの【新しいクエリ】→【その他のデータソースから】→【Webから】をクリックする

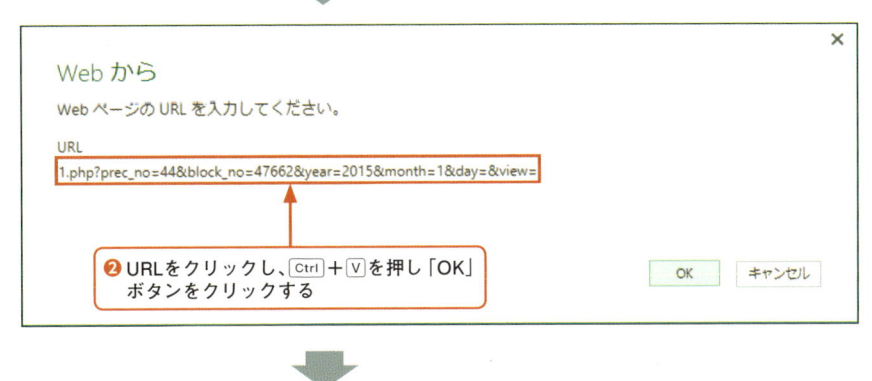

❷URLをクリックし、[Ctrl]+[V]を押し「OK」ボタンをクリックする

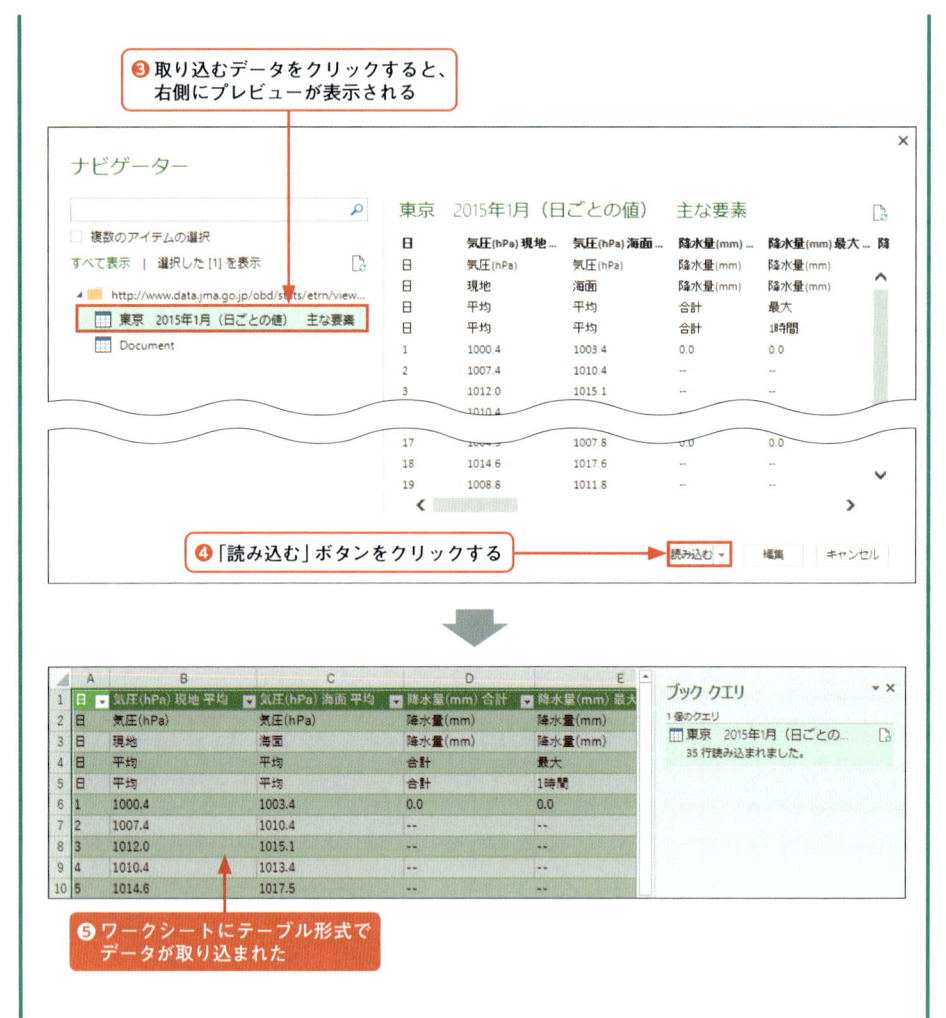

❸ 取り込むデータをクリックすると、
右側にプレビューが表示される

❹ 「読み込む」ボタンをクリックする

❺ ワークシートにテーブル形式で
データが取り込まれた

　Excel2010/2013でPowerQueyをアドインするには、〔ファイル〕タブの【オプション】から「Excelのオプション」ダイアログボックスを表示し、【アドイン】をクリックします。表示された画面下部の「管理」の「▼」をクリックして「COM」アドインに合わせ、「設定」ボタンをクリックします。使用できるアドインから「Micorsoft Power Query for Excel」にチェックを入れ「OK」ボタンをクリックすると、〔POWER QUERY〕タブが表示されます。

06 天気や曜日を使って販売量を予測する

売り上げは複数の要因が重なり合って説明されます。ここでは、前節で調べた販売量を説明する要因の影響力を利用して、販売量の予測値を求めます。予測値は回帰式で求めますが、回帰式の妥当性も合わせて示します。回帰式の妥当性は散布図の傾向や決定係数、有意Fを観察してきましたが、ここでは、回帰式と実測値との差から妥当性を調べる方法を解説します。

導入 ▶ ▶ ▶

事例 「明日の販売量を予測したい」

　小売店で日配品の管理を担当しているL氏は、回帰分析の結果から、販売量が曜日の土日と天気の雨に左右されやすく、祝日と価格にも影響されることがわかりました。次にL氏は、回帰分析の結果を利用して販売量の予測値を求めたいと考えていますが、回帰式の妥当性が気になります。

　回帰式の妥当性を示した上で予測値を求めるにはどうすればいいでしょうか。

●要因の影響力

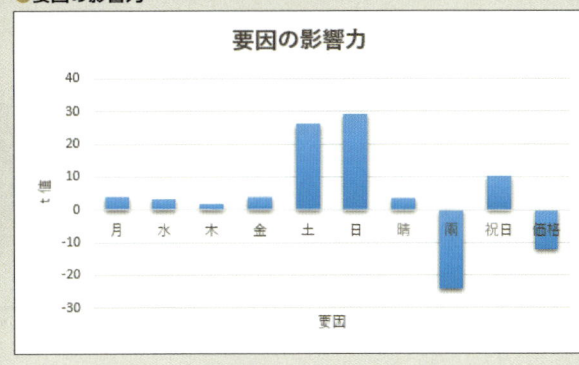

▶ 定性データを定量化した回帰式で予測値を求める

　定性データを利用する場合、要因の要素名を新たな要因とし、要素名であるかどうかを1と0に定量化すると回帰分析が実施できます。定性データを使った回帰分析の結果は次のとおりです。P値が5%を超える木曜日は、回帰式の要因として使うには危険率が高いと示されましたが、削除して回帰分析のやり直しはしません。P値が5%からかけ離れていない

点や、t値が2より小さく、販売量に与える影響が弱いためです。

●回帰分析の結果

	A	B	C	D	E	F
15						
16		係数	標準誤差	t	P-値	下限 95%
17	切片	340.4956	11.60017	29.35265	1.25E-96	317.6813
18	月	11.30772	2.789152	4.054179	6.2E-05	5.822224
19	水	9.22062	2.730799	3.376529	0.000816	3.849887
20	木	5.003304	2.768444	1.807262	0.071575	-0.44147
21	金	11.20794	2.734624	4.098527	5.17E-05	5.829678
22	土	84.98397	3.229335	26.31624	3.78E-85	78.63275
23	日	89.98102	3.067856	29.33026	1.52E-96	83.94739
24	晴	4.319147	1.258093	3.433089	0.000668	1.844821
25	雨	-39.0714	1.609419	-24.2767	3.47E-77	-42.2367
26	祝日	27.64611	2.733947	10.11216	2.85E-21	22.26918
27	価格	-0.88623	0.072179	-12.2782	4.36E-29	-1.02819
28						

→ 回帰式の係数

→ 木曜日のt値とP値

回帰式は次のように書けます。nは要素名を識別する添え字、mは要素名の数です。Σは合計の意味です。下の式は価格データを分けて記載していますが、SUMPRODUCT関数を使えば同時に合計して販売予測値を求めることができます。

$$販売量予測値 = \sum_{n=1}^{m} 要素名nの係数 \times (1 \text{ or } 0) + 価格の係数 \times 商品価格 + 切片$$

▶ 残差で回帰式の妥当性を示す

回帰式の妥当性は補正R2や有意Fを観察し、散布図で相関の有無や外れ値を観察するとしてきました。しかし、要因が定性データの場合や多くの要因によって相関が成立している場合は、1つの要因と目的で散布図を作成しても、販売量が0といった明らかに異常な値以外の外れ値はわかりませんし、相関もわかりません。

▶回帰式の妥当性を判断する
→P.160、173

CHAPTER 04

●要因と目的の散布図と線形近似曲線

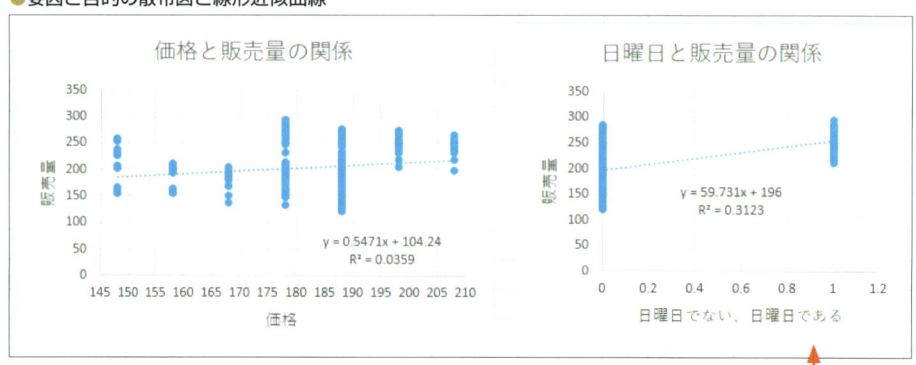

価格と販売量の関係 / 日曜日と販売量の関係

y = 0.5471x + 104.24
R² = 0.0359

y = 59.731x + 196
R² = 0.3123

定性データを散布図にしてもよくわからない

▶残差による回帰式の
妥当性
→P.167

　そこで、回帰分析の妥当性を実測値と回帰式との距離を使って判断します。ここでは、回帰式で求められる販売量と実際の販売量との乖離具合を「標準化された残差」と呼ばれる数値に表し、判定値と比較して妥当性を判断します。判定方法は次のとおりです。標準化された残差は、分析ツールの「回帰分析」で出力できます。残差とは、実測値から回帰式までの距離で、ほぼ誤差の意味です。

● 判定方法
標準化された残差≧2，標準化された残差≦－2　の個数が全データ数の5%以内
標準化された残差≧2.5，標準化された残差≦－2.5　の個数が全データ数の1%以内
標準化された残差≧3，標準化された残差≦－3　を見つけた場合は取り除く

　残差が大きくなるということは、実測値と回帰式との乖離が大きいことを示し、実測値が外れ値である可能性が高まります。残差で回帰式の妥当性を示すとは、外れ値がどの程度含まれているかをチェックし、外れ値の数が許容範囲かどうかを判定することになります。

実践 ▶▶▶

▶ 用意するビジネスデータ

　売り上げデータと売り上げを説明する要因データを準備します。定性データは1と0に定量化し、冗長性の排除や多重共線性のチェックも済ませておきます。

サンプル
4-06

● 回帰分析用データ

日付	曜日	祝日	販売量	天気	月	水	木	金	土	日	晴	雨	祝日	価格	火	特売日	曇
▽データ					▽要因及び要因の定量化										▽除外した要因		
2015/1/2	金		192	晴	0	0	0	1	0	0	1	0	0	178	0	0	0
2015/1/3	土		248	晴	0	0	0	0	1	0	1	0	0	198	0	0	0
2015/1/4	日		277	晴	0	0	0	0	0	1	1	0	0	178	0	0	0
2015/1/5	月		182	晴	1	0	0	0	0	0	1	0	0	188	0	0	0
2015/1/6	火		197	曇	0	0	0	0	0	0	0	0	0	158	1	1	1
2015/1/7	水		187	曇	0	1	0	0	0	0	0	0	0	178	0	0	1
2015/1/8	木		184	晴	0	0	1	0	0	0	1	0	0	178	0	0	0
2015/1/9	金		189	晴	0	0	0	1	0	0	1	0	0	188	0	0	0
2015/1/10	土		258	晴	0	0	0	0	1	0	1	0	0	188	0	0	0
2015/1/11	日		270	晴	0	0	0	0	0	1	1	0	0	170	0	0	0
2015/1/12	月	成人の日	205	晴	1	0	0	0	0	0	1	0	1	188	0	0	0
2015/1/13	火		200	晴	0	0	0	0	0	0	1	0	0	158	1	1	0

▶ Excelの操作①：外れ値の個数を求め、回帰式の妥当性を判定する

　分析ツールの「回帰分析」を実施して「標準化された残差」の＋2以上、－2以下の個数を求めます。プラスやマイナスに関係なく、大きさが2以上かどうかを判定するので、標準化された残差をABS関数で絶対値にします。COUNTIF関数の計数条件に「>=2」と「>=2.5」

を指定し、条件に一致する残差の数を求めます。

外れ値の個数と判定は、出力された回帰分析の空いているセルを利用して求めます。

ABS関数 ➡ 数値の絶対値を求める

書 式 ＝**ABS**(数値)

解 説 指定した数値の絶対値を求めます。絶対値は符号に関係のない数値の大きさです。

COUNTIF関数 ➡ 条件に合うセルの個数を求める

書 式 ＝**COUNTIF**(範囲, 検索条件)

解 説 指定した範囲で検索条件を検索し、条件に一致するセルの個数を求めます。検索条件は、比較演算子を含めた条件をセルに入力して使うことができます。

回帰分析を実施する

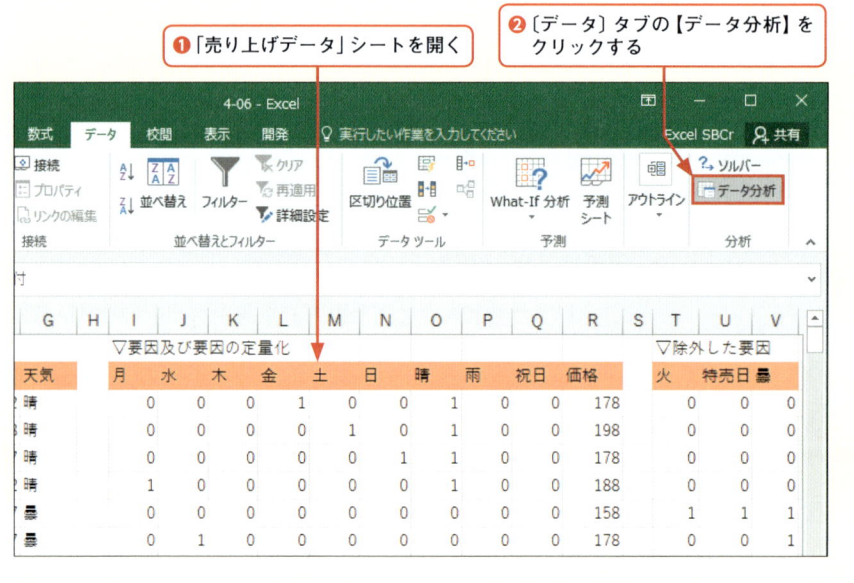

❶「売り上げデータ」シートを開く

❷〔データ〕タブの【データ分析】をクリックする

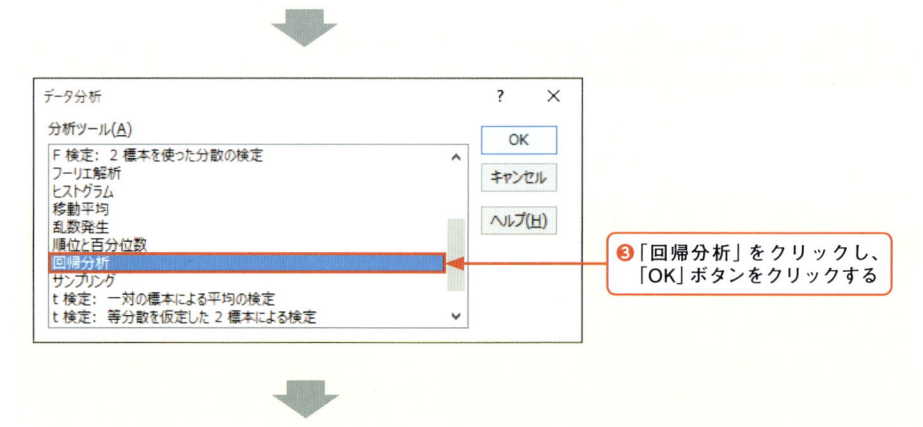

❸「回帰分析」をクリックし、「OK」ボタンをクリックする

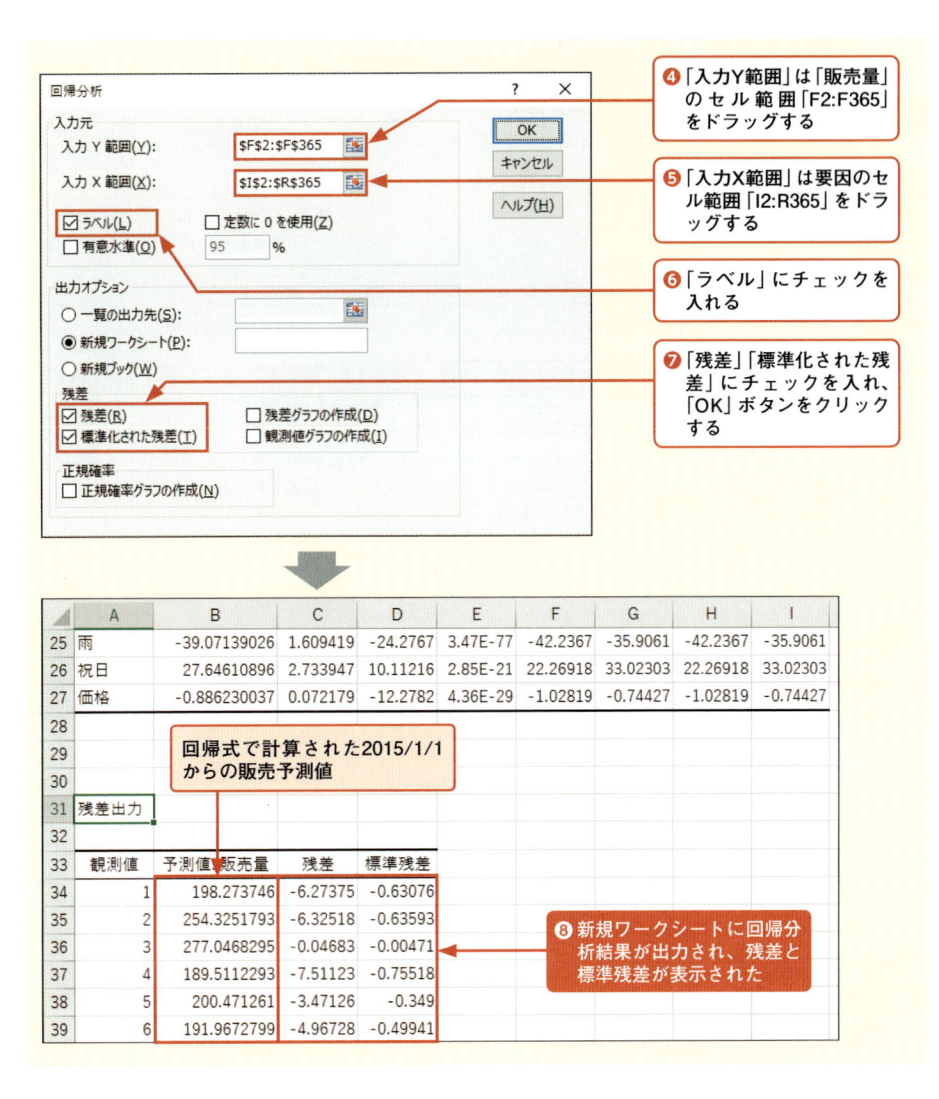

④「入力Y範囲」は「販売量」のセル範囲「F2:F365」をドラッグする

⑤「入力X範囲」は要因のセル範囲「I2:R365」をドラッグする

⑥「ラベル」にチェックを入れる

⑦「残差」「標準化された残差」にチェックを入れ、「OK」ボタンをクリックする

	A	B	C	D	E	F	G	H	I
25	雨	-39.07139026	1.609419	-24.2767	3.47E-77	-42.2367	-35.9061	-42.2367	-35.9061
26	祝日	27.64610896	2.733947	10.11216	2.85E-21	22.26918	33.02303	22.26918	33.02303
27	価格	-0.886230037	0.072179	-12.2782	4.36E-29	-1.02819	-0.74427	-1.02819	-0.74427
28									
29		回帰式で計算された2015/1/1からの販売予測値							
30									
31	残差出力								
32									
33	観測値	予測値: 販売量	残差	標準残差					
34	1	198.273746	-6.27375	-0.63076					
35	2	254.3251793	-6.32518	-0.63593					
36	3	277.0468295	-0.04683	-0.00471					
37	4	189.5112293	-7.51123	-0.75518					
38	5	200.471261	-3.47126	-0.349					
39	6	191.9672799	-4.96728	-0.49941					

▶残差出力の「観測値」は、指定した範囲の先頭からのデータに対応する。ここでは、2015/1/2からのデータに対応する。

⑧新規ワークシートに回帰分析結果が出力され、残差と標準残差が表示された

標準残差の絶対値を求める

●セル「E34」に入力する式

E34	=ABS(D34)

	A	B	C	D	E	F
31	残差出力					
32						
33	観測値	予測値: 販売量	残差	標準残差	絶対値	
34	1	198.273746	-6.27375	-0.63076	0.630762	
35	2	254.3251793	-6.32518	-0.63593	0.635933	
36	3	277.0468295	-0.04683	-0.00471	0.004708	
37	4	189.5112293	-7.51123	-0.75518	0.755178	
38	5	200.471261	-3.47126	-0.349	0.349	
39	6	191.9672799	-4.96728	-0.49941	0.49941	

▶ここでは、セル「E33」に「絶対値」と項目名を入力した。

▶3以上の絶対値を見つけた場合は、観測値を確認し、対応するデータを除外する。

❶残差出力されたシートのセル「E34」にABS関数を入力する

❷オートフィルでセル「E396」までコピーし、標準残差の絶対値が求められた

やってみよう！ 外れ値の個数と割合を求める

●セル「H34」「I34」に入力する式

H34	=COUNTIF($E$34:$E$396,G34)	I34	=H34/$B$8

❶ セル「H34」にCOUNTIF関数を入力し、セル「I34」に割合を求める数式を入力する

▶ここでは、セル「G33」から外れ値の個数と割合を求める表を作成した。
割合を求める数式のセル「B8」はデータの個数である。ここでは、365日のうち2日を除外しているので、363で割っている。

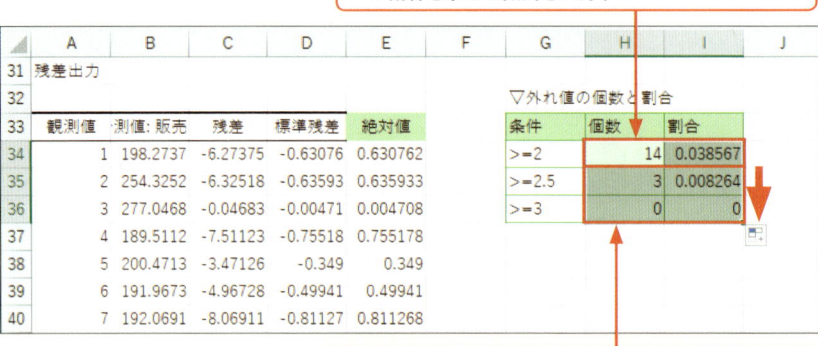

	A	B	C	D	E	F	G	H	I	J
31	残差出力									
32							▽外れ値の個数と割合			
33	観測値	測値：販売	残差	標準残差	絶対値		条件	個数	割合	
34	1	198.2737	-6.27375	-0.63076	0.630762		>=2	14	0.038567	
35	2	254.3252	-6.32518	-0.63593	0.635933		>=2.5	3	0.008264	
36	3	277.0468	-0.04683	-0.00471	0.004708		>=3	0	0	
37	4	189.5112	-7.51123	-0.75518	0.755178					
38	5	200.4713	-3.47126	-0.349	0.349					
39	6	191.9673	-4.96728	-0.49941	0.49941					
40	7	192.0691	-8.06911	-0.81127	0.811268					

❷ セル範囲「H34:I34」をもとにオートフィルで末尾までコピーし、外れ値の個数と割合が求められた

結果の読み取り：絶対値が2以上の割合は5%未満、2.5以上の割合は1%未満です。また、3以上のデータはありませんでした。これで回帰式の妥当性が示されました。

▶ Excelの操作②：販売量の予測値を求める

　回帰分析で出力された係数を使って販売量の予測値を求めます。サンプルファイル「4-06」の「操作」シートに予測したいデータと予測値を求める表を準備しました。回帰分析で求められた係数をコピーし、予測したいデータを定量化します。

●販売量の予測値を求める表

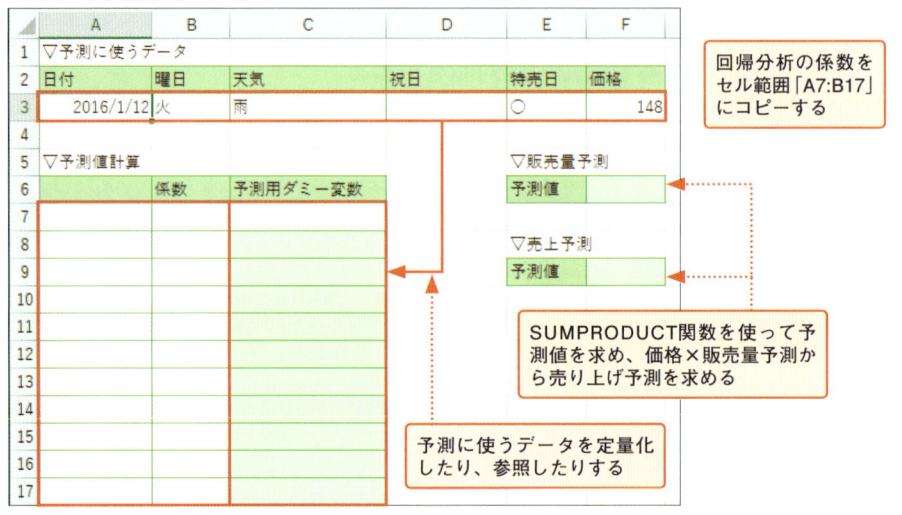

	A	B	C	D	E	F
1	▽予測に使うデータ					
2	日付	曜日	天気	祝日	特売日	価格
3	2016/1/12	火	雨		○	148
4						
5	▽予測値計算				▽販売量予測	
6		係数	予測用ダミー変数		予測値	
7						
8					▽売上予測	
9					予測値	
10						
11						
12						
13						
14						
15						
16						
17						

回帰分析の係数をセル範囲「A7:B17」にコピーする

SUMPRODUCT関数を使って予測値を求め、価格×販売量予測から売り上げ予測を求める

予測に使うデータを定量化したり、参照したりする

係数と定量化されたデータ同士を掛け算して足すにはSUMPRODUCT関数が便利です。

SUMPRODUCT関数 ➡ 対応するセル同士をかけて合計する

書　式	=**SUMPRODUCT**(配列1, 配列2,…)
解　説	配列にはセル範囲を指定し、配列1と配列2の相対的に同じ位置にあるセル同士を掛け算して合計します。

　コピーする係数には、冗長性の排除や多重共線性の問題で除外した要因は含まれていません。ここでは、除外した要因を追加し、係数に「0」を入力し、予測するデータとの整合性を明示します。

回帰分析の係数をコピー／貼り付けする

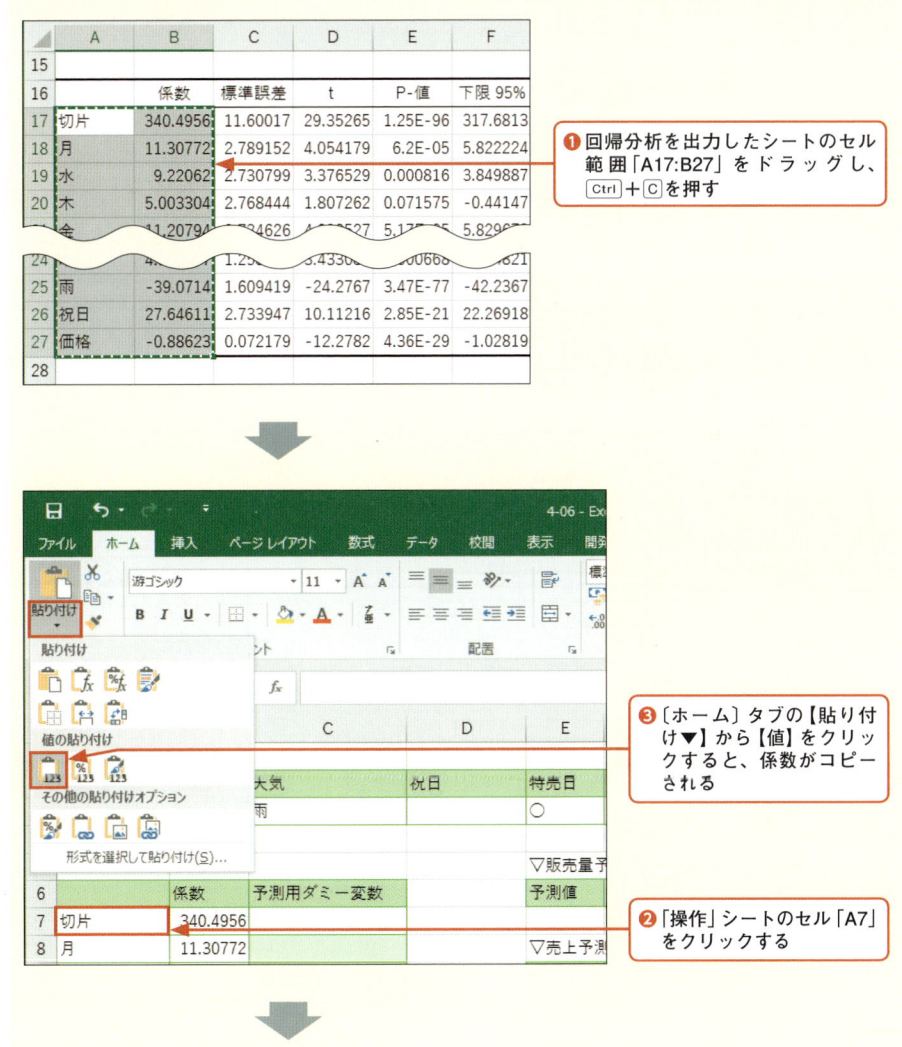

❶回帰分析を出力したシートのセル範囲「A17:B27」をドラッグし、Ctrl＋Cを押す

❸〔ホーム〕タブの【貼り付け▼】から【値】をクリックすると、係数がコピーされる

❷「操作」シートのセル「A7」をクリックする

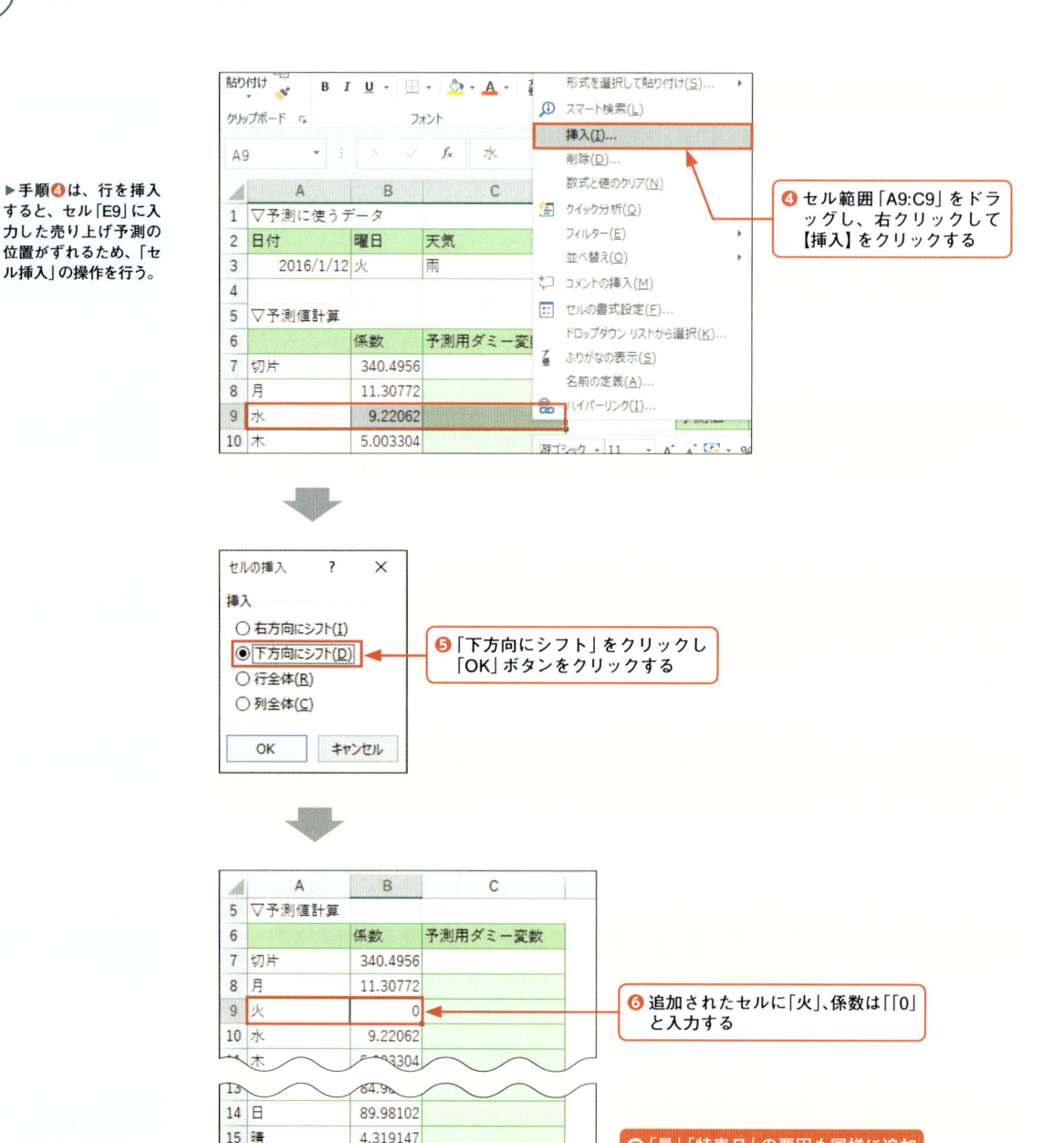

▶手順❹は、行を挿入すると、セル「E9」に入力した売り上げ予測の位置がずれるため、「セル挿入」の操作を行う。

❹ セル範囲「A9:C9」をドラッグし、右クリックして【挿入】をクリックする

❺ 「下方向にシフト」をクリックし「OK」ボタンをクリックする

❻ 追加されたセルに「火」、係数は「「0」と入力する

❼ 「曇」「特売日」の要因も同様に追加し、係数を「0」にする。すべての要因の係数が準備された

▶「曇」「特売日」は、行番号を右クリックし、【挿入】を選択して行全体を挿入して良い。

予測するデータを定量化する

●セル「C8」「C15」「C18」「C19」「C20」に入力する式

C8	=IF($B$3=A8,1,0)	C15	=IF($C$3=A15,1,0)
C18	=IF(D3<>"",1,0)	C19	=IF(E3<>"",1,0)
C20	=F3		

	A	B	C	D	E	F
1	▽予測に使うデータ					
2	日付	曜日	天気	祝日	特売日	価格
3	2016/1/12	火	雨		○	148
4						
5	▽予測値計算				▽販売量予測	
6		係数	予測用ダミー変数		予測値	
7	切片	340.4956				
8	月	11.30772	0		▽売上予測	
9	火	0	1		予測値	
10	水	9.22062	0			
11	木	5.003304	0			
12	金	11.20794	0			
13	土	84.98397	0			
14	日	89.98102	0			
15	晴	4.319147	0			
16	曇	0	0			
17	雨	-39.0714	1			
18	祝日	27.64611	0			
19	特売日	0	1			
20	価格	-0.88623	148			
21						

❶ セル「C8」に曜日を定量化する式を入力し、セル「C14」までコピーする

❷ セル「C15」に天気を定量化する式を入力し、セル「C17」までコピーする

❸ 祝日と特売日は、セルが空白以外かどうかを判定して定量化する

❹ 価格はセル参照し、予測するデータの準備ができた

販売量と売り上げの予測値を求める

●セル「F6」「F9」に入力する式

F6	=SUMPRODUCT(B8:B20,C8:C20)+B7	F9	=F3*F6

	A	B	C	D	E	F
5	▽予測値計算				▽販売量予測	
6		係数	予測用ダミー変数		予測値	170
7	切片	340.4956				
8	月	11.30772	0		▽売上予測	
9	火	0	1		予測値	25,199
10	水	9.22062	0			
11	木	5.003304	0			

❶ セル「F6」「F9」に式を入力し、販売量と売上の予測値が求められた

▶ 結果の読み取り

回帰分析の残差出力の結果、外れ値の個数は許容範囲内であることが示されました。回

帰式に予測したいデータを入力し、販売量の予測値と売り上げの予測値を求めました。以下の図は、データを入れ替えた場合の予測値です。要因の影響力に比例して、予測値が変化していることがわかります。

●晴れた土曜日に178円で販売

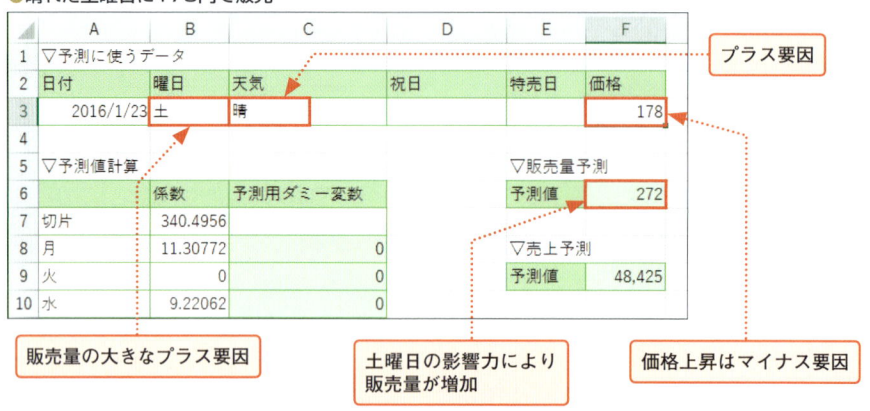

価格を変更すると、販売予測値と売り上げ予測値が変化します。売り上げ目標を「50000」以上にする場合は、価格を変更して変化を確認します。以下は価格を「198」円に設定した場合です。価格上昇は販売量のマイナス要因になりますが、土曜日の影響力が強く、売り上げが上がります。

●晴れた土曜日に198円で販売

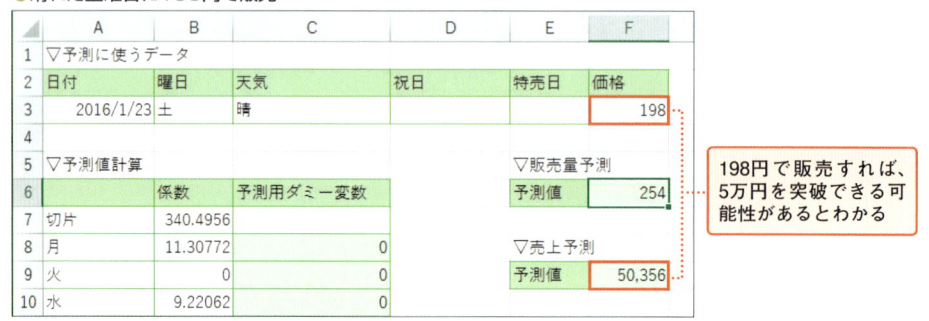

● 内挿と外挿

回帰式は実績のあるデータを使って求めています。内挿は実績の範囲内、外挿は実績の範囲外です。例題では、次のことが前提となっていました。

・特売日は火曜日である
・特売日の価格は148円〜168円に設定されている
・通常価格は178円〜208円に設定されている

　　売り上げ目標を達成するために、火曜日以外に特売価格を設定したり、通常価格の範囲を超えた価格設定にしたりして予測値を求めることは、実績の範囲から外れてしまう外挿です。Excelは外挿かどうかなど知りませんから、計算結果は出ますが、信頼はできない予測値となります。値を入れ替えて試算する場合は、内挿で実施するようにします。

発展 ▶▶▶

▶ 関数で回帰式の係数を求める

　　分析ツールの「回帰分析」はさまざまな値を一度に出力できて大変便利ですが、値で書き出されるため、もとのデータに変更や修正があると、最初から操作し直しになります。データが固まらず、変更や修正が行われると予想される場合は、関数を使った方が便利です。

　　LINEST関数は、回帰式の係数、決定係数などを求めることができます。関数の結果表示のしかたにクセがあるので、先に何がどこに表示されるのかを示す表を作っておいた方が使いやすくなります。

LINEST関数 ➡ 重回帰分析の係数と定数項を求める

書　式	＝ **LINEST**(既知のy, 既知のx, 定数, 補正)
	＝ **LINEST**(既知のy, 既知のx, TRUE, TRUE)
解　説	既知のyには目的のデータが入ったセル範囲、既知のxには目的を説明する要因の入ったセル範囲を指定し、定数と補正はともにTRUEに設定して、切片と定数項を求めます。
補足1	要因の数＋切片の列数×5行の範囲を取り、配列数式で入力します。
補足2	要因の係数は、既知のxで指定する順序と逆順で表示されます。たとえば、要因が「月」「水」「木」と並んでいる場合、LINEST関数の係数は「木」「水」「月」の順に表示されます。
補足3	結果を表示しない、余ったセルには「#N/A」が表示されます。

●LINST関数の結果対応表と結果

サンプル
4-06「LINEST関数」シートで内容を確認できる。

▶F値は、回帰分析の有意Fに対する確率変数を示す値であり、回帰分析の「観測された分散比」(有意Fの左のセルに出力)である。

Y9			{=LINEST(F3:F365,I3:R365,TRUE,TRUE)}								
	X	Y	Z	AA	AB	AC	AD	AE	AF	AG	AH	AI
1		▽LINEST関数の出力内容										
2	係数→	価格	祝日	雨	晴	日	土	金	木	水	月	切片
3	標準誤差→	価格	祝日	雨	晴	日	土	金	木	水	月	切片
4		決定係数	回帰式の標準誤差	#N/A	#N/A	#N/A	#N/A	#N/A	#N/A	#N/A	#N/A	#N/A
5		F値	残差の自由度	#N/A	#N/A	#N/A	#N/A	#N/A	#N/A	#N/A	#N/A	#N/A
6		回帰式の偏差平方和	残差の偏差平方和	#N/A	#N/A	#N/A	#N/A	#N/A	#N/A	#N/A	#N/A	#N/A
7												
8		▽LINEST関数の結果										
9		-0.88623004	27.64610896	-39.0714	4.319147	89.98102	84.98397	11.20794	5.003304	9.22062	11.30772	340.4956
10		0.072178968	2.733946812	1.609419	1.258093	3.067856	3.229335	2.734626	2.768444	2.730799	2.789152	11.60017
11		0.929641633	10.08659093	#N/A	#N/A	#N/A	#N/A	#N/A	#N/A	#N/A	#N/A	#N/A
12		465.0958629	352	#N/A	#N/A	#N/A	#N/A	#N/A	#N/A	#N/A	#N/A	#N/A
13		473185.3528	35812.23947	#N/A	#N/A	#N/A	#N/A	#N/A	#N/A	#N/A	#N/A	#N/A
14												

 **練習問題**

事 例 「不動産価格を予測したい」

　不動産購入を検討中のM氏は、東京郊外を中心に中古物件を探しています。M氏の集めたデータは次の通りです。M氏は、集めたデータをもとに不動産価格を予測し、自分が希望する物件価格と比較したいと考えています。

●M氏の希望物件

	A	B	C	D	E	F	G
1	▽希望物件						
2	最寄り駅	駅からの距離	土地面積	建物面積	築年数	間取り	売出価格（百万円）
3	三鷹	800	100	80	10	3LDK	58
4							

●不動産データ

	A	B	C	D	E	F	G	H	I	J	K	
1	▽不動産データ											
2	No	最寄り駅	種別	駅からの距離	土地面積	建物面積	間取り	部屋数	リビング	サービスR	ダイニング	築
3	1	谷保	徒歩	430	120	100	3LDK	3	○		○	
4	2	谷保	徒歩	430	100	80	3LDK	3	○		○	
5	3	谷保	徒歩	860	80	80	5DK	5			○	
6	4	谷保	徒歩	850	140	80	4DK	4			○	
7	5	谷保	徒歩	850	140	80	4DK	4			○	
8	6	新小平	徒歩	850	60	60	3LDK	3	○		○	
9	7	新小平	徒歩	830	100	80	4SLDK	4	○	○	○	
10	8	新小平	徒歩	1220	80	60	4DK	4			○	
11	9	新小平	徒歩	1260	100	80	4LDK	4	○		○	
12	10	新小平	徒歩	1230	120	80	2LDK	2	○		○	
13	11	新小平	徒歩	1270	100	80	4LDK	4	○		○	
14	12	新秋津	徒歩	850	80	40	3DK	3			○	

問題共通　**除外する要因やデータは削除せずに別の場所へ移動してください。**

問題❶　回帰分析の準備をしてください。定性データを定量化し、冗長性の排除を行ってください。なお、「間取り」を分解した「部屋数」「リビング」「サービスR」「ダイニング」を用意しましたので、間取りは定量化しません。

問題❷　多重共線性をチェックし、必要に応じて要因を除外してください。

問題❸　回帰分析を実施してください。必要に応じて要因を外し、回帰分析を繰り返してください。

問題❹　補正R2、有意F、残差から回帰式の妥当性をチェックしてください。

問題❺　物件価格に影響する要因をグラフに表示してください。

問題❼　「予測」シートに、M氏の希望する物件価格の予測値を求めてください。

顧客に関するデータ分析

本章は、顧客に焦点をあてた分析事例を紹介します。顧客分析といっても、目新しい分析手法はほとんどなく、前章までの内容で実施できるものが多いです。しかし、顧客という視点に立つだけで、新しい分析を行っているような感覚になります。データ分析の手法は、特定の事例にだけ当てはまるのではなく、視点を変えれば別の事例でも使えることを体感してください。なお、目新しい分析手法がない分は応用的なExcelの操作で補っています。

顧客を手早くランキングする

お客様は大切ですが、あまり購入してくれない人とたくさん購入してくれる人を同じお客様として管理するのは、費用面から見て好ましい状態ではありません。商品のABC分析と同様に、顧客に対するABC分析も必要です。ここでは、購入金額をもとに顧客を10のグループに分けて管理するデシル分析について解説します。

導入 ▶ ▶ ▶

事 例 「顧客を上手に管理したい」

　創業からX年、N社の業績は順調に推移し、顧客データベースには現在、1万人が登録されています。これまで、キャンペーンなどの案内は、顧客全員にダイレクトメールを郵送していましたが、1万人ともなると、ダイレクトメールの広告費用や発送費用が重くのしかかってくるようになりました。

　N社のP氏は、ダイレクトメールのコスト削減を目的に顧客管理を徹底したいと考えています。しかし、忙しいP氏はじっくり顧客を吟味する時間がありません。手早く、顧客管理をするにはどうすればいいでしょうか。

●顧客別売り上げデータ

	A	B	C	D	E
1	集計期間：2015年4月～2016年3月				
2	▽顧客データ				
3	顧客ID	購入金額			
4	P00001	147,020			
5	P00002	68,300			
6	P00003	55,500			
7	P00004	53,570			
10000	P09997	12,240			
10001	P09998	75,410			
10002	P09999	57,980			
10003	P10000	21,100			

▶ 顧客を10等分に分けるデシル分析を行う

　デシル分析のデシルとは10等分の意味です。顧客を購入金額の高い順に並べ、顧客人数を10等分してグループ分けします。次の図は、顧客が29人の場合のグループ分けです。顧客の人数が10で割り切れなくても気にせずに、購入金額の高い順に3人ずつに分けます。結論からいえば、最後のグループは重要度の低い簡易的な管理グループです。人数足らずになっても問題ありません。

　グループ名は、金額の高い方から「デシル1」「デシル2」と名付け、最後は「デシル10」です。

●デシル分析のグループ分け

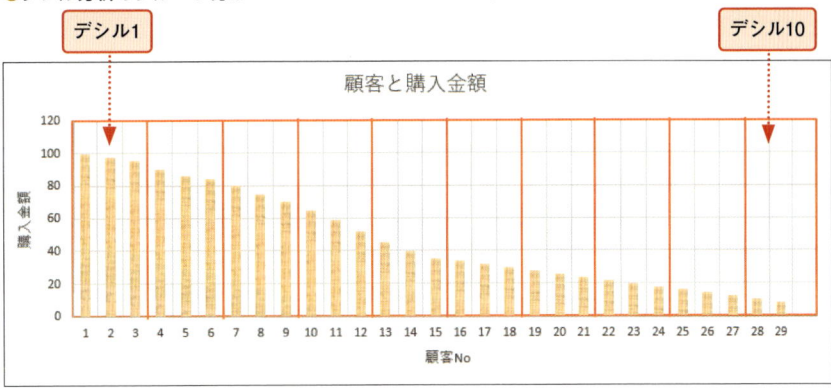

▶商品管理にメリハリ
をつける
→P.71

　デシルいくつ分を重要管理とするかは、商品のABC分析と同じ考え方をします。下の表はABC分析における管理基準と管理境界値です。デシル分析では、評価「A」「B」「C」の部分にグループ名が入ります。

▶管理境界値は一例に
過ぎない。例えば、構
成比累計の30%を特別
管理などとして独自の
基準を設けてかまわな
い。

●ABC分析の管理基準と境界値

デシル分析では、
グループ名になる

評価	管理基準	管理境界値
A	重点管理	構成比累計≦80%
B	標準管理	80%＜構成比累計≦90%
C	簡易管理	90%＜構成比累計≦100%

● パレート図でグループの売り上げ貢献度を見える化する

　デシルグループごとに購入金額を集計し、グループ単位の購入比率を累計した折れ線グラフを上述の棒グラフに追加すると、デシル何番までのグループが売り上げに貢献しているかがわかります。グラフは、商品ABC分析と同じパレート図です。重要管理の管理境界値に達するのは、デシル何番までのグループかを確認します。

パレート図
▶→P.72

●デシルグループ単位のパレート図

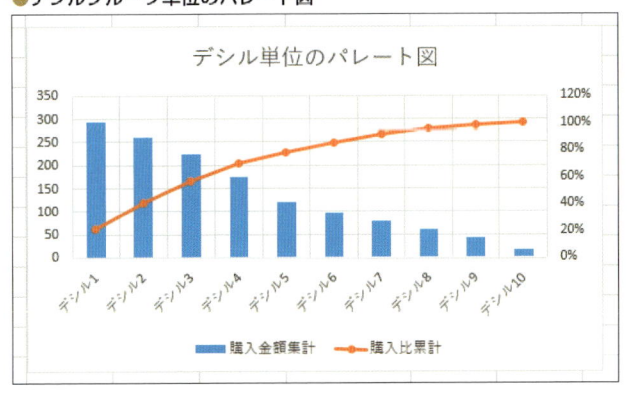

実　践 ▶▶▶

▶ 用意するビジネスデータ

　顧客ごとの売り上げデータを準備します。ここでは、顧客IDがP00001からP10000まで順に並んでいますので、購入金額順に並べ替えたあと、もとの並び順に戻すことができます。Excelでは、並べ替えに対するリセット機能はありませんので、必要に応じて通し番号の列を追加しておくことをお奨めします。

　これとは別に、購入金額の高い順に1 ～ 10000までの順位を入力できる順位欄を用意しておきます。ここでは、1万人のため、1000人単位のグループとし、グループ単位で集計できる表を準備します。順位の1 ～ 1000がデシル1、1001 ～ 2000がデシル2のように対応します。

サンプル
5-01

●顧客別売り上げデータとデシル分析表

▲	A	B	C	D	E	F	G	H	I	J
1	集計期間：2015年4月～2016年3月									
2	▽顧客データ				▽デシル分析					
3	順位	顧客ID	購入金額		順位		デシル	購入金額	購入比率	比率累計
4		P00001	147,020		1	1000	デシル1			
5		P00002	68,300		1001	2000	デシル2			
6		P00003	55,500		2001	3000	デシル3			
7		P00004	53,570		3001	4000	デシル4			
8		P00005	134,280		4001	5000	デシル5			
9		P00006	115,390		5001	6000	デシル6			
10		P00007	134,270		6001	7000	デシル7			
11		P00008	17,500		7001	8000	デシル8			
12		P00009	63,020		8001	9000	デシル9			
13		P00010	112,040		9001	10000	デシル10			
14		P00011	222,240				合計			
15		P00012	98,450							

▶ Excelの操作①：グループ別に購入金額を集計する

　購入金額の高い順に並べ替え、順位欄に1 ～ 10000までの順位を入力したあと、1000人単位の購入金額を集計します。順位が1以上1000以下、1001以上2000以下と条件を付けて集計するには、SUMIFS関数を利用します。

SUMIFS関数 ➡ 複数の条件を付けて数値を合計する

書　式	=**SUMIFS**(合計対象範囲, 条件範囲1, 条件1, 条件範囲2, 条件2, …)
解　説	条件を条件範囲で検索し、すべての条件に一致したセルに対応する合計対象範囲の数値を合計します。
補足1	条件範囲と条件はペアで指定します。さらに、合計対象範囲と条件範囲に指定するセル範囲の列数×行数は同じにします。
補足2	条件には比較演算子と文字列演算子を利用した比較式が指定できます。たとえば、「≦-2」(-2はセル「A1」に入力)を条件にする場合は、「"<="&A1」と指定します。

購入金額の高い順に並べ替える

❶「購入金額」データの任意の
セルをクリックする

❷〔データ〕タブの【降順】
をクリックする

▶手順❷は、〔ホーム〕
タブ→【並べ替えとフィ
ルター】→【降順】をク
リックすることもでき
る。

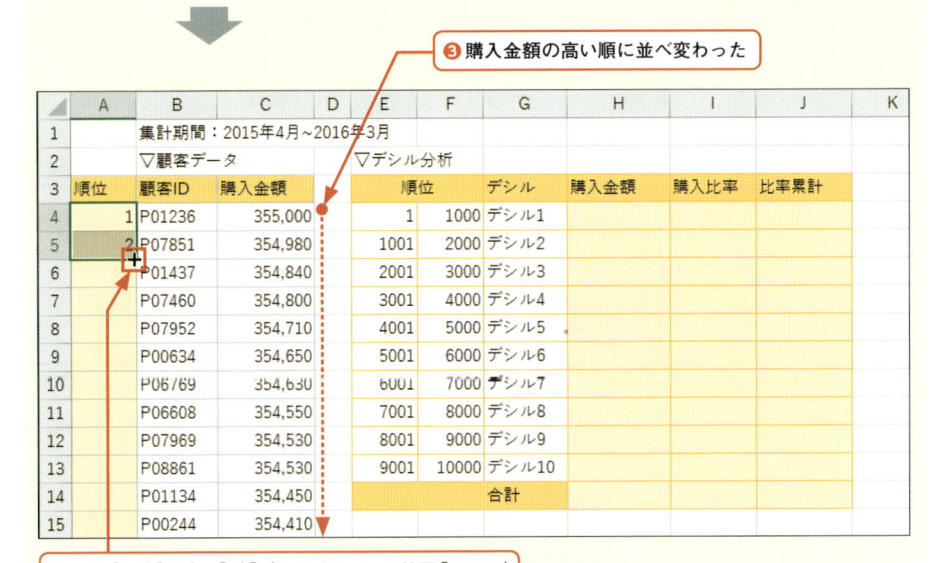

❸ 購入金額の高い順に並べ変わった

❹ セル「A4」「A5」に「1」「2」と入力し、セル範囲「A4:A5」
　をドラッグし、フィルハンドルにマウスポインター
　を合わせ、ダブルクリックして順位を入力する

1000人ずつのグループ単位で購入金額を合計する

●セル「H4」に入力する式

H4	=SUMIFS($C$4:$C$10003,$A$4:$A$10003,">=" &E4,$A$4:$A$10003,"<="&F4)

▶指定する範囲の先頭セルをクリックし、Ctrl＋Shift＋↓を押し、つづけて、F4を押すと効率よく範囲選択できる。

▶SUMIFS関数は、条件範囲と条件をペアで指定するため、条件範囲が共通していても省略はできない。

> 順位を検索する条件に利用し、1以上1000以下と指定する

> ❶セル「H4」にSUMIFS関数を入力し、セル「H13」までオートフィルでコピーし、デシルグループ単位の購入金額が集計された

	A	B	C	D	E	F	G	H	I	J
1		集計期間：2015年4月～2016年3月								
2		▽顧客データ			▽デシル分析					
3	順位	顧客ID	購入金額		順位		デシル	購入金額	購入比率	比率累計
4	1	P01236	355,000		1	1000	デシル1	200,154,370		
5	2	P07851	354,980		1001	2000	デシル2	105,656,460		
6	3	P01437	354,840		2001	3000	デシル3	89,157,780		
7	4	P07460	354,800		3001	4000	デシル4	69,866,990		
8	5	P07952	354,710		4001	5000	デシル5	58,828,390		
9	6	P00634	354,650		5001	6000	デシル6	48,250,770		
10	7	P06769	354,630		6001	7000	デシル7	37,207,510		
11	8	P06608	354,550		7001	8000	デシル8	24,275,150		
12	9	P07969	354,530		8001	9000	デシル9	15,296,350		
13	10	P08861	354,530		9001	10000	デシル10	8,404,570		
14	11	P01134	354,450				合計			
15	12	P00244	354,410							

> 順位を検索する範囲

購入比率と購入比率累計を求める

●セル「H14」「I4」「J4」に入力する式

H14	=SUM(H4:H13)	I4	=H4/$H$14	J4	=SUM($I$4:I4)

▶セル「I14」は「パーセンテージ」の書式を設定する。

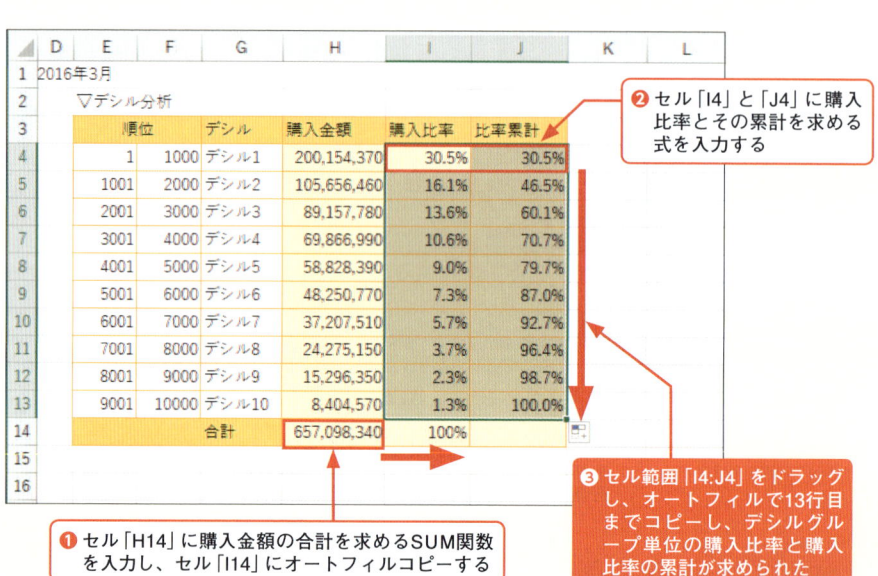

> ❷セル「I4」と「J4」に購入比率とその累計を求める式を入力する

	D	E	F	G	H	I	J	K	L
1	2016年3月								
2		▽デシル分析							
3		順位		デシル	購入金額	購入比率	比率累計		
4		1	1000	デシル1	200,154,370	30.5%	30.5%		
5		1001	2000	デシル2	105,656,460	16.1%	46.5%		
6		2001	3000	デシル3	89,157,780	13.6%	60.1%		
7		3001	4000	デシル4	69,866,990	10.6%	70.7%		
8		4001	5000	デシル5	58,828,390	9.0%	79.7%		
9		5001	6000	デシル6	48,250,770	7.3%	87.0%		
10		6001	7000	デシル7	37,207,510	5.7%	92.7%		
11		7001	8000	デシル8	24,275,150	3.7%	96.4%		
12		8001	9000	デシル9	15,296,350	2.3%	98.7%		
13		9001	10000	デシル10	8,404,570	1.3%	100.0%		
14				合計	657,098,340	100%			
15									
16									

> ❶セル「H14」に購入金額の合計を求めるSUM関数を入力し、セル「I14」にオートフィルコピーする

> ❸セル範囲「I4:J4」をドラッグし、オートフィルで13行目までコピーし、デシルグループ単位の購入比率と購入比率の累計が求められた

▶ Excelの操作②：パレート図を作成する

パレート図の描画方法は、P.76と同様です。Excel2013/2016の場合は、複合グラフから直接パレート図が作成できます。パレート図まで作成したら、顧客IDを昇順に並べ替え、もとの売り上げデータの並び順に戻します。SUMIFS関数は順位の値を見ていますので、並べ変わっても集計に変化はありません。

複合グラフでパレート図を作成する Excel2013/2016

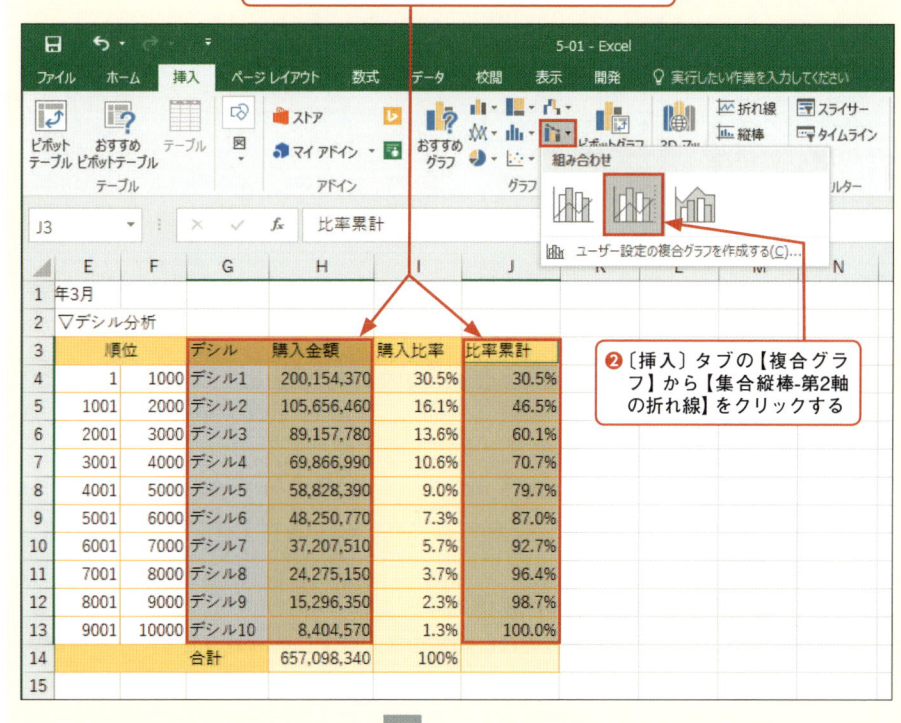

❶ セル範囲「G3:H13」をドラッグし、Ctrl を押しながらセル範囲「J3:J13」をドラッグする

❷〔挿入〕タブの【複合グラフ】から【集合縦棒-第2軸の折れ線】をクリックする

複数のセル範囲の同時選択
▶1箇所目のセル範囲をドラッグ後、2箇所目以降はCtrlを押しながらドラッグする。

	E	F	G	H	I	J
1	年3月					
2	▽デシル分析					
3	順位		デシル	購入金額	購入比率	比率累計
4	1	1000	デシル1	200,154,370	30.5%	30.5%
5	1001	2000	デシル2	105,656,460	16.1%	46.5%
6	2001	3000	デシル3	89,157,780	13.6%	60.1%
7	3001	4000	デシル4	69,866,990	10.6%	70.7%
8	4001	5000	デシル5	58,828,390	9.0%	79.7%
9	5001	6000	デシル6	48,250,770	7.3%	87.0%
10	6001	7000	デシル7	37,207,510	5.7%	92.7%
11	7001	8000	デシル8	24,275,150	3.7%	96.4%
12	8001	9000	デシル9	15,296,350	2.3%	98.7%
13	9001	10000	デシル10	8,404,570	1.3%	100.0%
14			合計	657,098,340	100%	
15						

▶Excel2007/2010はP.76を参考に同様に操作する。

▶グラフタイトル、軸名は適宜編集する。グラフの編集方法はP.41以降を参照。

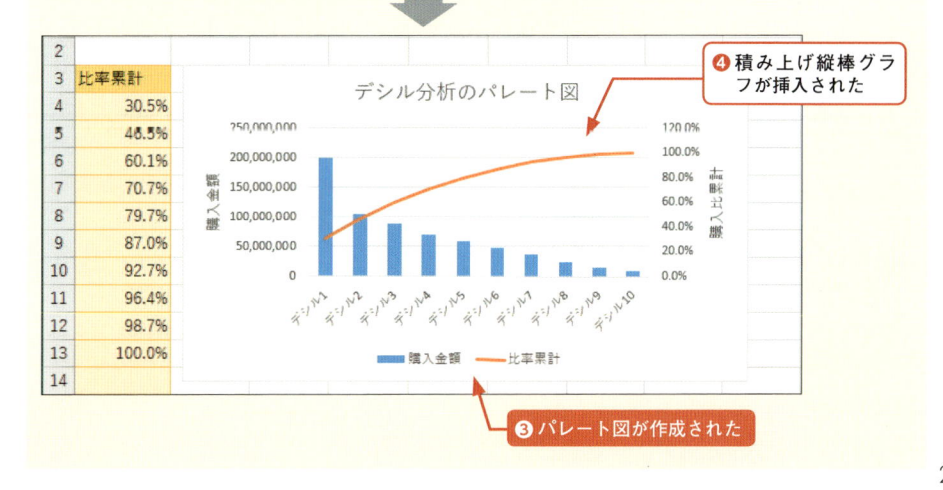

❹ 積み上げ縦棒グラフが挿入された

❸ パレート図が作成された

顧客ID順に並べ直す

❶「顧客ID」データの任意の
セルをクリックする

❷〔データ〕タブの【昇順】をクリック
すると元の並び順に戻る

▶手順❷は、〔ホーム〕
タブ→【並べ替えとフィ
ルター】→【昇順】をク
リックすることもでき
る。

	順位	デシル	購入金額	購入比率	比率累計
	1	1000 デシル1	200,154,370	30.5%	30.5%
	1001	2000 デシル2	105,656,460	16.1%	46.5%
	2001	3000 デシル3	89,157,780	13.6%	60.1%
	3001	4000 デシル4	69,866,990	10.6%	70.7%
	4001	5000 デシル5	58,828,390	9.0%	79.7%

集計期間：2015年4月～2016年3月
▽顧客データ　　　　　▽デシル分析

順位	顧客ID	購入金額
669	P00001	147,020
3634	P00002	68,300
4826	P00003	55,500
5036	P00004	53,570
932	P00005	134,280

▶ 結果の読み取り

　購入比率累計とパレート図より、購入比率累計が80%に含まれるグループはデシル1～デシル5までです。デシル5までとは、1000人×5グループより5000人です。重点管理をする人数が半減したことになります。

　また、順位欄は、顧客ごとの購入ランキングを示しています。例えば、顧客ID「P00001」の順位は全体の「669」位でデシル1に所属することがわかります。

● デシル分析の問題点

　デシル分析では、顧客の購入金額にのみ着目しています。購入金額が高いからといって常連客とは限りません。たまたま集計期間に来店して多く購入しただけの顧客も含まれています。業態にもよりますが、集計期間を長くとりすぎると、既に離反した顧客が上位グループに入る可能性があります。対策の1つは集計期間を短くすることです。たとえば、直近の1ヵ月だけすれば、少なくとも過去に一度来店しただけの顧客は除外できます。

　他の対策としては、購入金額だけでなく、直近の来店日と来店回数の視点を加えた分析を行います。来店日、来店回数、購入金額の3つの視点で行う分析をRFM分析と呼びます。RFM分析は次節で解説します。次節では、VLOOKUP関数を使います。VLOOKUP関数の利用が初めての方は、「発展」をご覧ください。

発展 ▶▶▶▶

▶ 顧客が所属するグループ名を表示する

顧客の順位から所属するデシルのグループ名を表示するには、VLOOKUP関数が便利です。VLOOKUP関数はカタログ検索のように、商品Noに『一致する』商品名を取得するといった使い方が多いですが、順位が1〜1000まではデシル1といった範囲を持たせた検索も得意です。

VLOOKUP関数 ➡ 検索に近い値を表示する

書　式	**=VLOOKUP**(検索値, 範囲, 列番号)
解　説	検索値を範囲で検索し、検索値に最も近く、かつ、検索値を超えない範囲の列番号の値を表示します。
補　足	検索値を検索するデータは範囲の左端列に入力し、範囲は昇順に並べておきます。範囲の左端列を1列目と数えます。

●デシルグループの表示

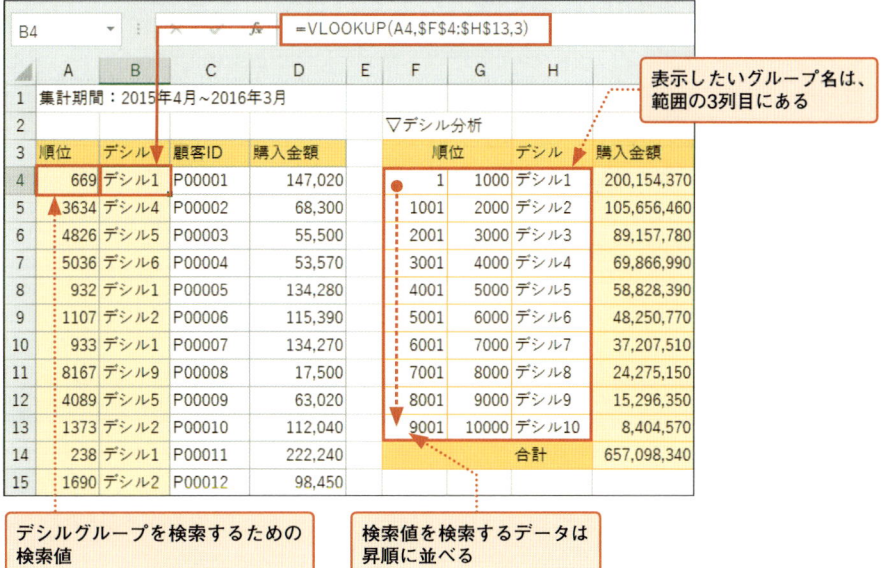

上の図では、B列にデシルのグループ名を表示する項目を追加し、セル「B4」にVLOOKUP関数を入力しています。セル「A4」の順位「669」は、範囲の左端列のセル範囲「F4:F13」で検索されます。「669」に最も近く、「669」を超えないのはセル「F4」の「1」です。セル「F4」の「1」に対応するグループ名は「デシル1」となります。

02 優良顧客を見つける

購入金額の高い順に顧客を10のグループに分けて管理するデシル分析は、手軽に重要顧客を絞り込めますが、常連かどうかまで見分けることはできません。ここでは、購入金額に、直近の来店日と来店回数の視点を加えたRFM分析について解説します。

導入 ▶ ▶ ▶

事例 「頻繁に来店して多く購入してくれる優良顧客を見つけたい」

N社のP氏は、ダイレクトメールのコスト削減を目的に顧客管理を徹底したいと考え、デシル分析を実施しました。しかし、来店回数と最終来店日を追加して調べてみると、過去に1,2回来店しただけの顧客が重要管理に紛れ込んでいることがわかりました。

常連、かつ、購入金額の多い顧客を絞り込むにはどうすればいいでしょうか。

●顧客別売上、来店日、来店回数データ

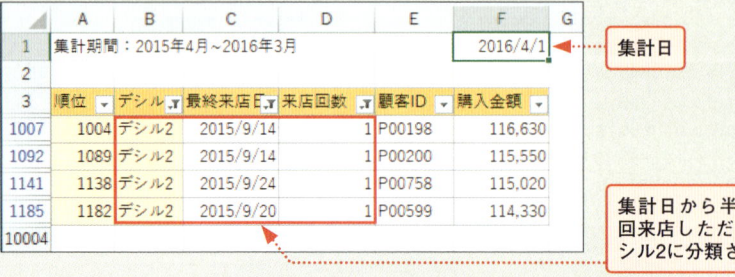

▶ 購入日、購入回数、購入金額でランキングするRFM分析を行う

RFMとは、Recency、Frequency、Monetaryの3つの頭文字を並べた言葉です。RFM分析は、直近に買い物に来た顧客、いつも買い物に来てくれる顧客、お金をたくさん落としてくれる顧客を見つけるための分析手法です。

● Recency

最終購入日からの経過日数です。最後に来店して購入した日から日数が経ちすぎている場合は、引っ越し等で商圏から外れたか、別の店に離反した可能性があります。Recencyは、同じお客様でも、最近来店してくれたお客様を重視するための判断材料です。

● Frequency

集計期間の来店回数です。たまにしか来店しない顧客より、ちょくちょく来店してくれる顧客を重視するための判断材料です。

● Monetary

集計期間の顧客ごとの購入金額です。とにかくお金を落としてくれるお客様は大切です。P.214で実施したデシル分析はMonetaryに焦点を当てた分析です。

以上3つの判断材料から、ちょくちょく来店してくれて、お金をたくさん落としくれる顧客を優良顧客と位置づけ、以下のような評価基準を使って優良顧客を見つけます。

RFM分析の評価方法

評価のしかたにこれといった決まりはありませんが、概ね、各判断材料を3～5段階に分けて評価します。下の図は、例題の評価基準です。評価をA～Eと表記していますが、数字で評価してもいいですし、判断基準の内容も分析するデータ次第です。ただし、5段階を超えるような細かい評価はお奨めできません。なぜなら、5段階でさえ、経過日数で5通りの評価パターン、来店回数も購入回数も5通りですから、3つを合わせた評価は、AAA～EEEまで5×5×5=125通りにもなるためです。

● RFM分析の評価例

	A	B	C	D
1	▽RFM分析の評価基準例			
2	評価	経過日数（R）	来店回数（F）	購入金額（M）
3	A	30日未満	12回以上	20万円以上
4	B	30日以上60日未満	9回以上12回未満	15万円以上20万円未満
5	C	60日以上90日未満	6回以上9回未満	10万円以上15万円未満
6	D	90日以上120日未満	3回以上6回未満	5万円以上10万円未満
7	E	120日以上	3回未満	5万円未満

ピボットテーブルで優良顧客を見つける

5段階評価にすると125通りもの評価パターンが生じますが、ピボットテーブルを利用すると、評価「AAA」のトリプルAの優良顧客を簡単に抽出することができます。例題は、優良顧客を見つけるとしていますが、ピボットテーブルを作成すれば、トリプルEの離反顧客も見つけることができ、顧客データの整理に役立ちます。

実践 ▶ ▶ ▶

▶ 用意するビジネスデータ

顧客ごとの売り上げ、最終来店日、来店回数を準備します。ここでは、1年間を集計対象とし、経過日数は最終来店日から2016/4/1までの日数とします。5段階評価基準に基づく評価表とRFMの3つの評価を表示する評価欄も準備します。

サンプル
5-02

●顧客別売上、最終来店日、来店回数データとRFM分析表

	A	B	C	D	E	F	G	H	I	J	K	L	M
1	▽顧客データ					集計期間：2015年4月〜2016年3月					2016/4/1		
2											▽評価表1		
3	順位	顧客ID	最終来店日	来店回数	購入金額	経過日数	来店評価	日数評価	金額評価		来店回数	購入金額	評価
4	669	P00001	2016/2/13	11	147,020	48					0	0	E
5	3634	P00002	2016/3/6	6	68,300	26					3	50000	D
6	4826	P00003	2016/2/13	11	55,500	48					6	100000	C
7	5036	P00004	2015/9/11	5	53,570	203					9	150000	B
8	932	P00005	2016/2/13	11	134,280	48					12	200000	A
9	1107	P00006	2016/2/13	11	115,390	48							
10	933	P00007	2016/3/6	6	134,270	26					▽評価表2		
11	8167	P00008	2015/11/7	3	17,500	146					経過日数	評価	
12	4089	P00009	2016/2/13	11	63,020	48					0	A	
13	1373	P00010	2016/3/6	6	112,040	26					30	B	
14	238	P00011	2016/2/13	11	222,240	48					60	C	
15	1690	P00012	2016/3/4	9	98,450	28					90	D	
16	4252	P00013	2016/2/13	11	61,220	48					120	E	

▶A列の順位は、デシル分析の結果である。
→P.217

評価を検索するデータは昇順に並べる。来店回数、購入金額も同様

▶ Excelの操作①：RFMの評価を求める

　VLOOKUP関数を使って、3つの評価を求めます。評価表が2つに分かれている理由は、数値に範囲を持たせた検索では、検索データを昇順に並べるルールがあるためです。来店回数と購入金額は少ないほど評価が下がるので、評価はE→Aの順になります。経過日数は少ないほど直近に来店したことを意味しますので、評価はA→Eの順です。

▶VLOOKUP関数
→P.221

3つの評価を求める

●セル「G4」「H4」「I4」に入力する式

G4	=VLOOKUP(D4,$K$4:$M$8,3)	H4	=VLOOKUP(F4,$K$12:$L$16,2)
I4	=VLOOKUP(E4,$L$4:$M$8,2)		

▶VLOOKUP関数では、検索値を検索するデータは、範囲の左端列に入力するルールがある。

❶ セル「G4」「H4」「I4」にそれぞれ VLOOKUP関数を入力する

❷ セル範囲「G4:I4」をドラッグし、フィルハンドルをダブルクリックして数式をコピーする。顧客ごとの3つの評価が求められた

▶来店回数は、セル範囲「K4:M8」を対象に3列目を検索し、購入金額はセル範囲「L4:M8」を対象に2列目を検索する。

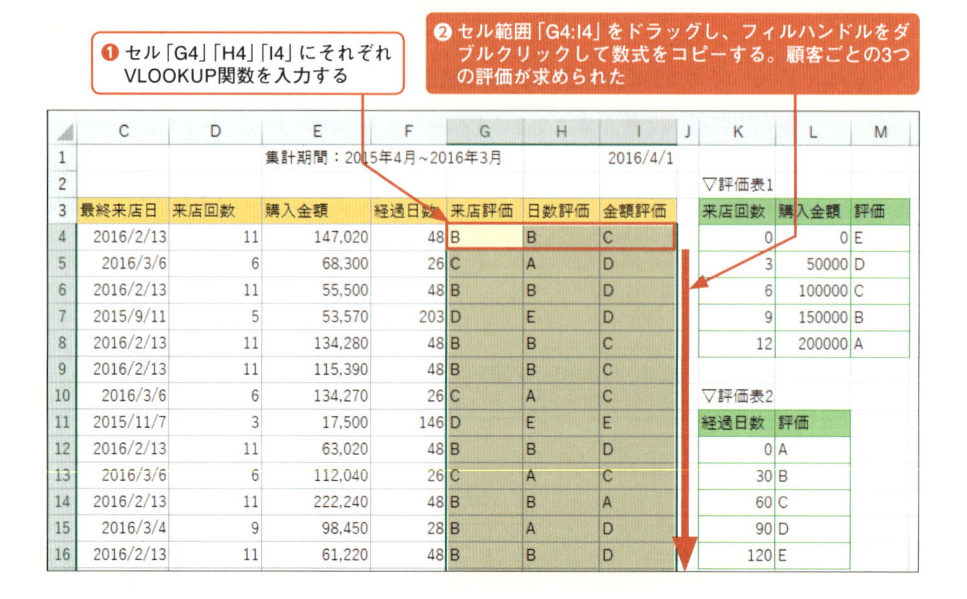

▶ Excelの操作②：ピボットテーブルで集計する

3つの評価を加えた顧客データをピボットテーブルにして集計します。ピボットテーブルを作成するときは、データ範囲を正確に認識できるように、データに隣接するセルに余計な値を入力しないようにします。サンプルファイルも表のタイトルとデータの間に1行、データと評価表の間に1列空けています。集計表は2次元ですが、「フィルター」を使うことによって3つの評価を同時に集計します。

ピボットテーブルを挿入する

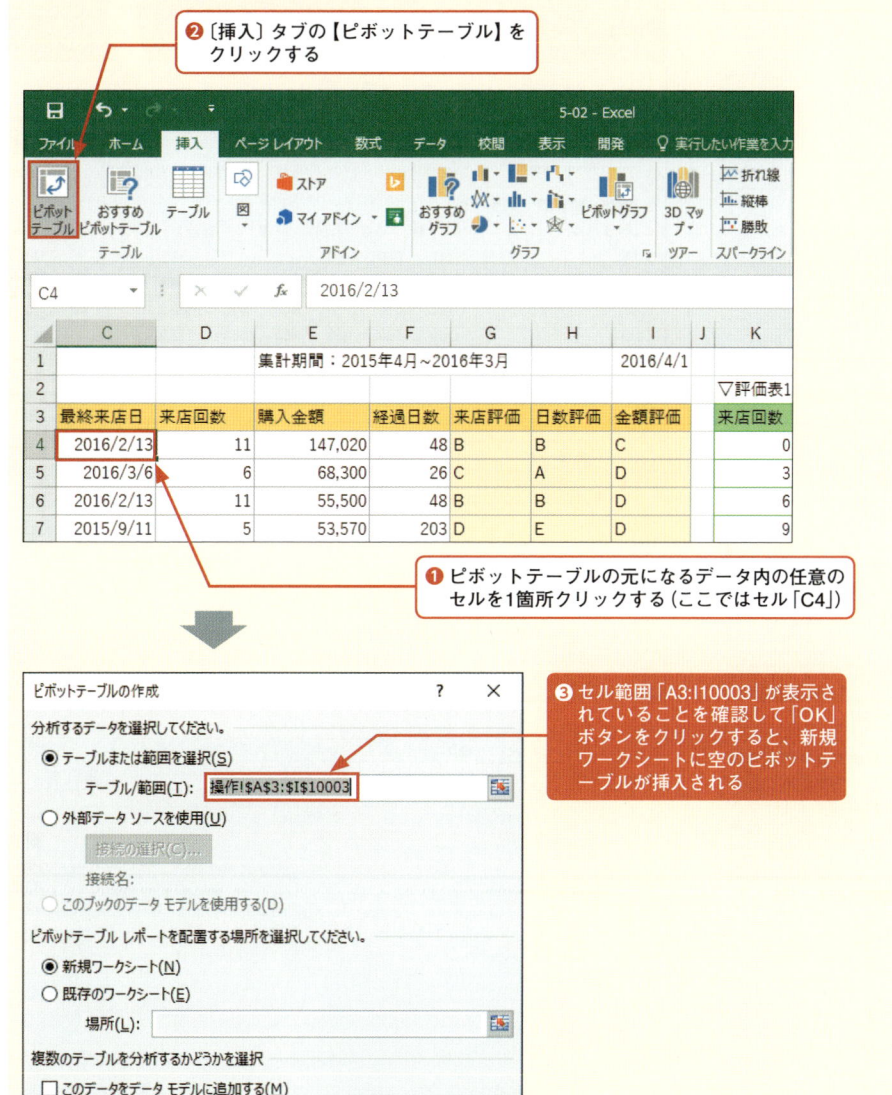

❷〔挿入〕タブの【ピボットテーブル】をクリックする

❶ ピボットテーブルの元になるデータ内の任意のセルを1箇所クリックする（ここではセル「C4」）

❸ セル範囲「A3:I10003」が表示されていることを確認して「OK」ボタンをクリックすると、新規ワークシートに空のピボットテーブルが挿入される

▶クリックしたセルをピボットテーブルの対象データとし、空白行と空白列を目印にデータ範囲を認識している。表の周りに余計な値を入力しないほか、表内においては無駄な空白がないようにする。

225

フィールドを配置する

● フィールドの配置

フィルター（レポートフィルター）	金額評価
行(行ラベル)	来店評価
列(列ラベル)	日数評価
値	顧客ID

❶ フィールドの配置は、フィールドリストに表示された
データの列見出しをドラッグ・アンド・ドロップする

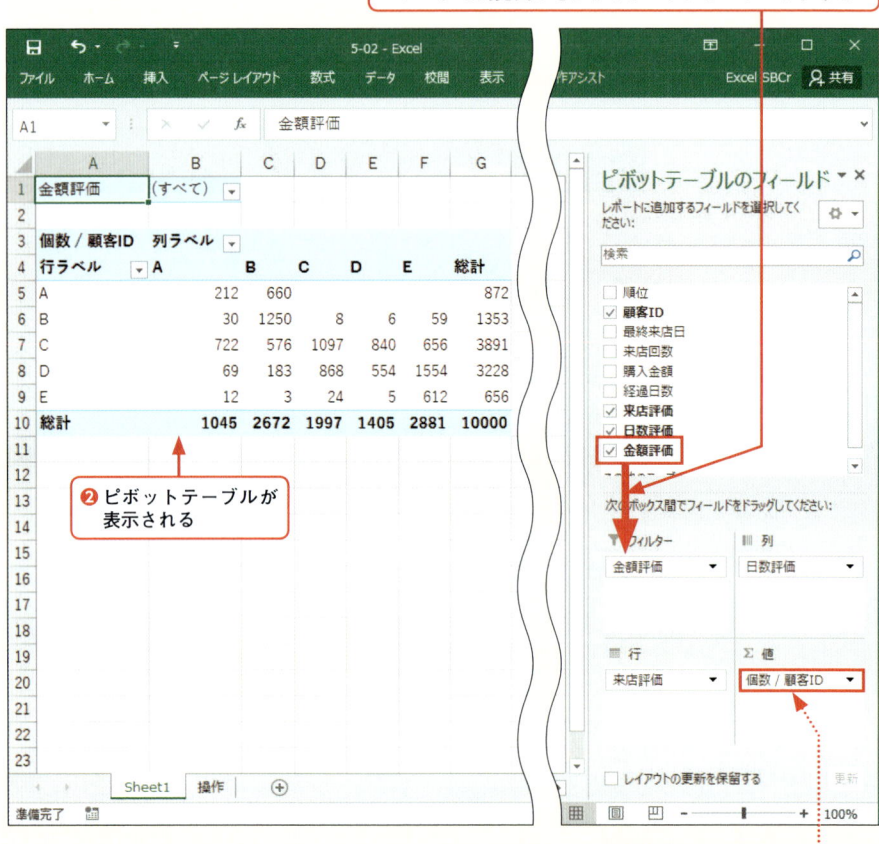

❷ ピボットテーブルが
表示される

▶ピボットテーブルの
フィールドの追加方法
→P.3

▶来店評価も日数評価
もA～Eのため、集計
表の見出しが「行ラベ
ル」「列ラベル」では見
づらい。引き続き、デ
ザインを変更して集計
表を見やすくする。

顧客IDなどの文字データを
「値」に配置すると、データ
の個数が集計される

ピボットテーブルのデザインを変更する

❶ ピボットテーブル内の任意のセルをクリックし、〔デザイン〕タブの【レポートのレイアウト】から【表形式で表示】をクリックする

▶〔デザイン〕タブは、ピボットテーブル内にアクティブセルがあるときだけ表示される。

	A			E	F	G	H	I	J
1	金額評価								
2									
3	個数 / 顧客								
4	行ラベル				E		総計		
5	A						872		
6	B	30	1250	8	6	59	1353		
7	C	722	576	1097	840	656	3891		
8	D	69	183	868	554	1554	3228		
9	E	12	3	24	5	612	656		
10	総計	1045	2672	1997	1405	2881	10000		
11									

ドロップダウンメニュー:
- コンパクト形式で表示(C)
- アウトライン形式で表示(O)
- 表形式で表示(T)
- アイテムのラベルをすべて繰り返す(R)
- アイテムのラベルを繰り返さない(N)

❷ ピボットテーブルが表形式になり、フィールドに追加した見出しも表示され、RFM分析に必要な集計表が完成した

	A	B	C	D	E	F	G	H
1	金額評価	(すべて)						
2								
3	個数 / 顧客ID	日数評価						
4	来店評価	A	B	C	D	E	総計	
5	A		212	660			872	
6	B		30	1250	8	6	59	1353
7	C		722	576	1097	840	656	3891
8	D		69	183	868	554	1554	3228
9	E		12	3	24	5	612	656
10	総計		1045	2672	1997	1405	2881	10000
11								

▶ Excelの操作③：優良顧客を抽出する

　「フィルター」はピボットテーブル全体に条件を付けるエリアです。「フィルター」に配置した「金額評価」を「A」に絞り込むと、「金額評価」が「A」に一致する「来店評価」と「日数評価」の集計表に更新されます。

Excel2007/2010
▶「フィルター」は「レポートフィルター」と読み替える。

「金額評価」を「A」に絞ったピボットテーブルを作成する

❶「金額評価」の▼をクリックし、一覧から「A」をクリックして「OK」ボタンをクリックする

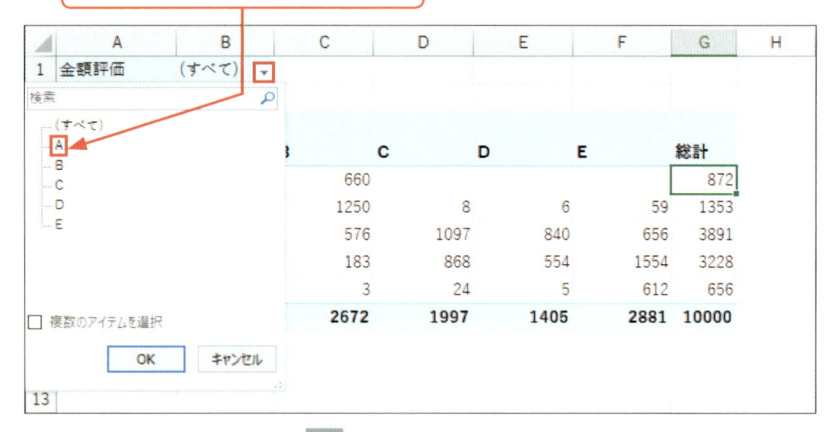

▶「フィルター」のアイテムを同時に複数選びたい場合は、「複数のアイテム選択」にチェックを入れる。

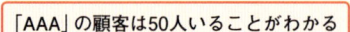

「AAA」の顧客は50人いることがわかる

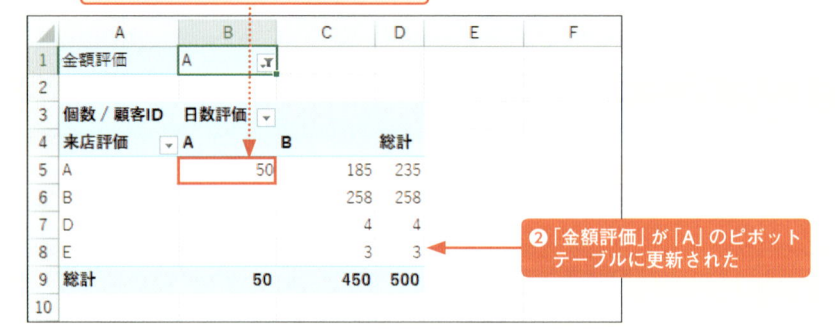

❷「金額評価」が「A」のピボットテーブルに更新された

オールA評価の顧客を抽出する

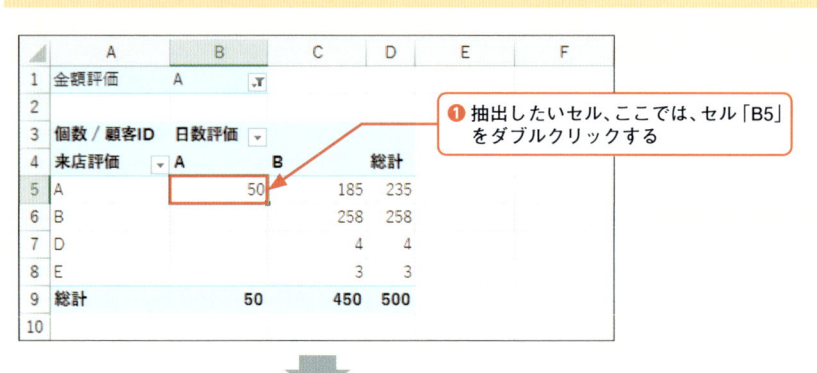

❶ 抽出したいセル、ここでは、セル「B5」をダブルクリックする

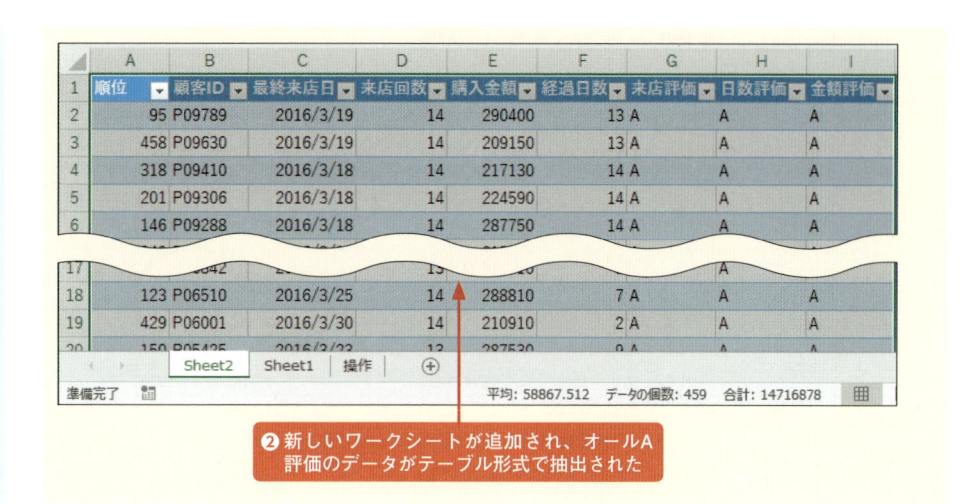

❷ 新しいワークシートが追加され、オールA
評価のデータがテーブル形式で抽出された

▶ 結果の読み取り

　評価基準に沿って最終来店日からの経過日数、来店回数、購入金額を評価した結果、すべての評価がAになる顧客は50人いることがわかりました。

　ピボットテーブルを使うと、優良顧客以外に次に該当する顧客も抽出できます。

● 完全離反の顧客を抽出する

　完全離反の顧客は、3つの評価がすべてEの顧客です。「金額評価」のアイテムを「E」に切り替えるとトリプルEの人数が「593」名いると確認できます。

● トリプルEの顧客人数

	A	B	C	D	E	F	G	H
1	金額評価	E	▼					
2								
3	個数 / 顧客ID	日数評価 ▼						
4	来店評価 ▼	A	B	C	D	E	総計	
5	A	22	80				102	
6	B	8	190	2		22	222	
7	C	286	238	416	310	256	1506	
8	D	32	74	494	414	1179	2193	
9	E	12		24		593	629	
10	総計	360	582	936	724	2050	4652	
11								

「EEE」の顧客は593名存在する

　セル「F9」をダブルクリックして抽出されるデータは、テーブル形式のため、さらなる絞り込みが可能です。以下の図では、トリプルE評価の中でも、「来店回数」が0回を抽出しています。データの登録はあっても、ここ1年、全く来店なしの顧客であり、人数は151名です。

●直近1年間で全く来店なしの顧客

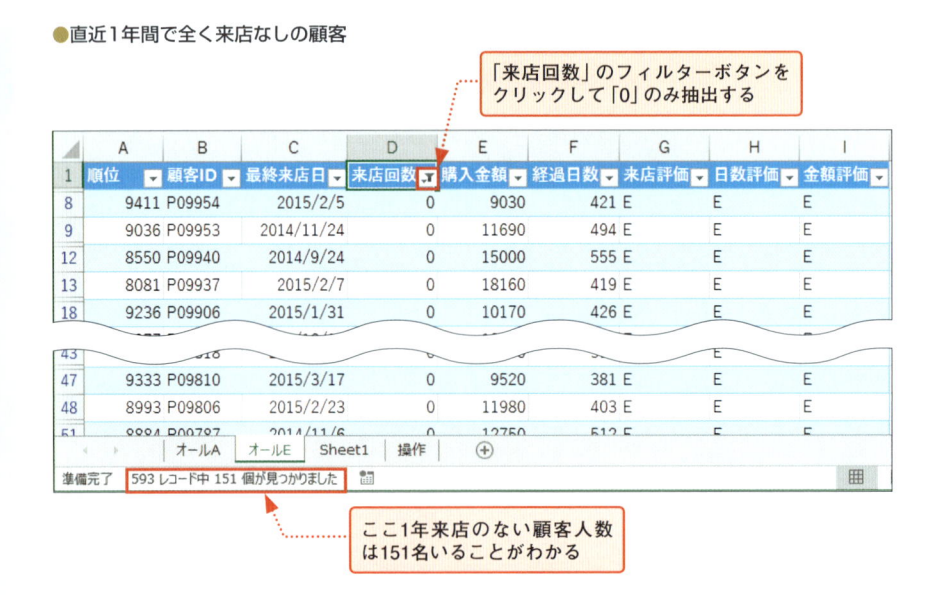

「来店回数」のフィルターボタンを
クリックして「0」のみ抽出する

ここ1年来店のない顧客人数
は151名いることがわかる

新規顧客を抽出する

　購入金額と来店回数の評価は低いものの、ごく最近来店した顧客は新規顧客です。以下では、金額評価E、来店評価E、日数評価Aの顧客を絞り込み、さらに初めて来店した顧客に絞り込んでいます。

●新規顧客として期待される人数

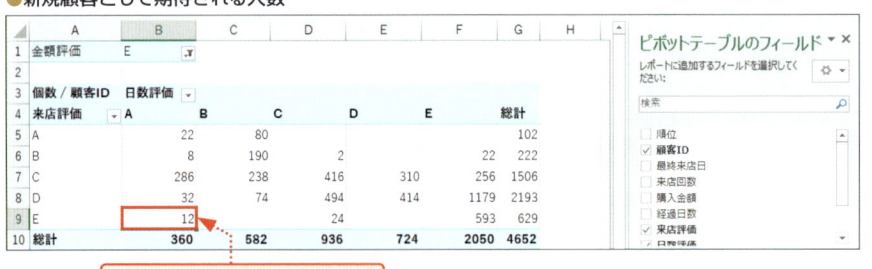

新規顧客として期待される人数

●来店回数を1回に絞り込んだデータ

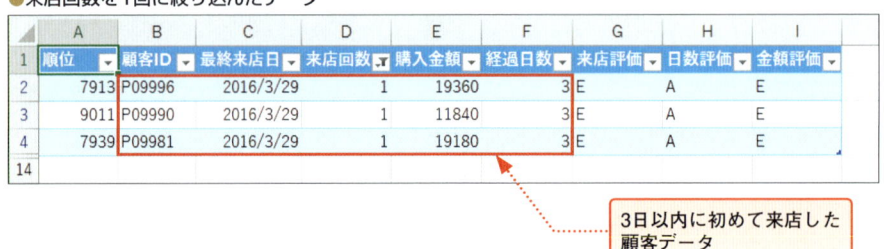

3日以内に初めて来店した
顧客データ

発展 ▶ ▶ ▶

▶ 顧客情報を追加して集計する

　例題のRFM分析用データの顧客情報は顧客IDだけです。ここでは、顧客ID、氏名、性別などが入った「顧客データ」シートを例題の「RFM分析」シートの「顧客ID」に紐づけて優良顧客50名の氏名を表示します。複数のシートを特定のデータで紐づけることをリレーションシップといいます。

●「RFM分析」シートと「顧客データ」シートのリレーションシップ

サンプル
5-02-発展

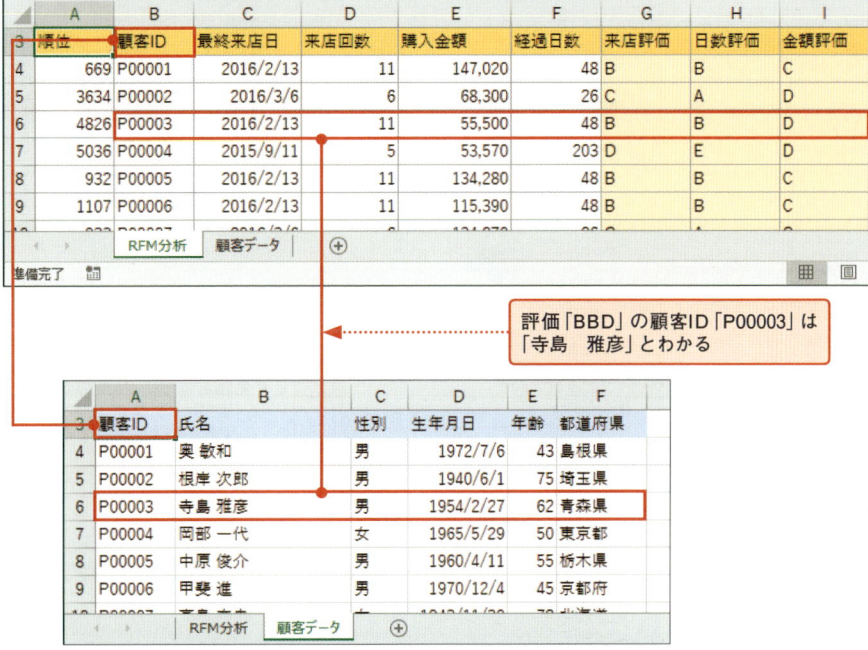

複数のシートを特定のデータで関連付けて、1つのピボットテーブルで集計するには、次の手順を実施します。

①各シートをテーブルに変換する
②2つのテーブルにリレーションシップを設定する
③2つのテーブルをピボットテーブルにする
④フィールドを配置してピボットテーブルを作成する

各シートをテーブルに変換する

❶「RFM」分析シートのデータ内のセルを1箇所クリックして〔挿入〕タブの【テーブル】をクリックする

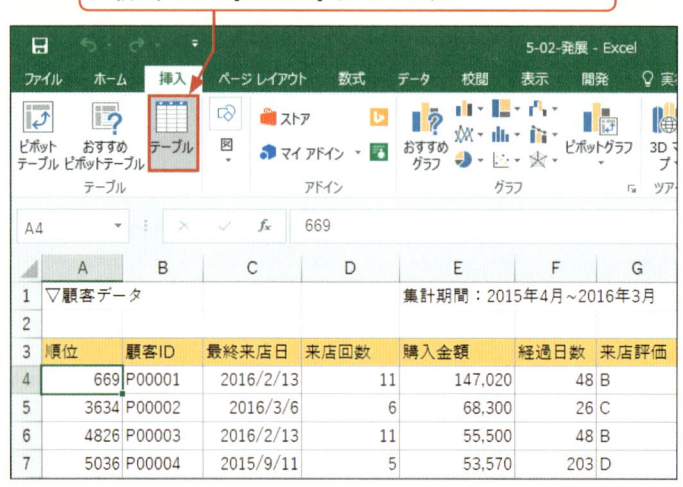

▶テーブルに変換すると、縞模様付きのデザインになるが、テーブルに変換する前に設定されたセルの色などの書式が残るため、G〜I列の評価に設定したセルの色は「塗りつぶしなし」にしている。

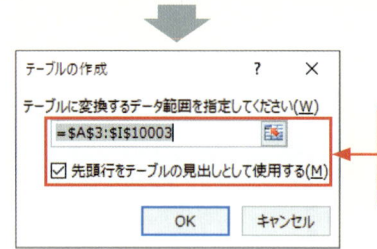

❷ データ範囲が「A3:I10003」であることと、「先頭行をテーブルの見出しとして使用する」にチェックが入っていることを確認して「OK」をクリックする

❸ テーブル名を入力する（ここでは「RFM分析」）

▶手順❸はテーブル名を入力後、Enterを押す。カーソルが、テーブル名に表示されていないことを確認する。

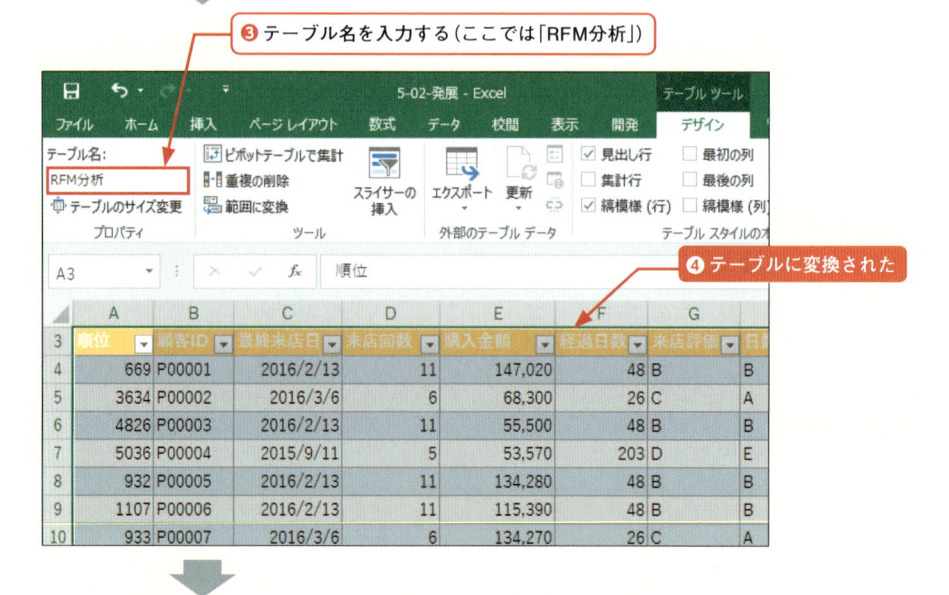

❹ テーブルに変換された

▶テーブル名は、指定したデータ範囲の名前である。テーブル名を設定すると、ピボットテーブルに複数のデータ範囲を追加したときの識別になる。

❺「顧客データ」シートに切り替え、手順❶～❸を
操作し、テーブルに変換された

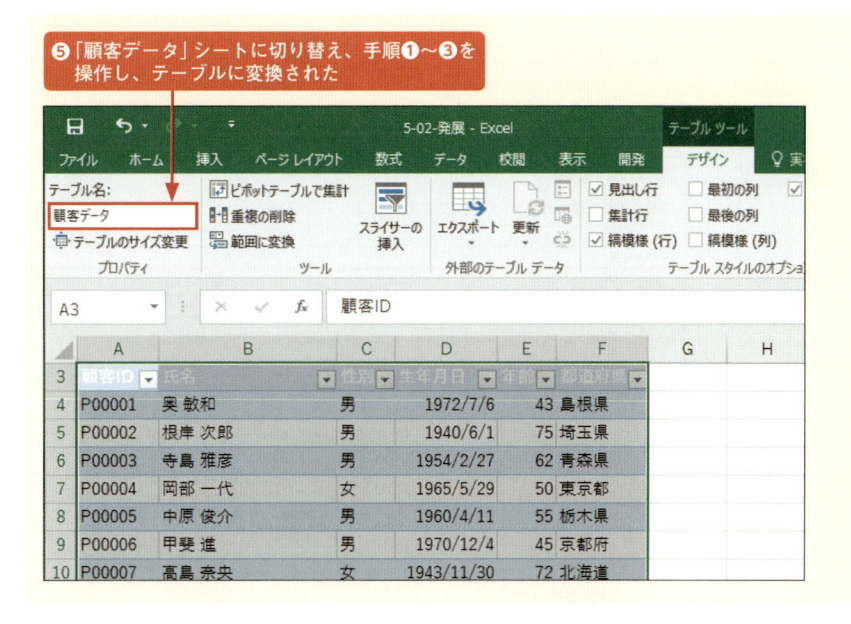

2つのテーブルにリレーションシップを設定する

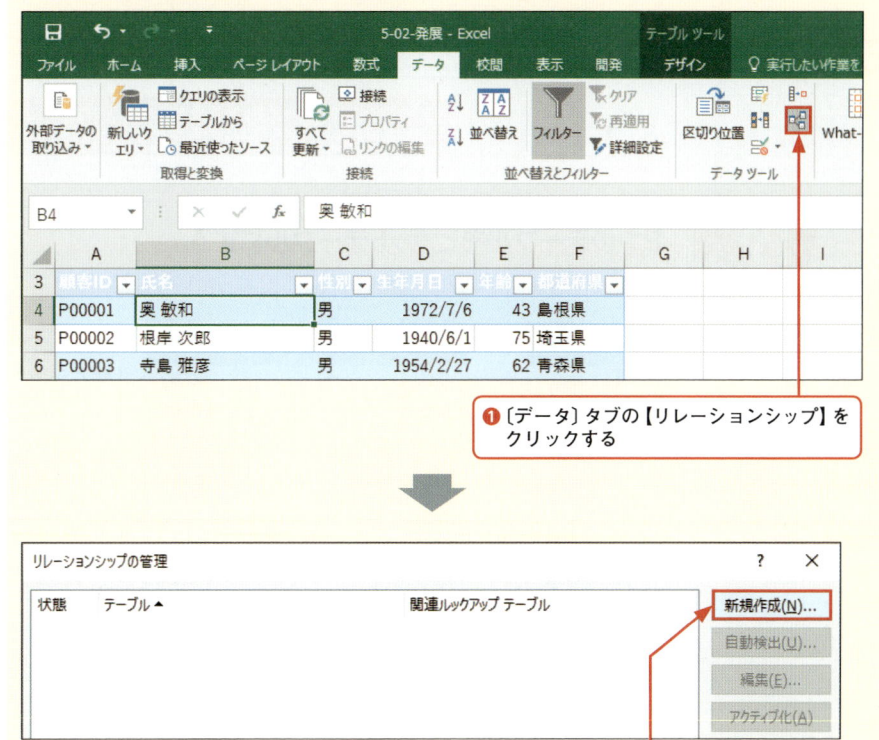

▶手順❶は、「RFM分析」
シート、「顧客データ」
シートのどちらがアク
ティブになっていても
よい。

❶〔データ〕タブの【リレーションシップ】を
クリックする

❷「新規作成」をクリックする

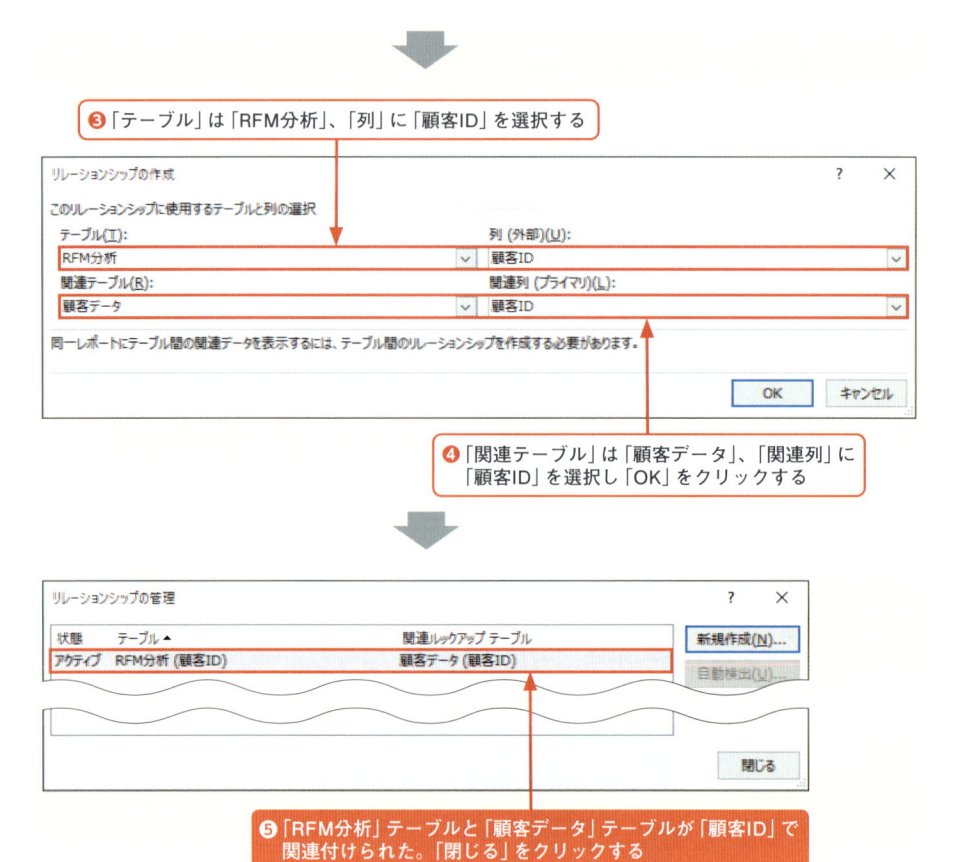

❸「テーブル」は「RFM分析」、「列」に「顧客ID」を選択する

▶「関連テーブル」はいわゆる台帳やマスターと呼ばれるテーブルを指定する。

❹「関連テーブル」は「顧客データ」、「関連列」に「顧客ID」を選択し「OK」をクリックする

❺「RFM分析」テーブルと「顧客データ」テーブルが「顧客ID」で関連付けられた。「閉じる」をクリックする

2つのテーブルをピボットテーブルにする

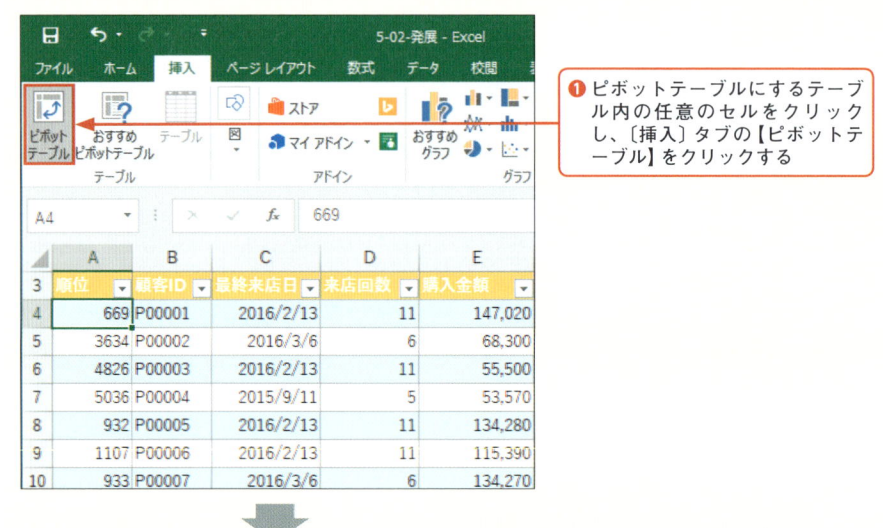

❶ピボットテーブルにするテーブル内の任意のセルをクリックし、〔挿入〕タブの【ピボットテーブル】をクリックする

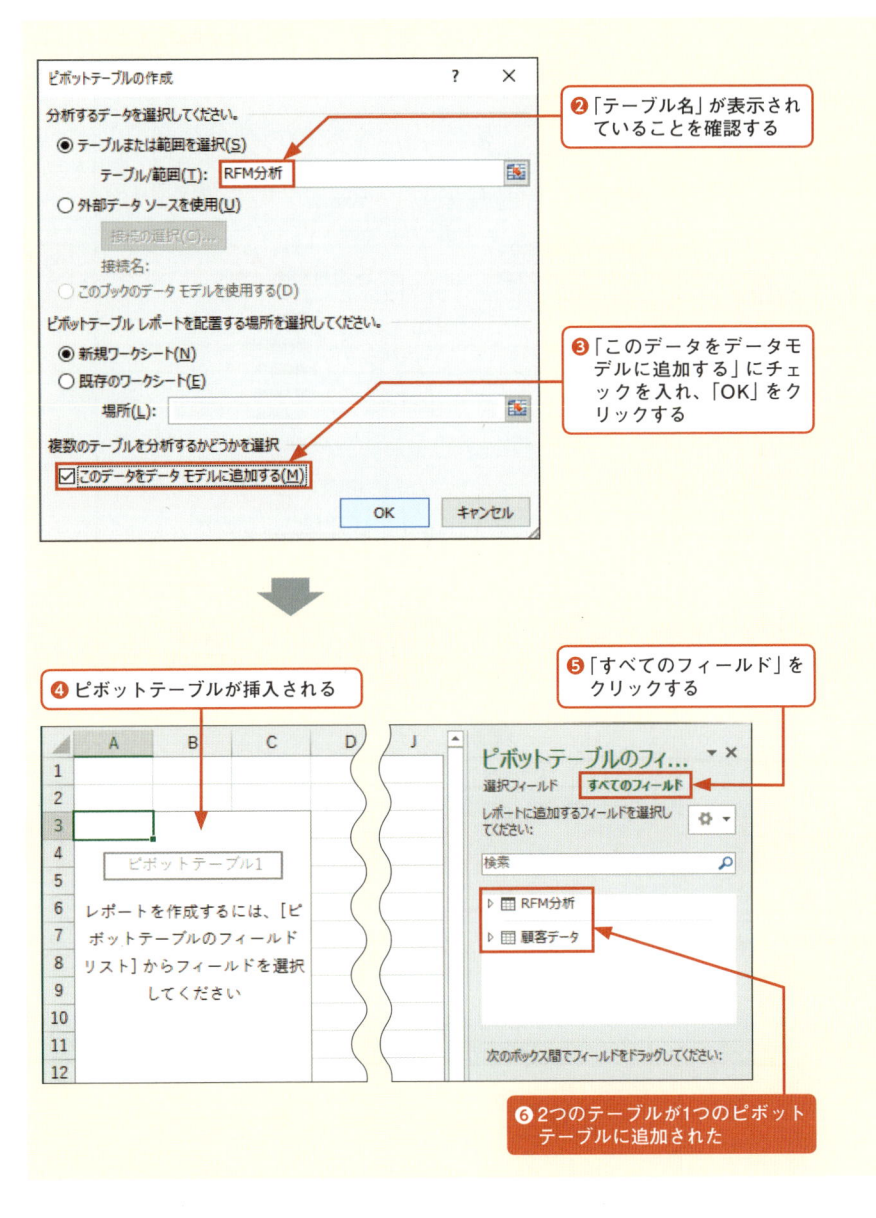

② 「テーブル名」が表示されていることを確認する

③ 「このデータをデータモデルに追加する」にチェックを入れ、「OK」をクリックする

④ ピボットテーブルが挿入される

⑤ 「すべてのフィールド」をクリックする

⑥ 2つのテーブルが1つのピボットテーブルに追加された

フィールドを配置してピボットテーブルを作成する

●フィールドの配置

フィルター	「RFM分析」の金額評価, 日数評価, 来店評価
値	「RFM分析」の顧客ID

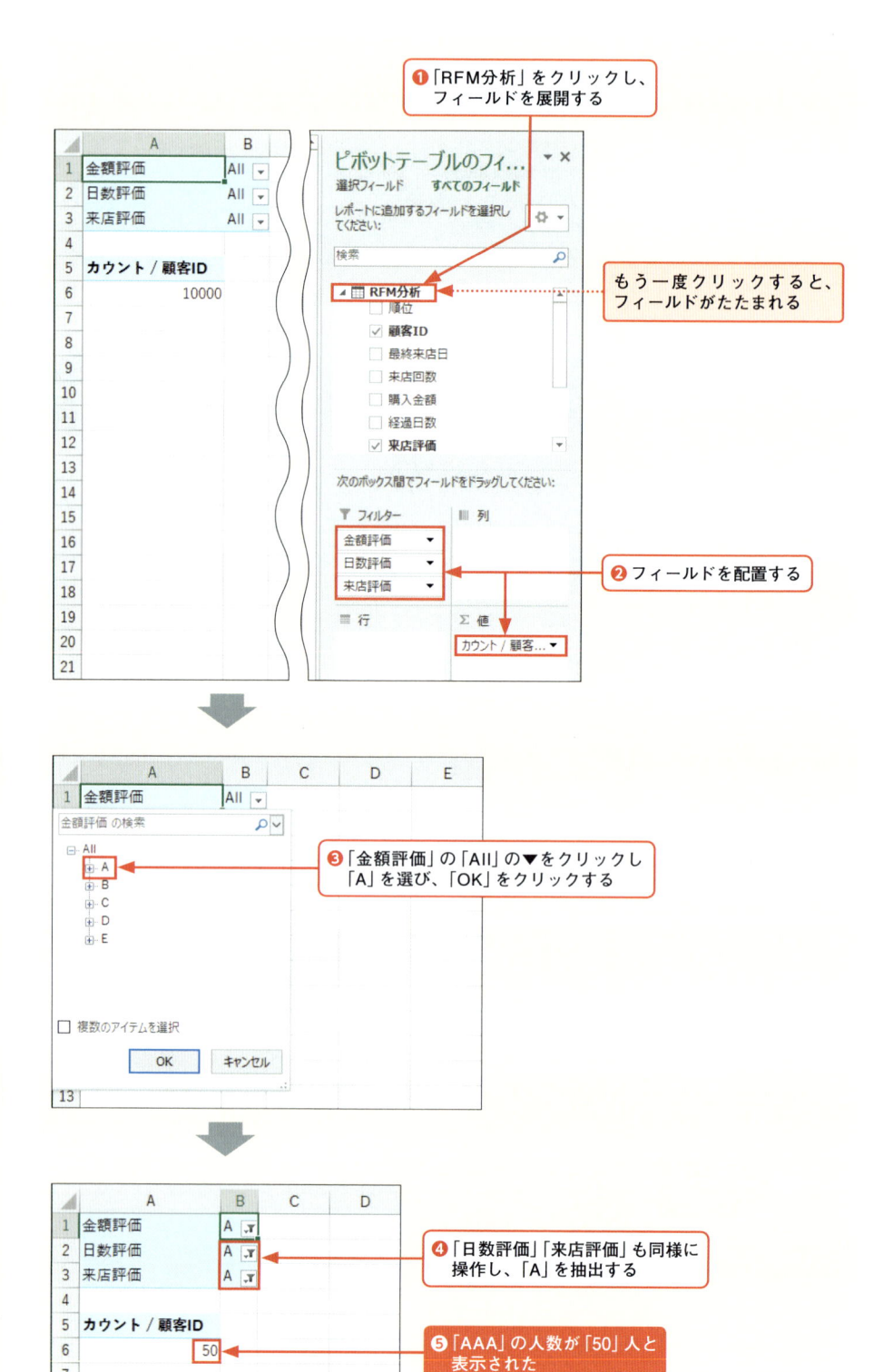

❶「RFM分析」をクリックし、フィールドを展開する

もう一度クリックすると、フィールドがたたまれる

▶「フィルター」に複数のフィールドを配置してよい。

❷ フィールドを配置する

▶手順❸は「All」の「+」をクリックすると、A〜Eまで表示される。

❸「金額評価」の「All」の▼をクリックし「A」を選び、「OK」をクリックする

❹「日数評価」「来店評価」も同様に操作し、「A」を抽出する

▶「AAA」の「50」名は、P.228の結果と一致する。

❺「AAA」の人数が「50」人と表示された

顧客IDに対する氏名を表示する

●フィールドの配置とピボットテーブルのレイアウト

行	「RFM分析」の顧客ID
	「顧客データ」の氏名
レイアウト	表形式 P.227参照

❶「RFM分析」の「顧客ID」を「行」に追加後、「RFM分析」を
クリックしてフィールドをたたむ

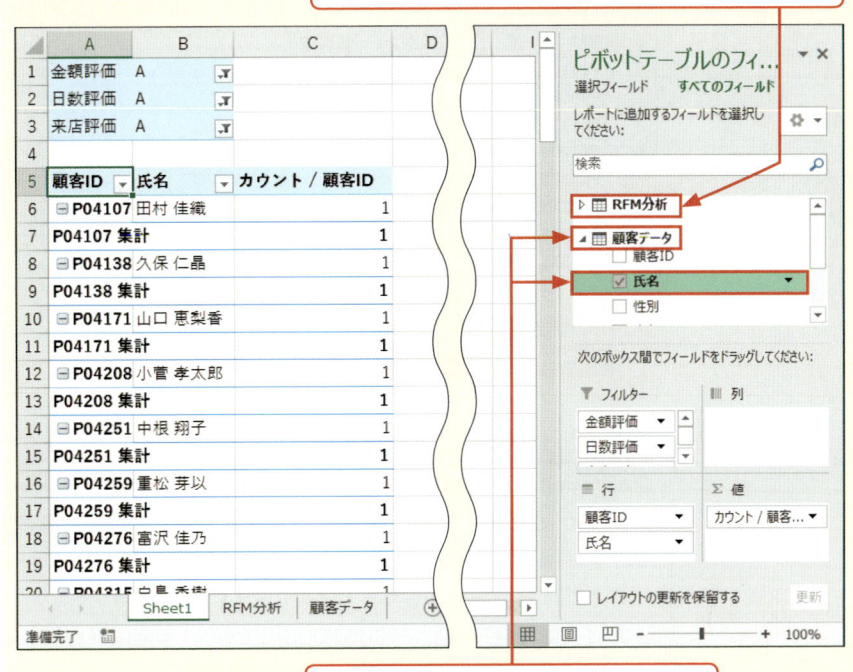

❷「顧客データ」をクリックしてフィールドを
展開し、「氏名」を「行」へ追加する

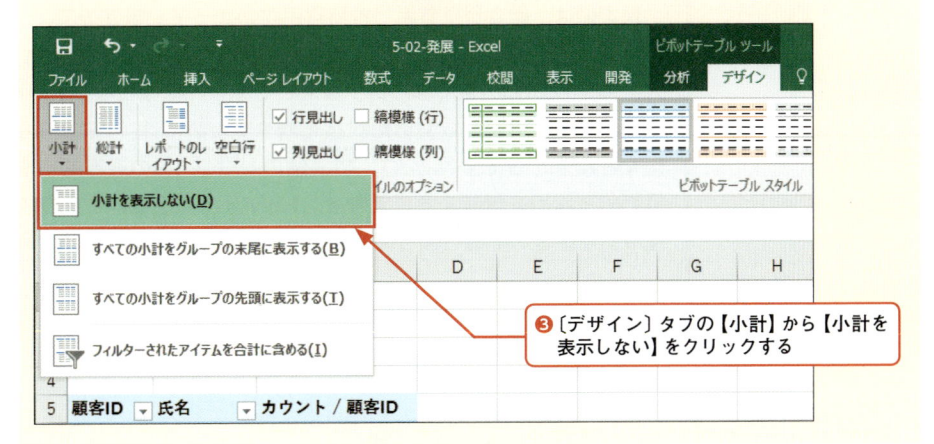

❸〔デザイン〕タブの【小計】から【小計を
表示しない】をクリックする

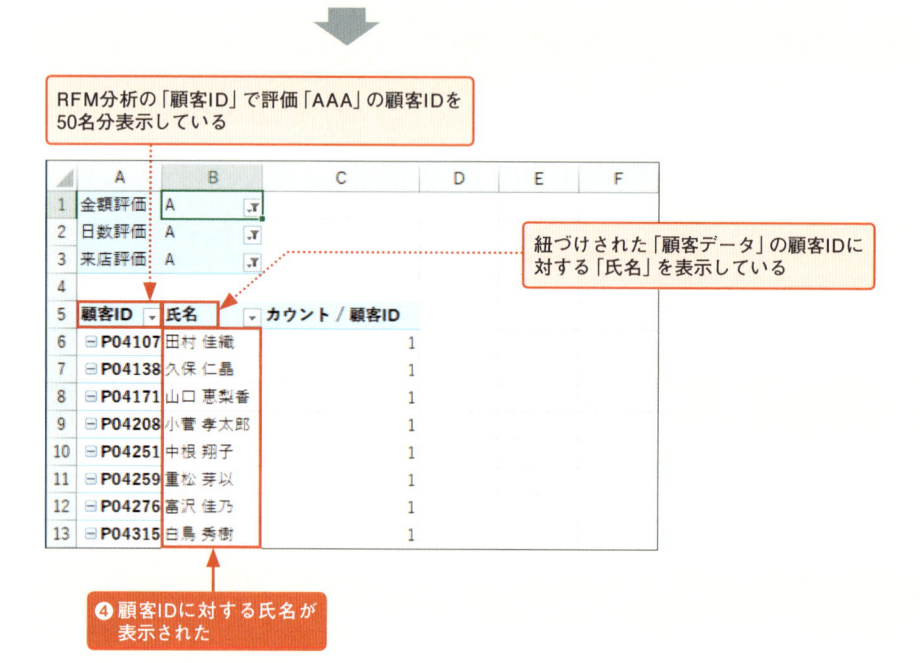

RFM分析の「顧客ID」で評価「AAA」の顧客IDを
50名分表示している

紐づけされた「顧客データ」の顧客IDに
対する「氏名」を表示している

❹顧客IDに対する氏名が
表示された

Column　LTV（顧客生涯価値）

　LTVとは、Life Time Valueの頭文字で、日本語訳では顧客生涯価値と呼ばれています。生涯というと大げさですが、企業からみると、一人の顧客が「顧客である期間」にどれだけお金を落としてくれるか、ということです。

　たとえば、1回の購入が平均1000円でも、1年間に平均して4回の購入が期待でき、少なくとも3年間は顧客として定着する場合のLTVは次のように計算されます。

LTV ＝ 1000円／人・回×4回／年×3年 ＝ 12,000円／人

　現実には、顧客獲得費用と維持費用がかかっていますので、上の式から費用を差し引いて、トータルでプラスになるように努めます。上の例の場合、極端にいうと、一人当たり12000円までなら、少なくとも赤字にはならないと算段できます。

　LTVから費用を差し引いた利益を増やすためには、「ちょくちょく来店してお金をたくさん落としてくれる人」、本事例のトリプルAの顧客を増やして維持し、顧客獲得／維持費用を低減することです。RFM分析を定期的に実施すると、常連客数の把握や離反顧客の把握を通して、LTVの向上に役立てることができます。

03 アンケートから改善項目を見える化する

最初は喜ばれた商品やサービスも時が経つと当たり前になり、当たり前が満たされないと不満になります。顧客満足は、何らかのポイントで期待以上と感じたときに発生し、全体の評価アップにつながることがありますが、必ずしも提供側が努力したポイントを評価したとは限りません。ここでは、顧客アンケートを通じて、顧客が重要視していることを明らかにしながら、改善項目を浮き彫りにします。

導入 ▶ ▶ ▶

事 例 「お客様アンケートを商品の改善に生かしたい」

　健康機器の製造販売を手掛けるQ社では、肩こり改善商品Xのお客様アンケートを実施し、500名からの回答を得ました。アンケートはすべて5段階評価です。「すばらしい」「満足」は「5」、「失望した」「不満」は「1」のように定量化が可能です。

●お客様アンケート

		5	4	3	2
1	商品Xをお買い上げいただきまして誠にありがとうございました。				
2	下記アンケートのご協力をお願いいたします。				
3		5	4	3	2
4	Q1	商品Xの総合的な評価をお聞かせください			
5		すばらしい	期待以上	期待通り	期待以下
6	Q2	商品Xの操作性はいかがですか			
7		すばらしい	期待以上	期待通り	期待以下
8	Q3	商品Xの重さはいかがですか			
9		すばらしい	期待以上	期待通り	期待以下
10	Q4	商品Xの機能はいかがですか			
11		満足	やや満足	どちらでもない	やや不満
12	Q5	商品Xの肌触りはいかがですか			
13		満足	やや満足	どちらでもない	やや不満
14	Q6	商品Xの説明書はいかがですか			
15		すばらしい	期待以上	期待通り	期待以下
16	Q7	商品Xの価格はいかがですか			

　アンケート係を担当するR氏は、回答内容をExcelに入力し、評価の平均値を求めました（次ページの「アンケートデータ」参照）。

　R氏は平均値から次のように考えました。

- 相対的に取り扱い説明書の評価が低いが、困った時しか読まれないし、廃棄されることもあるし、あまり重要ではなさそうなのに、何でこんな質問したのだろう？
- 機能と操作性の評価は良好だ。もみ玉の移動範囲の拡張は頑張った点だし、商品Xの機能向上をお客様が認めてくれた。よって商品Xは特に改善する点はない。

　上記のように思いつつも、R氏は500名からの貴重な回答を平均値だけで判断していいのかと不安も感じています。お客様アンケートから有益な情報を得るにはどうすればいいでしょうか。

●アンケートデータ

	A	B	C	D	E	F	G	H	I	J	K
1	▽アンケートまとめ									▽評価平均値	
2	No	総合評価	操作性	重さ	機能	肌触り	取説評価	価格		評価項目	平均値
3	1	3	3	4	3	2	2	3		総合評価	3.236
4	2	5	5	5	5	1	3	4		操作性	3.644
5	3	5	5	1	4	5	3	2		重さ	3.03
6	4	3	3	1	4	5	3	3		機能	3.972
7	5	5	4	3	5	2	4	4		肌触り	2.884
8	6	3	3	1	4	5	2	3		取説評価	2.75
9	7	3	4	3	4	5	3	2		価格	3.04
10	8	3	3	1	5	2	2	2			
500	498	3	3	2	3	2	2	4			
501	499	3	3	3	3	2	2	1			
502	500	3	3	5	5	2	2	2			

▶ 総合評価と各評価項目の満足度を相関分析する

　顧客は、何かのポイントで「すばらしい」「満足」を感じると、満足を感じたポイントがたった1つであっても全体の評価の向上につながる場合があります。「満足」を感じるポイントは、企業側の努力ポイントと必ずしも一致しません。たとえば、機能や性能の向上を努力したとしても顧客にとって機能や性能が良いことは「当たり前」になっている可能性もあります。そこで、総合評価と各評価の相関係数を求めます。総合評価と相関が強い評価項目は、顧客が重視するポイント、相関が弱い評価項目は、総合評価に影響するほど顧客は重視していないポイントと読み取ることができます。

▶ CSポートフォリオを作成する

　CS（顧客満足）ポートフォリオは、顧客の満足／不満足や重視する／重視しないを明らかにする図です。具体的には、相関係数や決定係数など総合評価に影響する度合いを横軸、評価の平均点など満足度のレベルを表す項目を縦軸に取った散布図を作成し、評価項目が入るエリアによって、対処する内容に優先順位を付けます。ここでは、エリアを区切る境界線を平均値としています。

●CSポートフォリオ

評価項目	決定係数	満足度
評価A	0.1	1.7
評価B	0.7	4.2
評価C	0.2	3.8
評価D	0.6	2.3
平均値	0.4	3

CSポートフォリオ

●CSポートフォリオの見方

領域		解釈
領域①	影響度：高 満足度：低	最重要改善項目 最優先して取り組むべき項目です。領域①の改善なくして総合評価アップは期待できません。
領域②	影響度：高 満足度：高	重要維持項目 顧客が重視している項目です。現在は満足度が高いですが、満足度が下がる事態になると総合評価も下がります。満足度の維持・強化が必要です。
領域③	影響度：低 満足度：高	現状維持項目 顧客はあまり重視していませんが、満足度はこのまま維持すべき項目です。
領域④	影響度：低 満足度：低	改善項目 改善すべき項目ですが、顧客があまり重視していない項目のため、領域①ほど優先順位は高くありません。しかし、いずれ満足度を上げる対処は必要になります。

　満足度だけをみていると、最も低い評価Aを最優先して対応すべきとなってしまいますが、CSポートフォリオにすると、顧客は評価Aをあまり重視していないため、対応の優先順位は下がります。CSポートフォリオの最初に見るべきポイントは領域①です。領域①の評価を最優先で対処します。

実践 ▶▶▶

サンプル
5-03

▶ 用意するビジネスデータ

　顧客満足度を測るアンケート調査結果を準備します。アンケートには、総合評価を質問する項目を必ず入れます。次期商品やサービスの展望をはかるために、リピートに関する質問や他の顧客に薦めたいかどうかなどを質問項目に入れるとより良いです。

　アンケートは5段階〜7段階程度の評価にして、段階間は等間隔になるようにします。特に満足／不満足のように定性的に質問するときに注意します。投げかける言葉によって間隔に差が生じるようでは困りますので、言葉に自信がなければ、数字で答えてもらうようにします。

CHAPTER 01　CHAPTER 02　CHAPTER 03　CHAPTER 04　CHAPTER 05

●5段階評価の例

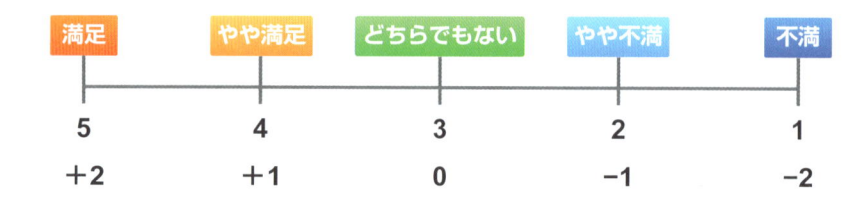

満足	やや満足	どちらでもない	やや不満	不満
5	4	3	2	1
+2	+1	0	−1	−2

　定量化するときは、上の例のように、1〜5を対応させたり、中間評価を0にしてプラスマイナスで定量化したりします。

> **MEMO　2択はNG**
>
> 　テレビなどで見かけることのある「はい／いいえ」といった2択の結果は、いっけん白黒がはっきりしているように見えますが、人の気持ちはそんなに単純ではありません。「はい／いいえ」のどちらかしか選べない場合、「はい」ではない人は「いいえ」を選択するしかありませんし、決して「いいえ」ではない人は「はい」しか選べません。もっとも、回答する側は「無回答」という手段がありますが、結果に反映されることはないでしょう。
>
> 　「はい」にも「いいえ」にも「どちらともいえない」が含まれているのに、「いいえ」が多かったなどと結論付けられることになります。
>
> 　人の考えや気持ちに関するアンケートを取るときは2択の質問はすべきではありません。

▶「今朝は7:00までに起床しましたか?」などの事実関係に対する「はい／いいえ」は含まれない。

▶ Excelの操作①：相関分析を行う

　分析ツールの「相関」を利用して、評価項目間の相関係数を求めます。着目ポイントは、総合評価と各評価の相関係数です。

各評価間の相関係数を求める

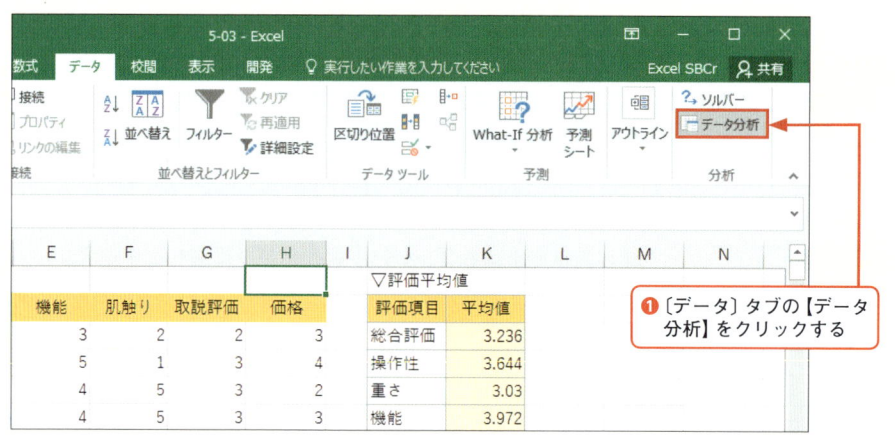

❶〔データ〕タブの【データ分析】をクリックする

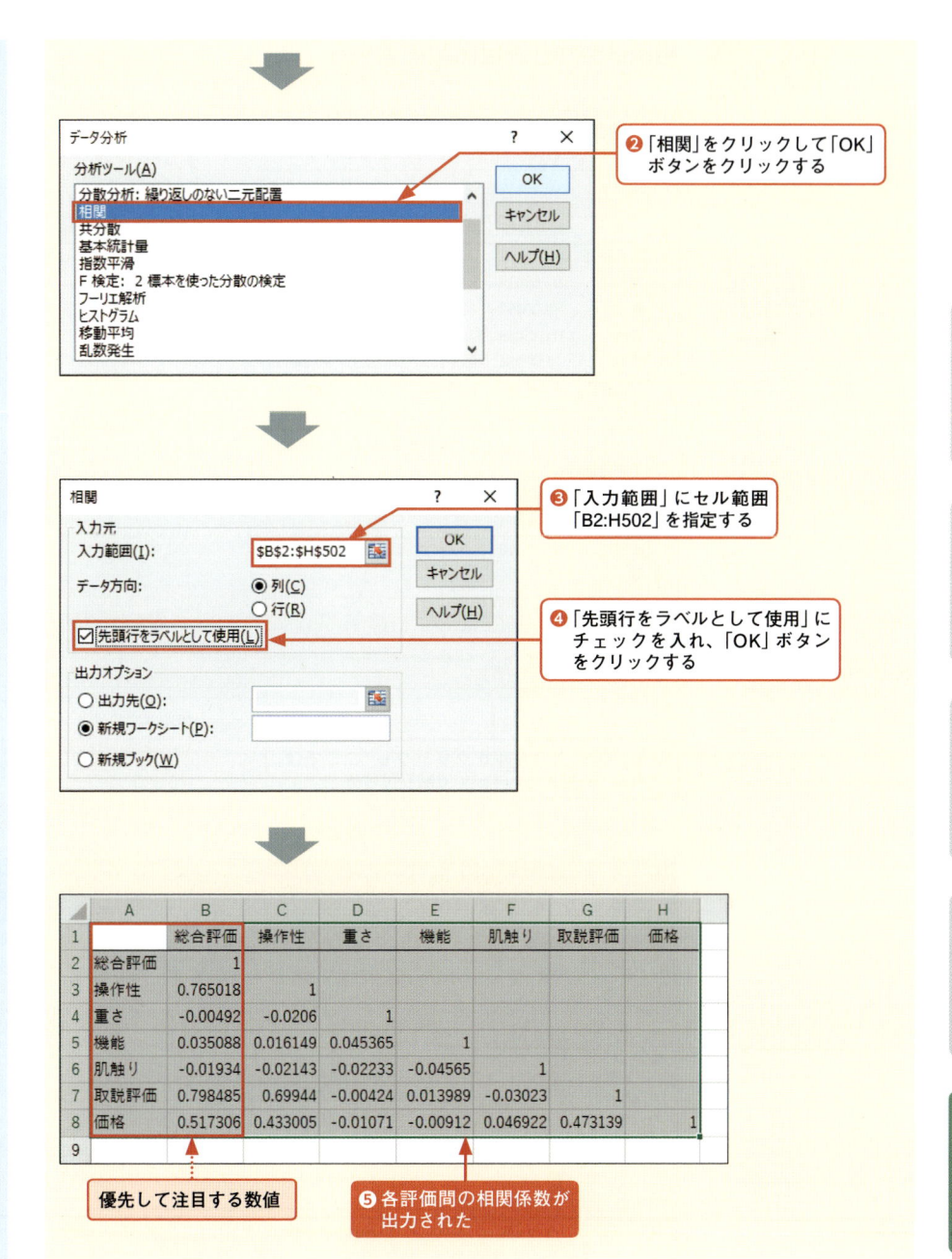

▶手順❸は、セル「B2」をクリックし、Shift＋Ctrl＋→を押したあと、Shift＋Ctrl＋↓を押すと表の範囲を選択できる。

❷「相関」をクリックして「OK」ボタンをクリックする

❸「入力範囲」にセル範囲「B2:H502」を指定する

❹「先頭行をラベルとして使用」にチェックを入れ、「OK」ボタンをクリックする

優先して注目する数値

❺各評価間の相関係数が出力された

▶ Excelの操作②：CSポートフォリオの準備をする

　相関係数は±1の範囲を取りますが、CSポートフォリオでは、相関の向きより強さが重要なので、横軸は正の値にした方が見やすいです。よって、ここでは、相関係数の2乗値である決定係数に変換し、0〜1の変化になるようにします。なお、相関係数がすべて正になった場合は、相関係数を横軸に採用してください。

相関係数から決定係数を求める

❶ 相関係数が出力されたシートのセル範囲「A1:H8」を
ドラッグして Ctrl + C を押してコピーする

	A	B	C	D	E	F	G	H
1		総合評価	操作性	重さ	機能	肌触り	取説評価	価格
2	総合評価	1						
3	操作性	0.765018	1					
4	重さ	-0.00492	-0.0206	1				
5	機能	0.035088	0.016149	0.045365	1			
6	肌触り	-0.01934	-0.02143	-0.02233	-0.04565	1		
7	取説評価	0.798485	0.69944	-0.00424	0.013989	-0.03023	1	
8	価格	0.517306	0.433005	-0.01071	-0.00912	0.046922	0.473139	1
9								
10	▽決定係数							
11		総合評価	操作性	重さ	機能	肌触り	取説評価	価格
12	総合評価	1						
13	操作性	0.765018	1					
14	重さ	-0.00492	-0.0206	1				
15	機能	0.035088	0.016149	0.045365	1			
16	肌触り	-0.01934	-0.02143	-0.02233	-0.04565	1		
17	取説評価	0.798485	0.69944	-0.00424	0.013989	-0.03023	1	
18	価格	0.517306	0.433005	-0.01071	-0.00912	0.046922	0.473139	1
19								

▶値を明示するため、
セル「A10」に「決定係
数」と入力した。

❷ 貼り付け先のセルをクリックし (ここでは、
セル「A11」)、 Ctrl + V で貼り付ける

▶コピーした範囲と同
じ範囲に形式を選択し
て貼り付けるため、コ
ピー後、ただちに手順
❹を操作する。

12	総合評価	1						
13	操作性	0.765018	1					
14	重さ	-0.00492	-0.0206	1				
15	機能	0.035088	0.016149	0.045365	1			
16	肌触り	-0.01934	-0.02143	-0.02233	-0.04565	1		
17	取説評価	0.798485	0.69944	-0.00424	0.013989	-0.03023	1	
18	価格	0.517306	0.433005	-0.01071	-0.00912	0.046922	0.473139	1
19								

❹ 〔ホーム〕タブの【貼り付け▼】から【形式を選択して
貼り付け】をクリックする

❸ セル範囲「B12:H18」をドラッグして
Ctrl + C を押す

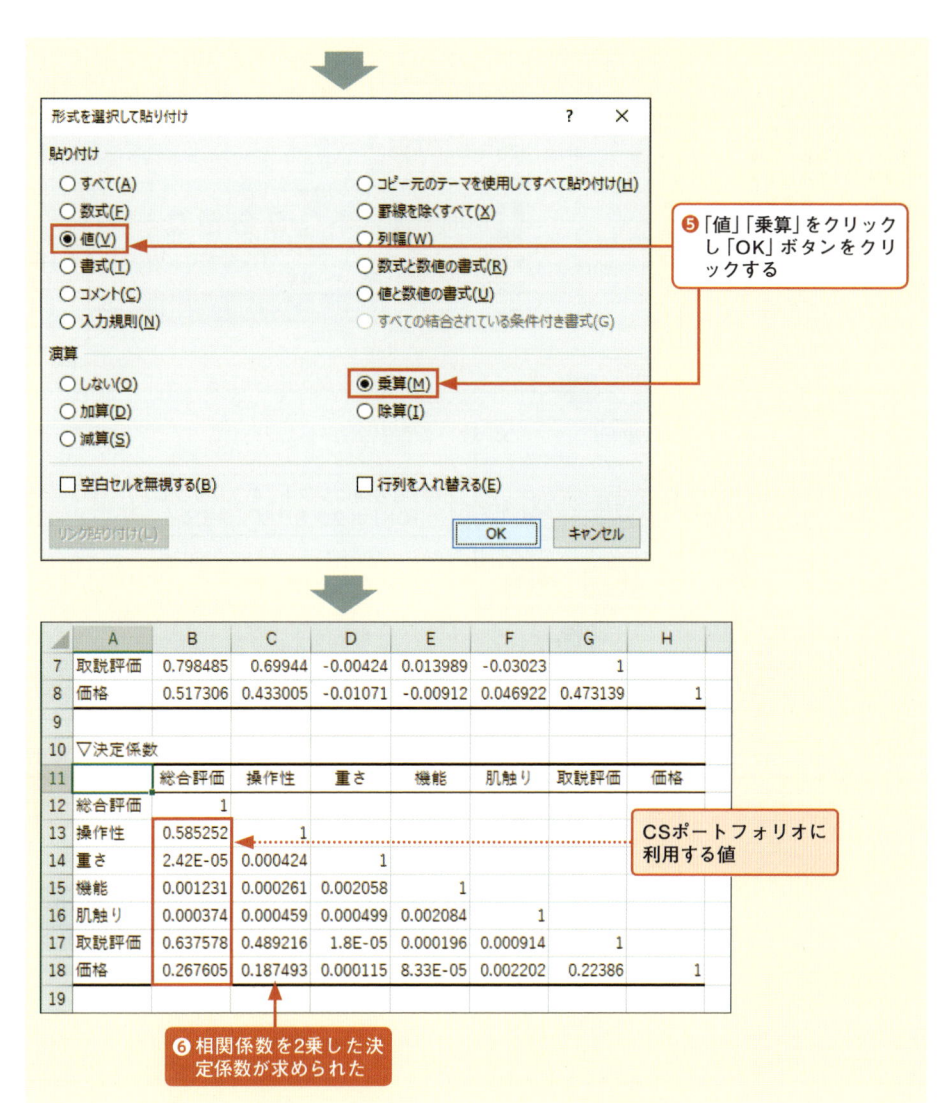

▶「乗算」は、コピーした値をコピー先のセルに掛け算して貼り付ける。コピー元と同じ範囲をコピー先としているので、同じ値を掛け算する、すなわち、2乗することになる。

❺「値」「乗算」をクリックし「OK」ボタンをクリックする

	A	B	C	D	E	F	G	H
7	取説評価	0.798485	0.69944	-0.00424	0.013989	-0.03023	1	
8	価格	0.517306	0.433005	-0.01071	-0.00912	0.046922	0.473139	1
9								
10	▽決定係数							
11		総合評価	操作性	重さ	機能	肌触り	取説評価	価格
12	総合評価	1						
13	操作性	0.585252	1					
14	重さ	2.42E-05	0.000424	1				
15	機能	0.001231	0.000261	0.002058	1			
16	肌触り	0.000374	0.000459	0.000499	0.002084	1		
17	取説評価	0.637578	0.489216	1.8E-05	0.000196	0.000914	1	
18	価格	0.267605	0.187493	0.000115	8.33E-05	0.002202	0.22386	1
19								

CSポートフォリオに利用する値

❻相関係数を2乗した決定係数が求められた

グラフの元になる表を準備する

やってみよう!

▶「操作」シートの平均満足度はAVERAGE関数が入力されている。通常、式や関数が入力されたセルをコピー／移動するとセル参照が変わってしまうので、ここでは、値の決定係数をコピーする。

	A	B	C	D	E	F	G	H
10	▽決定係数							
11		総合評価	操作性	重さ	機能	肌触り	取説評価	価格
12	総合評価	1						
13	操作性	0.585252	1					
14	重さ	2.42E-05	0.000424	1				
15	機能	0.001231	0.000261	0.002058	1			
16	肌触り	0.000374	0.000459	0.000499	0.002084	1		
17	取説評価	0.637578	0.489216	1.8E-05	0.000196	0.000914	1	
18	価格	0.267605	0.187493	0.000115	8.33E-05	0.002202	0.22386	1
19								

❶セル範囲「B11:B18」をドラッグして Ctrl + C を押す

▶CSポートフォリオは、横軸に決定係数、縦軸に満足度の散布図である。よって、満足度の左側に決定係数が配置されるようにする。

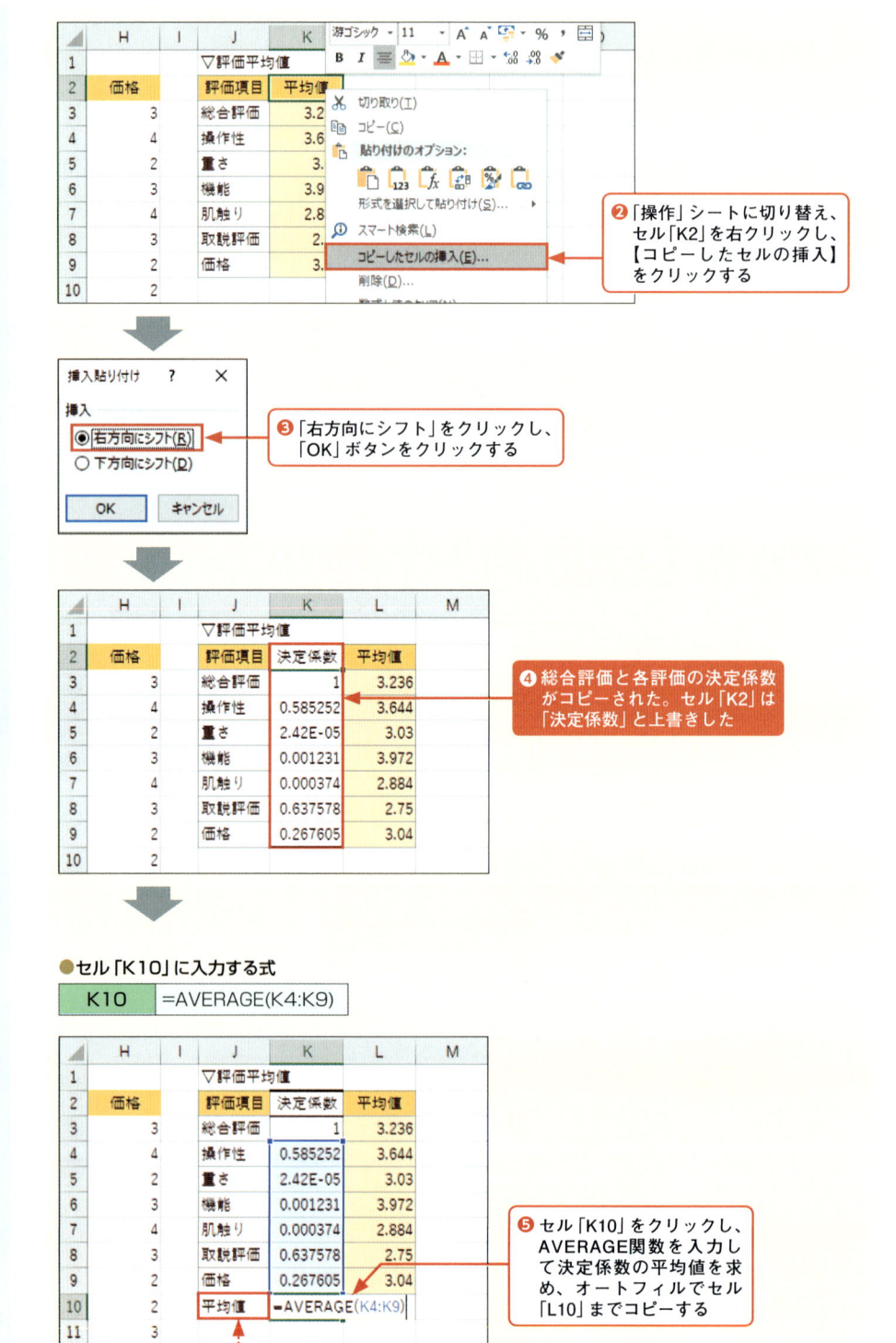

❷「操作」シートに切り替え、セル「K2」を右クリックし、【コピーしたセルの挿入】をクリックする

❸「右方向にシフト」をクリックし、「OK」ボタンをクリックする

❹総合評価と各評価の決定係数がコピーされた。セル「K2」は「決定係数」と上書きした

●セル「K10」に入力する式

K10	=AVERAGE(K4:K9)

❺セル「K10」をクリックし、AVERAGE関数を入力して決定係数の平均値を求め、オートフィルでセル「L10」までコピーする

▶平均値に総合評価は含めない。

項目名は適宜入力する

	H	I	J	K	L	M
1			▽評価平均値			
2	価格		評価項目	決定係数	平均値	
3	3		総合評価	1	3.236	
4	4		操作性	0.585252	3.644	
5	2		重さ	2.42E-05	3.03	
6	3		機能	0.001231	3.972	
7	4		肌触り	0.000374	2.884	
8	3		取説評価	0.637578	2.75	
9	2		価格	0.267605	3.04	
10	2		平均	0.248677	3.22	
11	3					

▶ セル「K10」「L10」の緑のインジケータは、Excelがエラーの可能性を指摘するマークで、隣接するセルを引数に含めていないときなどに表示される。セル「K3」は引数に含めないので、無視する。

❻ CSポートフォリオの4象限に区切るための境界値が求められた

▶ Excelの操作②：CSポートフォリオを作成する

以上までの操作で、CSポートフォリオ作成の準備が整いましたので、決定係数と満足度の散布図を挿入します。4象限の領域分けは、図形の直線で区切り線を引いてください。グラフ上に図形を描画するときの注意点は、グラフをクリックしてから、〔挿入〕タブ→【図形】→【直線】と選択することです。グラフをクリック、つまり、グラフを選択せずに線を引くと、当初の見た目は変わりませんが、グラフを移動すると線が置き去りになります。レイアウトし直しになるので注意してください。

なお、散布図にプロットされている点のデータラベルの表示方法は、P.101〜の操作を参考にしてください。

決定係数と満足度の散布図を挿入する

❷ 〔挿入〕タブの【散布図/バブルチャートの挿入】から【散布図】をクリックする

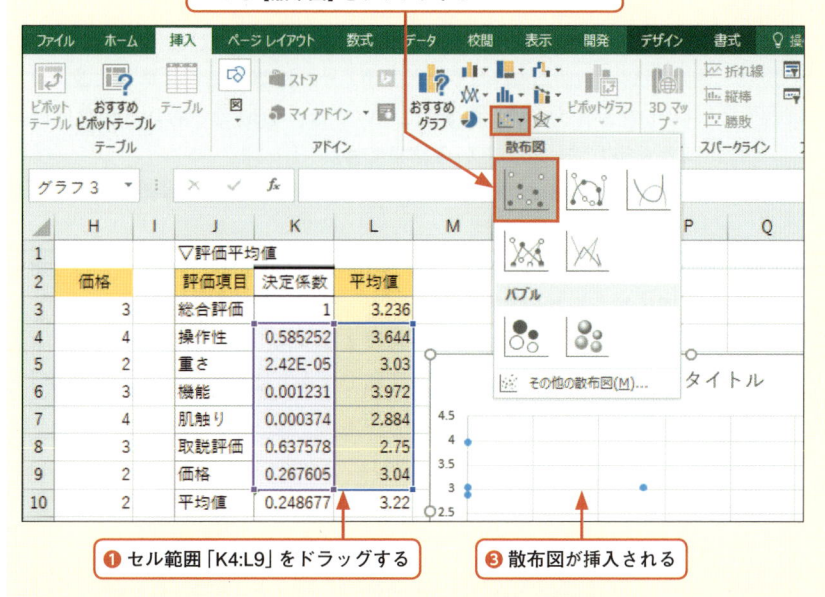

❶ セル範囲「K4:L9」をドラッグする

❸ 散布図が挿入される

Excel2007/2010
▶凡例はクリックして
Deleteキーを押し、非
表示にする。

●グラフの編集

グラフタイトル	商品XのCSポートフォリオ
追加するグラフ要素①	軸ラベル、目盛線の「第1補助横軸」「第1補助縦軸」 Excel2007/2010は縦、横ともに「目盛線と補助目盛線」
軸ラベル	横軸「決定係数」 縦軸「満足度」
目盛り	横軸目盛り「0〜0.7」まで「0.1」間隔 縦軸目盛り「2〜4.5」まで「0.5」間隔
追加するグラフ要素②	散布図上のプロットされている点を右クリックして【データラベルの追加】を選択し、ラベル名はP.101を参考に評価項目に変更する

▶ここで操作するデータラベルの数は少ないため、データラベルを追加後、データラベルの上をゆっくり2回クリックし、1箇所ずつ該当する評価項目を入力しても良い。

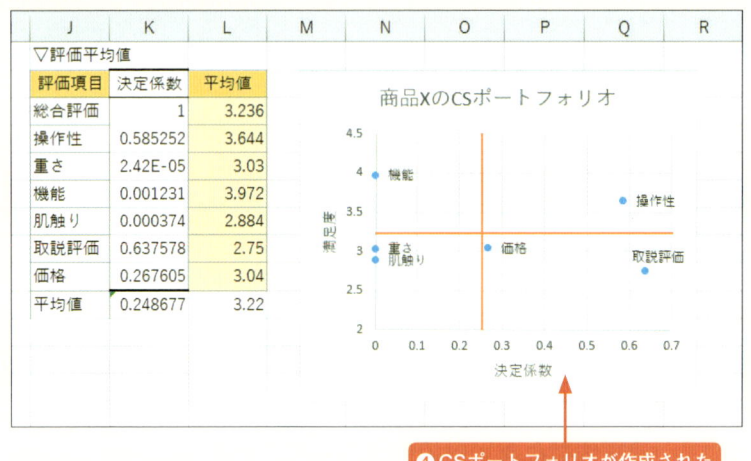

評価項目	決定係数	平均値
総合評価	1	3.236
操作性	0.585252	3.644
重さ	2.42E-05	3.03
機能	0.001231	3.972
肌触り	0.000374	2.884
取説評価	0.637578	2.75
価格	0.267605	3.04
平均値	0.248677	3.22

❹CSポートフォリオが作成された

▶ 結果の読み取り

　CSポートフォリオより、領域①に入った「取説評価」と「価格」が最重要改善項目です。中でも「取説評価」は「総合評価」との相関も強く、早急に改善すべき項目となります。またQ社が注力した「機能」については、領域③であり、満足度は高いもののお客様はあまり重視していないという結果です。

　P.240のR氏の考えがQ社の考えと捉えると、お客様と企業との間に認識のズレが生じていることになります。

　「操作性」は領域②です。現在の満足度を落とさないように努力しますが、ここで、相関係数を振り返ります。

　相関分析で最初に着目するポイントは、総合評価と各評価の相関係数ですが、他の相関係数がどうでもよいという意味ではありません。下の図に示すように、「操作性」と「取説評価」の相関係数が約「0.7」になっていることにも注目します。

●相関係数

	A	B	C	D	E	F	G	H
1		総合評価	操作性	重さ	機能	肌触り	取説評価	価格
2	総合評価	1						
3	操作性	0.765018	1					
4	重さ	-0.00492	-0.0206	1				
5	機能	0.035088	0.016149	0.045365	1			
6	肌触り	-0.01934	-0.02143	-0.02233	-0.04565	1		
7	取説評価	0.798485	0.69944	-0.00424	0.013989	-0.03023	1	
8	価格	0.517306	0.433005	-0.01071	-0.00912	0.046922	0.473139	1
9								

領域②の「操作性」と領域①の「取説評価」の相関が強い

　領域②の「操作性」は重点的に現状維持を図る項目です。「操作性」の維持・強化に努力しても、「取説評価」を放置すれば、「操作性」の満足度は向上せず、引いては維持も難しくなります。「操作性」の維持・強化を図るには、取り扱い説明書の改善が急務となります。

発展 ▶ ▶ ▶ ▶

▶ 総合評価と各評価を重回帰分析する

　総合評価を目的変数、各評価項目を説明変数とする重回帰分析を行います。P.243の相関係数から、「機能」「重さ」「肌触り」の項目は総合評価を説明する要因にはならないと予想されますが、すべての評価項目を入れて重回帰分析をします。

総合評価と各評価の回帰分析を実施する

　〔データ〕タブの【分析ツール】をクリックし、【回帰分析】を選びます。

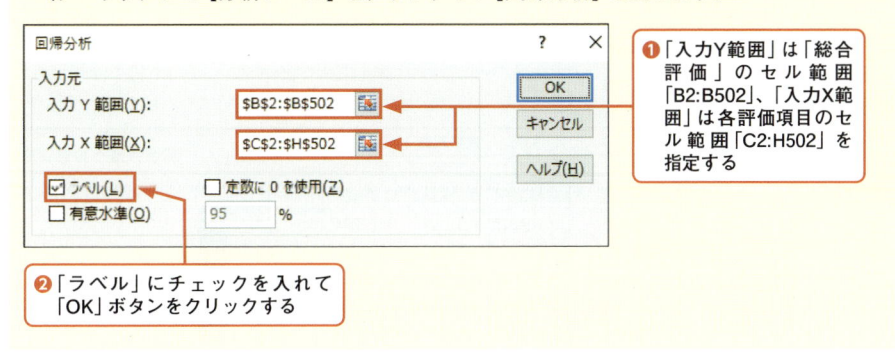

❶「入力Y範囲」は「総合評価」のセル範囲「B2:B502」、「入力X範囲」は各評価項目のセル範囲「C2:H502」を指定する

❷「ラベル」にチェックを入れて「OK」ボタンをクリックする

●回帰分析の結果

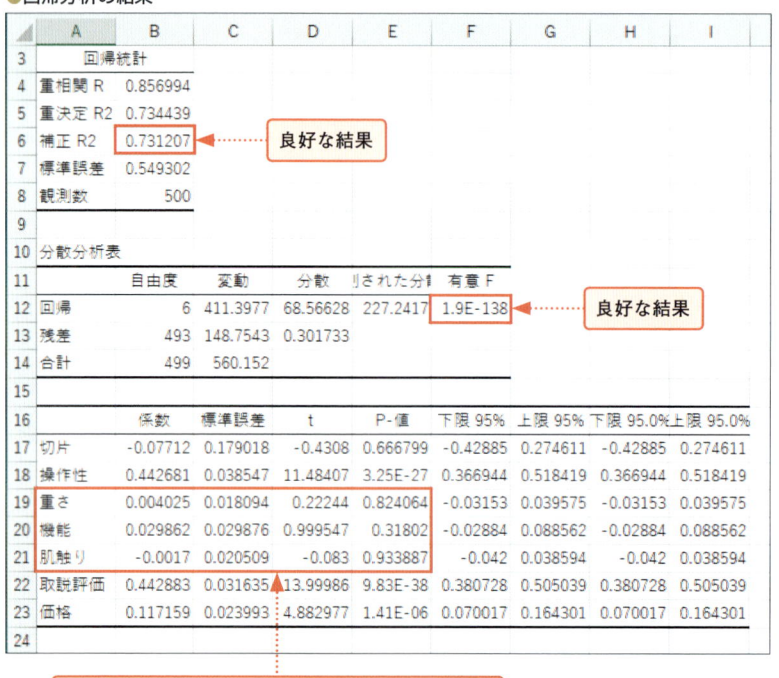

●総合評価への影響度をグラフ化する

　重回帰分析の結果、予想通り、「機能」「重さ」「肌触り」はP値が5%を超え、総合評価を説明する要因としては危険率が高い判定となりましたが、係数が他の要因と比べて無視できるほど小さいので、ここではこれ以上の回帰分析の実施は見送ります。総合評価への影響度をグラフにすると次のようになります。ここでは、係数でグラフにしています。ひと目で、総合評価に影響するのは操作性と取説であることがわかります。

●総合評価への影響度

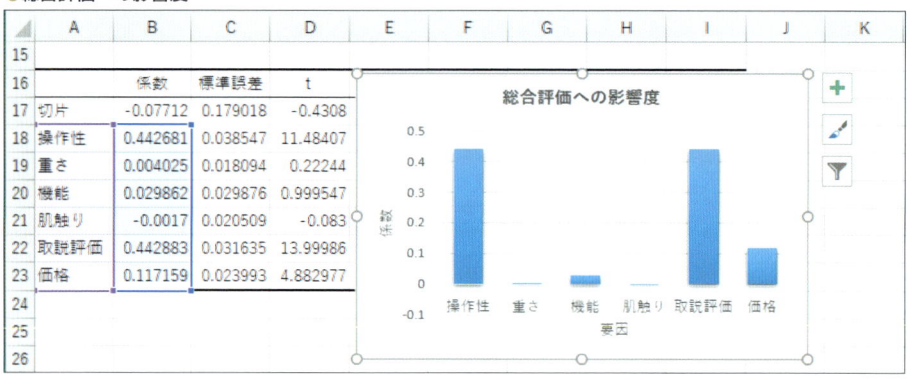

● 係数とt値

目的への影響度といえば、t値を見ますし、t値をグラフにします（P.193）。ここで、あえて係数でグラフにしたのは、係数の単位を意識していただくためです。第4章で取り上げた回帰分析では、需要予測をするための要因の単位が同じではありませんでした。ある要因は距離のメートル、別の要因は人数の単位でしたので、互いに異なる単位から計算された値同士を1つのグラフの上、つまり、同じ土俵の上で比較することはできなかったわけです。

もちろん、Excelは単位が異なることなど知ったことではありませんので、係数でグラフにすることは可能ですが、影響度の度合いに誤解が生じます。よって、係数を標準誤差で割った「t値」という単位に関係のない指標で影響度を比較する必要があります。

翻って、本例の要因は、すべて1~5の5段階評価です。単位が揃っていますので、係数で影響度を比較しても差し支えないことになります。係数は、回帰式との対応ができるので、直観的にわかりやすくて便利です。要因の単位がすべて揃っているときは、目的への影響力を係数で比較してもかまいません。

▶ 類似の分析例

商品だけでなく、サービスにも適用できます。また、CS（顧客満足度）にとらわれずに、社内の従業員満足度調査（ES調査）にも利用できます。従業員満足度に影響する要因の例は次の通りです。

- 自社で勤務していることへの誇り（総合評価に相当）
- 従事している仕事への満足度
- 人事考課に対する満足度
- 研修等能力向上に対する満足度
- 所属している組織に対する満足度
- 給料に対する満足度
- 福利厚生に対する満足度

全従業員の回答を一律に分析するだけでなく、部門別、性別、年代別など層別の分析も有効です。

● グラフを4象限に区切るポジショニングマップ

CSポートフォリオのように、データ分析では、さまざまな視点でグラフを4象限に区切って現状把握を行います。4象限に区切ったグラフは現状の立ち位置「ポジション」を明らかにすることからポジショニングマップと呼ばれます。本書では、P.93の「交差比率」もポジショニングマップの1つです。

ほかにも商品の売り上げ伸び率とマーケットシェアから、市場での商品の立ち位置を知る「PPM（プロダクトポートフォリオマネジメント）」があります。

商品が生まれてからしばらくは認知度も低くプロモーション費用などもかかる「問題児」（金くい虫）に位置付けられますが、徐々に認知度がアップして売り上げやシェアも伸び

てくると「花形」へ移行します。「花形」では、ライバルとの競争に勝ち抜くため、プロモーション費用など積極的に投資をする時期でもあります。その後、市場での競争を勝ち抜いた商品は「金のなる木」に移行します。すでに成長は鈍化しているため、新たな費用はかけず、儲けを出す時期です。しかし、時間経過とともに新商品などの出現もあり、やがて「負け犬」へと移行します。PPMは定期的に作成して時系列に並べると「商品の一生」がマッピングされた図になります。どの商品に力を入れ、どの商品を撤退するかなど、投資の配分に利用することができます。

●PPMによる市場での商品のポジション

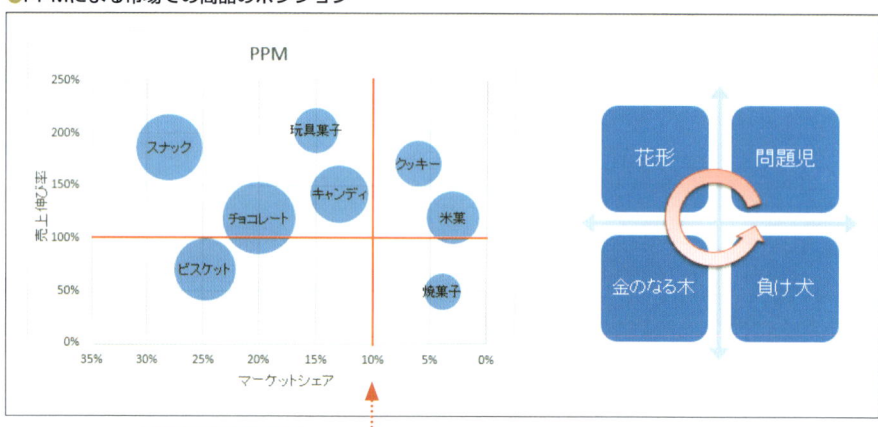

PPMは、問題児から負け犬まで左回りになるため、横軸が反転している

04 消費者の心の声をつかむ

欲しい機能やサービス、こだわりの材質、好みの色など、商品を構成する要素に関するアンケート結果は、「安くていいモノ・サービス」に帰着してしまいがちです。そこで、複数の商品案を提示して評価してもらいます。高い評価を得た商品案に共通する要素が消費者の心の声です。ここでは、商品案の提示方法と、商品案に対するアンケート結果をもとに、商品を構成する要素の影響度を分析します。

導入 ▶ ▶ ▶

事　例　「消費者は何を重視しているのか知りたい」

企画部のS氏は、手帳の商品企画に携わっています。S氏は企画する商品がヒットするために必要な要素を探るため、消費者意識のアンケートを実施しました。

●S氏が実施した消費者意識アンケート

```
手帳に関するアンケートです。
Q1  カバーの材質の満足度をお聞かせください。
        本革（　）点  合皮（　）点  布（　）点  ビニール（　）点
Q2  カバーの色の満足度をお聞かせください。
        黒（　）点  茶（　）点  オレンジ（　）点  赤（　）点  その他（　　　）色  （　）点
Q3  付録の満足度をお聞かせください
        付録（　）点
Q4  付属品についてあった方がよいものをすべてお聞かせください。
        ・名刺ホルダー  ・ペンホルダー  ・留め具  ・多目的ホルダー
        ・付箋  ・交換用リフィル  ・その他
Q5  価格の満足度をお聞かせください。
        1000円以下（　）点  2000円以下（　）点  3000円以下（　）点
```

アンケートの結果をまとめたS氏でしたが、各質問で高い評価を得た回答を調べたところ、

「本革製、付録付き、名刺ホルダー等の付属品全部込みで1,000円以下」

になりました。非現実的な商品で、全く採算が取れません。S氏は途方に暮れています。

既に購入した商品に対する評価とは異なり、未来の新商品について聞かれたら、「安くていい商品が欲しい」という結果は必然といっても良いほどです。その奥に隠れている、消費者が重視するポイントを知るにはどうすればいいでしょうか。

▶ 消費者の意識を浮き彫りにするコンジョイント分析を行う

　消費者は、S氏のアンケートのように、商品の機能を逐一評価して購入を決めていません。確かに、安くていいモノやサービスを求める傾向にはありますが、いいモノや質の良いサービスになるほど高額になります。よって、消費者は比較的良いと思うモノやサービスを総合的に判断して選んでいます。

　お店に行って、目当ての商品がずらりと並んでいる状況を想像してください。商品には値札と商品のおおまかな機能や品質が掲示されています。並んでいる商品と一緒にぶら下がっている値札や機能を見て、どれにしようかと比較し、最終的に次のような決定をしています。

消費者A：予算はオーバーしたが自動洗浄機能が付いた商品を購入できた。
消費者B：欲しい機能は1つ断念したが、予算より安く手に入った。
消費者C：P社とT社で迷ったが、T社が好きなので、T社の商品を購入した。
消費者D：商品はあったが、希望していた色がなかった。別の色はイメージに合わないので購入を見送った。

　ここで見えてくるのは、商品やサービスを通して間接的に「性能」「価格」「ロイヤルティ」「色」を重視する姿です。コンジョイント分析では、上述と同様のイメージで複数の商品案を提示して評価してもらいます。コンジョイント分析の手順は次のとおりです。③④は、分析ツールの「回帰分析」を利用します。

①複数の商品案／サービス案を作成します。
②商品案／サービス案を提示し、満足度などを評価するアンケートを取ります。
③アンケート結果から、商品を構成する要素の影響度を求めます。
④満足度などの評価と影響度の関係式を求め、最適な商品構成を見つけます。

▶ 「偏りなく、関わりなく」を満たす商品案の作成方法

　商品案を提示するには、商品を構成する要素を確認します。手帳の場合は、表紙の材質、色、デザイン、月間／週間といったスケジュールの種類などがあります。商品そのものを構成していなくても、商品を特徴づける「価格」「用途」「ブランド」といった内容も要素になります。そして、要素ごとに「本革」「布」などのバリエーションがあります。

　コンジョイント分析では、商品を構成する要素のことを「属性」といい、バリエーションを「水準」といいます。

●乾電池の属性と水準

		水準(バリエーション)		
属性	サイズ	単1形	単2形	単3形
	種類	マンガン	アルカリ	リチウム
	価格／本	100円	200円	300円
	メーカー	T社	P社	H社

公平に評価してもらうには、あり得る商品案をすべて提示する必要があります。上の表の乾電池がすべて実現可能な場合、商品案の組み合わせ数は、サイズで3通り、各サイズに対する種類もそれぞれ3通りとなり、最終的に「3×3×3×3」の81通りになります。普通に考えて、81通りの商品案を提示して評価してもらうのは無理です。81通りが無理なら、「おすすめ商品に絞って提案する。」これもダメです。提示する側の思惑が入った時点で偏りが発生しますし、偏った商品で評価してもらっても重視するポイントはわかりません。

● 直交表で最低限の組み合わせを抽出する

直交表とは、「偏りなく、関わりなく」を最小限の組み合わせで実現するために考案された表です。直交表は、属性の数と水準の数に応じて各種用意されています。直交表の威力は絶大です。乾電池の場合は、「L9」直交表を使うことで、81通り必要だったのが9通りに減ります。さらに、「L18」直交表を使うと、4374通りが、たったの18通りに減らせるのです。「減らせる」とは、4374通りの評価をもらわなくても（現実は無理ですが）、18通りで4374通りの評価で得られる効果と同等の効果が得られるという意味です。

直交表自体は用意されていますので、やるべきことは、どの直交表を使うのかを決めることです。直交表には名前が付いています。見方をマスターしてください。直交表選定に役立ちます。

▶ L4、L8、L16、L27などさまざまな直交表がある。

● 直交表の名前

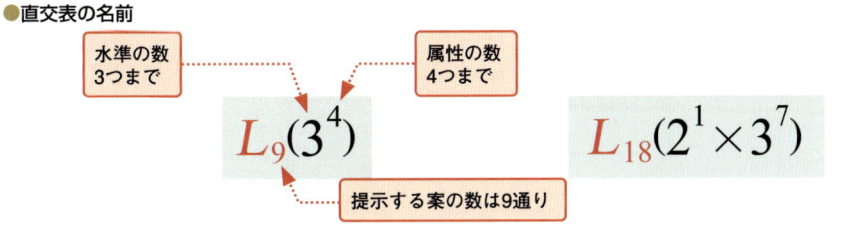

水準の数 3つまで

属性の数 4つまで

提示する案の数は9通り

$$L_9(3^4) \qquad L_{18}(2^1 \times 3^7)$$

「L18」直交表も「L9」直交表と同様です。2水準の属性が1個と3水準の属性が7個までは「L18」直交表を選定し、提示する案の数は18通りとなります。なお、「L18」直交表では、2水準の属性は必ず1つ設定します。

▶ アンケートの取り方

アンケートの取り方には、次のような方法があります。特に決まった方法はありません。

- ・商品案を提示して順位付けをしてもらう方法
- ・10点満点などで得点を付けてもらう方法
- ・買いたい／わからない／買わないといった3択にする方法
- ・5段階評価をしてもらう方法

商品案が増えた場合、順位付けによる評価は避けます。たとえば、9位と10位の差を回答者に意識してもらうのは難しいですし、回答者に負担がかかるためです。アンケートを取ったら、商品案ごとに合計か平均を出して集計します。

CHAPTER 01 CHAPTER 02 CHAPTER 03 CHAPTER 04 CHAPTER 05

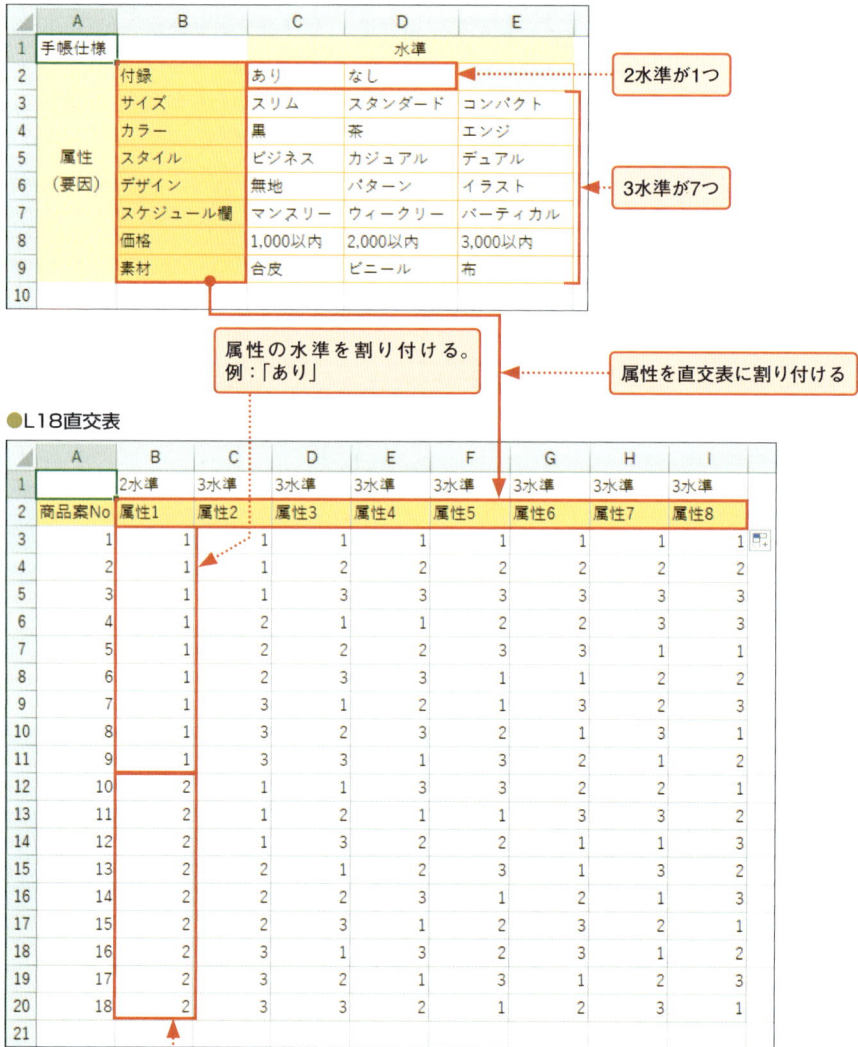

実践 ▶▶▶

▶ **用意するビジネスデータ**

　新商品や新サービスのコンセプトから属性と水準を取りまとめておきます。属性の数と水準の数に応じて直交表を選定し、商品案を作成します。続いて、商品案に対するアンケートを取って、集計します。アンケートでは、回答者の属性も収集しておくと、年代別といった層別の分析もできます。

サンプル
5-04
本文に掲載した表は「属性と水準」「L18直交表」「割り付け」シートで確認できる。
ここでは、「アンケート」シートを開く。

▶手帳の全商品案は、2×3の7乗より、4374通りになる。

▶直交表は、統計学などの書籍やインターネット上に掲載されている。

●手帳の属性と水準

●L18直交表

属性の水準を割り付ける。例：「あり」

属性を直交表に割り付ける

属性の水準を割り付ける。例：「なし」

2水準が1つ

3水準が7つ

●「L18」直交表に基づく商品案

	A	B	C	D	E	F	G	H	I
1		2水準	3水準	3水準	3水準	3水準	3水準	3水準	3水準
2	商品案No	付録	サイズ	カラー	スタイル	デザイン	スケジュール欄	価格	素材
3	1	あり	スリム	黒	ビジネス	無地	マンスリー	1,000以内	合皮
4	2	あり	スリム	茶	カジュアル	パターン	ウィークリー	2,000以内	ビニール
5	3	あり	スリム	エンジ	デュアル	イラスト	バーティカル	3,000以内	布
6	4	あり	スタンダード	黒	ビジネス	パターン	ウィークリー	3,000以内	布
7	5	あり	スタンダード	茶	カジュアル	イラスト	バーティカル	1,000以内	合皮
8	6	あり	スタンダード	エンジ	デュアル	無地	マンスリー	2,000以内	ビニール
9	7	あり	コンパクト	黒	カジュアル	無地	バーティカル	2,000以内	布
10	8	あり	コンパクト	茶	デュアル	パターン	マンスリー	3,000以内	合皮
11	9	あり	コンパクト	エンジ	ビジネス	イラスト	ウィークリー	1,000以内	ビニール
12	10	なし	スリム	黒	デュアル	イラスト	ウィークリー	2,000以内	合皮
13	11	なし	スリム	茶	ビジネス	無地	バーティカル	3,000以内	ビニール
14	12	なし	スリム	エンジ	カジュアル	パターン	マンスリー	1,000以内	布
15	13	なし	スタンダード	黒	カジュアル	イラスト	マンスリー	3,000以内	ビニール
16	14	なし	スタンダード	茶	デュアル	無地	ウィークリー	1,000以内	布
17	15	なし	スタンダード	エンジ	ビジネス	パターン	バーティカル	2,000以内	合皮
18	16	なし	コンパクト	黒	デュアル	パターン	バーティカル	1,000以内	ビニール
19	17	なし	コンパクト	茶	ビジネス	イラスト	マンスリー	2,000以内	布
20	18	なし	コンパクト	エンジ	カジュアル	無地	ウィークリー	3,000以内	合皮

▶アンケートを取るときは、右図の表を見せてもよくわからないため、イメージが沸く工夫が必要になる。たとえば、商品案ごとにカードを作成し、商品の完成イメージなどの図とともに提示する。

　直交表は、横方向に属性、縦方向に商品案が並ぶように作成されており、直交表内の数字1、2、3は、水準に対応しています。新商品／新サービスの属性と水準の表をもとに、直交表の数字に当てはめていくと、商品案が作成されます。属性と水準を直交表に当てはめる作業は「割り付け」といいます。割り付け作業についてはP.268で解説します。ここでは、商品案の属性と水準の取りまとめ、直交表の選定と割り付け、商品案に対するアンケートの実施まで終了したという想定で分析を始めます。

●アンケート概要
・回答者はA01～A100の100名
・回答者の性別と年代を収集
・アンケートは商品案ごとに5段階評価
　商品案のイメージ図と属性と水準が記入された18枚のカードを1枚ずつ提示し、それぞれに対して、「5：買いたい」「4：まぁ買いたい」「3：どちらともいえない」「2：あまり買いたくない」「1：買わない」とし、購入意欲を評価する内容とした。

▶ Excelの操作①：アンケートを集計する

　サンプルファイルの「アンケート」シートには、回答者A01～A100の性別と年代、各商品案に対する評価が1～5で入力されています。アンケートの集計は商品案ごとの平均評価とします。さて、平均といえば、AVERAGE関数ですが、ここでは、あとで性別や年代で層別に分析することも想定し、SUBTOTAL関数を利用して平均値を求めます。

SUBTOTAL関数 ➡ 見えているセルを集計する

▶集計対象から除外するのは、非表示にした行のセルであり、列の非表示は除外されない。

書　式	=**SUBTOTAL**(集計方法, 参照)
解　説	集計に応じた1 ～ 11、または101 ～ 111の番号を集計方法に指定し、参照の集計値を求めます。平均値は「1」、合計値は「9」を指定します。
補足1	集計方法1 ～ 11は、参照に指定したセル範囲をフィルターで抽出した場合、非表示になった行のセルは集計対象から除外されます。集計方法101 ～ 111は、フィルターによる行の非表示に加えて、行番号を右クリックして【非表示】にした場合も集計対象から除外されます。
補足2	集計方法の番号と代替する関数名は次のとおりです。

番号	1／101	2／102 3／103	4／104 5／105	6／106
関数名	AVERAGE	COUNT COUNTA	MAX MIN	PRODUCT
番号	7／107 8／108	9／109	10／110 11／111	
関数名	STDEV.S STDEV.P	SUM	VAR.S VAR.P	

やってみよう！ フィルターによって再計算される平均値を求める

● 「アンケート」シートのセル「D3」に入力する式

D3	=SUBTOTAL(1,D6:D105)

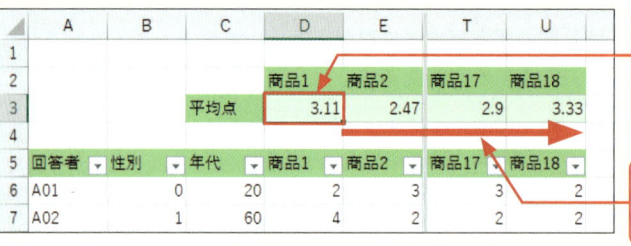

❶ セル「D3」に商品1の平均値を求めるSUBTOTAL関数を入力する

❷ セル「D3」の式をオートフィルでセル「U3」までコピーする

❸ 性別のフィルターボタンをクリックする

❹ 「1」のみにチェックが入った状態にして「OK」をクリックする

▶手順❸のフィルターボタンは表示済みである。表示方法は、フィルターを設定したい表内の任意のセルを1箇所クリックし、〔データ〕タブの【フィルター】をクリックする。

❺ **フィルターにより行が絞り込まれ、平均値が更新された。更新の確認ができたら、Ctrl + Z を押して元に戻しておく**

	A	B	C	D	E	F	G	H	I	J
1										
2				商品1	商品2	商品3	商品4	商品5	商品6	商品7	商品
3			平均点	4.148148	2.5	2.888889	1.462963	1.814815	2.111111	3.37037
4										
5	回答者 ▼	性別 ▼	年代 ▼	商品1 ▼	商品2 ▼	商品3 ▼	商品4 ▼	商品5 ▼	商品6 ▼	商品7 ▼	商品
7	A02	1	60	4	2	4	2	1	1	3
8	A03	1	50	3	3	2	2	2	3	5
10	A05	1	30	5	2	2	1	2	1	3
12	A07	1	50	4	2	2	1	1	3	2
13	A08	1	20	5	2	4	1	2	1	5

▶ Excelの操作②：回帰分析の準備を行う

　商品を構成する要素の影響度を求めるには、回帰分析を実施します。回帰分析の目的は、アンケートの平均点に影響を与える、つまり、平均点を説明する要因の影響度を調べることです。よって、回帰分析の目的変数はアンケートの平均点であり、説明変数は各属性の水準です。回帰分析に必要な準備は3つあります。1つ目は、各属性と水準で構成された商品案の定量化です。2つ目は冗長性の排除です。3つ目はアンケートの平均点を、説明変数と同じシートに縦方向に転記することです。

▶定性データの定量化
→P.14、15

▶冗長性の排除
→P.17

　商品案の定量化の具体的な方法はP.272で解説します。ここでは、定量化が済んだ状態から始めます。

●商品案の定量化（冗長性の排除前）

	A	B	C	D	E	F	S	T	U	V	W	X	Y
1		付録		サイズ			価格			素材			
2	商品No	あり	なし	スリム	スタンダー	コンパクト	1,000以内	2,000以内	3,000以内	合皮	ビニール	布	平均点
3	1	1	0	1	0	0	1	0	0	1	0	0	
4	2	1	0	1	0	0	0	1	0	0	1	0	
5	3	1	0	1	0	0	0	0	1	0	0	1	
6	4	1	0	0	1	0	1	0	0	0	1	0	
7	5	1	0	0	1	0	0	1	0	0	0	1	
8	6	1	0	0	1	0	0	0	1	1	0	0	
9	7	1	0	0	0	1	1	0	0	0	0	1	

　サンプルファイルの「回帰分析」シートを開き、各属性から1つずつ水準を除外し、データの冗長性の排除を行います。排除といっても、別の場所に移動して取っておきます。回帰分析では属性内のどの水準を除外しても結論は同じになりますが、水準が入れ替わったらどうなるかは気になるところです。除外した列を戻して水準の入れ替えができるように、排除する水準は削除しないようにします。

　続いて、「アンケート」シートのセル範囲「D3:U3」に求めた横方向の平均値を「回帰分析」シートの縦方向のセル範囲に表示します。横に求めた値を縦に表示したり、縦に求めた値

を横に表示したりするにはINDEX関数を利用します。関数で平均値を参照し、「アンケート」シートで性別や年代別にフィルターをかければ、「回帰分析」シートにも更新された平均値が反映されるしくみにします。

▶INDEX関数の紹介 →P.89

冗長性を排除する

▶「回帰分析」シートを開いて操作する。

▶冗長性を排除する列数が多いため、該当する8列を別の場所にコピーしてから、8列をまとめて削除する。

❶ 列番号「C」をクリックし、Ctrlを押しながら「E」「H」「K」「O」「R」「U」「X」をクリックする

❷ 8列分の選択ができたら、Ctrl＋Cを押してコピーする

	A	B	C	D	E	F	G	H	I	J	K
1	付録		サイズ			カラー			スタイル		
2	商品No	あり	なし	スリム	スタンダー	コンパクト	黒	茶	エンジ	ビジネス	カジュアル
3	1	1	0	1	0	0	1	0	0	1	0
4	2	1	0	0	1	0	0	1	0	0	1
5	3	1	0	1	0	0	0	0	1	0	0
6	4	1	0	0	0	1	0	0	1	0	0

	N	O	P	Q	R	S	T	U	V	W	X
1		スケジュール欄				価格			素材		
2	パターン	イラスト	マンスリー	ウィークリ	パーティ	1,000以内	2,000以内	3,000以内	合皮	ビニール	布
3	0	0	1	0	1	0	0	1	0	0	0
4	1	0	0	1	0	0	1	0	0	0	0
5	0	1	0	0	1	0	0	1	0	0	1
6	1	0	0	1	0	0	1	0	0	0	1

各属性から水準を1つずつ選ぶ

❸ 貼り付け先の列番号クリックし（ここでは、「AA」列）、Ctrl＋Vで貼り付ける

W	X	Y	Z	AA	AB	AC	AD	AE	AF	AG
ビニール	布	平均点		なし	スタンダー	茶	カジュアル	イラスト	パーティ	3,000以内 布
0	0			0	0	0	0	0	0	0
1	0			0	0	1	1	0	0	0
0	1			0	0	0	1	1	1	1
0	1			0	1	0	0	0	0	1
0	0			1	1	1	1	1	0	0
1	0			0	1	0	0	0	1	0
0	1			0	0	0	1	0	1	0

❹ 点滅線を目印に再度8列を選択する。「X」列をクリックしたあと、Ctrlを押しながら、「U」「R」「O」「K」「H」「E」「C」列をクリックする

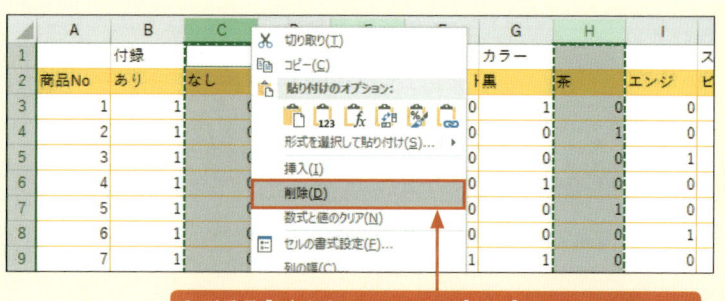

❺ 列番号「C」を右クリックし、【削除】をクリックすると、各属性の水準が1つずつ削除され、冗長性が排除された

平均点を転記する

● 「回帰分析」シートのセル「Q3」に入力する式

Q3	=INDEX('アンケート '!$D$3:$U$3,1,回帰分析!A3)

❶ セル「Q3」をクリックし、「=INDEX(」と入力する

▶ INDEX関数は、指定したセル範囲の先頭を1行1列目とし、行番号と列番号の交点の位置にある値を検索する。

❷ 「アンケート」シートをクリックする

❸ 「アンケート」シートのセル範囲「D3:U3」をドラッグし F4 を押して絶対参照にする

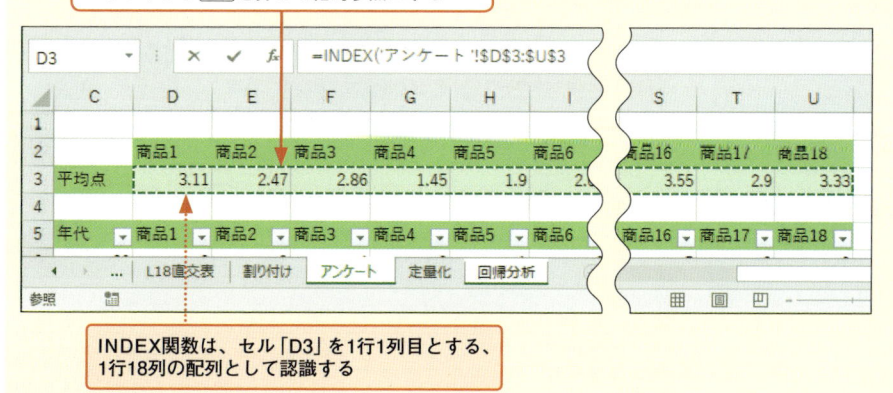

INDEX関数は、セル「D3」を1行1列目とする、1行18列の配列として認識する

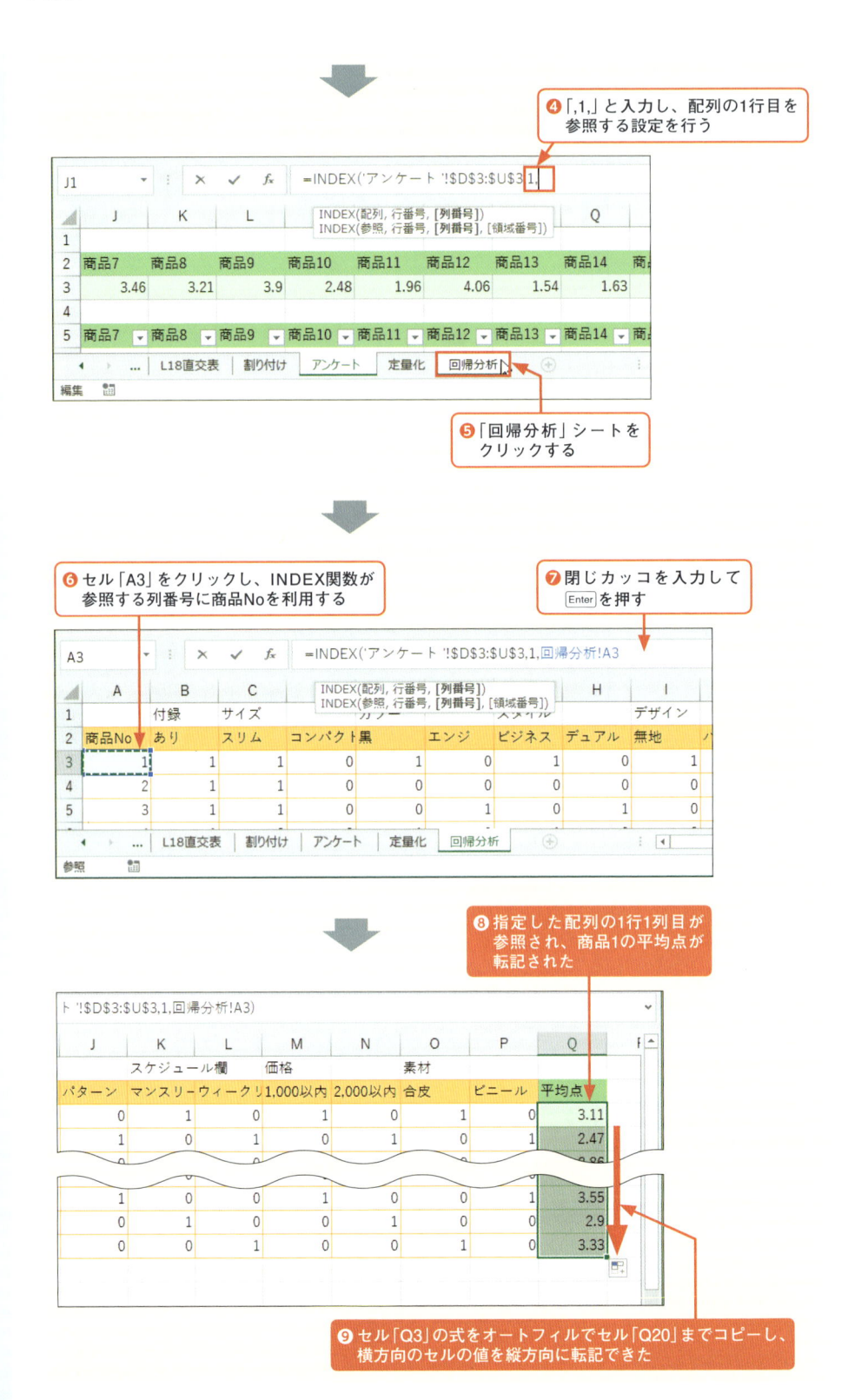

④「,1,」と入力し、配列の1行目を参照する設定を行う

⑤「回帰分析」シートをクリックする

⑥ セル「A3」をクリックし、INDEX関数が参照する列番号に商品Noを利用する

⑦ 閉じカッコを入力して Enter を押す

⑧ 指定した配列の1行1列目が参照され、商品1の平均点が転記された

⑨ セル「Q3」の式をオートフィルでセル「Q20」までコピーし、横方向のセルの値を縦方向に転記できた

▶ Excelの操作③：回帰分析で属性の影響度を求める

アンケートの平均点を目的変数「入力Y範囲」、定量化した商品案を説明変数「入力X範囲」とする回帰分析を実施します。出力された結果の補正R2、有意Fを確認し、各属性の係数を見ます。コンジョイント分析では、属性の影響度はレンジでみることになっています。レンジとは、最大値から最小値を引いたデータの振り幅です。ここでは、係数のレンジが影響度になります。その際、冗長性の排除によって除外された水準の係数は「0」としてレンジの計算に加えます。

回帰分析を行う

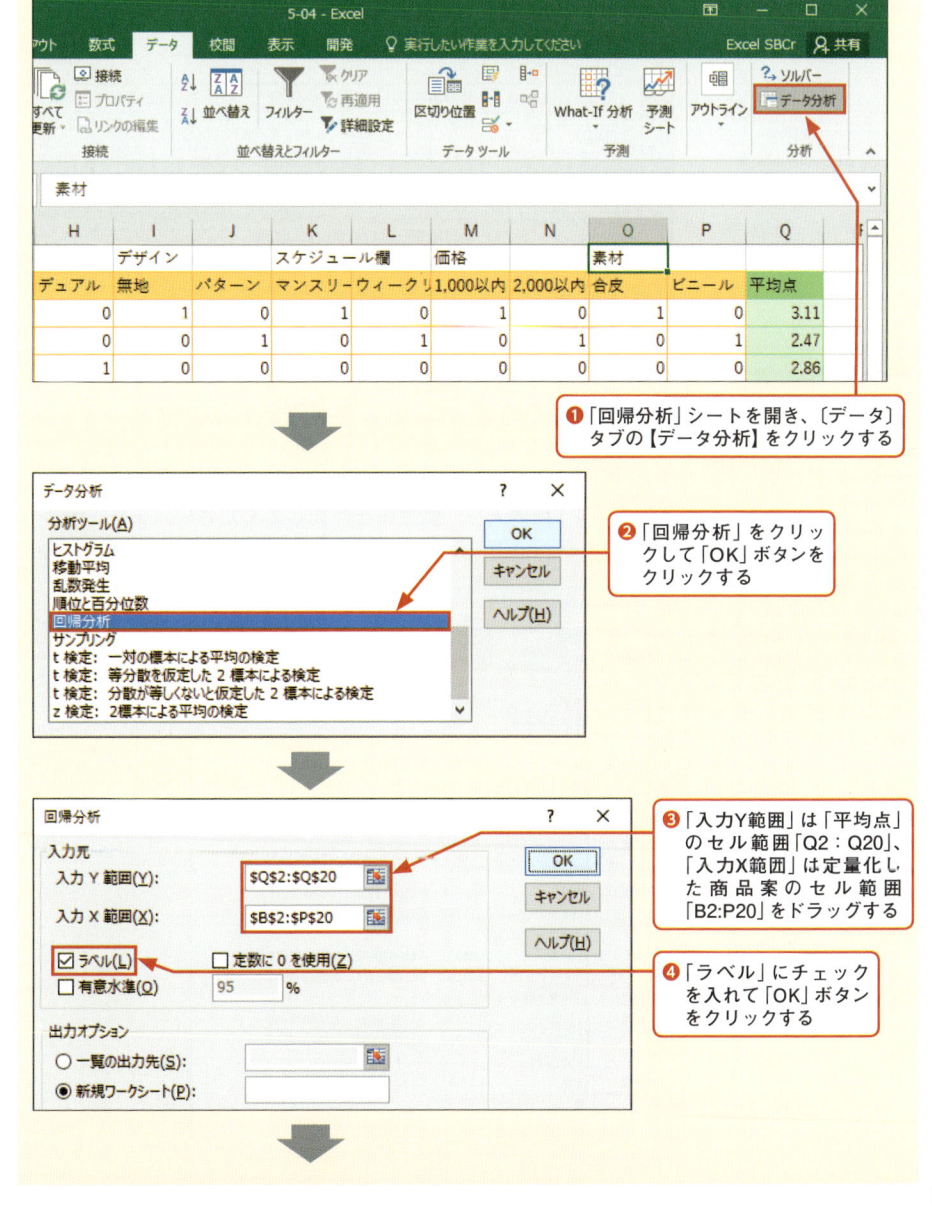

①「回帰分析」シートを開き、〔データ〕タブの【データ分析】をクリックする

②「回帰分析」をクリックして「OK」ボタンをクリックする

③「入力Y範囲」は「平均点」のセル範囲「Q2：Q20」、「入力X範囲」は定量化した商品案のセル範囲「B2：P20」をドラッグする

④「ラベル」にチェックを入れて「OK」ボタンをクリックする

CHAPTER 01 CHAPTER 02 CHAPTER 03 CHAPTER 04 CHAPTER 05

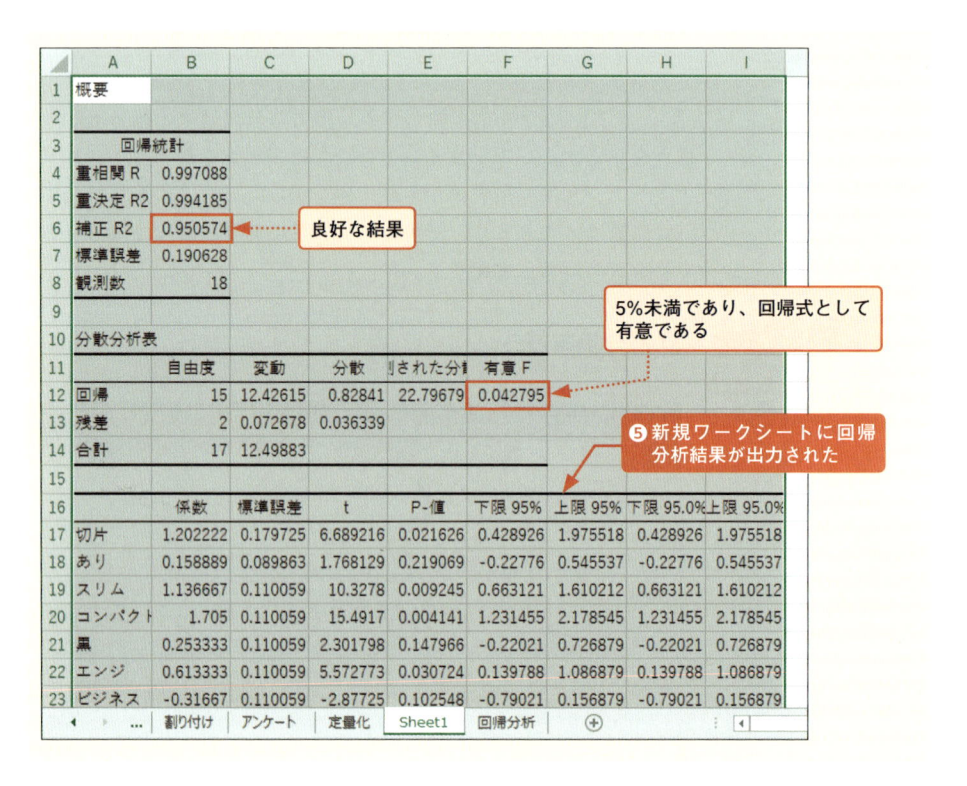

冗長性の排除で除外した水準を係数に追加する

出力結果に、適宜、行を挿入して冗長性の排除で除外した水準と係数「0」を追加します。A列の前に1列挿入し、属性欄を作成してください。また、セル「K16」に「影響度」と入力します。

▶右図では、どこに追記したかがわかるように水準と係数に色を付けた。色付けの操作は不要である。

属性の影響度を求める

● セル「K18」「K20」に入力する式

| K18 | =MAX(C18:C19)-MIN(C18:C19) | K20 | =MAX(C20:C22)-MIN(C20:C22) |

▶属性「付録」は2水準のため数式のコピーに適さない。属性「サイズ」以降は3水準になり、レンジを求めるセルが3個ずつになるので、コピー／ペーストで影響度を求める。

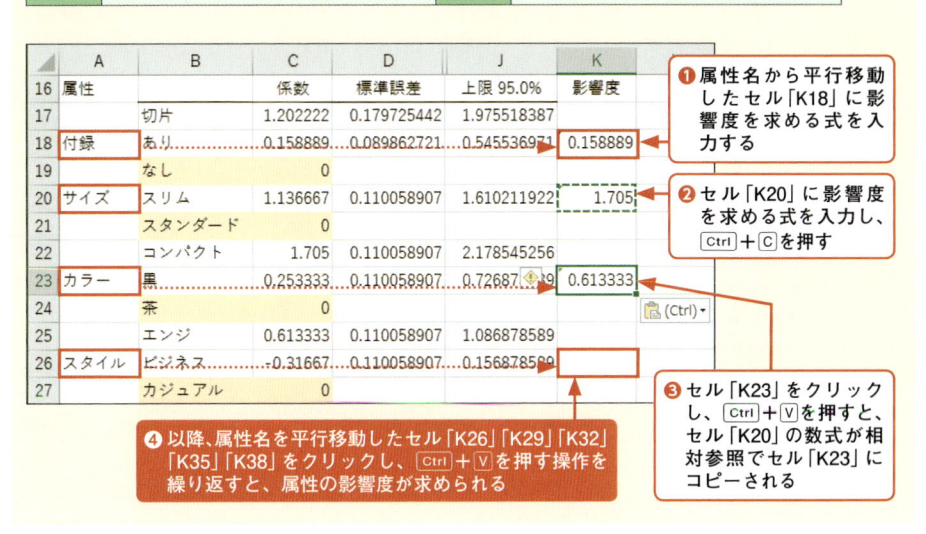

	A	B	C	D	J	K
16	属性		係数	標準誤差	上限 95.0%	影響度
17		切片	1.202222	0.179725442	1.975518387	
18	付録	あり	0.158889	0.089862721	0.545536971	0.158889
19		なし	0			
20	サイズ	スリム	1.136667	0.110058907	1.610211922	1.705
21		スタンダード	0			
22		コンパクト	1.705	0.110058907	2.178545256	
23	カラー	黒	0.253333	0.110058907	0.72687...9	0.613333
24		茶	0			
25		エンジ	0.613333	0.110058907	1.086878589	
26	スタイル	ビジネス	-0.31667	0.110058907	0.156878589	
27		カジュアル	0			

❶ 属性名から平行移動したセル「K18」に影響度を求める式を入力する

❷ セル「K20」に影響度を求める式を入力し、[Ctrl]+[C]を押す

❸ セル「K23」をクリックし、[Ctrl]+[V]を押すと、セル「K20」の数式が相対参照でセル「K23」にコピーされる

❹ 以降、属性名を平行移動したセル「K26」「K29」「K32」「K35」「K38」をクリックし、[Ctrl]+[V]を押す操作を繰り返すと、属性の影響度が求められる

影響度のグラフを作成する

❶ セル範囲「A18:A38」をドラッグし、[Ctrl]を押しながら、セル範囲「K18:K38」をドラッグする

❷ 〔挿入〕タブの【縦棒/横棒グラフの挿入】から【集合縦棒】をクリックする

▶手順❷はバージョンによってボタン名が異なるが、同じデザインのボタンをクリックする。

▶挿入されるグラフは、指定した範囲に含まれる空白セルの分を項目名として空けているため、棒が細く表示される。

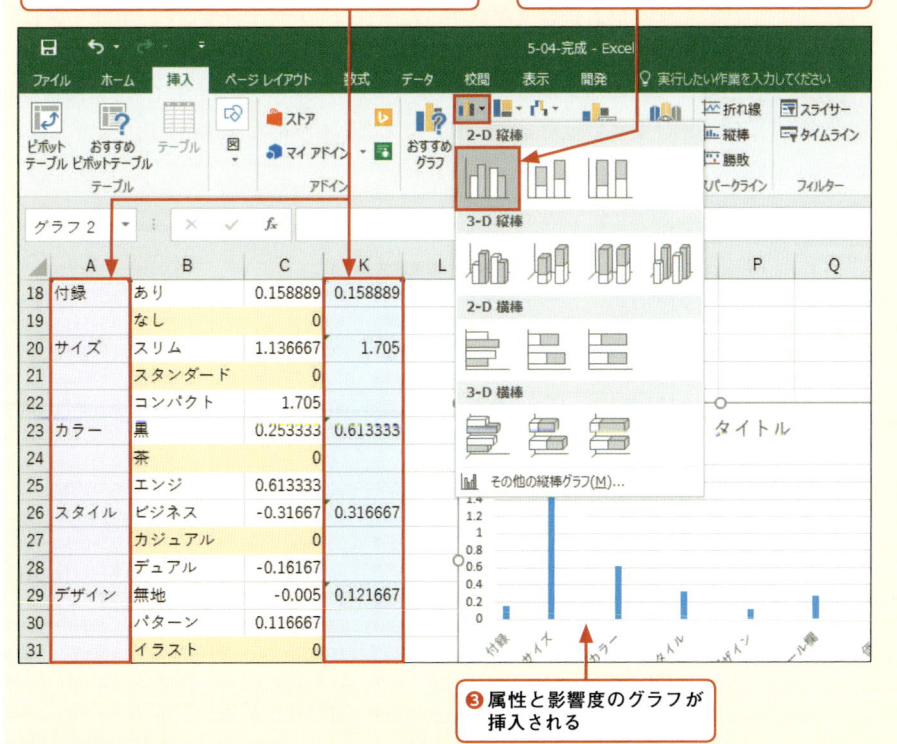

❸ 属性と影響度のグラフが挿入される

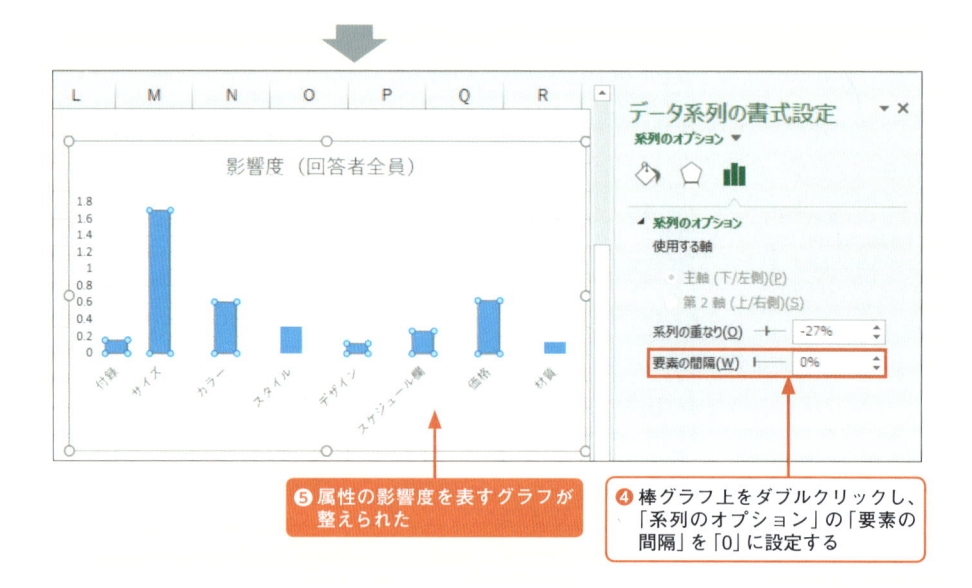

⑤ 属性の影響度を表すグラフが整えられた

④ 棒グラフ上をダブルクリックし、「系列のオプション」の「要素の間隔」を「0」に設定する

Excel2007/2010
▶Excel2007の手順 ④ は棒グラフの上で右クリックし、【系列の書式設定】をクリックする。書式設定はダイアログボックスで同様に操作する。

▶ 結果の読み取り

　影響度のグラフより、手帳に対して消費者が重視する属性は「サイズ」「価格」「カラー」の順に高いことがわかりました。以下に回帰分析の出力結果の一部を再掲します。影響度が高い「サイズ」と「価格」に着目すると、「コンパクト」と「1,000円以内」の係数が高いです。

　全体的にコンパクトで持ち運びしやすく手頃な価格の手帳を求めていることがわかります。最も影響度が低かった属性は「デザイン」です。デザインに凝ってもあまり効果がないという実態が浮き彫りになりました。「デザイン」はコストのかかりやすい属性です。今回の結果から「デザイン」にかけるコストを「サイズ」に関わる持ちやすさなどに振り向けるといったコスト配分の見直しも検討します。

●回帰分析の出力結果

	A	B	C	D	E	F	G	H	I
16		係数	標準誤差	t	P-値	下限 95%	上限 95%	下限 95.0%	上限 95.0%
17	切片	1.202222	0.179725	6.689216	0.021626	0.428926	1.975518	0.428926	1.975518
18	あり	0.158889	0.089863	1.768129	0.219069	-0.22776	0.545537	-0.22776	0.545537
19	スリム	1.136667	0.110059	10.3278	0.009245	0.663121	1.610212	0.663121	1.610212
20	コンパクト	1.705	0.110059	15.4917	0.004141	1.231455	2.178545	1.231455	2.178545
21	黒	0.253333	0.110059	2.301798	0.147966	-0.22021	0.726879	-0.22021	0.726879
22	エンジ	0.613333	0.110059	5.572773	0.030724	0.139788	1.086879	0.139788	1.086879
23	ビジネス	-0.31667	0.110059	-2.87725	0.102548	-0.79021	0.156879	-0.79021	0.156879
24	デュアル	-0.16167	0.110059	-1.46891	0.279608	-0.63521	0.311879	-0.63521	0.311879
25	無地	-0.005	0.110059	-0.04543	0.967893	-0.47855	0.468545	-0.47855	0.468545
26	パターン	0.116667	0.110059	1.060038	0.400225	-0.35688	0.590212	-0.35688	0.590212
27	マンスリー	0.268333	0.110059	2.438088	0.134988	-0.20521	0.741879	-0.20521	0.741879
28	ウィークリー	-0.00167	0.110059	-0.01514	0.989293	-0.47521	0.471879	-0.47521	0.471879
29	1,000以内	0.633333	0.110059	5.754494	0.028896	0.159788	1.106879	0.159788	1.106879
30	2,000以内	0.093333	0.110059	0.848031	0.485726	-0.38021	0.566879	-0.38021	0.566879
31	合皮	-0.13167	0.110059	-1.19633	0.354156	-0.60521	0.341879	-0.60521	0.341879
32	ビニール	-0.14667	0.110059	-1.33262	0.3142	-0.62021	0.326879	-0.62021	0.326879

影響が大きい水準

5%を超えるP値がある

● コンジョイント分析と回帰分析の違い

　コンジョイント分析では、分析手法自体は、回帰分析に帰着しましたが、回帰分析とは異なります。回帰分析では、P値が5%を超える要因は、要因として使うには危険率が高いことを示し、適宜除外して回帰分析をやり直しました。しかし、コンジョイント分析では、属性の水準（要因）は捨てないことになっています。捨てないことに違和感があるかも知れませんが、P値が高い箇所の係数は結論に影響を与えるほど大きくありません。コンジョイント分析は「捨てない」ルールですので、P値はこのままにします。

● 購入意欲の回帰式

　各商品案を「買いたい」から「買わない」までの5段階評価の平均点を目的とする回帰式は、購入意欲を表す回帰式ともいえます。回帰式は次のとおりです。

●購入意欲の回帰式

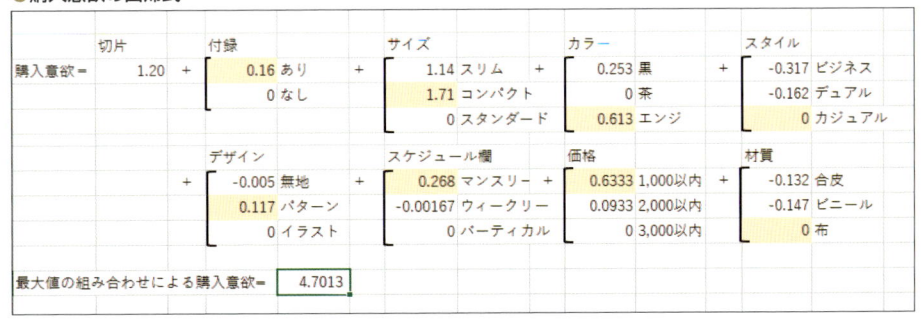

　上の回帰式では、各属性のうち、係数の最大値に色を付けました。色の付いたセルを合計すると、評価が4.7（評価の最高値は5）になります。

　購入意欲が上がる手帳の仕様は、1000円以内の手頃な価格で購入できるコンパクトサイズのカジュアルスタイルです。表紙の材質は布製で黒茶以外の明るい色を使用しますが、デザインはパターン程度のシンプルなものにします。スケジュール欄は1ヵ月の予定が見渡せるマンスリータイプです。

　仕様を検討するときの回帰式は、臨機応変に解釈します。たとえば「カラー」については、水準が3つのため、3色しか提示できません。「エンジ」が欲しいというより「黒茶」以外がいいと読み解いた方が自然です。

発展 ▶ ▶ ▶

▶ 類似の分析例

　アンケート回答者の属性でフィルターをかけると、層別のコンジョイント分析ができます。下の図は、「アンケート」シートの「性別」を「1」と「0」（ここでは1を男性、0を女性とします。）に絞ったときの回帰分析結果です。男性の場合は、全体とほぼ同様の傾向を示

しますが、カラーの「黒」に対する影響度が増しています。女性に絞ると、回帰式が有意でなくなります。女性に関しては、好みが多様化していて今回の属性と水準からは購入意欲に関する意識が見えなかったことになります。よって、回答者全員の影響度も、どちらかというと男性の購入意欲が色濃く反映されているといえます。

▶右図はサンプル「5-04-完成」の「男性」シート、「女性-不可」シートで確認できる。

● 「性別」を「1」にした場合のコンジョイント分析

10	分散分析表					
11		自由度	変動	分散	観測された分散	有意 F
12	回帰	15	14.06773	0.937849	47.93165	0.020619
13	残差	2	0.039133	0.019566		
14	合計	17	14.10686			
15						
16		係数	標準誤差	t	P-値	下限 95%	上限 95%	下限 95.0%	上限 95.0%
17	切片	0.776749	0.131388	5.889816	0.027637	0.209315	1.344183	0.209315	1.344183
18	あり	0.199588	0.06594	3.026819	0.094012	-0.08413	0.483305	-0.08413	0.483305
19	スリム	1.324074	0.08076	16.39524	0.0037	0.976593	1.671555	0.976593	1.671555
20	コンパクト	1.654321	0.08076	20.48449	0.002375	1.30684	2.001802	1.30684	2.001802
21	黒	0.484568	0.08076	6.000122	0.02667	0.137087	0.832049	0.137087	0.832049
22	エンジ	0.669753	0.08076	8.293162	0.01423	0.322272	1.017234	0.322272	1.017234
23	ビジネス	-0.13272	0.08076	-1.64335	0.242028	-0.4802	0.214765	-0.4802	0.214765
24	デュアル	-0.13889	0.08076	-1.71978	0.227612	-0.48637	0.208592	-0.48637	0.208592
25	無地	0.188272	0.08076	2.331257	0.145018	-0.15921	0.535752	-0.15921	0.535752
26	パターン	0.132716	0.08076	1.643345	0.242028	-0.21476	0.480197	-0.21476	0.480197

> 全体のときよりも「黒」の好みが増す

● 「性別」を「0」にした場合のコンジョイント分析

	A	B	C	D	E	F	G	H	I
6	補正 R2	0.591335							
7	標準誤差	0.568714							
8	観測数	18							
9									
10	分散分析表								
11		自由度	変動	分散	観測された分散	有意 F			
12	回帰	15	12.80766	0.853844	2.639922	0.30895			
13	残差	2	0.64687	0.323435					
14	合計	17	13.45453						
15									
16		係数	標準誤差	t	P-値	下限 95%	上限 95%	下限 95.0%	上限 95.0%
17	切片	1.701691	0.536188	3.173681	0.086583	-0.60534	4.008723	-0.60534	4.008723
18	あり	0.111111	0.268094	0.414448	0.718769	-1.04241	1.264627	-1.04241	1.264627
19	スリム	0.916667	0.328347	2.791762	0.107928	-0.4961	2.32943	-0.4961	2.32943

> 回帰式が有意でなくなった

▶ 直交表を使って商品案を作成する

サンプル
5-04-発展

属性と水準が決まったら、直交表に割り付けて商品案を作成します。1つずつ手入力しても良いのですが、入力ミスも起きやすいので、Excelの機能を活用して効率よく割り付けます。最終的には、INDEX関数で水準を位置検索しますが、INDEX関数を効率よく使うためにINDIRECT関数を利用します。

INDIRECT関数 ➡ 文字列を数式に使える名前に変換する

書 式	=**INDIRECT**(参照文字列)
解 説	参照文字列には、セル参照と認識できる文字列を指定します。たとえば、セル範囲「A1:B1」に「商品A」と名前を付けた場合、「=INDIRECT(商品A)」と指定すると、セル範囲「A1:B1」を参照します。
補 足	INDEX関数を利用する前に、セル範囲に名前を付けます。

各水準のセル範囲に属性名を付ける

▶「属性と水準」シートを開いて操作する。

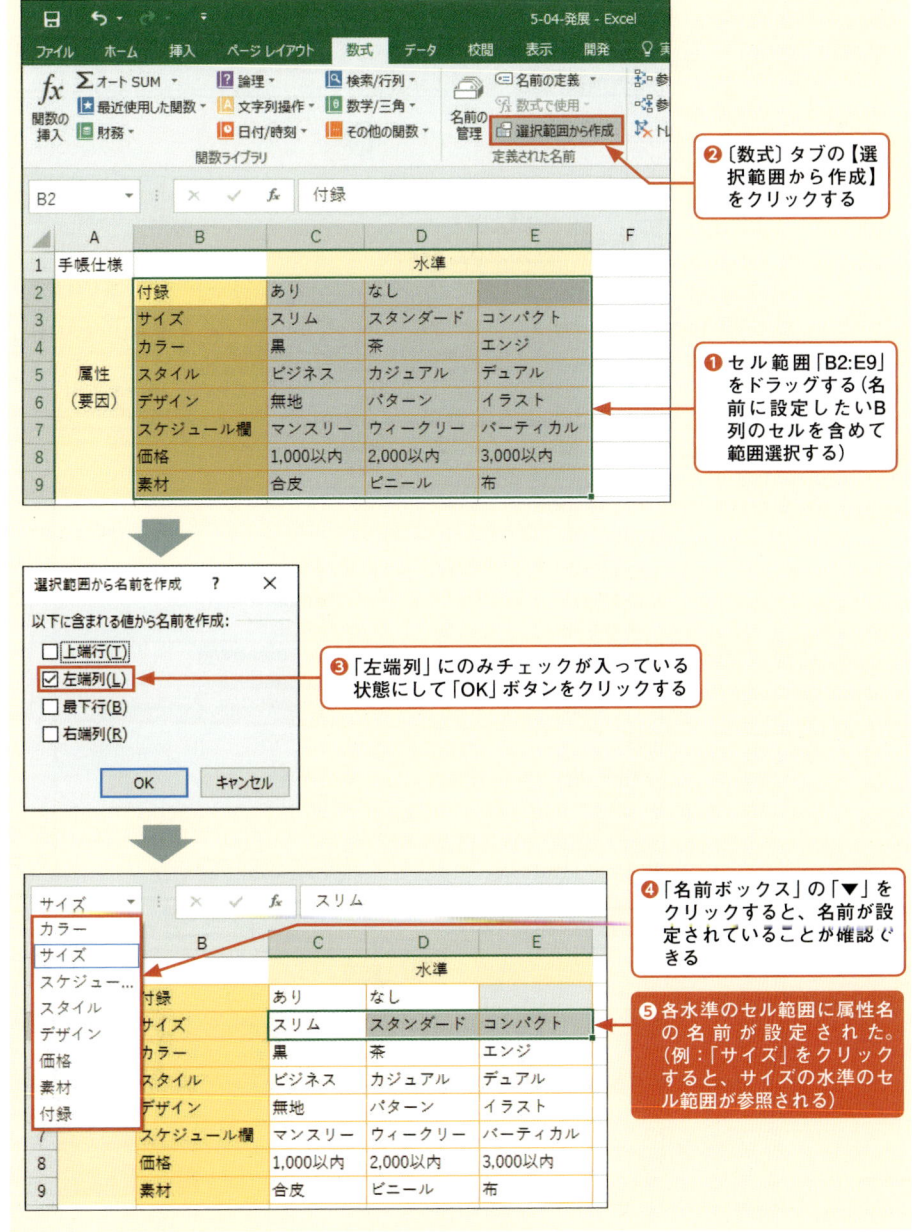

❷〔数式〕タブの【選択範囲から作成】をクリックする

❶ セル範囲「B2:E9」をドラッグする（名前に設定したいB列のセルを含めて範囲選択する）

❸「左端列」にのみチェックが入っている状態にして「OK」ボタンをクリックする

❹「名前ボックス」の「▼」をクリックすると、名前が設定されていることが確認できる

❺ 各水準のセル範囲に属性名の名前が設定された。（例：「サイズ」をクリックすると、サイズの水準のセル範囲が参照される）

直交表に属性を割り付ける

▶INDEX関数で参照することもできるが、値を更新する必要がないので、ここでは、コピー／形式を選択して貼り付けの方法を紹介する。

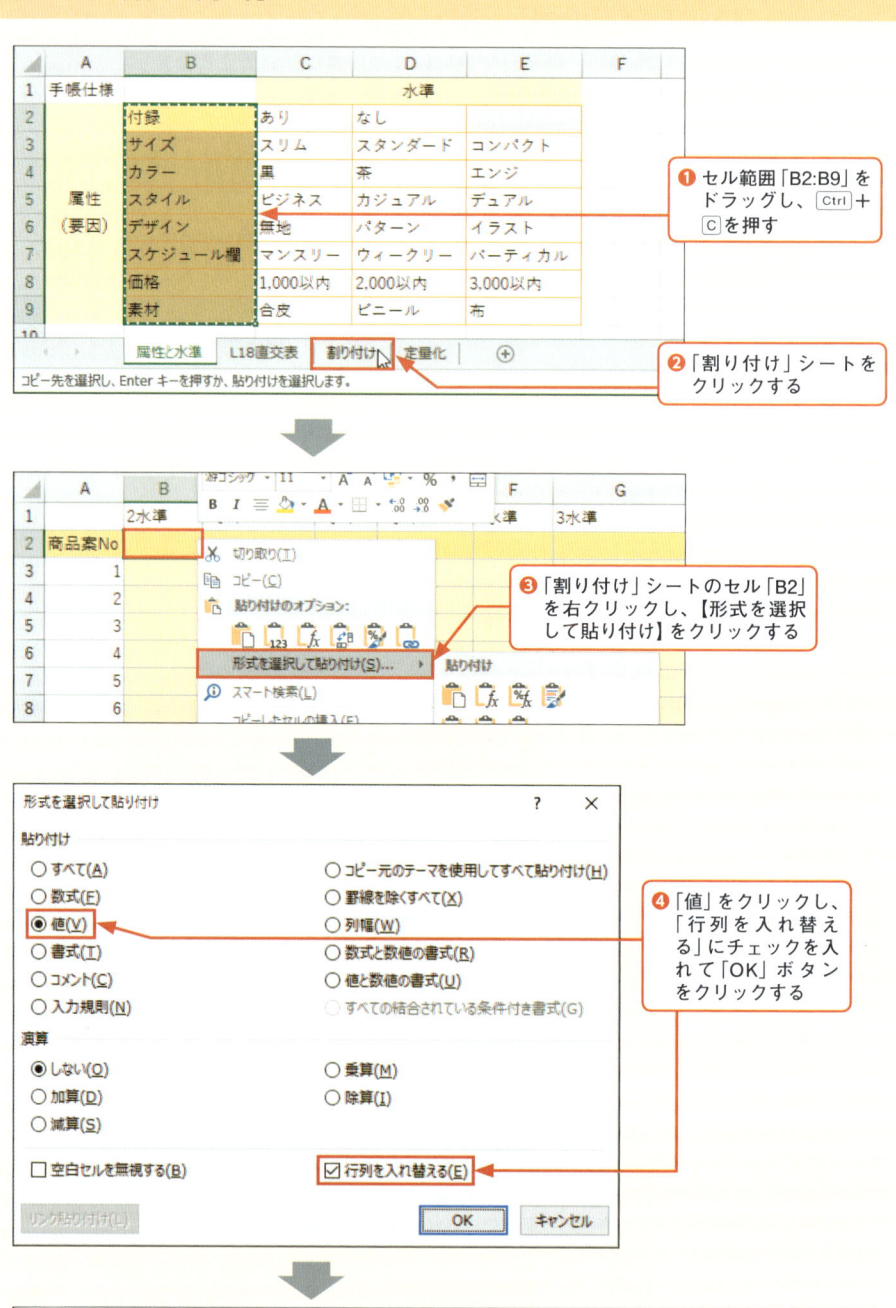

❶ セル範囲「B2:B9」をドラッグし、Ctrl＋Cを押す

❷ 「割り付け」シートをクリックする

❸ 「割り付け」シートのセル「B2」を右クリックし、【形式を選択して貼り付け】をクリックする

❹ 「値」をクリックし、「行列を入れ替える」にチェックを入れて「OK」ボタンをクリックする

❺ L18直交表の先頭行に属性が割り付けられた

直交表に水準を割り付ける

● 「割り付け」シートのセル「B3」に入力する式

| B3 | =INDEX(INDIRECT(B$2),1,L18直交表!B3) |

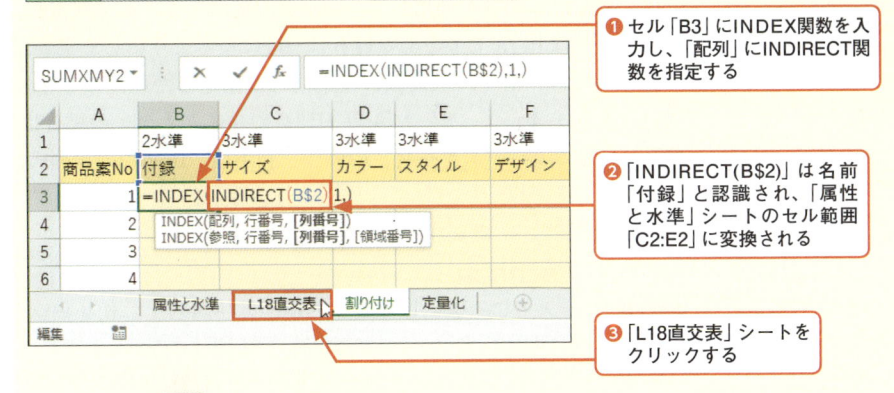

❶ セル「B3」にINDEX関数を入力し、「配列」にINDIRECT関数を指定する

❷ 「INDIRECT(B$2)」は名前「付録」と認識され、「属性と水準」シートのセル範囲「C2:E2」に変換される

❸ 「L18直交表」シートをクリックする

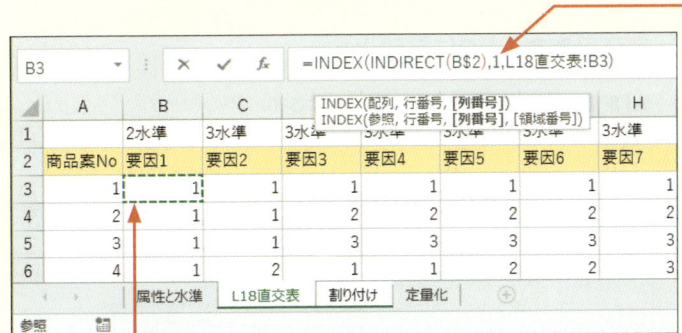

❹ INDEX関数で検索する行番号は、1行目のため、「,1,」を指定する

❺ 検索する列番号は、「L18直交表」シートのセル「B3」を指定し、閉じカッコを入力して Enter で確定する

❻ 「付録」のセル範囲「C2:E2」の1列1行目が検索される。オートフィルでセル「I18」までコピーする

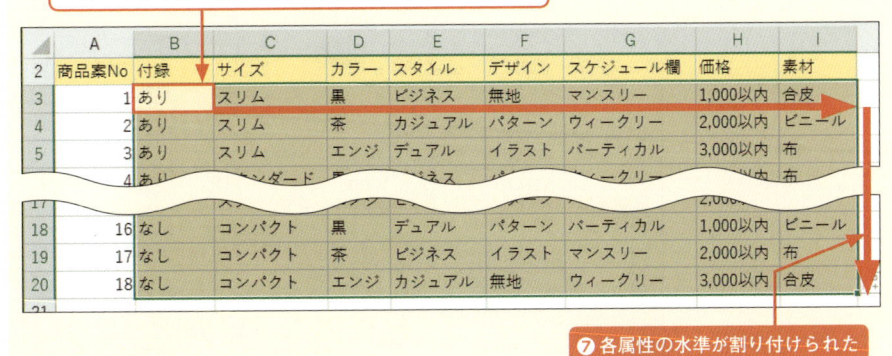

❼ 各属性の水準が割り付けられた

▶ 商品案を定量化する

商品案の定量化はP.16と同様に、属性（要因）ごとに、要素名があるかどうかを判定するIF関数を作っても良いのですが、8通りのIF関数を作成するのに手間がかかります。ここでは、MATCH関数を利用して、商品案の構成をまとめて判定し、MATCH関数の検索にヒットすれば「1」、ヒットしなければ「0」になるようにして定量化します。

具体的には、MATCH関数は検索内容が指定した範囲に存在しないときは「#N/A」エラーになります。よって、MATCH関数の結果がエラーの場合は「0」、エラーでない場合は「1」になるようにエラー判定の関数を利用し、IF関数の論理式に指定します。

▶MATCH関数
→P.89

ISERROR関数 ➡ 数式がエラーかどうか判定する

書　式	=**ISERROR**(テストの対象)
解　説	テストの対象には、エラーかどうか調べたい式を指定します。エラーの場合は「TRUE」、エラーでない場合は「FALSE」と表示します。
補　足	IF関数の論理式にISERROR関数を組み合わせると、エラーの場合は真の場合を実行し、エラーでない場合は偽の場合を実行できます。

各商品案を1と0に定量化する

● 「定量化」シートのセル「B3」に入力する式

B3	=IF(ISERROR(MATCH(B$2,割り付け!$B3:$I3,0)),0,1)

> セル「B2」の「あり」が「割り付け」シートのセル範囲「B3:I3」に存在していれば、その存在位置が示される

▶MATCH関数は、オートフィルでコピーしたときに、検索範囲の列がずれないように列のみ絶対参照を指定する。

| B3 | ▾ : × ✓ fx | =MATCH(B$2,割り付け!$B3:$I3,0) |

▲	A	B	C	D	E	F	G	H
1		付録		サイズ			カラー	
2	商品No	あり	なし	スリム	スタンダー	コンパクト	黒	茶
3	1	1	#N/A		2	#N/A	#N/A	
4	2							
5	3							
6	4							
7	5							

> 存在しない水準名は「#N/A」エラーになる

| B3 | ▾ : × ✓ fx | =IF(ISERROR(MATCH(B$2,割り付け!$B3:$I3,0)),0,1) |

▲	A	B	C	D	E	F	G	H	I
1		付録		サイズ			カラー		
2	商品No	あり	なし	スリム	スタンダー	コンパクト	黒	茶	エンジ
3	1	1	0	1	0	0	1	0	0
4	2	1	0	1	0	0	0	1	0
5	3	1	0	1	0	0	0	0	1
6	4	1	0	0	1	0	1	0	0
7	5	1	0	0	1	0	0	1	0

Column 水準名の転記

「定量化」シートの2行目の水準名はP.269で設定した名前を利用すると、INDEX関数で参照することができます。指定した範囲をまとめて参照するため、配列数式で入力します。ここでは、「定量化」シートの1行目に属性名を入力し、INDEX関数に利用しています。3水準の属性は、「サイズ」のみ関数を入力し、残りの属性はCtrl+Vで貼り付けると効率よく入力できます。

ただし、配列数式が入力されている場合は個別のセルでの編集ができないため、冗長性の排除で、一部の列を移動するときにエラーになります。たとえば、「あり」「なし」でワンセットになっているため、「なし」だけ移動できなくなります。そこで、定量化が済んだら、関数を入力したセル範囲をすべてコピーし、値で貼り付けてください。

> セル範囲「B2:C2」をドラッグして「=INDIRECT(B1)」
> と入力し、Ctrl+Shift+Enterを押す

B2	▼	:	×	✓	fx	{=INDIRECT(B1)}				
▲	A	B	C	D	E	F	G	H	I	J	K
1		付録		サイズ			カラー			スタイル	
2	商品No	あり	なし	スリム	スタンダー	コンパクト	黒	茶	エンジ	ビジネス	カジュアル
3	1	1	0	1	0	0	1	0	0	1	0
4	2	1	0	1	0	0	0	1	0	0	1
5	3	1	0	1	0	0	0	0	1	0	0

> セル範囲「D2:F2」も同様にINDEX関数を入力し、
> Ctrl+Cでコピーし、残りの属性に貼り付ける

D2	▼	:	×	✓	fx	{=INDIRECT(D1)}				
▲	A	B	C	D	E	F	G	H	I	J	K
1		付録		サイズ			カラー			スタイル	
2	商品No	あり	なし	スリム	スタンダー	コンパクト	黒	茶	エンジ	ビジネス	カジュアル
3	1	1	0	1	0	0	1	0	0	1	0
4	2	1	0	1	0	0	0	1	0	0	1
5	3	1	0	1	0	0	0	0	1	0	0

Column 式の可読性と効率性

商品案の割り付けや定量化は、式がかなり複雑化しましたが、いかがでしたか。ひとつの式で済ませようと、入力の効率性を優先すると、式が複雑になって読みにくくなります。また、読みやすさを重視するために、式を小分けにすると、入力に手間がかかります。手間がかかる、イコール、入力ミスの誘発です。本書では、Excelのスキル向上にもひと役買いたいので、効率性を重視した式を紹介しましたが、可読性と効率性はトレードオフの関係にありますので、どちらがいいとは言えません。ほかの人に引き継ぎをする場合は可読性重視、自分用は効率性重視など、状況に応じて使い分けてください。

05 ターゲット顧客に好まれるのはどっち？

刑事ドラマなどで犯人像を予測するときにプロファイリングという手法が出てくることがあります。「○○な人は○○な傾向にある」という手法です。これはビジネスにも利用できます。選抜された2つの内容「A」と「B」を選ぶアンケートで、回答する人の性別、年齢、住所などのプロファイル（属性）も同時に収集し、「○○な人は「A」を選ぶ傾向にある」といった特徴をつかみます。ここでは、回帰分析を利用して、ターゲット顧客が「A」／「B」のどちらを選ぶかを判別する方法を解説します。

導入 ▶ ▶ ▶

事例 「運動不足を感じている30代の働く女性が好むパッケージが知りたい」

　飲料水の製造販売会社のT社では、新商品のパッケージについてさまざまな調査や検討を重ねた結果、最終的に「パウチ」タイプと「ペットボトル」タイプの2つの候補に絞られました。今回の新商品では、運動不足を感じている30代の働く女性がターゲットです。

　ターゲット顧客は「パウチ」タイプと「ペットボトル」タイプのうち、どちらを好んで選択するかを知るにはどうすればいいでしょうか。

・パウチタイプ 　　　：洗練されたスリムボディをイメージし、手の小さい人にも片手で握りやすいパッケージ
・ペットボトルタイプ：環境にやさしい薄型軽量タイプ。手の小さい人にも片手で握りやすいスリムなパッケージ

▶ 回答者のプロファイルで回帰分析を行う

　プロファイルとは、情報や属性のことです。ここでは、パッケージを選択するアンケートを取るときに回答者情報も合わせて収集し、回帰分析でターゲット顧客のパッケージ選択を予測します。

　回帰分析の目的変数は「パウチ」または「ペットボトル」のいずれかの選択です。そして、パッケージ選択を説明する要因に回答者のプロファイルを利用します。

　第4章の回帰分析や前節のコンジョイント分析と異なるのは、目的変数が「パウチ」か「ペットボトル」という定性データであるという点です。目的変数も説明変数も定性データを

CHAPTER 01
CHAPTER 02
CHAPTER 03
CHAPTER 04
CHAPTER 05

扱う回帰分析は、正式には、「数量化理論Ⅱ類」といいます。せっかく興味を持って勉強しようとする人を門前払いするような用語ですが、一皮むけば回帰分析です。Excelの操作方法も全く同じです。

> ▶アンケートでは、「パウチ」「ペットボトル」の選択以外に「わからない」「どちらともいえない」といった中間的な選択肢も入れ、2択だけにしないようにする。

● 定性データの判別方法

目的変数が定性データの場合も、0と1に定量化します。ここでは、「パウチ」を「1」、「ペットボトル」を「0」と定量化します。回帰分析の結果、回帰式から求められる目的変数の値は0.882とか0.168など、細かい値になることが予想されますが、0と1の中間点である0.5を選択の境界値にします。

判別は綱引きのイメージですが、どちらかを選ぶことが目的ですので、引き分けはありません。境界値の0.5はどちらかに含めます。

● 定性データの判別方法

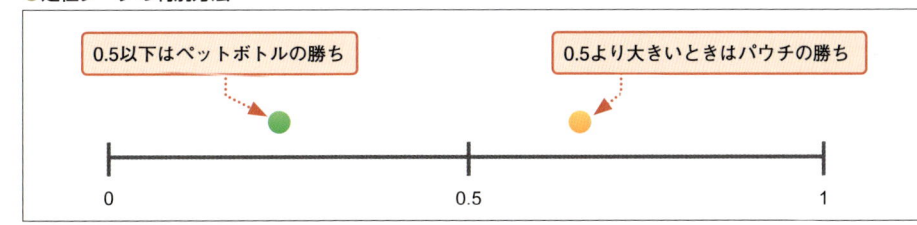

0.5以下はペットボトルの勝ち

0.5より大きいときはパウチの勝ち

0　　　　　　0.5　　　　　　1

● 判別の的中率

数量化理論Ⅱ類では、判別の的中率を求め、判別の確からしさを示します。回帰式から求められる予測値とアンケート結果を突き合わせてどのくらい的中したのかを調べます。予測値は分析ツールの「回帰分析」を実施するときに、「残差」にチェックを入れておけば、予測値も一緒に出力されます。的中率は80%以上であれば、判別に利用している回帰式は使えると判断しますが、「80%」は目安です。

なお、数量化理論Ⅱ類では、回帰式から求める予測値のことをサンプルスコアと呼びます。

> レンジ
> ▶データの最大値から最小値を引いた値。データの振り幅のこと。

● 要因の影響度

回帰分析から出力される係数のレンジを影響度とします。冗長性の排除で除外された要素は係数「0」としてレンジの計算に含めます。

実践 ▶ ▶ ▶

▶ 用意するビジネスデータ

パッケージを選択するアンケートを実施します。アンケートでは、回答者のプロファイルも収集します。ここでは、「性別」「年代」「職業」「運動不足を感じているかどうか」について収集しています。目的のパッケージ選択は2択ではなく、「わからない」も選択肢に含

サンプル

5-05
本文に掲載した表は「概要」「アンケート結果」シートで確認できる。
ここでは、「定量化」シートを開く。

▶回答者プロファイルは回答者の「属性」であり、「属性」の選択肢は「水準」である。回帰分析の種類によって用語がコロコロ変わるが本質は同じである。

めます。ただし、「わからない」は分析対象から除外します。分析から除外するのに「わからない」を選択肢に入れるのは、どちらかを決めかねているのに無理やり選ばせることがないようにするためです。

　ここでは、505名からの回答があり、うち5名が「わからない」という回答です。便宜上、「わからない」はアンケートの末尾にまとめています。

●アンケートの概要

	A	B	C	D	E	F
1	アンケート概要					
2	目的	パッケージ	パウチ	ペットボトル	わからない	
3						
4		性別	男性	女性	その他	
5	回答者	年代	20代	30代	40代	50代
6	プロファイル	職業	会社員	公務員	自営業	個人事業主
7		運動不足	感じる	まあ感じる	あまり感じない	感じない
8						

●アンケート結果

	A	B	C	D	E	F
1	回答No	性別	年代	職業	運動不足	パッケージ
2	1	女性	50代	個人事業主	まあ感じる	パウチ
3	2	男性	20代	自営業	感じる	パウチ
501	500	女性	50代	公務員	あまり感じない	ペットボトル
502	501	男性	30代	会社員	感じる	わからない
503	502	女性	40代	個人事業主	まあ感じる	わからない
504	503	その他	20代	会社員	感じない	わからない
505	504	女性	20代	公務員	まあ感じる	わからない
506	505	男性	50代	公務員	感じる	わからない
507						

▶ Excelの操作①：定性データを定量化する

　定性データを「1」と「0」に定量化します。目的変数が1つ、回答者プロファイルが4項目あり、合計5つの定性データを定量化します。P.16と同様のIF関数で定量化してもいいのですが、5種類のIF関数を用意しなければなりません。そこで、IF関数、ISERROR関数、MATCH関数を利用して、1種類で済ませる方法を取ります。

　MATCH関数で回答者のプロファイルと回答を検索し、検索にヒットすれば「1」、ヒットしなければ「0」になるようにします。具体的な方法はP.272をご覧ください。

　なお、「わからない」が回帰分析で指定するデータ範囲にうっかり含まれるミスを防ぐため、定量化したあと、503行目に1行空けます。

アンケート結果を定量化する

●セル「B3」に入力する式

B3	=IF(ISERROR(MATCH(B$2,アンケート結果!$B2:$F2,0)),0,1)

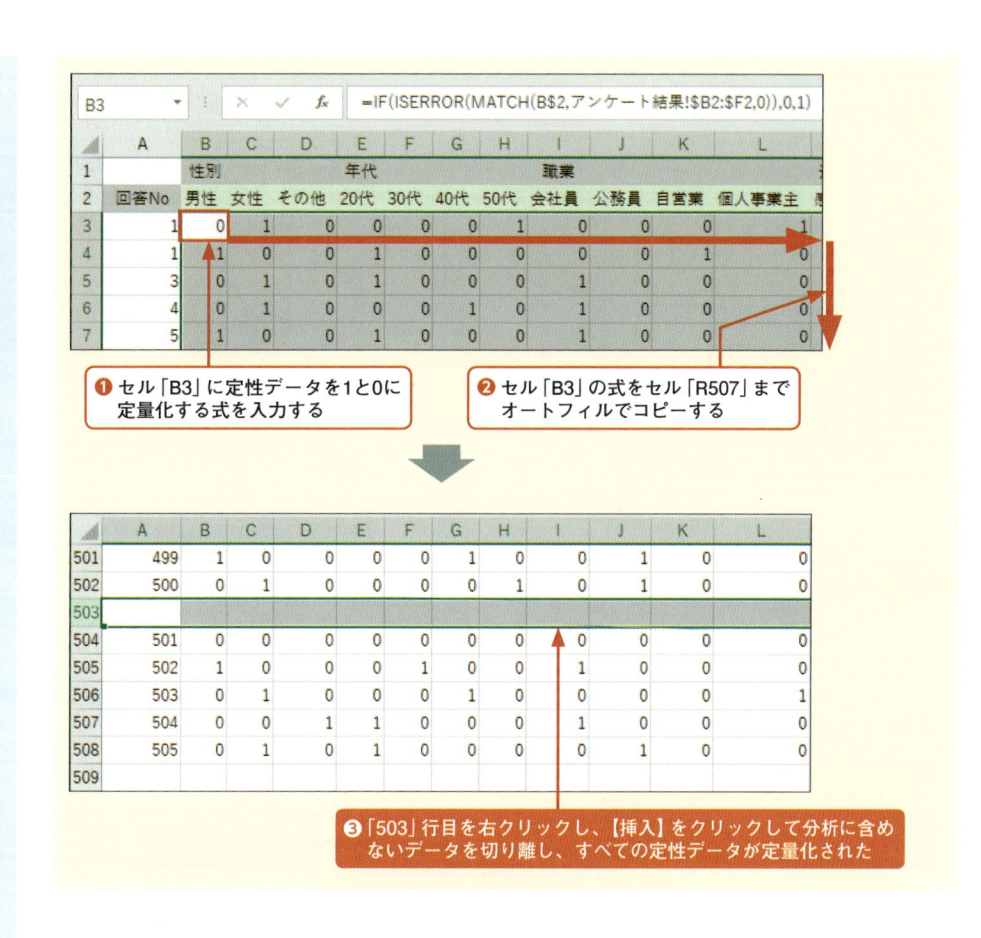

❶ セル「B3」に定性データを1と0に定量化する式を入力する

❷ セル「B3」の式をセル「R507」までオートフィルでコピーする

❸ 「503」行目を右クリックし、【挿入】をクリックして分析に含めないデータを切り離し、すべての定性データが定量化された

▶ Excelの操作②：回帰分析を実施する

　回帰分析を実施する前に、データの冗長性を排除するため、各項目から選択肢を1つずつ除外します。5列分あるので、選択した5列を別の場所にコピーしてから、選択した5列を削除します。回帰分析では、パッケージが「入力Y範囲」、回答者のプロファイルが「入力X範囲」です。「残差」にもチェックを入れて出力します。

冗長性を排除する

❶ 列番号「D」をクリックし、Ctrl を押しながら「H」「L」「P」「R」をクリックする

❷ 5列分の選択ができたら、Ctrl + C を押してコピーする

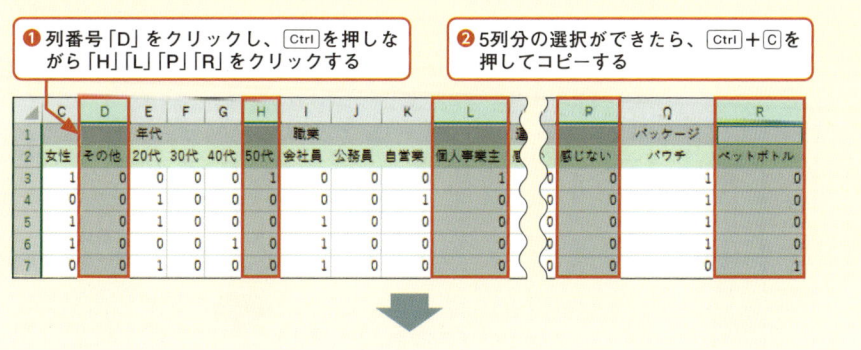

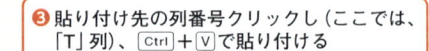
❸ 貼り付け先の列番号クリックし（ここでは、「T」列）、Ctrl + V で貼り付ける

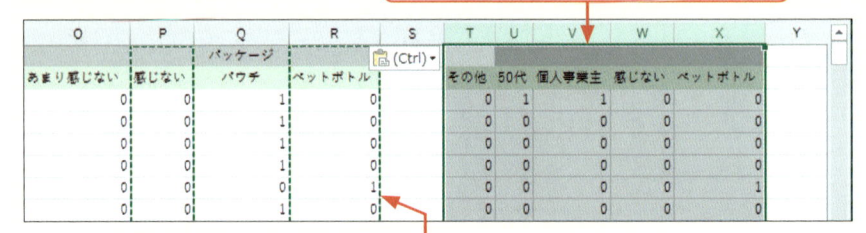

❹ 点滅線を目印に再度5列を選択する。「R」列をクリックしたあと、Ctrl を押しながら、「P」「L」「H」「D」列をクリックする

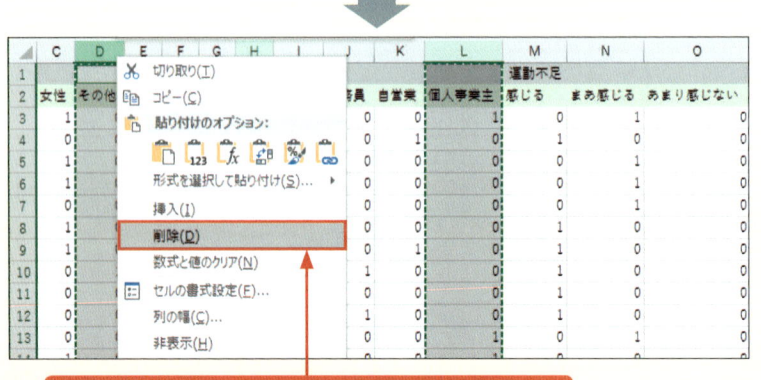

❺ 列番号「D」を右クリックし、【削除】をクリックすると、各項目の選択肢が1つずつ削除され、冗長性が排除された

回帰分析を行う

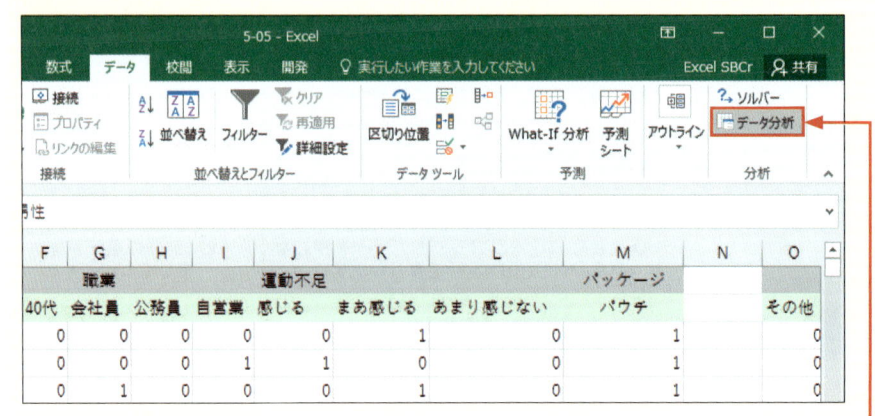

❶ 「定量化」シートを開き、〔データ〕タブの【データ分析】をクリックする

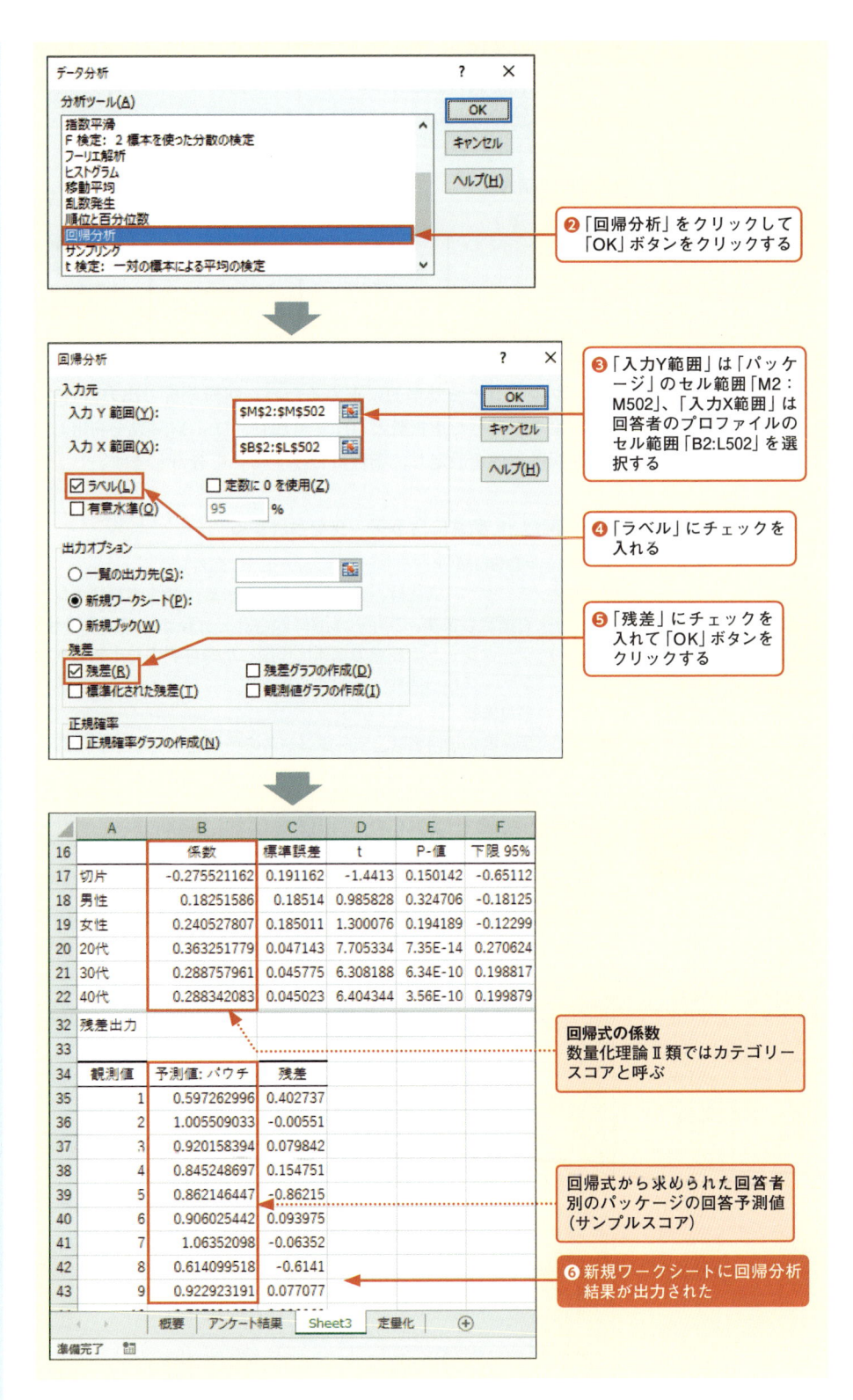

❷「回帰分析」をクリックして「OK」ボタンをクリックする

❸「入力Y範囲」は「パッケージ」のセル範囲「M2：M502」、「入力X範囲」は回答者のプロファイルのセル範囲「B2:L502」を選択する

❹「ラベル」にチェックを入れる

❺「残差」にチェックを入れて「OK」ボタンをクリックする

回帰式の係数
数量化理論Ⅱ類ではカテゴリースコアと呼ぶ

回帰式から求められた回答者別のパッケージの回答予測値（サンプルスコア）

❻新規ワークシートに回帰分析結果が出力された

▶列幅は適宜調整する。

▶補正R2は0.5を超え、有意Fも5%を下回っているので、回帰式は成立している。ただし、判別に使えるほどの精度があるかどうかは的中率を調べる。

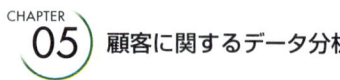

▶ Excelの操作③：判別式を作成しサンプルスコアを求める

判別式は回帰式のことです。パッケージ選択は、回帰式から求められるサンプルスコアが0.5より大きいか0.5以下で判別します。

●回帰式（判別式）

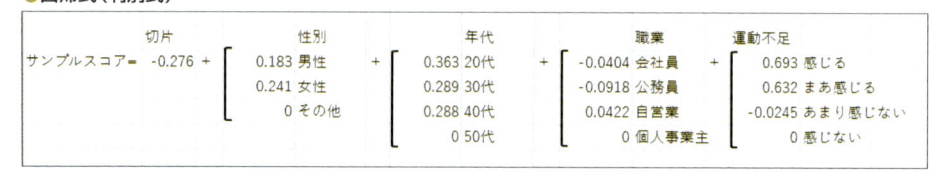

	切片	性別	年代	職業	運動不足
サンプルスコア =	-0.276 +	0.183 男性 0.241 女性 0 その他	0.363 20代 0.289 30代 0.288 40代 0 50代	-0.0404 会社員 -0.0918 公務員 0.0422 自営業 0 個人事業主	0.693 感じる 0.632 まあ感じる -0.0245 あまり感じない 0 感じない

サンプルスコアを効率的に求めるため、回帰分析で出力されたシートの「係数」に冗長性の排除で除外した選択肢と「0」を追加し、DSUM関数を利用します。DSUM関数は指定した範囲に条件を設定し、条件に合うデータを合計します。

DSUM関数 ➡ 条件に合うデータを合計する

書　式	=**DSUM**(データベース, フィールド, 条件)
解　説	データベースには、条件に使う値と計算に使う値を含めたセル範囲を、項目名も含めて指定します。フィールドには合計を計算する項目名のセルを指定します。条件は、ワークシートの任意の場所に作成した条件表のセル範囲を指定します。すると、データベースから条件に一致する行を絞り、フィールドに指定した列データの合計が求められます。
補　足	条件表の項目名は、データベースの項目名と一致させます。

冗長性の排除で除外した選択肢を係数に追加する

出力結果に、適宜、行を挿入して冗長性の排除で除外した選択肢と係数「0」を追加します。セル範囲「N16:N20」に条件表を準備します。セル「A16」とセル「N16」は「カテゴリー名」と入力します。サンプルスコアはセル「N22」に求めます。

▶右図では、どこに追記したかがわかるように色を付けた。色付けの操作は不要である。右の作業が済んだ「分析」シートも準備しているので、必要に応じて利用可。

	A	B	C	I	J	K	L	M	N
16	カテゴリー名	係数	標準誤差	上限 95.0%				条件表	カテゴリー名
17	切片	-0.275521162	0.191162	0.100081				性別	
18	男性	0.18251586	0.18514	0.546285				年代	
19	女性	0.240527807	0.185011	0.604043				職業	
20	その他	0						運動不足	
21	20代	0.363251779	0.047143	0.45588					
22	30代	0.288757961	0.045775	0.378699				サンプルスコア	
23	40代	0.288342083	0.045023	0.376805					
24	50代	0							
25	会社員	-0.040356382	0.04792	0.053799					
26	公務員	-0.091754499	0.048142	0.002837					
27	自営業	0.04222946	0.046349	0.133298					
28	個人事業主	0							
29	感じる	0.693033096	0.046608	0.784611					
30	まあ感じる	0.632256352	0.046204	0.723039					
31	あまり感じない	-0.02448818	0.047102	0.068059					
32	感じない	0							
33									

サンプルスコアを求める

●セル「N22」に入力する式

N22	=DSUM(A16:B32,B16,N16:N20)+B17

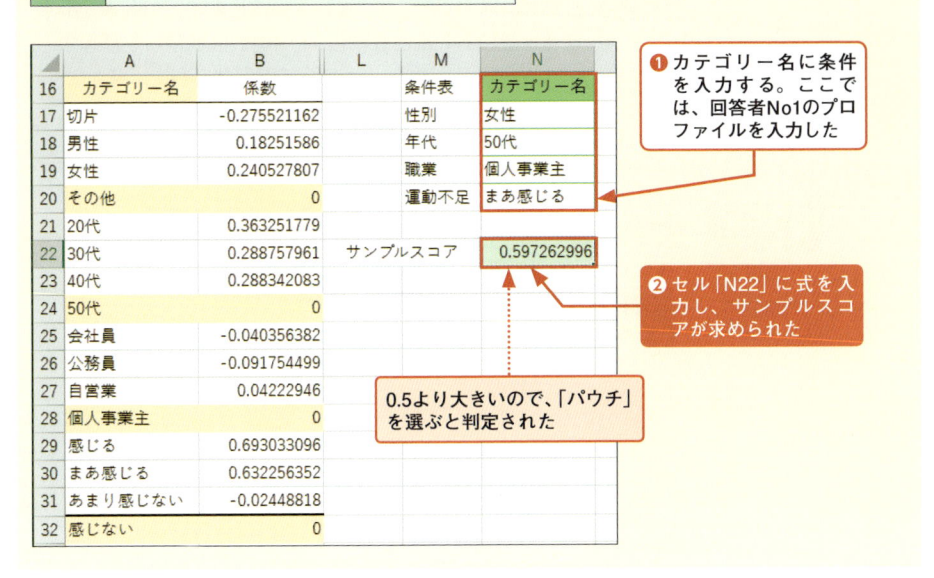

▶式を入力しやすくするため、C列〜K列を非表示にした。

▶回答者No1のサンプルスコアは、セル「B38」と一致する。回帰式から求めた値のため一致は当然だが、念のため確認する。

❶カテゴリー名に条件を入力する。ここでは、回答者No1のプロファイルを入力した

❷セル「N22」に式を入力し、サンプルスコアが求められた

0.5より大きいので、「パウチ」を選ぶと判定された

	A	B	L	M	N
16	カテゴリー名	係数		条件表	カテゴリー名
17	切片	-0.275521162		性別	女性
18	男性	0.18251586		年代	50代
19	女性	0.240527807		職業	個人事業主
20	その他	0		運動不足	まあ感じる
21	20代	0.363251779			
22	30代	0.288757961		サンプルスコア	0.597262996
23	40代	0.288342083			
24	50代	0			
25	会社員	-0.040356382			
26	公務員	-0.091754499			
27	自営業	0.04222946			
28	個人事業主	0			
29	感じる	0.693033096			
30	まあ感じる	0.632256352			
31	あまり感じない	-0.02448818			
32	感じない	0			

▶ Excelの操作④：サンプルスコアの的中率を求める

　回答者No1のプロファイル「運動不足をまあ感じる50代の個人事業主の女性」のサンプルスコアを求めたところ、0.5を超えたので「パウチ」を選ぶと判定されました。「アンケート結果」シートを確認すると、確かに回答者No1は「パウチ」を選んでいます。だからといって、「運動不足をまあ感じる50代の個人事業主の女性」に該当する人が「パウチ」を選ぶかどうかは別問題です。たまたま回答者No1だけのことかも知れません。この疑いを晴らすために実施するのが的中率の算出です。

　回帰式で求めたサンプルスコアは、実際の回答とどのくらい一致しているのかを見ます。

　一致するかどうかの判定はAND関数とOR関数を利用して求めます。「かつ」の部分にAND関数、「または」の部分にOR関数を当てはめます。なお、的中率は空いているセルを使って求めます。

●的中率の考え方

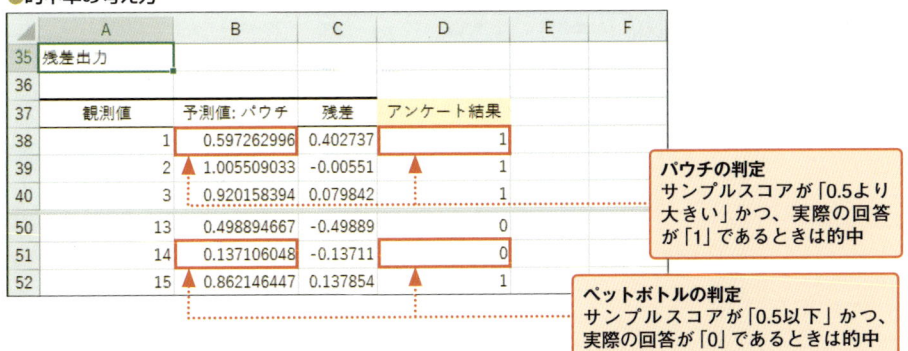

	A	B	C	D	E	F
35	残差出力					
36						
37	観測値	予測値：パウチ	残差	アンケート結果		
38	1	0.597262996	0.402737	1		
39	2	1.005509033	-0.00551	1		
40	3	0.920158394	0.079842	1		
50	13	0.498894667	-0.49889	0		
51	14	0.137106048	-0.13711	0		
52	15	0.862146447	0.137854	1		

パウチの判定
サンプルスコアが「0.5より大きい」かつ、実際の回答が「1」であるときは的中

ペットボトルの判定
サンプルスコアが「0.5以下」かつ、実際の回答が「0」であるときは的中

CHAPTER 01
CHAPTER 02
CHAPTER 03
CHAPTER 04
CHAPTER 05

AND関数／ OR関数 ➡ 条件に合う場合にTRUEを表示する

書　式	=**AND**(論理式1, 論理式2,…)
	=**OR**(論理式1, 論理式2,…)
解　説	論理式には、判定に使う条件を指定します。AND関数は指定した論理式がすべて成立するときにTRUEと表示し、OR関数は指定した論理式のいずれかが成立するときにTRUEを表示します。AND ／ OR関数ともに、条件に合わない場合はFALSEになります。
補　足	式全体に「1」をかけると、TRUEは1、FALSEは0に数値化されます。

回答者ごとに的中しているかどうか判定をする

● セル「D38」「E38」に入力する式

D38	=定量化!M3
E38	=OR(AND(B38>0.5,D38=1),AND(B38<=0.5,D38=0))*1

> セル「D37」に「アンケート結果」、セル「E37」に「判定」と入力して項目名を付けておく

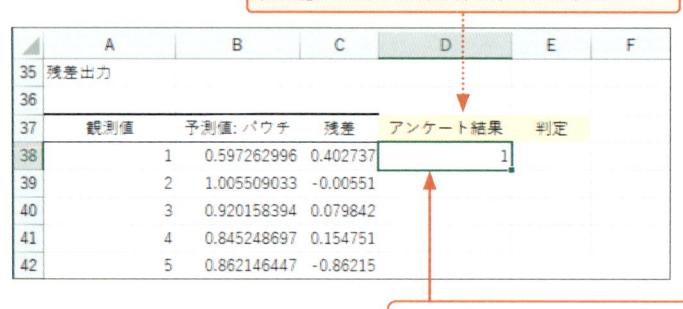

❶ セル「D38」をクリックし、「=」を入力したあと、「定量化」シートのセル「M3」をクリックして[Enter]を押す

❷ セル「E38」に的中を判定する式を入力する

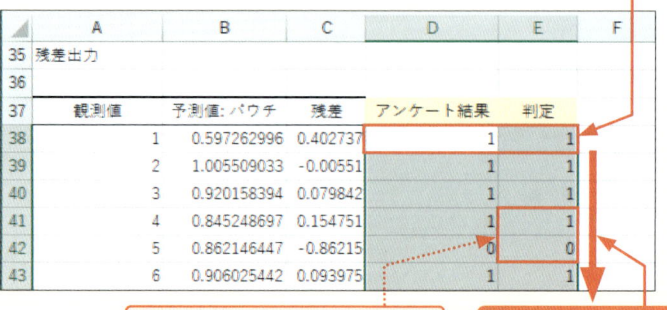

的中の場合は「1」、的中しなかった場合は「0」が表示される

❸ セル範囲「D38:E38」をドラッグし、オートフィルで末尾までコピーし、回答者別の判定ができた

的中率を求める

●セル「E34」「E35」に入力する式

| E34 | =SUM(E38:E537) | E35 | =E34/500 |

> セル「D34」に「的中数」、セル「D35」に「的中率」と入力して項目名を付けておく

> ❶ セル「E34」と「E35」に式を入力し、的中数と的中率が求められた

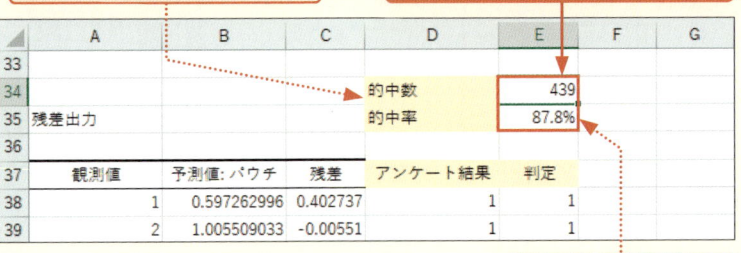

	A	B	C	D	E	F	G
33							
34				的中数	439		
35	残差出力			的中率	87.8%		
36							
37	観測値	予測値：バウチ	残差	アンケート結果	判定		
38	1	0.597262996	0.402737	1	1		
39	2	1.005509033	-0.00551	1	1		

> 目安の80%を超えた。回帰式は判別に使えると判断される

▶的中数は判定が1になったセルを数えるが、足し算しても同様である。的中率は、的中数をアンケートの有効回答数「500」で割る。

▶ Excelの操作⑤：判別への影響度を求める

判別への影響度は回帰分析の「係数」のレンジで見ます。数量化理論Ⅱ類では、「係数」のことをカテゴリースコアと呼びます。すでに冗長性を排除した選択肢は追加されているので、MAX関数とMIN関数でレンジを求め、グラフにまとめます。

影響度を求め、影響度をグラフで表示する

●セル「O17」～「O20」に入力する式

| O17 | =MAX(B18:B20)-MIN(B18:B20) | O18 | =MAX(B21:B24)-MIN(B21:B24) |
| O19 | =MAX(B25:B28)-MIN(B25:B28) | O20 | =MAX(B29:B32)-MIN(B29:B32) |

> セル「O16」に「影響度」、セル範囲「M17:M20」に項目名を入力しておく

	A	B	K	L	M	N	O	P
15								
16	カテゴリー名	係数			条件表	カテゴリー名	影響度	
17	切片	-0.275521162			性別	女性	0.240528	
18	男性	0.18251586			年代	50代	0.363252	
19	女性	0.240527807			職業	個人事業主	0.133984	
20	その他	0			運動不足	まあ感じる	0.717521	
21	20代	0.363251779						
22	30代	0.288757961			サンプルスコア	0.597262996		
23	40代	0.288342083						

> ❶ O列に影響度を求める式を入力し、影響度が求められた

❷ セル範囲「M17:M20」をドラッグし、Ctrl を押しながら、セル範囲「O17:O20」をドラッグする

❸〔挿入〕タブの【縦棒/横棒グラフの挿入】から【集合縦棒】をクリックする

▶手順❷はバージョンによってボタン名が異なるが、同じデザインのボタンをクリックする。

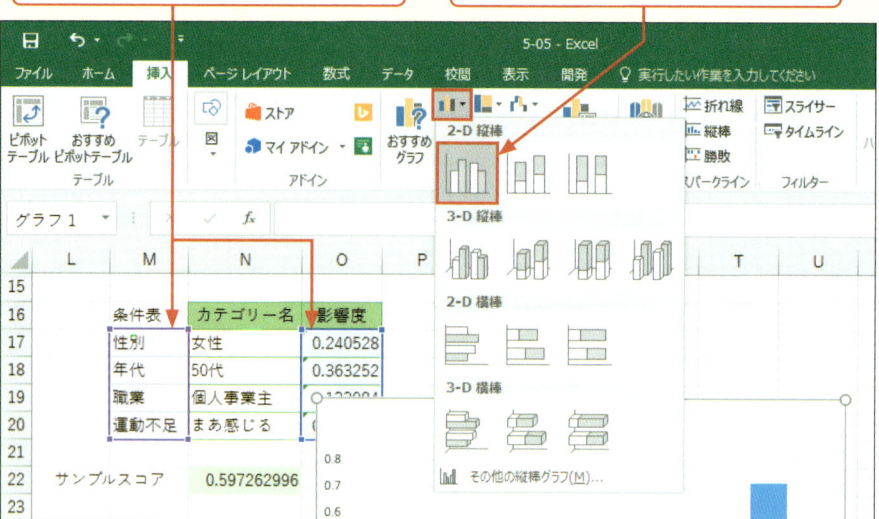

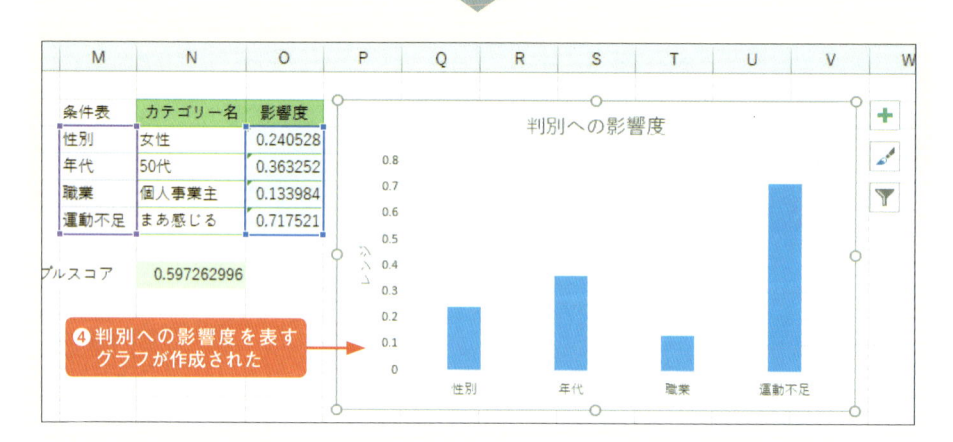

❹ 判別への影響度を表すグラフが作成された

▶ 結果の読み取り

サンプルスコアの的中率が「87.8%」になったことから、サンプルスコアは、87.8%の確率で判別を的中させるという結果になりました。目安の80%を超え、回帰式は使えると判定されたことから、ターゲット顧客のサンプルスコアを求めます。回帰分析を出力したシートの条件表に下記の内容を入力すると、DSUM関数が再計算されます。サンプルスコアは約「0.846」となり、87.8%の確率で「パウチ」が選択されると予想されます。また、影響度からは「年代」と「運動不足」が判別に影響を与えていることがわかります。

●ターゲット顧客のサンプルスコア

職業はカテゴリースコアが最小の「公務員」にする。
他の職業は「公務員」のサンプルスコアより高くなる

ターゲット顧客のプロ
ファイルを入力

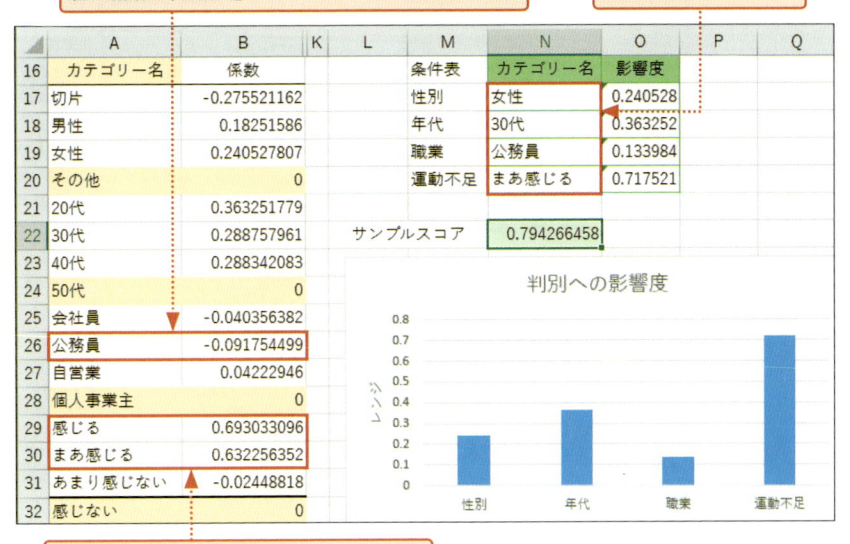

「まあ感じる」より「感じる」のカテゴリー
スコアが高いので、「感じる」は「まあ感じ
る」と同じ判別になる

● 的中率が低い場合

的中率が目安の80%を下回った場合は、目的を説明する要因のうち、説明にあまり寄与していない（今回の事例では「職業」）を外して回帰分析をやり直します。もしくは、回答者のプロファイルを入れ替えます。事例では入れ替えるプロファイルがありませんが、アンケートを取るときに、「運動不足」のほかに「朝食を取る頻度」など、判別に使えそうな複数の項目を質問しておくと、的中率が低い時に入れ替えることができます。

アンケートに答えるとき、何でこんなことまで聞かれるんだろう？と感じることがあると思いますが、理由のひとつは判別に使えそうな回答者のプロファイルをできるだけ収集したいからです。アンケートに答える際、判別の的中率のことを思い出せば、より協力的に答えられるかも知れません。

発展 ▶ ▶ ▶

▶ わからないと答えた人の選択を予測する

回帰式が使えると判定されたので、アンケートで「わからない」と答えた人の選択を予測することができます。ここでは、回答者No501のプロファイルを入力して予測します。

●「わからない」と回答したNo501の判別予測

▲	A	B	K	L	M	N	O
16	カテゴリー名	係数			条件表	カテゴリー名	影響度
17	切片	-0.275521162			性別	男性	0.240528
18	男性	0.18251586			年代	30代	0.363252
19	女性	0.240527807			職業	会社員	0.133984
20	その他	0			運動不足	感じる	0.717521
21	20代	0.363251779					
22	30代	0.288757961			サンプルスコア	0.848429373	
23	40代	0.288342083					
24	50代	0					

判別への影響度

「パウチ」を選択すると判別される

▶ 類似の分析例

　判別したい2つの項目で、目的変数と説明変数がともに定性データの場合、数量化理論Ⅱ類が使え、同様に分析できます。

・ターゲット顧客が来店する／しない
・サービスに満足する／しない
・「○○業務」に適している／適していない
・試験に合格する／しない

　試験に合格する人としない人を判別するアンケートでは、次のような項目が考えられます。サンプルスコアから試験に合格する人のプロファイルが完成すれば、自分の生活態度と比較して改善の役に立つかも知れません。

●試験の合否判別
目的：合格／不合格　試験の合否は2択でかまいませんが、答えたくない人用の選択肢も
　　　用意します。
要因：性別／学校名／睡眠時間／通学時間／朝食を取る頻度／部活動(週○回以上など)／
　　　勉強時間

練習問題

事　例　「お客様の声を売り場改善に役立てたい」

　小売業のU店は、これまで地域を独占する形で営業してきましたが、同じ商圏にライバル店が出店して以降、目に見えて客離れが進んできました。U店の店長は、これまでの殿様商売を見直すため、まずはお客様の声を聞こうと、アンケートを実施しました。アンケート結果は次のとおりです。

　アンケートでは、「品揃え」「レジ人数」「売り場人数」「接客態度」「営業時間」「総合評価」について5段階評価をお願いしました。また、回答者の年代も合わせて収集しました。

満足度評価：「5：満足」「4：やや満足」「3：どちらでもない」「2：やや不満」「1：不満」

●お客様アンケート

	A	B	C 品揃え	D レジ人数	E 売り場人数	F 接客態度	G 営業時間	H 総合評価	I 境界値（平均）
1	▽評価表								
2			品揃え	レジ人数	売り場人数	接客態度	営業時間	総合評価	境界値（平均）
3		相関係数							
4		平均点							
5									
14									
15	No	年代	品揃え	レジ人数	売り場人数	接客態度	営業時間	総合評価	
16	1	10代	5	4	5	3	2	5	
17	2	40代	2	2	2	3	1	2	
18	3	20代	3	3	4	3	4	3	
19	4	50代	3	3	3	2	2	3	
20	5	50代	3	1	2	2	3	2	
21	6	10代	4	4	1	4	1	3	
22	7	60代	4	4	3	4	3	4	
23	8	40代	4	4	3	4	2	4	
24	9	10代	4	2	5	1	4	1	
25	10	10代	4	4	5	1	2	3	
26	11	40代	4	4	3	4	2	4	

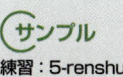

サンプル
練習：5-renshu
完成：5-kansei

問　題　CSポートフォリオを作成し、早期改善項目、重点維持項目を、以下の年代に分けて考察してください。CSポートフォリオを作成する際は、下記の作成条件に従ってください。

① 全体
② 10代～20代
③ 30代～50代
④ 60代以降

年代ごとに分けると、境界値の平均点が変化します。CSポートフォリオに引く境界線は適宜移動してから考察してください。なお、「5-kansei」ファイルに、参考までに平均点の更新に合わせて境界線が移動するグラフを作成しましたので合わせてご覧ください。

●作成条件

・平均点は年代を変更したときに自動更新されるようにしてください。

・総合評価との相関係数がすべてプラスになる場合は相関係数を利用します。
　決定係数を用いる場合はセル「B3」を「決定係数」と入れ直してください。

・年代で絞ったときにグラフが非表示にならない様、グラフは1行目〜14行目
　に配置してください。

・グラフの編集は次のとおりです。

タイトル／軸ラベル	タイトル：CSポートフォリオ 横軸ラベル：相関係数または決定係数 （相関の結果に応じて選択してください。） 縦軸ラベル：平均点
目盛り	縦軸：2.6 〜 3.5　0.1刻み 横軸：0 〜 0.8　0.1刻み（相関係数の場合） 横軸：0 〜 0.4　0.1刻み（決定係数の場合）
目盛線	縦軸／横軸とも補助目盛線を引く

INDEX

CHAPTER 01
CHAPTER 02
CHAPTER 03
CHAPTER 04
CHAPTER 05

できるビジネスパーソンのための
Excelデータ分析の仕事術
URL http://isbn.sbcr.jp/86820/

○本書をお読みいただいたご感想、ご意見を上記URLにお寄せください。

○本書に関する正誤情報など、本書に関する情報も掲載予定ですので、あわせてご利用ください。

できるビジネスパーソンのための
Excelデータ分析の仕事術

2016年6月30日　初版第一刷発行

著　者	日花　弘子
発行者	小川　淳
発行所	SBクリエイティブ株式会社
	〒106-0032 東京都港区六本木2-4-5 六本木Dスクエアビル
	TEL 03-5549-1201（営業）
	http://www.sbcr.jp/
印　刷	株式会社 シナノ

装　丁	大島　恵理子
組　版	三門　克二（株式会社コアスタジオ）
編　集	平山　直克（Another Tequila Sunrize）

Printed in Japan ISBN978-4-7973-8682-0